## 元素名と記号

| 原子番号 | 元素名 | 元素記号 | 原子番号 | 元素名 | 元素記号 |
|---|---|---|---|---|---|
| 1 | Hydrogen (水素) | H | 60 | Neodymium (ネオジム) | Nd |
| 2 | Helium (ヘリウム) | He | 61 | Promethium-145 (プロイチウム) | Pm |
| 3 | Lithium (リチウム) | Li | 62 | Samarium (サマリウム) | Sm |
| 4 | Beryllium (ベリリウム) | Be | 63 | Europium (ユウロピウム) | Eu |
| 5 | Boron (ホウ素) | B | 64 | Gadolinium (ガドリニウム) | Gd |
| 6 | Carbon (炭素) | C | 65 | Terbium (テルビウム) | Tb |
| 7 | Nitrogen (窒素) | N | 66 | Dysprosium (ジスプロシウム) | Dy |
| 8 | Oxgen (酸素) | O | 67 | Holmium (ホルミウム) | Ho |
| 9 | Fluorine (フッ素) | F | 68 | Erbium (エルビウム) | Er |
| 10 | Neon (ネオン) | Ne | 69 | Thulium (ツリウム) | Tm |
| 11 | Sodium (ナトリウム) | Na | 70 | Ytterbium (イッテルビウム) | Yb |
| 12 | Magnesium (マグネシウム) | Mg | 71 | Lutetium (ルテチウム) | Lu |
| 13 | Aluminium (アルミニウム) | Al | 72 | Hafnium (ハフニウム) | Hf |
| 14 | Silicon (ケイ素) | Si | 73 | Tantalum (タンタル) | Ta |
| 15 | Phosphorus (リン酸) | P | 74 | Tungsten (タングステン) | W |
| 16 | Sulfur (硫黄) | S | 75 | Rhenium (レニウム) | Re |
| 17 | Chlorine (塩素) | Cl | 76 | Osmium (オスミウム) | Os |
| 18 | Argon (アルゴン) | Ar | 77 | Iridium (イリジウム) | Ir |
| 19 | Potassium (カリウム) | K | 78 | Platinum (白金) | Pt |
| 20 | Calcium (カルシウム) | Ca | 79 | Gold (金) | Au |
| 21 | Scandium (スカンジウム) | Sc | 80 | Mercury (水銀) | Hg |
| 22 | Titanium (チタン) | Ti | 81 | Thallium (タリウム) | Tl |
| 23 | Vanadium (バナジウム) | V | 82 | Lead (鉛) | Pb |
| 24 | Chromium (クロム) | Cr | 83 | Bismuth (ビスマス) | Bi |
| 25 | Manganese (マンガン) | Mn | 84 | Polonium (ポロニウム) | Po |
| 26 | Iron (鉄) | Fe | 85 | Astatine (アスタチン) | At |
| 27 | Cobalt (コバルト) | Co | 86 | Radon (ラドン) | Rn |
| 28 | Nickel (ニッケル) | Ni | 87 | Francium (フランシウム) | Fr |
| 29 | Copper (銅) | Cu | 88 | Radium-226 (ラジウム) | Ra |
| 30 | Zinc (亜鉛) | Zn | 89 | Actinium (アクチニウム) | Ac |
| 31 | Gallium (ガリウム) | Ga | 90 | Thorium (トリウム) | Th |
| 32 | Germanium (ゲルマニウム) | Ge | 91 | Protactinium (プロトアクチニウム) | Pa |
| 33 | Arsenic (ヒ素) | As | 92 | Uranium (ウラン) | U |
| 34 | Selenium (セレン) | Se | 93 | Neptunium (ネプツニウム) | Np |
| 35 | Bromine (臭素) | Br | 94 | Plutonium-244 (プルトニウム) | Pu |
| 36 | Krypton (クリプトン) | Kr | 95 | Americium-243 (アメリシウム) | Am |
| 37 | Rubidium (ルビジウム) | Rb | 96 | Curium-247 (キュリウム) | Cm |
| 38 | Strontium (ストロンチウム) | Sr | 97 | Berkelium-247 (バークリウム) | Bk |
| 39 | Yttrium (イットリウム) | Y | 98 | Californium-251 (カリホルニウム) | Cf |
| 40 | Zirconium (ジルコニウム) | Zr | 99 | Einsteinium (アインスタイニウム) | E |
| 41 | Niobium (ニオブ) | Nb | 100 | Fermium (フェルミウム) | Fm |
| 42 | Molybdenum (モリブデン) | Mo | 101 | Mendelevium (メンデレビウム) | Md |
| 43 | Technetium-99 (テクネチウム) | Tc | 102 | Nobelium (ノーベリウム) | No |
| 44 | Ruthenium (ルテニウム) | Ru | 103 | Lawrencium (ローレンシウム) | Lr |
| 45 | Rhodium (ロジウム) | Rh | 104 | Rutherfordium (ラザホージウム) | Rf |
| 46 | Palladium (パラジウム) | Pd | 105 | Dubnium (ドブニウム) | Db |
| 47 | Silver (銀) | Ag | 106 | Seaborgium (シーボーギウム) | Sg |
| 48 | Cadmium (カドミウム) | Cd | 107 | Bohrium (ボーリウム) | Bh |
| 49 | Indium (インジウム) | In | 108 | Hassium (ハッシウム) | Hs |
| 50 | Tin (スズ) | Sn | 109 | Meitnerium (マイトネリウム) | Mt |
| 51 | Antimony (アンチモン) | Sb | 110 | Darmstadtium (ダームスタチウム) | Ds |
| 52 | Tellurium (テルル) | Te | 111 | Roentgenium (レントゲニウム) | Rg |
| 53 | Iodine (ヨウ素) | I | 112 | Copernicium (コペルニシウム) | Cn |
| 54 | Xenon (キセノン) | Xe | 113 | Nihonium (ニホニウム) | Nh |
| 55 | Caesium (セシウム) | Cs | 114 | Flerovium (フレロビウム) | Fl |
| 56 | Barium (バリウム) | Ba | 115 | Moscovium (モスコビウム) | Mc |
| 57 | Lanthanum (ランタン) | La | 116 | Livermorium (リバモリウム) | Lv |
| 58 | Cerium (セリウム) | Ce | 117 | Tennessine (テネシン) | Ts |
| 59 | Praseodymium (プラセオジム) | Pr | 118 | Oganesson (オガネソン) | Og |

# ベーシック
# 分析化学

高木 誠【編著】

analytical chemistry

化学同人

# 執筆者一覧と担当章

| | | |
|---|---|---|
| 井上　高教 | 大分大学工学部応用化学科准教授 | 15章 |
| 甲斐　雅亮 | 長崎大学大学院医歯薬学総合研究科教授 | 13章, 16章 |
| 椛島　力 | 長崎大学大学院医歯薬学総合研究科准教授 | 13章, 16章 |
| 鎌滝　裕輝 | 東京都環境科学研究所分析研究部主任研究員 | 17章 |
| 河済　博文 | 近畿大学名誉教授 | 8章, 9章, 15章 |
| 栗崎　敏 | 福岡大学理学部化学科助教 | 11章 |
| 相樂　隆正 | 長崎大学工学部応用化学科教授 | 6章, 付録2, 3 |
| 高木　誠 | 元九州大学名誉教授 | 1章, 5章 |
| 中嶋　直敏 | 九州大学名誉教授 | 6章, 付録2, 3 |
| 中野　幸二 | 九州大学大学院工学研究院応用化学部門准教授 | 5章, 付録2, 3 |
| 中村　博 | 北海道大学大学院地球環境科学研究院教授 | 12章 |
| 早下　隆士 | 上智大学理工学部化学科教授 | 2章, 3章, 4章 |
| 松本　清 | 九州大学大学院農学研究院生物機能科学部門教授 | 7.1〜7.5 |
| 宮本　敬久 | 九州大学大学院農学研究院生物機能科学部門教授 | 7.6 |
| 吉村　和久 | 九州大学大学院理学研究院化学部門教授 | 10章, 付録1 |
| 脇田　久伸 | 福岡大学理学部化学科教授 | 11章 |
| 渡　孝則 | 佐賀大学理工学部機能物質化学科教授 | 14章 |

（五十音順）

## まえがき

　分析化学が果たす役割が大きくなりつつある．これは，現代社会において物質の化学的な性質や濃度などを知る必要性とその重要性が増しているからである．地球自体の現状を含め，われわれの物質環境や衣食住の生活環境を，科学的に正しく把握することが社会の大きな関心事となっている．そこで用いられる測定の多くは分析化学の手法である．

　ナノテクあるいはバイオテクとよばれる先端的な科学技術が急速に進歩している．その開発には高度な分析機器が用いられる．新しい測定手段があって，はじめて新しい科学と技術が生まれる．ガリレオが当時発明されたばかりの望遠鏡を用いて木星の衛星を発見したこと，また近代医学における病原菌の発見は，顕微鏡によってはじめて可能であったことを思い起こせばわかる．

　分析化学を手法面から見ると，おもに溶液反応を扱う化学分析とおもに電磁波や粒子ビームを扱う物理分析に大きく分けられる．本教科書でも内容をおおむねこの二つ（化学分析，1～7章；物理分析，8～15章）に分けた．分量面では，学士課程の教科書としてそれぞれ2単位の授業内容を見込んでいる．

　分析化学は時代の要請もあり，分野の広がりとともに専門的な特化が著しい．このため，特定の専門性に分けて編纂される教科書や専門書も多い．一方，大学の学士課程では，専門性の向上を急ぐよりも，真に重要な基礎学問と技術を精選し，平易に解説して，分析化学の見方と考え方を確実に把握させることが望まれる．今日の科学技術の急激な高度化に処するには，これが本道であろう．

　本書は上の考えに従った分析化学の入門教科書である．予備知識として高校の化学・物理を越える内容は前提としていない．理工系をはじめ農学・生物資源系，医歯薬系の関係者のご期待に応えることができれば，幸いこれに過ぎるものはない．

　平成18年9月　初秋

編著者　高木　誠

# 目 次

## 第1章 水溶液中のイオン平衡と酸塩基反応 …………………………………… 1

- 1.1 物質の溶解とイオン 1
  - 1.1.1 溶解現象 1
  - 1.1.2 イオンと水の構造 2
  - 1.1.3 水和イオンの構造 4
- 1.2 化学種の濃度とイオン解離平衡 5
  - 1.2.1 化学種の濃度 5
  - 1.2.2 水のイオン解離——水素イオンと水酸化物イオンの濃度 6
  - 1.2.3 水中でのアンモニアと酢酸のイオン解離 7
  - 1.2.4 化学平衡における濃度と活量 8
- 1.3 酸と塩基 9
  - 1.3.1 酸と塩基の定義 9
  - 1.3.2 強酸と強塩基 10
  - 1.3.3 弱酸と弱塩基 11
  - 1.3.4 多官能性の酸塩基 13
  - 1.3.5 強電解質と弱電解質 14
  - 1.3.6 弱酸あるいは弱塩基がつくる塩 15
- 1.4 化学種の電子構造の考え方 15
  - 1.4.1 構造と形式荷電 15
  - 1.4.2 反応の進み方の電子論的な表現 17
- 1.5 化学平衡の計算(1)——pH値からほかの化学種濃度を計算する 18
  - 1.5.1 pH値と化学種濃度の関係 18
  - 1.5.2 pH変化に伴う化学種分布の変化 20
- 1.6 化学平衡の計算(2)——溶液調製組成からpH値を計算する 21
  - 1.6.1 強酸と強塩基の溶液 21
  - 1.6.2 弱酸と弱塩基の溶液 22
  - 1.6.3 酸と塩基の混合溶液 24
- 1.7 酸塩基滴定 25
- 【章末問題】 27

## 第2章 錯体化学とキレート滴定法 ……………………………………………… 29

- 2.1 錯体の発見と錯体化学 29
- 2.2 配位結合とキレート効果 29
- 2.3 錯形成反応 32
- 2.4 キレート滴定法 34
  - 2.4.1 キレート試薬とその反応条件 34
  - 2.4.2 キレート滴定法と滴定曲線 36
  - 2.4.3 金属指示薬による終点の決定 38
- 【章末問題】 39

## 第3章 固液平衡とイオン交換反応 ……………………………………………… 40

- 3.1 溶解平衡と溶解度積 40
- 3.2 溶解平衡に影響を及ぼす諸因子 42
  - 3.2.1 共通イオン効果と錯体形成の影響 42
  - 3.2.2 異種イオン効果 43
  - 3.2.3 pH効果 44
- 3.3 沈殿滴定法 45
  - 3.3.1 滴定曲線 45
  - 3.3.2 沈殿滴定の指示薬 46
- 3.4 イオン交換反応 48
  - 3.4.1 イオン交換樹脂の種類と構造 48
  - 3.4.2 イオン交換平衡と選択性 49
  - 3.4.3 イオン交換反応の応用 51
- 【章末問題】 52

## 第 4 章　分配平衡と抽出　53
- 4.1　分配平衡と分配係数　53
- 4.2　弱酸，弱塩基の抽出平衡　54
- 4.3　分配比と抽出率　56
- 4.4　金属キレートの抽出　56
- 4.5　繰り返し抽出　59
- 4.6　クレイグの向流分配による多段抽出　60
- 【章末問題】　63

## 第 5 章　酸化還元反応　64
- 5.1　酸化還元反応　64
- 5.2　酸化還元電位とネルンスト式　66
- 5.3　電池の起電力と電池反応の平衡定数　70
- 5.4　酸化還元滴定とその応用　72
- 【章末問題】　74

## 第 6 章　電極を用いる電気化学測定　75
- 6.1　はじめに　75
- 6.2　電極と酸化還元反応　75
- 6.3　電極と溶液種との間の電子授受反応　77
- 6.4　酸化還元平衡にあるときの電極電位　80
- 6.5　酸化還元平衡にあるときの電極電位の実測　81
- 6.6　電位規制による反応の制御　83
- 6.7　電極を用いる電気化学分析の特徴　86
- 6.8　電極系における電気化学平衡　87
- 6.9　電気化学窓　88
- 6.10　支持電解質　90
- 6.11　ポーラログラフィー　91
- 6.12　電極反応の律速過程　91
- 6.13　ボルタンメトリー　92
- 6.14　電気化学分析に広く用いられる参照極　94
- 6.15　電極を用いる電気化学分析例　95
- 6.16　分光法と組み合わせた電気化学計測　95
- 【章末問題】　96

## 第 7 章　クロマトグラフィーと電気泳動　98
- 7.1　クロマトグラフィーとは　98
- 7.2　クロマトグラフィーの種類　98
- 7.3　クロマトグラフィーの基礎　99
  - 7.3.1　分配平衡と保持値　99
  - 7.3.2　分離係数と分離度　100
  - 7.3.3　分離効率と理論段数　101
  - 7.3.4　定性と定量　101
- 7.4　液体クロマトグラフィー　102
  - 7.4.1　高速液体クロマトグラフィー　102
  - 7.4.2　平面クロマトグラフィー　105
- 7.5　ガスクロマトグラフィー　106
  - 7.5.1　装置　106
  - 7.5.2　恒温および昇温GC分析法　108

7.6　電気泳動　*109*
　7.6.1　はじめに　*109*
　7.6.2　電気泳動法の分類　*110*
　7.6.3　ゲル電気泳動法　*111*
【章末問題】*114*

# 第8章　光と物質の相互作用 …… *116*
8.1　光とは　*116*
　8.1.1　波動性と粒子性　*116*
　8.1.2　光のエネルギー　*117*
8.2　光による分子の励起と緩和　*118*
　8.2.1　エネルギー準位　*118*
　8.2.2　光の吸収と発光　*119*
8.3　分光測定技術　*120*
　8.3.1　光の発生と分光　*120*
　8.3.2　光の検出　*121*
【章末問題】*122*

# 第9章　分子分光分析 …… *123*
9.1　紫外・可視吸光度法　*123*
　9.1.1　ランバート-ベールの法則　*123*
　9.1.2　発色反応　*125*
9.2　蛍光法　*125*
　9.2.1　励起スペクトルと蛍光スペクトル　*125*
　9.2.2　蛍光標識と超高感度分析　*126*
9.3　赤外吸収分光法とラマン分光法　*126*
　9.3.1　赤外吸収分光　*127*
　9.3.2　ラマン分光法　*128*
【章末問題】*129*

# 第10章　原子分光分析 …… *130*
10.1　原子吸光分析法　*130*
　10.1.1　原理　*131*
　10.1.2　装置　*132*
　10.1.3　干渉とその除去　*134*
　10.1.4　原子吸光法による定量分析　*136*
10.2　ICP発光分析法　*136*
　10.2.1　ICPの原理　*137*
　10.2.2　ICP発光分析装置の構成　*138*
　10.2.3　ICP発光分析法による定量分析　*139*
10.3　ICP質量分析法　*139*
　10.3.1　ICP質量分析装置の構成　*139*
　10.3.2　干渉　*139*
　10.3.3　ICP質量分析による定量分析　*139*
【章末問題】*140*

# 第11章　X線構造解析 …… *141*
11.1　X線解析の基礎　*141*
　11.1.1　電磁波　*141*
　11.1.2　X線の散乱と干渉　*142*
11.2　X線の発生　*142*
　11.2.1　実験室のX線源　*142*
　11.2.2　放射光　*143*
　11.2.3　検出器　*144*
11.3　X線回折法　*146*
　11.3.1　X線の回折　*146*
　11.3.2　応用　*147*

## 11.4 蛍光X線分析法 150
- 11.4.1 蛍光X線 150
- 11.4.2 原理 150
- 11.4.3 応用 151

## 11.5 X線吸収分析 153
- 11.5.1 X線の吸収 153
- 11.5.2 EXAFSとXANES 153
- 11.5.3 応用 154

【章末問題】 156

# 第12章 磁気を用いる分析法 157

## 12.1 電子スピン共鳴法 157
- 12.1.1 装置 158
- 12.1.2 試料 158
- 12.1.3 測定対象 160
- 12.1.4 得られるデータ 160

## 12.2 核磁気共鳴法 161
- 12.2.1 測定対象 162
- 12.2.2 装置 163
- 12.2.3 測定目的 165
- 12.2.4 得られるデータ 165
- 12.2.5 二次元NMR 167

【章末問題】 168

# 第13章 質量分析 169

## 13.1 装置 169
- 13.1.1 試料導入部 169
- 13.1.2 イオン源 169
- 13.1.3 分離器 170
- 13.1.4 検出器 171

## 13.2 イオン化法 172
- 13.2.1 電子衝撃イオン化 172
- 13.2.2 化学イオン化 173
- 13.2.3 フィールドイオン化およびフィールドデソープション 173
- 13.2.4 二次イオン化と高速原子衝撃イオン化 174
- 13.2.5 マトリックス支援レーザー脱離イオン化 175

## 13.3 マススペクトルの解析 176
- 13.3.1 分子イオンピーク 176
- 13.3.2 同位体ピーク 177
- 13.3.3 フラグメントイオンピーク 177
- 13.3.4 多価イオンピーク 177
- 13.3.5 メタステーブルイオンピーク 177
- 13.3.6 分子イオンの同定 178
- 13.3.7 高分解能マススペクトルと分子式 178
- 13.3.8 電子衝撃イオン化におけるフラグメンテーション 178
- 13.3.9 衝突活性化によるフラグメントイオンの生成と検出法 180

## 13.4 クロマトグラフィーと質量分析 181
- 13.4.1 マスフラグメントグラフィーとマスクロマトグラフィー 181
- 13.4.2 GC／MS用インターフェース 182
- 13.4.3 LC／MS用インターフェース 183

【章末問題】 185

# 第14章 顕微鏡 186

## 14.1 顕微鏡の種類 186
- 14.1.1 光学顕微鏡 186
- 14.1.2 電子顕微鏡 187
- 14.1.3 走査型プローブ顕微鏡 188

## 14.2 光学顕微鏡 189
- 14.2.1 一般顕微鏡 189
- 14.2.2 実体顕微鏡 190
- 14.2.3 偏光顕微鏡 190

14.3 電子顕微鏡 *192*
　14.3.1 透過型電子顕微鏡（TEM）*192*
　14.3.2 走査型電子顕微鏡（SEM）*194*
14.4 走査型プローブ顕微鏡（SPM）*196*
　14.4.1 走査型トンネル顕微鏡（STM）*196*
　14.4.2 原子間力顕微鏡（AFM）*197*
14.5 特殊な顕微鏡 *198*
　14.5.1 共焦点レーザー走査顕微鏡 *198*
　14.5.2 X線顕微鏡 *198*
　14.5.3 X線マイクロアナライザー（X-ray microanalyser；XMA）*199*
14.6 まとめ *200*
【章末問題】*200*

## 第15章　熱分析・微小領域分析・化学センサー ……………… *201*
15.1 熱を利用する分析 *201*
　15.1.1 熱重量分析法（TG）*201*
　15.1.2 示差熱分析法（DTA）と示差走査熱量測定法（DSC）*202*
15.2 微小領域の分析 *203*
　15.2.1 光学顕微鏡 *203*
　15.2.2 共焦点顕微鏡と蛍光顕微鏡 *204*
　15.2.3 分光顕微鏡 *205*
15.3 化学センサー *206*
　15.3.1 半導体ガスセンサー *206*
　15.3.2 イオンセンサー *207*
　15.3.3 バイオセンサー *207*
【章末問題】*209*

## 第16章　タンパク質と核酸の標識 ……………… *210*
16.1 はじめに *210*
16.2 タンパク質の標識 *210*
　16.2.1 蛍光物質による標識 *210*
　16.2.2 酵素による標識 *211*
　16.2.3 遺伝子を組換え標識 *213*
16.3 標識タンパク質を用いる分析法 *214*
　16.3.1 タンパク質のアミノ酸配列決定 *214*
　16.3.2 タンパク質の構造変化の検出 *214*
　16.3.3 タンパク質間相互作用の評価 *216*
16.4 核酸の標識 *216*
　16.4.1 5′末端標識法 *216*
　16.4.2 3′末端標識法 *216*
　16.4.3 ニックトランスレーション法 *218*
　16.4.4 ランダムプライマー伸長法 *218*
　16.4.5 微粒子によるDNAの標識 *218*
　16.4.6 そのほかのDNA標識方法 *219*
16.5 標識核酸を用いる分析法 *220*
　16.5.1 DNAの塩基配列決定 *220*
　16.5.2 DNAとタンパク質の結合性の評価 *220*
　16.5.3 リアルタイムPCR *221*
　16.5.4 一塩基多型の検出 *221*
【章末問題】*222*

## 第17章　計測結果の意味と扱い ……………… *223*
17.1 数値とは――分析化学における数値 *223*
　17.1.1 数値って何語？ *223*
　17.1.2 見たり聞いたりする数値 *223*
　17.1.3 数値には意味がある *224*
17.2 意味のある数値――数値の丸めと有効数字 *225*
　17.2.1 数値の桁数の意味 *225*
　17.2.2 四捨五入とJISの丸めの違い *226*
　17.2.3 有効数字とは *226*

17.3 計測した数値がもつ幅——データの誤差と誤差の伝播　227
　17.3.1　見える誤差　227
　17.3.2　防げる誤差と防げない誤差　228
　17.3.3　平均値と標準偏差（計測値の代表）　228
　17.3.4　まとめ　230
17.4 データがもつ意味——相関係数，（単回帰）回帰直線　232
　17.4.1　データの種類　232
　17.4.2　データのバラツキを見るための考え方　233
　17.4.3　相関係数は指標の一つ　233
　17.4.4　回帰直線を求めてみる　234
　17.4.5　大気汚染データ　235
　17.4.6　時系列データのいろいろ　237
17.5 多変量解析　238
　17.5.1　最小二乗法による回帰直線と相関係数の求め方　238
【章末問題】　241

## 付　録1：基本的な測量器　242
秤　量　242／溶液の調製，希釈，滴定　243／分取　244

## 付　録2：機能物質と分析化学　244

## 付　録3：標準酸化還元電位データ　247

## 章末問題の解答　248

## 索　引　255

---

### コラム

- 超分子試薬の原点？　38
- 日本の食卓塩　51
- 溶媒抽出，固相抽出，そして超臨界流体抽出　63
- 有機化合物の酸化還元　65
- 酸化還元電極　67
- 基準水素電極：気体電極　68
- 電気化学ポテンシャルとネルンスト式　69
- 電池の起電力測定　71
- 酸化還元指示薬　74
- $\varepsilon°_{redox}$ の絶対値は実測できるのか？　80
- ポテンシオスタットは自作も可能　86
- 電気化学ポテンシャルを用いたネルンスト式の導入　87
- Hg電極の電気化学窓　89
- さまざまなボルタンメトリー　93
- はじめてのクロマトグラフィー　109
- タンパク質の二次元電気泳動　114
- 下痢原性大腸菌O157の検出　115
- レーザー　121
- 感度と検出限界とダイナミックレンジ　129
- 大気汚染と測定単位　224
- 日本工業規格：JISについて　227
- 化学実験で容器類を3回蒸留水でゆすぐことの理由は？　232

# 第1章 水溶液中のイオン平衡と酸塩基反応

## 1.1 物質の溶解とイオン

### 1.1.1 溶解現象

食塩(塩化ナトリウム)や砂糖(ショ糖)を水に加えてかき混ぜると均一に溶解する(dissolve). このとき, 塩化ナトリウムやショ糖を溶質(solute)とよび, これを溶かす液体を溶媒(solvent)とよぶ. また得られた均一な液体を溶液(solution)とよぶ. 溶質となるのは固体に限らない. 気体の空気は水に溶ける. 水にすむ魚は, 溶質となった酸素を鰓から取り込んで生きている. アンモニア($NH_3$)は常温常圧で気体であり, これを溶質とする水溶液がアンモニア水である. 同様に塩化水素ガス(HCl)を水に溶かすと塩酸が得られる.

溶解にあたり, 溶質分子を取り巻く化学的な環境はその前後で大きく変わる. これを分子レベルから眺める. 固体のショ糖では, $C_{12}H_{22}O_{11}$(分子量342)という分子式で示されるショ糖の分子同士が規則正しく並び, 氷砂糖に見られるように結晶をつくっている. ショ糖分子には8個のヒドロキシ基(-OH基, アルコール性のヒドロキシ基)があり, 結晶中ではこれらが分子間で互いに水素結合で結ばれている. 水溶液になるとショ糖分子間の水素結合は切れて, 代わりにショ糖分子と水分子が水素結合で結ばれる. これを意識して, ショ糖の溶解反応を化学式で示せば式(1.1)のようになる.

$$C_{12}H_{22}O_{11}(結晶) + nH_2O \longrightarrow C_{12}H_{22}O_{11} \cdot (H_2O)_n (溶液) \tag{1.1}$$

溶質分子に溶媒分子が結合することを一般に溶媒和(solvation)とよび, 溶媒が水のときにとくに水和(hydration)という. 溶質分子に結合している溶媒分子の個数 $n$ を知ることは一般に難しい.

固体の塩化ナトリウムでは, 三次元に広がる結晶格子の中に, 陽イオン($Na^+$, ナトリウムイオン)と陰イオン($Cl^-$, 塩化物イオン)が互いに接触した状態で密に詰め込まれている. これが水に溶けると, 陰陽イオンはばらばらになって水中

---

溶ける, 溶かすという言葉は日常生活でよく使う. たとえば水彩画や油絵の絵具を水や油に溶かす. しかしこのときの絵具は, 化学的には厳密には溶けていない. 絵具となっている固体の色素(顔料)が細かい粒子状態で水や油に懸濁・分散しているのである. 溶解とは溶質が分子レベルで均一に溶媒に分散することであり, このとき溶液は透明で濁りがない(光を散乱しない).

**水素結合**

水分子のヒドロキシ基では, 水素は部分的に正に荷電し, 酸素は部分的に負に荷電している. このことを O-H 結合が分極しているという. これが原因になって分子間のヒドロキシ基の間で静電的な引力が働く. これを水素結合とよぶ. ショ糖が水に溶けるとき, ショ糖と水分子との間に新たに水素結合ができる. この効果が結晶内だけの水素結合に比べてエネルギー的により大きな安定化をもたらすので, 結果としてショ糖は水に溶ける.

イオン性結晶の溶解では，結晶中で互いに引き合って最も近接していた正負粒子が，はるか遠くまで引き離される．正負の荷電を引き離すには，反応系にエネルギーを供給しなければならない．一見不利に見えるそのような過程が起こるのは，個々のイオンに水分子が結合する反応が溶液中で起こり，必要なエネルギーを補っているからである．なお結合した複数個の水分子には結合力の強弱があるので，1個のイオンに厳密に何個の水分子が結合しているかを述べることは難しい．

溶解というと，溶質分子が溶媒中に単純に分子状に分散するという状況を考えがちである．これは空気中の窒素や酸素が水に溶ける場合については大きな誤りでない．しかし多くの場合，実は上述のように大きな化学変化が起こっている．

溶媒は水だけ限らない．エタノールやベンゼンなどの有機溶媒にはとくに種類が多い．しかし地球が水の惑星といわれるように，水は地球上で起こるあらゆる物理的，化学的，生物的な過程に深くかかわっており，格別に重要な溶媒である．

**イオン半径**
1族元素の陽イオン(結晶中で6個の陰イオンに取り囲まれている場合)(イオン半径，Å；1 Å = $10^{-10}$ m；Å，オングストローム)
  $Li^+$ (0.90), $Na^+$ (1.16), $K^+$ (1.52)
17族元素の陰イオン
  $F^-$ (1.19), $Cl^-$ (1.67), $Br^-$ (1.82)
化合物は多様であるから，同じ元素の同一荷電イオンでも化合物によってイオン半径が少し異なる．

に分散する．このときイオンは水分子が結合した状態に変わっている（式1.2）．すなわち，同じイオンとはよんでも溶解の前後で存在状態がまったく異なる．

$$NaCl(結晶) + (m+n)H_2O \longrightarrow Na^+(H_2O)_m + Cl^-(H_2O)_n \quad (1.2)$$

アンモニアや塩化水素では，状況がまた異なる．$NH_3$ あるいは HCl 分子は分子全体として正味の荷電をもたない．気体の状態で個々の分子は気体が占める空間を自由に飛びまわっている．しかし水に溶けると，これらの分子は電離（イオン解離，ionization）して正負のイオンを生じる．塩化水素ではすべてが正負のイオンに変わり，アンモニアの場合だと一部の分子だけがイオンに解離する．

$$HCl(気体) + (m+n)H_2O \longrightarrow H^+(H_2O)_m + Cl^-(H_2O)_n \quad (1.3)$$
$$NH_3(気体) + (m+n+1)H_2O \longrightarrow NH_4^+(H_2O)_m + OH^-(H_2O)_n \quad (1.4)$$

酢酸（$CH_3CO_2H$）は分子として正味の荷電はもたないが，水に溶けるとその一部がイオン解離して正負のイオンを生じる．

$$CH_3CO_2H(液体) + (m+n)H_2O \longrightarrow H^+(H_2O)_m + CH_3CO_2^-(H_2O)_n \quad (1.5)$$

### 1.1.2 イオンと水の構造

イオンとは，原子レベルあるいは分子レベルの微小な粒子で荷電をもつものをよび，荷電の正負によって正荷電をもつ陽イオン（cation カチオン，正イオン）と負荷電をもつ陰イオン（anion アニオン，負イオン）に区別する．荷電の大きさはイオンの種類によっていろいろであるが，必ず電子の素荷電の整数倍である．以下，水溶液で普通に出合う陰陽イオンのうち，荷電数が数個以内で構造が単純なものを扱う．

塩化ナトリウムのようなイオン性の結晶では，陽イオンと陰イオンを固い球と考え，それぞれが占める大きさをイオン半径として表す．結晶中でイオンの大きさが決まっているのは，接触するイオンの間で，最外殻電子の間に反発が働き，それ以上互いに近づけないからである．したがって，周期表の同族元素の間で比べると，原子番号が大きい（最外電子殻が大きい）ほうがイオン半径も大きい．

水溶液中のイオンには式(1.2)から(1.5)に示したように水分子が結合しており，結晶中のイオンとは姿がまったく異なっている．では $Na^+(H_2O)_m$ で示されるような水和イオンは，どのような分子構造をとっているのか．これを考える前に水の構造と性質を少しながめる．

水分子の構造は単純に H-O-H と書いてもよい．このとき結合手を示す－印は，単結合を意味すると同時に，共有された二つの電子（:，共有電子対）をも表している．しかし水分子をより立体的に示すには，メタン（$CH_4$）の構造と並べて説明するほうがわかりやすい．これを図1.1に示す．

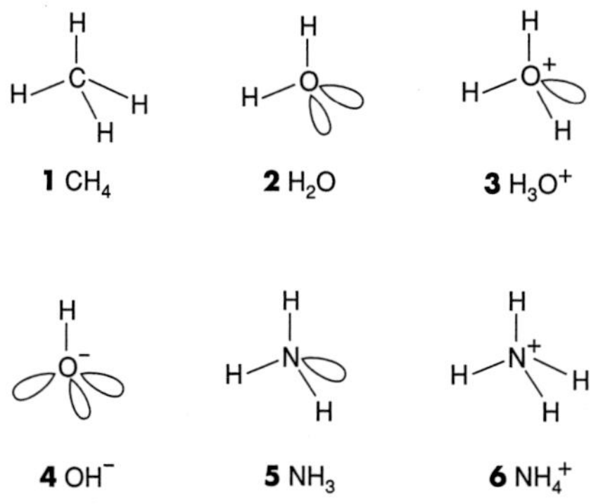

**1 CH₄**　　**2 H₂O**　　**3 H₃O⁺**

**4 OH⁻**　　**5 NH₃**　　**6 NH₄⁺**

**図 1.1　簡単な多原子分子と多原子イオンの構造**
メタンでは炭素に結合した四つの水素が，正四面体の各頂点に位置する．**2〜5** において，中心の酸素あるいは窒素から伸びる楕円体は，最外殻の電子軌道の方向性を強調して示す．いずれについても，一つの軌道は 2 個の電子で満たされている．メタンの C-H の結合距離は 1.09 Å，結合角 ∠HCH は 109.5°である．これに対し水分子の O-H の結合距離は 0.96 Å，∠HOH は 104.5°である．

図 1.1 **1** はメタンで，炭素が正四面体の中心にあり，これから四つの頂点に位置する水素に単結合が伸びている．炭素を酸素に置き換え，四つの水素のうち二つを消し去ると，ほぼ水の立体構造に近いものになる(図 1.1 **2**)．注意しなければならないのは，この消し去った水素の方向に二つの電子対(非共有電子対)がきちんと残っていることである．この非共有電子対はまた，酸素原子のまわりの最外殻電子の存在密度の方向も示している．

酸素原子は結合した相手の原子から電子を引きつける力が強い．このことを酸素は電気陰性度が大きいという．酸素に比べて電気陰性度が小さい水素は，結果として O-H 間の共有電子の存在密度が酸素側に傾く．したがって，図 1.1 **2** の O-H 結合は酸素が部分的に負に，水素が部分的に正に荷電を帯びている(水素結合に関する注を参照)．このような電子雲の偏りに基づく部分的な荷電を，しばしば δ+ あるいは δ- の記号で示し，その所在場所は分子構造の元素記号に肩付きで $H^{δ+}\text{-}O^{δ-}\text{-}H^{δ+}$ のように示す．この場合さらに詳しくいえば，酸素原子上での δ- の荷電は二つの非共有電子対の方向に分布している．

水分子は全体として正味の荷電をもたないが，上述の部分荷電のために分子は強く分極している．このことを，O-H 結合は $^{δ-}O\text{-}H^{δ+}$ のような双極子となって

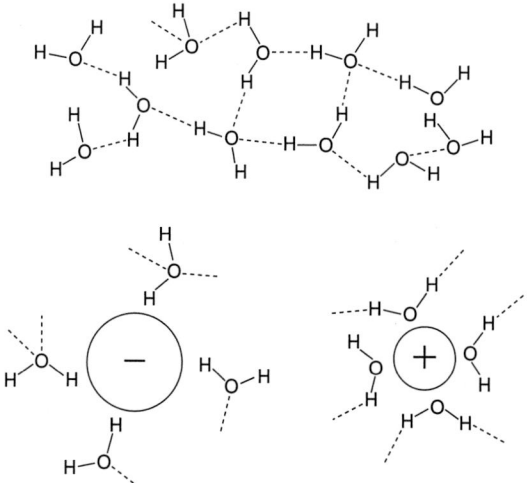

**図 1.2　水溶液の構造の考え方**
上部は水の本体，下部は水和イオンの存在状態を模式的に示す．破線は水分子間の水素結合を示す．

いるとも表現する．それゆえ，液体の水では水全体にわたり双極子の間に強い静電引力，すなわち水素結合が働いている．この様子を模式的に図1.2に示す．イオンに直接結合している水分子もまた，溶液本体の水分子がつくる水素結合の網目に組み込まれている．また水分子の$\delta-$性の酸素部は水中の陽イオンと強く結合し，一方$\delta+$性の水素部は陰イオンと結合する．これがイオンの水和反応の基本的な姿である．

### 1.1.3 水和イオンの構造

水和が起こる前，いわば裸のイオンそのものがどのような構造をもつかをまず考えてみる．まず単原子イオン，たとえば$Na^+$や$Cl^-$イオンは球状である．水素イオン(hydrogen ion)は，オキソニウムイオン(oxonium ion)あるいはヒドロニウムイオン(hydronium ion)ともよばれ，普通は簡単に$H^+$で示される．しかし実際の構造は$H_3O^+$(図1.1 **3**)と記すほうが適切であり，水分子(図1.1 **2**)に陽子($H^+$)が付加したものと見ることができる．図1.1 **4**には$OH^-$イオン(水酸化物イオン)の構造も示した．またアンモニアについては$NH_3$と$NH_4^+$の構造を図1.1 **5**, **6**に示した．$NH_4^+$の構造は$CH_4$によく似ており，$NH_3$の構造は$H_3O^+$に似ている．

水溶液の陽イオン$M^+$や陰イオン$X^-$では，水分子がMやXの原子に直接結合している．直接結合した水分子の数は，イオンの種類によるが4ないし6個が普通である．しかし実際はそのさらに外側にも，中心イオンの荷電の作用を受けている水分子が殻状に広がっている．これらの水和殻(hydration shell)のどこまでをもって水和イオンの大きさとするのかは，測定法ともからんで難問である．しかし，同属のイオンの間で$n$の大きさ(水和イオンのかさ張り)の序列を論じる場合には，考え方はさほど複雑ではない．

まず陽イオンは陰イオンに比べて結晶半径が普通小さい．したがって，周囲の水分子はより近くまで接近できる．そのため，荷電の絶対値が同じである陰陽イオン(たとえば$K^+$と$Cl^-$)を比べると，結晶半径が小さい陽イオン($K^+$)のほうが静電力は多数の水分子に及びやすい．結果として水和イオンのかさは陽イオン($K^+$)のほうが陰イオン($Cl^-$)より大きい．また同種・同数荷電のイオンで比べると(たとえば$Li^+$と$Na^+$)，結晶半径が小さい$Li^+$のほうが，静電力が多数の水分子に及びやすく水和水分子の数は多くなってイオンのかさは大きい．同種荷電のイオンを荷電数の大小で比べると(たとえば$K^+$と$Ca^{2+}$)，荷電の大きい$Ca^{2+}$のほうが，水和イオンのかさ張りは大きくなる．

水和イオンの具体的な大きさの目安となる数値を下にあげる(単位，Å)．数値の序列は前述の考え方におおむね合っている．

$H_3O^+$(9), $Li^+$(6), $Na^+$(4), $K^+$(3), $Ca^{2+}$(6)
$Cl^-$(3), $Br^-$(3)

さて水中のイオンはすべて水和しているが，これらのイオンはふつう単純に

---

水素イオン$H^+$の記号を額面どおり受け取ると，原子核の陽子(proton)そのものを指すことになる．裸の陽子は素粒子物理や原子核反応では扱うが，通常の水溶液中で扱うことはない．

正負の点荷電間で働く静電的な引力の大きさは，荷電間の距離の二乗に反比例する．したがって荷電間の距離が小さくなるほど引力は強くなり，系全体のエネルギーは低い状態に落ち込んで安定化する．実際のイオンは点ではなく，水分子も空間的な広がりをもっているので単純にはいえない．しかし，たとえば金属イオン$M^+$の結晶半径が小さくて水分子の酸素がより近づくことができれば，$M^+$の正荷電中心と酸素の負荷電中心がより近くなって，それだけ水分子と$M^+$の結合は強くなり安定化すると考えられる．同様に，陰イオン$X^-$についても，イオン半径が小さいほど水分子との結合は強くなると考えられる．

$M^{m+}$ などで記し，水和水を特別に表示することはしない．なお多価金属陽イオンや遷移金属イオンについては，イオンと水分子の結合が普通きわめて強い．その結果，結合している水分子の数と金属イオンのまわりの水分子の立体的な配置を明確に規定できる場合がある．このような場合，金属イオンと水分子が単に静電的に相互作用するというよりも，水分子の非共有電子対が陽イオンに配位結合するという表現のほうが適切になる．これに伴い水和イオンも水和錯体とよばれることがある．この例は錯形成反応の章 (p.29) で扱う．

## 1.2 化学種の濃度とイオン解離平衡

### 1.2.1 化学種の濃度

微量の物質を扱うとき，溶液にすると扱いやすい．たとえば塩化バリウム (式量 208.2) の 0.01 ミリモル (0.01 mmol, 2.082 mg) を考える．固体のままだとかろうじて肉眼で見える量であり，さじでは扱えないが，これを 1 mL の水溶液にすれば，その 1000 分の 1 の量 (1 μL) でさえマイクロシリンジ (小型注射器) で扱うことができる．この塩化バリウム溶液は，0.01 mmol の $BaCl_2$ を 1 mL の溶液にしているから，モル濃度は 0.01 mmol/mL = 0.01 mol/L = 0.01 M である．したがって調製した溶液は 0.01 M $BaCl_2$ と表示する．

塩化バリウムは，水溶液中で実質上完全にイオン解離して $Ba^{2+}$ イオンと $Cl^-$ イオンとに分かれる．溶質から生じてこれら溶液中に存在する化合物あるいはイオンを，しばしば総称的に化学種 (chemical species) あるいはイオン種 (ionic species) とよぶ．これらはもちろん水和イオンとして存在している．そこでイオン種 $Ba^{2+}$ と $Cl^-$ について濃度を計算してみる．

濃度 (M 単位) とは，実際に扱う溶液の量が 1 mL であろうと 1 トンであろうと，とにかく「溶液 1 L を採取したとした場合，その中に含まれる物質量 (mol)」のことである．したがって，0.01 M $BaCl_2$ では，$Ba^{2+}$ イオンの濃度は 0.01 M である．これを $[Ba^{2+}]$ = 0.01 (M) と記す．[ ] は記入した化学種の濃度を意味する．一方 $Cl^-$ イオンについては，その物質量 (要するに分子やイオンの個数に対応する量) は $Ba^{2+}$ イオンの 2 倍である．したがって，その濃度は 0.02 M である．これを $[Cl^-]$ = 0.02 (M) と記す．これをまとめると次のとおりである．

$$[Ba^{2+}] = 0.01, \quad [Cl^-] = 0.02 \,(M)$$
$$[Cl^-] = 0.02 = 2 \times 0.01 = 2[Ba^{2+}] \,(M) \tag{1.6}$$

体積の単位 L (リットル) および濃度の単位 M は化学分野で慣用的に使われる．しかし，これは国際単位系には含まれていないので，学術記録では L = $dm^3$ (dm はデシメートル，$10^{-1}$ m) および M = $mol\,dm^{-3}$ というようにあらかじめ定義して用いるのが正式なやり方である．

また濃度を上のように体積基準 (モル濃度, molarity, molar concentration) で定義すると，温度が異なる場合に容器や溶液の体積膨張の影響が入ってくる．これを避けるために重量基準のモル濃度 (重量モル濃度, molality, molal concentration) を用いることがある．これは溶媒 1 kg 当たりに溶かした溶質の物質量 (モル, mole) で表され，単位は $mol\,kg^{-1}$ である．

---

**例題 1.1** 硫酸ナトリウム ($Na_2SO_4$, 式量 142.0) 71.0 mg を量り取り，水に溶かして 10 mL の水溶液とした．この溶液について，硫酸ナトリウムの濃度 (M)，硫酸イオンの濃度 $[SO_4^{2-}]$ (M)，ナトリウムイオンの濃度 $[Na^+]$ (M) を計算せよ．

**解** 用いた硫酸ナトリウムの物質量：

71.0 (mg)/142.0 (mg/mmol) = 0.50 (mmol)

硫酸ナトリウム溶液の濃度：

$$0.50 (\text{mmol})/10 (\text{mL}) = 0.05 (\text{mmol/mL}) = 0.05 (\text{M})$$

濃度表示　0.05 M $Na_2SO_4$

$$[SO_4^{2-}] = 0.05 (\text{M}) \qquad [Na^+] = 2[SO_4^{2-}] = 2 \times 0.05 (\text{M}) = 0.1 (\text{M})$$

### 1.2.2　水のイオン解離 ── 水素イオンと水酸化物イオンの濃度

溶媒としての水は，それ自身式(1.7)の反応に従って水素イオンと水酸化物イオン($OH^-$)とにわずかに解離している．式中で両方向への矢印記号は，反応が左右いずれの方向にも進みうること，あるいは双方向に常時進んでいるが速度が同じため見かけ上は反応が停止した状態(動的平衡)にあることを表す．

$$H_2O + H_2O \rightleftharpoons H_3O^+ + OH^- \tag{1.7}$$

あらゆる化学変化には，原系と生成系の間に化学平衡(chemical equilibrium)の関係が成り立つ．これを数式で表現すれば次のとおりである．化学反応式の左辺と右辺の量論関係を正しく記し，その平衡定数(equilibrium constant)を所定の約束に従って記述すれば，その値は必ず一定になる．式(1.7)についてこれを行えば次のとおりである．

$$\frac{[H_3O^+][OH^-]}{[H_2O]^2} = 定数 \qquad [H_3O^+][OH^-] = 定数 \times [H_2O]^2 = K_w$$

$H_3O^+$ は普通 $H^+$ で示すので，上の式は簡単に式(1.8)のように書く．

$$[H^+][OH^-] = K_w \qquad (K_w = 1.0 \times 10^{-14}\ 25℃) \tag{1.8}$$

なお純水中で起こっている電離反応は式(1.7)だけであるから，存在するイオン種も $H^+$ と $OH^-$ だけである．しかも二種のイオンは同数だけ生じるので両イオンの濃度は等しい．式(1.8)において $[H^+] = [OH^-]$ として，$[H^+][OH^-] = [H^+]^2 = 1.0 \times 10^{-14}$ により $[H^+]$ を求めると $1.0 \times 10^{-7} (\text{M})$ となる．この値はきわめて小さい．いろいろな便宜から，水素イオン濃度はそのままの数値ではなく対数に変換して式(1.9)のように pH 値で表す．この表示に従うと純水の pH は 7.0 である．

$$pH = -\log[H^+] = \log(1/[H^+]) \tag{1.9}$$

水溶液中にある水分子の濃度を計算してみると，$(1000\ \text{g/L}) \div (18\ \text{g/mol}) = 55\ \text{mol/L} = 55\ \text{M}$ である．これは当然のことながら，通常の溶液中の溶質濃度や水素イオン濃度に比べて圧倒的に大きい．しかも本章で扱う水溶液は，溶質濃度が 0.1 M ないしそれ以下の希薄な溶液である．したがってこのような水溶液では $[H_2O]$ は実質的に不変であり一定としてよい．そうすると式(1.8)を導く過程で定数$\times[H_2O]^2$ 項は一定値となり，これを改めて定数 $K_w$ と置くことができる．

なお「溶媒の活量は 1 と置く」という一般的な約束があるので，これによって平衡定数の定義式中の $[H_2O]$ をただちに 1 と置き，$[H^+][OH^-] = K_w$ を導いてもよい．

**例題 1.2**　水素イオン濃度が $5.0 \times 10^{-4} (\text{M})$ である水溶液の pH はいくらか．
**解**　$[H^+] = 5.0 \times 10^{-4} (\text{M})$ であるから，
$1/[H^+] = 2.0 \times 10^3 \quad pH = \log(2.0 \times 10^3) = 3.30$

水に塩酸や酢酸，アンモニアなどを溶かすと，式(1.3)～(1.5)に従って溶液中

に新たに $H^+$ や $OH^-$ が生じる．しかし重要なことは，外部からこのような溶質が加わって $H^+$ や $OH^-$ がどう増減しても，式(1.8)の化学平衡式はその溶液中で必ず成立していることである．たとえば純水に酢酸を少量加えて $[H^+]$ が $1.0 \times 10^{-4}$ M になったとする．この溶液の $[OH^-]$ は，式(1.8)を用いて $1.0 \times 10^{-10}$ M とただちに計算することができる．ついでこの溶液に適当にアンモニア水を加え，アルカリ性に変えたとする．そのときの $[H^+]$ を pH メーターで測って，もし $1.0 \times 10^{-10}$ M ということであれば，この溶液中の $[OH^-]$ は同様に式(1.8)によって $1.0 \times 10^{-4}$ M と計算できる．$[H^+]$ と $[OH^-]$ は式(1.8)によって関連づけられているため，独立に勝手な値をとることができないのである．

さきに，水中で水分子は式(1.7)に従い，$H^+$ と $OH^-$ の生成・消滅を素早く繰り返していると述べた．これと似た反応であるが，水分子は水素結合で互いに結びついているため，式(1.10)（水素結合を点線で示す）のような機構で $H^+$ や $OH^-$ のイオン荷電の存在場所も時々刻々変わる．そのように絶え間なく変化しながら，$H^+$ や $OH^-$ の動的平均としての濃度は水という物質の性質（$[H^+][OH^-] = K_w$）によって互いに束縛されているのである．

$$\begin{array}{l} H_2O^+\text{-}H \cdots\cdots OH_2 \longrightarrow H_2O \cdots\cdots H\text{-}^+OH_2 \\ HO^- \cdots\cdots H\text{-}OH \longrightarrow HO\text{-}H \cdots\cdots {}^-OH \end{array} \quad (1.10)$$

### 1.2.3 水中でのアンモニアと酢酸のイオン解離

式(1.4)では気体のアンモニアが水に溶ける反応を述べた．これは水中において次のような平衡反応として記述できる．

$$NH_3(\text{水溶液}) + H_2O(\text{水溶液本体}) \rightleftharpoons NH_4^+(\text{水溶液}) + OH^-(\text{水溶液}) \quad (1.11)$$

$$\frac{[NH_4^+][OH^-]}{[NH_3][H_2O]} \equiv \frac{[NH_4^+][OH^-]}{[NH_3]} = \text{定数} \quad (\text{定数} = 1.8 \times 10^{-5}) \quad (1.12)$$

さきに式(1.8)の導出で示したように，溶媒の濃度の項 $[H_2O]$ は1と置いてかまわないから，式(1.12)ではそのやり方に従った．

酢酸について，同様に水溶液中でのイオン解離と平衡定数を書くと，式(1.13)，(1.14)のとおりである．酸解離の平衡定数をとくに酸解離定数（acid dissociation constant）とよび，記号として $K_a$ をしばしば用いる．なお式(1.12)と式(1.14)とで平衡定数の値が同じであるのは単に偶然である．

$$CH_3CO_2H + H_2O \rightleftharpoons CH_3CO_2^- + H_3O^+ \quad (1.13)$$

$$\frac{[CH_3CO_2^-][H_3O^+]}{[CH_3CO_2H][H_2O]} = \frac{[CH_3CO_2^-][H_3O^+]}{[CH_3CO_2H]} = \frac{[CH_3CO_2^-][H^+]}{[CH_3CO_2H]} = 1.8 \times 10^{-5} = K_a \quad (1.14)$$

---

$Ba^{2+}$ や $Cl^-$ イオンの場合，荷電が移動することは取りも直さずバリウムや塩素の原子が動くことである．これに対して式(1.10)が意味することは，水素が水素結合を介して隣の水分子に移るだけで，$H_3O^+$ や $OH^-$ の荷電が自由に動くことである．

純水に HCl や $NH_3$ を溶かすと溶液中の $H^+$ が増減する．しかし生じた $H^+$ は，必ずしももと加えた溶質分子に結合していた水素原子ではない．溶質分子に結合していた水素原子自体も，溶媒の水分子の水素と無作為に完全に交換してしまう．

式(1.8)や(1.12)，(1.14)などで定義される平衡定数は反応温度が決まれば一義的に決まるもので，物質のエネルギーや比重などと同じように，物質それ自体の性質や存在状態によって定まる固有の定数である．平衡定数は反応の自由エネルギー変化に直結した量である．

たとえば，式(1.14)の $K_a$ の値は，水溶液中で，「1モルの酢酸分子と1モルの水分子とがもつ自由エネルギー」と「1モルの $H_3O^+$ イオンと1モルの $CH_3CO_2^-$ イオンとがもつ自由エネルギー」との差に対応する量である．一般に，平衡定数（$K$）と自由エネルギー（反応に伴う系の標準自由エネルギーの増加，$\Delta G^\circ$）には次の関係がある．

$$-\Delta G^\circ = RT \ln K \quad (1.15)$$

[H$^+$]や[OH$^-$]は，水溶液中で生成・消滅をつねに行っている H$^+$ や OH$^-$ の動的な濃度であることをさきに述べたが，[NH$_3$], [NH$_4^+$], [CH$_3$CO$_2$H], [CH$_3$CO$_2^-$]についてもまったく同様である．

水溶液中にもしアンモニアという物質があれば，[NH$_3$], [NH$_4^+$], [OH$^-$]は必ず式(1.12)を満足していなければならない．同様に，もし酢酸という物質が溶解していれば，[CH$_3$CO$_2$H], [CH$_3$CO$_2^-$], [H$^+$]などの量は必ず式(1.14)を満足しているはずである．もちろん水溶液であるから，式(1.8) ([H$^+$][OH$^-$] = $K_w$)を満たしていることは当然である．もしアンモニアと酢酸が同時に水に溶けていれば，これらすべての関係式が同時に成立していなければならない．このことは，溶けているこれら溶質の全量がどうであれ，濃度がどうであれ，またほかの酸塩基が共存していようと，まったく関係ない．式(1.8)，(1.12)，(1.14)が同時に成り立つように化学反応が進むのである．

### 1.2.4 化学平衡における濃度と活量

式(1.8)や式(1.12)，式(1.14)は，熱力学の厳密な立場からは，[CH$_3$CO$_2$H], [NH$_3$], [NH$_4^+$], [OH$^-$]などの濃度の代わりに，それぞれの活量を用いて表現せねばならない．活量(activity)とは，現実の溶液中で働いている「実効の」濃度あるいは「実際の能力を示す」尺度ともいうべき量である．どんなイオンでも，周囲にあるイオンが増えると，互いに静電的な作用を受けるため動きに自由が利かなくなる．混みあった電車の中では人が動きづらいのと同様である．つまり本来の能力が発揮できず，割引の能力にとどまらざるをえない．この割引率を活量係数(activity coefficient)とよぶ．活量係数の例を下にあげる．

0.01 M NaCl 水溶液での活量係数：
　H$^+$, 0.91 ; Na$^+$, 0.90 ; Cl$^-$, 0.90

0.1 M NaCl 水溶液での活量係数：
　H$^+$, 0.83 ; Na$^+$, 0.77 ; Cl$^-$, 0.76

上例から，塩化ナトリウムの濃度が増えるに従ってイオンの活量係数が低下することがわかる．活量係数は，塩の溶液について電極電位や膜電位を測定して実験的に求める．溶液が薄い場合は理論的にかなり正確に計算することができる．

上のように，塩(陰陽イオンの集まり)が溶液に加わると共存しているすべてのイオン種の活量に影響がでるが，溶質がショ糖のような無荷電物質であれば，イオンの活量が受ける影響はずっと小さい．無荷電の分子だと，イオンと格別に相互作用する機構がないからである．同様な理由により，無荷電の溶質分子自体も，その活量は共存イオンの影響をあまり受けない．たとえば，アンモニアや酢酸の解離にあたって，無荷電の NH$_3$，CH$_3$CO$_2$H については，共存塩の濃度にかかわらず活量係数は 1 と見てかまわない．

最後に注意しておかねばならないのは，平衡定数を扱うに当たって，用いる濃度の単位である．式の定義をそのままながめると，式(1.8)の $K_w$ は M$^2$(mol$^2$ L$^{-2}$)

の次元をもっている.また式(1.14)の酸解離定数 $K_a$ では,前半は無次元の量を定義し,後半は M(mol L$^{-1}$)の次元量を定義しているように見える.

　厳密にいうと,熱力学的に定義された平衡定数それ自体は,次元をもたない量である.しかし,平衡定数の値を測定し算出するうえで用いる濃度の単位は,通常の溶液化学の場合は M(mol L$^{-1}$)である.したがって,上の諸定数を含め,本書で扱う溶液中の平衡定数の値は断らない限り濃度(M)基準で計算した値である.つまり本章では,平衡定数は表示どおり濃度(M)の次元で定義されているとして扱っても実際上は支障ない.

## 1.3 酸と塩基

### 1.3.1 酸と塩基の定義

　水はほとんど電離しておらず,H$^+$ も OH$^-$ も濃度はきわめて低い.しかし,物質を溶かすと状況が変わる.酸(acid)とは,単純にいえば水に溶けて H$^+$ を増やす物質である.逆に塩基(base)とは,H$^+$ を減らす(したがって OH$^-$ を増やす)物質である.1923年,ブレンステッド(Brønsted)とローリー(Lowry)はこの考え方を一般化して,酸と塩基を「酸とはプロトンを与える物質であり,塩基とはプロトンを受け取る物質である」と定義した.この考えをすでに見た反応(1.13)にあてはめると式(1.16)になる.

$$CH_3CO_2H(酸) + H_2O(塩基) \rightleftharpoons CH_3CO_2^-(塩基) + H_3O^+(酸) \quad (1.16)$$

　定義から自明なように,式の両辺に必ず酸と塩基の両方が現れる.酢酸分子についてみると,左辺に酸として $CH_3CO_2H$ が現れ,右辺には塩基として $CH_3CO_2^-$ が現れている.このことを,両化学種は互いに共役酸と共役塩基の関係にあるという.同様のことを水分子についていえば,式(1.16)では $H_2O$ が共役塩基として働き,$H_3O^+$ が共役酸として働いている.

---

**例題 1.3** アンモニアが水中で電離する反応(式1.11)をブレンステッドの考えによる酸塩基の反応として記せ.

**解** $H_2O(酸) + NH_3(塩基) \rightleftharpoons OH^-(塩基) + NH_4^+(酸)$

---

　一方同じく1923年に,ルイス(Lewis)は酸塩基をプロトンの授受に限らず,分子の電子構造の概念にまで広げて定義した.これによれば,「酸とは電子対を受け取る物質であり,塩基とは電子対を与える物質である」.この定義にはブレンステッドによる酸塩基の定義も含まれる.

　ルイスの考えに従って式(1.16)を書き換えると式(1.17)になる.右向きの反応を見ると,酢酸分子が水分子上にある非共有電子対を受け取っている.したがって酢酸分子は酸であり,電子対を与えた水分子は塩基である.

$$\text{CH}_3\text{C}(::\text{O})\text{O}:\text{H}(酸) + :\text{OH}_2(塩基) \rightleftharpoons$$
$$\text{CH}_3\text{C}(::\text{O})\text{O}:^-(塩基) + \text{H}:\text{OH}_2^+(酸) \qquad (1.17)$$

式(1.17)では，原子の最外殻にある電子対を通常の表記法に従いドット「：」によって示している．有機化学では原子間の単結合，二重結合などを記号「−，＝」などの棒表示によって示すが，これらの棒表示は電子対のドット表示「：，：：」と互いに置き換えることができる．この考え方に従い，有機化学では非共有電子対を示す場合にもしばしば棒表示を用いる．このことを意識して式(1.17)を書き換えると式(1.18)になる．

$$\text{CH}_3\text{C}(=\text{O})\text{O-H}(酸) + |\text{OH}_2(塩基) \rightleftharpoons$$
$$\text{CH}_3\text{C}(=\text{O})\text{O}|^-(塩基) + \text{H-OH}_2^+(酸) \qquad (1.18)$$

式(1.18)で，水分子上の非共有電子対が縦棒になっていることに違和感があるかもしれない．しかし原子の最外殻にある電子対が非共有電子対のままであったり，共有結合電子対になったり互いに変化しうることが酸塩基反応の本質であることにあらためて注目したい．なお，このように電子対を棒で表すやり方は，酸塩基反応に限らず，無機・有機のいろいろな分子構造や反応の進み方を簡便に示すうえで，たいへん便利である．これについては，あとの節で改めて述べる．

> **例題 1.4** アンモニアが水中で電離する反応(式1.11)を式(1.18)にならってルイスの酸塩基反応として記せ．
>
> **解** $\text{HO-H}(酸) + |\text{NH}_3(塩基) \rightleftharpoons \text{HO}|^-(塩基) + \text{H-NH}_3^+(酸)$

### 1.3.2 強酸と強塩基

強酸(strong acid)として代表的なものは塩酸(HCl)，硫酸($\text{H}_2\text{SO}_4$)，硝酸($\text{HNO}_3$)，過塩素酸($\text{HClO}_4$)などの無機酸である．濃い溶液でない限り，水に溶かした分子のすべてがイオン解離して$\text{H}^+$を生じる．これらの酸をHAで略記し，水和にかかわる水分子を省略すると，強酸の解離は次のように記すことができる．

$$\text{HX} \rightleftharpoons \text{H}^+ + \text{X}^- \qquad (1.21)$$

記号 $\rightleftharpoons$ は，通常用いられる平衡反応の記号を少し修正したもので，「平衡の位置が圧倒的に生成系に傾いている」ことを示す．平衡がいかに片方に偏っていたにしても，あらゆる化学反応は原理的に平衡反応であるから，これに配慮して一方向だけへ進行する記号 → を用いることを避けたものである．このような反応についても原理的には酸解離定数を書き下すことができる．しかし，本章でおもに扱う0.1 M以下の薄い水溶液では分子種HXの濃度が小さすぎて測定できず，したがって解離定数も測定できない．したがって，実際には「化合物としてのHXは水中には存在せず，すべて$\text{H}^+$と$\text{X}^-$とに変化した」として扱う．

---

ルイスの酸塩基の考え方は広い分野で有用である．例として，アンモニア水に硝酸銀(Ⅰ)水溶液を加えたときに銀のアンモニア錯体$[\text{Ag}(\text{NH}_3)_2]^+$が生成する反応を式(1.19)，(1.20)にあげる．ここで$\text{H}_3\text{N}|$は電子対を与えているからルイス塩基であり，$\text{Ag}^+$は電子対を受け取っているからルイス酸である．式(1.20)は式(1.19)からその部分を抽出したものである．

$$\text{H}_3\text{N}| + \text{Ag}^+ + |\text{NH}_3 + \text{NO}_3^-$$
$$\rightleftharpoons [\text{H}_3\text{N-Ag-NH}_3]^+ + \text{NO}_3^- \qquad (1.19)$$
$$\text{Ag}^+ + 2\text{NH}_3 \rightleftharpoons [\text{Ag}(\text{NH}_3)_2]^+ \qquad (1.20)$$

硫酸$\text{H}_2\text{SO}_4$は1分子当たり二つの$\text{H}^+$を生じるので二価の酸とよぶ．最初のプロトン解離は完全である．二つ目の解離も大きいが，その程度はやや劣るので解離定数はかろうじて実測できる．リン酸は三価の酸でかなり強い酸であるが，硫酸よりも劣るので中程度の強度の酸とよばれる．

さて強塩基の代表格は水酸化ナトリウム（NaOH）や水酸化カリウム（KOH），水酸化テトラメチルアンモニウム〔$(CH_3)_4N^+OH^-$〕などである．これらの塩基をQOHの表示で代表させ，水中でのイオン解離反応を示すと式(1.22)のとおりである．これらの塩基は固体で$Q^+OH^-$型のイオン結晶であり，水中でもQOHという分子種は実際上存在せず，すべてが$Q^+$と$OH^-$とにイオン解離している．式(1.22)についても平衡定数は定義はできるが，QOH分子の濃度が小さすぎるため実際には測定できない．なおQの記号は，アンモニウムイオンの四つの水素がすべて有機基で置換した型の化学種を四級アンモニウム（quaternary ammonium）とよぶことを意識したものである．

$$QOH \rightleftarrows Q^+ + OH^- \qquad (1.22)$$

### 1.3.3 弱酸と弱塩基

強酸や強塩基とは，式(1.21)や式(1.22)で示されるイオン解離平衡が実質的に完全に右に進んでしまう化合物のことである．これに対し弱酸と弱塩基とは，左辺と右辺の化学種の濃度が，普通に測定できる範囲にある化合物である．このことを反応式と平衡定数で表すと式(1.23)および式(1.24)のとおりであり，平衡定数$K_{HA}$, $K_{QOH}$をそれぞれ酸解離定数，塩基解離定数とよぶ．

$$HA \rightleftarrows H^+ + A^- \qquad \frac{[H^+][A^-]}{[HA]} = K_{HA} \qquad (1.23)$$

$$QOH \rightleftarrows Q^+ + OH^- \qquad \frac{[Q^+][OH^-]}{[QOH]} = K_{QOH} \qquad (1.24)$$

弱酸HAの典型は，酢酸に代表されるカルボン酸類（$RCO_2H$；Rは脂肪族基）やフェノール類（ArOHなど；Arは芳香族基）である．例を表1.1にあげる．一方，弱塩基にはQOH型の化学構造で表される物質は少なく，しいてあげれば水酸化マグネシウム$Mg(OH)_2$である．水酸化リチウム（LiOH）も，水酸化ナトリウムほど強くないという意味では弱い塩基である．弱塩基としては表1.1にあげるように，有機のアミン類のほうがはるかに多く知られている．表では解離平衡定数（$K$）の値をp$K$（$= -\log K$）の値として示している．

アミンとはアンモニア分子の水素の一部，あるいはすべてを有機基で置き換えた化合物の総称である．解離反応の形はアンモニアとまったく同様であり，塩基をBの記号で示せば式(1.25)のとおりである．式(1.25)の$K_B$も式(1.24)の場合と同じく塩基解離定数とよぶ．このことは，化学反応の生成系に$[OH^-]$が含まれることからもわかるように二つの定義式の内容が実質同等であるから当然である．

$$B + H_2O \rightleftarrows BH^+ + OH^-$$
$$\frac{[BH^+][OH^-]}{[B][H_2O]} \equiv \frac{[BH^+][OH^-]}{[B]} = K_B \qquad (1.25)$$

四級アンモニウム型の塩基$(CH_3)_4N^+OH^-$は，NaOHやKOHよりも強い塩基である．$(CH_3)_4N^+$イオンからは，$NH_4^+$と違ってプロトンが解離しない．またイオン半径が$Na^+$や$K^+$よりもずっと大きく，$Q^+$と$OH^-$との間に働く静電引力が$Na^+$や$K^+$の場合に比べて小さい．このため水中で$Q^+$と$OH^-$とが会合する傾向も少なく，式(1.22)の反応はきわめて強く右側に傾く．

酸解離定数$K_{HA}$の値は，たとえば酢酸が$1.8 \times 10^{-5}$，フェノールが$1.1 \times 10^{-10}$であるなど，値の大小の幅が著しい．塩基解離定数についても同様である．このため解離定数は対数値として示すことが多い．なお酸解離定数の定義から自明なように，$K_{HA}$が大きいほど（p$K_{HA}$値が小さいほど）平衡が$H^+$を解離させる方向に傾いているから，酸としては強い．$K_{HA}$の値は酸の強弱を論じるうえで定量的な尺度である．

表1.1 酸と塩基の解離定数(25℃)[a]

| | 酸塩基 | 分子式 | 分子式の略記 | 最多プロトン化体の略記構造[b]；詳細構造[c] | プロトン化体の酸解離 pK₁ | pK₂ | pK₃ |
|---|---|---|---|---|---|---|---|
| 無機化合物 | フッ化水素酸 | HF | HA | HA | 3.17 | | |
| | ホウ酸 | $HBO_2(H_3BO_3)$ | HA | HA | 9.24 | | |
| | 炭酸 | $H_2CO_3(H_2O + CO_2)$ | $H_2A$ | $H_2A$ | 6.35 | 10.25 | |
| | 硫化水素 | $H_2S$ | $H_2A$ | $H_2A$ | 7.00 | 12.9 | |
| | リン酸 | $H_3PO_4$ | $H_3A$ | $H_3A$ | 2.23 | 7.21 | 12.3 |
| | アンモニア | $NH_3$ | B | $HB^+$; $NH_4^+$ | 9.25 | | |
| 有機化合物 | ギ酸 | $HCO_2H$ | HA | HA | 3.75 | | |
| | 酢酸 | $CH_3CO_2H$ | HA | HA | 4.76 | | |
| | 安息香酸 | C₆H₅-CO₂H | HA | HA | 4.20 | | |
| | フェノール | C₆H₅-OH | HA | HA | 9.98 | | |
| | シュウ酸 | $HO_2C-CO_2H$ | $H_2A$ | $H_2A$ | 1.25 | 4.27 | |
| | アジピン酸 | $HO_2C(CH_2)_4CO_2H$ | $H_2A$ | $H_2A$ | 4.42 | 5.41 | |
| | ジメチルアミン | $(CH_3)_2NH$ | B | $HB^+$; $(CH_3)_2NH_2^+$ | 11.0 | | |
| | ピリジン | ピリジン | B | $HB^+$; ピリジニウム $N^+-H$ | 5.19 | | |
| | アニリン | C₆H₅-$NH_2$ | B | $HB^+$; C₆H₅-$NH_3^+$ | 4.61 | | |
| | エチレンジアミン | $H_2N-CH_2CH_2-NH_2$ | B | $H_2B^{2+}$; $^+H_3N-CH_2CH_2-NH_3^+$ | 6.85 | 9.93 | |
| | グリシン | $H_2NCH_2CO_2H$ | HA | $H_2A^+$; $^+H_3NCH_2CO_2H$ | 2.35 | 9.77 | |
| | グルタミン酸 | $CH_2CH_2CO_2H$ / $H_2NCHCO_2H$ | $H_2A$ | $H_3A^+$; $CH_2CH_2CO_2H$ / $H_3^+NCHCO_2H$ | 2.19 | 4.25 | 9.67 |

a) 分子式で示した構造を酸では $H_nA$，塩基では B と略記する．アミノ酸は酸として略記する．
b) 水溶液中で最もプロトン化が進んだときの略記構造．
c) イオン構造における荷電の位置は便宜的に示した．表示規則に従ったやり方は次の節で扱う．

さて式(1.25)の反応をブレンステッドの見方でながめると，右辺の $BH^+$ は酸である．したがって，その酸解離定数を式(1.26)のように定義することができる．

$$HB^+ \rightleftharpoons H^+ + B \quad \frac{[H^+][B]}{[HB^+]} = K_{HB^+} \quad (1.26)$$

いま B で示されるアンモニアあるいはアミンが水に溶けているとする．この

水溶液には B のほか，ほかのアミンや酢酸など雑多な酸塩基が溶けていてもかまわない．しかし，とにかく B を含む水溶液であるから，そこには B だけでなく必ず $HB^+$ も存在する．水溶液だからもちろん $H^+$ と $OH^-$ もある．そしてそれらの濃度間には平衡定数として式(1.25)と(1.26)が必ず同時に成立している．そこでこの溶液について，式(1.25)と(1.26)の積 $K_B \times K_{HB^+}$ を計算してみよう．

$$K_B \times K_{HB^+} = \frac{[BH^+][OH^-]}{[B]} \times \frac{[H^+][B]}{[HB^+]}$$
$$= [OH^-][H^+] = K_W = 1.0 \times 10^{-14}$$
$$pK_B + pK_{HB^+} = pK_W \tag{1.27}$$

式(1.27)は $K_B$ と $K_{HB^+}$ が互いに独立でないことを意味している．すなわち，共役関係にある酸塩基については一方の解離定数が決まれば他方は式(1.27)によって必然的に定まる．この意味で，塩基 B の解離のデータを取り扱うときは，塩基解離定数 $K_B$ で扱うよりは，その共役酸の酸解離定数 $K_{HB^+}$ の形で整理するのが便利である．そうするほうが，酸 HA と同じ尺度で解離の程度を比較することができ，現実的にも便利である．表 1.1 はこの考えでまとめている．

**例題 1.5** ギ酸の酸解離定数 $K$ を表 1.1 の p$K$ 値から計算せよ．

**解** p$K$ = 3.75 であるから
$\log K = -pK = -3.75$　　$K = 10^{-pK} = 10^{-3.75} = 1.8 \times 10^{-4}$

**例題 1.6** アニリンの塩基解離定数($K_B$)を表 1.1 の酸解離定数($K_{BH^+}$)から計算せよ．

**解** $pK_B + pK_{HB^+} = pK_W$ において $pK_{HB^+} = 4.61$，$pK_W = 14.0$ であるから，
$pK_B = pK_W - pK_{HB^+} = 14.0 - 4.61 = 9.39$
したがって，$K_B = 10^{-pK_B} = 10^{-9.39} = 4.07 \times 10^{-10}$
いうまでもないが，$K_{HB^+}$ および $K_B$ はそれぞれ $[C_6H_5NH_2][H^+]/[C_6H_5NH_3^+]$
$= K_{HB^+}$ および $[C_6H_5NH_3^+][OH^-]/[C_6H_5NH_2] = K_B$ で定義される量である．

### 1.3.4 多官能性の酸塩基

リン酸分子には三つのヒドロキシ基があり，これらは次の三段階の反応によって逐次解離する(式 1.28～1.30)．このように定義される平衡定数を逐次酸解離定数とよぶ．解離定数の値を比べると $K_1 > K_2 > K_3$ であり，プロトンの解離が進むにつれて解離定数が小さくなっている．化学種がもつ負荷電が大きくなるほど $H^+$ を引きはがすには余分のエネルギーを要するので，このことは当然である．

$$H_3PO_4 \rightleftharpoons H^+ + H_2PO_4^- \quad \frac{[H^+][H_2PO_4^-]}{[H_3PO_4]} = K_{H_3PO_4}$$
$$= K_1 = 5.9 \times 10^{-3} \quad (1.28)$$

リン酸の三つのプロトンが一気に解離する反応を書き下し，その酸解離定数を定義することも可能である．

$$H_3PO_4 \rightleftharpoons 3H^+ + PO_4^{3-}$$

$$\frac{[H^+]^3[PO_4^{3-}]}{[H_3PO_4]} = K_a = K_1K_2K_3$$

(1.31)

式(1.31)で定義される $K_a$ を総括酸解離定数とよぶ．$K_a$ が $K_1$, $K_2$, $K_3$ の積で表されることは，式(1.28)～(1.30)の積をとってみればただちにわかる．

溶液の酸性度($H^+$ の濃度)に伴うグルタミン酸の化学種 $H_3A^+$, $H_2A$, $HA^-$, $A^{2-}$ 間の変化は，同じく三価酸(中和するのに3個の塩基を要するという意味で3塩基性酸とよぶこともある)であるリン酸の挙動と相似である．

リン酸はリン原子を中心として正四面体の構造をもち，分子中の三つのヒドロキシ基が等価であるため，$H_3A$, $H_2A^-$, $HA^{2-}$, $A^{3-}$ のすべての化学構造は明確に定まる．これに対してグルタミン酸の $H_3A^+$ の場合，三つの水素はすべて化学的に異なっている．つまり $H_3A^+$ に含まれる二種の $-COOH$ 基と一種の $-NH_3^+$ 基のうち，どこが最初にプロトン解離するのかは，何か観測手段がないと知ることができない．言い換えれば，プロトン解離によって生じる $H_2A$ の構造をあらかじめ知ることはできない(章末問題を参照)．

$$H_2PO_4^- \rightleftharpoons H^+ + HPO_4^{2-} \quad \frac{[H^+][HPO_4^{2-}]}{[H_2PO_4^-]} = K_{H_2PO_4^-}$$
$$= K_2 = 6.2 \times 10^{-8} \quad (1.29)$$

$$HPO_4^{2-} \rightleftharpoons H^+ + PO_4^{3-} \quad \frac{[H^+][PO_4^{3-}]}{[HPO_4^{2-}]} = K_{HPO_4^{2-}}$$
$$= K_3 = 4.8 \times 10^{-13} \quad (1.30)$$

表1.1にも例をあげているように，有機の酸塩基は多様であり，同じ分子内に複数の酸性官能基(カルボキシル基，フェノール性ヒドロキシ基など)や塩基性官能基(アミノ基など)をもつものがある．また同一分子中にこれら両種の官能基を含むものもある．これら多官能性の酸塩基は，当然のことながら，その官能基の数に応じた物質量の強酸や強塩基と反応する．この場合，酢酸を一価の酸，硫酸を二価の酸などとよぶことにならって，一般に多価の酸あるいは塩基とよぶ．酸と塩基の両種の官能基を同一分子内にもつ化合物の場合は，分子内で自然(勝手)に酸塩基反応(中和反応)が起こる．

ここで多官能性の酸塩基の解離をどのように扱うかを考える．化合物がどのような酸塩基性の官能基をいくつ分子中にもっていたとしても，その溶液に塩酸や硫酸などの強酸を過剰に加えてやれば，官能基は基本的にすべてプロトンが付加した状態になると考えられる．表1.1には具体的な例として，エチレンジアミン，グリシン，グルタミン酸をあげている．これらの化合物を取り扱う場合は，最もプロトン化が進んだ化学種(イオン種)から逐次に酸解離反応が進むと考える．

例としてグルタミン酸($H_2A$)の水溶液をあげる．これを含む水溶液に塩酸を加えて水素イオン濃度を0.1 M程度(pH ≒ 1)にまで大きくすると，グルタミン酸のほとんどが $H_3A^+$(三価の酸)の形に変わる．これに水酸化ナトリウムを加えていくと $H_3A^+$ が中和されるとともに $H_2A$ や $HA^-$ がしだいに増え，pH が11([$OH^-$] ≒ $10^{-3}$)付近に達すると，ほとんどが $A^{2-}$ 種となる．

### 1.3.5 強電解質と弱電解質

これまで述べてきた化合物の中で，NaClやHCl，NaOHのように，水に溶けたとき実質的に完全に構成イオンに解離するような物質を強電解質(strong electrolyte)とよぶ．これに対して，$NH_3$ や $CH_3CO_2H$ のように一部しかイオン解離しない物質を弱電解質(weak electrolyte)とよぶ．このことを逆反応，すなわちイオンの会合反応から見ると，解離してできた陰陽イオンの間に親和性(結合力)が大きければ会合して元の物質に戻りやすく，この物質は弱電解質となる．また陰陽イオンの間に親和性が小さければ，元の物質に戻りにくいので強電解質となる．当たり前のことであるが，電解質を構成する陰陽イオンの特性が電解質の性質を決めている．

まず陰イオンを調べる．塩酸や硝酸，過塩素酸が強酸(HX)であるということは，解離して生成する陰イオン $X^-$($Cl^-$, $NO_3^-$, $ClO_4^-$)が水溶液中できわめて安

定であり，陽イオン($H^+$)と結合しにくいということである．このような陰イオンは，相手として$H^+$だけでなくほかの陽イオン(金属イオン，アンモニウムイオンなど)とも結合する傾向が小さい．したがって，このような$X^-$を含む塩MX($M^+X^-$)は一般に強電解質となる．

水酸化ナトリウムや水酸化カリウム，水酸化テトラメチルアンモニウムが強塩基($Q^+OH^-$)であるということは，$Q^+$が水溶液中で単独で安定に存在し$OH^-$と結合しにくいということである．このような陽イオンは相手として$OH^-$だけでなくほかの陰イオン$A^-$(ハロゲン化物陰イオン，カルボン酸イオン，$NO_3^-$，$ClO_4^-$など)とも結合する傾向が小さい．したがって，$Q^+$を含む塩QA($Q^+A^-$)は一般に強電解質となる．強電解質は水に溶けてイオンを生じる能力の大きい物質であるから，当然のことながら水に溶けると溶液は電流を流しやすくする．

### 1.3.6 弱酸あるいは弱塩基がつくる塩

強酸(HX)と強塩基($Q^+OH^-$)からできる塩$Q^+X^-$はイオン結晶をつくり，水に溶かせば$Q^+$と$X^-$とに完全に解離して強電解質となる．弱酸と強塩基からできる塩，あるいは強酸と弱塩基からできる塩も同様に強電解質として働く．しかしこの型の塩は，水に溶解することに伴いイオンが引き続き酸塩基反応を起こすため，理解に混乱を起こしやすい．以下にこの点を説明する．

酢酸(弱酸)と水酸化カリウム(強塩基)から生成する塩，酢酸カリウム($CH_3CO_2K$)は白色の安定な結晶で水に溶けて弱いアルカリ性を示す．酢酸カリウムは強電解質であり，下に示すように水中で完全に解離する．

$$CH_3CO_2K \longrightarrow CH_3CO_2^- + K^+$$

ここで注意しなければならないのは，$K^+$イオンの反応は水和だけで終わるのに対し，$CH_3CO_2^-$イオンは単なる水和反応にとどまらないことである．ひとたび水に$CH_3CO_2^-$が加えられると，化学の原理に従って必ず式(1.23)の形の化学平衡が達せられる．したがって$CH_3CO_2^-$は，水分子と反応して$CH_3CO_2H$を生じることになる(式1.32)．

$$CH_3CO_2^- + H_2O \rightleftharpoons CH_3CO_2H + OH^- \tag{1.32}$$

式(1.32)が意味することは，結晶として水に加えられた$CH_3CO_2^-$陰イオンの一部が$CH_3CO_2H$に変化し，この反応に伴う量の$OH^-$陰イオンが生じるということである．したがって，水溶液はアルカリ性に傾く．塩の式(1.32)に示すような反応を塩の加水分解とよぶことがある．

式(1.32)と似た反応が，弱塩基(アンモニア)と強酸(塩酸)から得られる塩($NH_4Cl$)についても起こる．このような塩を水に溶かすと弱い酸性を示す．

$$NH_4^+ + H_2O \rightleftharpoons NH_3 + H_3O^+ \tag{1.33}$$

## 1.4 化学種の電子構造の考え方

### 1.4.1 構造と形式荷電

ここでは水溶液中の反応にかかわる代表的な化合物の電子構造を説明する．また，化学反応の進み方を整理するうえで便利な電子構造の表示法を述べる．まず

第一および第二周期の元素について，おもな原子の最外殻電子の配置を電子の点（ドット）表示で示すと次のようになる．第三周期の元素についても同様に考えることができる．

$$\text{H·} \quad \text{Li·} \quad \text{·Ċ·} \quad \text{:N·} \quad \text{:Ö·} \quad \text{:F̈·}$$

原子の最外殻に上に示した数の電子があるとき原子は荷電をもたないが，これよりも電子数が増減するとその個数だけの単位荷電が原子上に生じる．たとえばリチウム原子から1個の電子が抜けるとLi原子上に1個の正荷電が生じ，フッ素原子に1個の電子が加わるとF原子上に1個の負荷電が生じる．

分子やイオンは一般に複数の原子から構成されている．その分子構造式中で，構成原子の最外殻電子が形式的にどの原子に所属しているか（したがって荷電がどの原子に所属しているか）を，一定の約束に従って配分計算するやり方がある．これを行ううえでの約束ごとは次のとおりである．

(1) 二原子間の結合に使われている共有電子対（2個の電子）は，両原子に1個ずつ配分する．
(2) 原子上の非共有電子対は，そのままその原子に割り当てる．
(3) 上に従って配分した特定原子上の電子の総数を，本来の原子がもつ最外殻電子の数と比べ，電子数の増減によって生じる荷電数を原子記号の肩に記す．これをその原子の形式荷電と称する．

このやり方は，分子構造を共有電子（単結合や二重結合を示す棒）および非共有電子を用いて表示したときにはじめて適用できるものである．第三周期以降の原子がつくる分子については，結合を単結合で表示するか二重結合で表示するかの任意性がでる場合もあるので，それによって形式荷電は異なってくることがある．例を表1.2に示す．

表1.2を補足して説明すれば次のとおりである．

(1) 電子対は「:」の代わりにすべて「—」で示した．内殻の希ガス電子構造は記さない．
(2) 形式荷電を示すマイナス記号と電子対を示す横棒とが混同されないように，荷電は○記号で囲んで表示した．
(3) 第二周期の原子の結合手（最外殻に収容できる電子対の数）は通常四つまでである．しかし第三周期以降では，結合手はそれ以上になりうる．これに伴い電子構造の書き方にも任意性がでる．

形式荷電は分子や多原子イオンにおける荷電分布の大まかな特徴を表している．たとえば，アンモニア分子$NH_3$にプロトン$H^+$が結合するとアンモニウムイオン$NH_4^+$となるが，このままの表示だと，正荷電は外部から結合したH原子の上に存在すると誤解しかねない．しかし，表1.2のように窒素原子上に正の形式荷電があることを示せば，$NH_4^+$上の四つの水素原子は等価であり，窒素上の正荷電の影響を等しく受けているであろうと推察できる．

---

繰り返すが，「形式荷電」とは分子や多原子イオンの構造を共有結合によって表示し，共有結合の電子を各原子に均等に割り振る約束によって得られる原子上の形式的な荷電である．したがって，イオンである$Na^+$や$SO_4^{2-}$の原子や原子団上にある正味の荷電とは意味が異なる．

$NH_4^+$と同様なことは表1.1中のジメチルアミンについてもいえる．プロトンが結合してできるイオンは表1.1中のように描いてもよいし，また$[(CH_3)_2NH_2]^+$とも書ける．しかし$(CH_3)_2NH_2^+$上の正荷電が，メチル基も含めて分子中のすべての原子に均等に分布しているとは考えられない．表1.2のように記すほうが，正荷電の所在位置として実際に近い．図1.1で示した$H_3O^+$，$OH^-$，$NH_4^+$などの構造も，このようなことを意識したものである．

1.4 化学種の電子構造の考え方 ◆ 17

表1.2 分子の電子構造と形式荷電

| 分子あるいはイオン | 電子構造と形式荷電 | 分子あるいはイオン | 電子構造と形式荷電 |
|---|---|---|---|
| 結晶の塩化ナトリウム NaCl | $Na^{\oplus}$  $|\overline{Cl}|^{\ominus}$ | 塩化水素 HCl | $H-\overline{Cl}|$ |
| 硝酸 HNO$_3$ | (構造式) | 過塩素酸 HClO$_4$ | (構造式) |
| 硝酸イオン NO$_3^-$ | (構造式) | 過塩素酸イオン ClO$_4^-$ | (構造式) |
| 次亜塩素酸 HClO | $H-\overline{O}-\overline{Cl}|$ | 酢酸 CH$_3$CO$_2$H | (構造式) |
| 次亜塩素酸イオン ClO$^-$ | $^{\ominus}|\overline{O}-\overline{Cl}|$ | 酢酸イオン CH$_3$CO$_2^-$ | (構造式) |
| 硫酸 H$_2$SO$_4$ | (構造式) | 炭酸 H$_2$CO$_3$ a) | (構造式) |
| 硫酸水素イオン HSO$_4^-$ | (構造式) | 炭酸水素イオン HCO$_3^-$ | (構造式) |
| 硫酸イオン SO$_4^{2-}$ | (構造式) | 炭酸イオン CO$_3^{2-}$ | (構造式) |
| 水 H$_2$O 水素イオン H$_3$O$^+$ 水酸化物イオン OH$^-$ | $H-\overline{O}-H$ $H-\overset{\oplus}{\overline{O}}-H$ のH下 $H-\overline{O}|^{\ominus}$ | アンモニア NH$_3$ アンモニウムイオン NH$_4^+$ | $H-\overline{N}-H$ のH下 $H-\overset{\oplus}{N}-H$ のH上下 |

a) 遊離酸の存在は立証されていないが,炭酸エステルとしては安定に存在する.

## 1.4.2 反応の進み方の電子論的な表現

　酸塩基の反応に限らず,広く化学反応を電子対のやり取りとして表現すると,化学反応の本質が理解しやすい.水分子の自己解離反応と酢酸の解離反応の進み方を,電子対の動きによって表現すると式(1.34),(1.35)のとおりである.注意しなければいけないことは,電子対の動きを示す矢印は「電子対が動く方向や位

置を示す」約束であって，原子や分子の動きを示すものではないことである．

$$H-\overline{\underline{O}}\overset{\frown}{-}H \quad \underset{|}{\overset{|}{\underline{O}}}-H \longrightarrow H-\overline{\underline{O}}|^{\ominus} \quad H-\overset{\oplus}{\underline{O}}-H \quad (1.34)$$
$$\qquad\qquad\qquad\qquad H \qquad\qquad\qquad\qquad H$$

$$CH_3-\underset{|O|}{\overset{||}{C}}-\overline{\underline{O}}\overset{\frown}{-}H \quad \underset{H}{\overset{|}{\underline{O}}}-H \longrightarrow CH_3-\underset{|O|}{\overset{||}{C}}-\overline{\underline{O}}|^{\ominus} \quad H-\overset{\oplus}{\underline{O}}-H \quad (1.35)$$

水に気体塩素を溶かすと強酸である塩酸と弱酸である次亜塩素酸が生じる．この反応の進み方を電子の動きに従って記すと式(1.36)のようになる．

$$|\overline{\underline{Cl}}\overset{\frown}{-}\overline{\underline{Cl}}| \quad \underset{H}{\overset{|}{\underline{O}}}-H \longrightarrow |\overline{\underline{Cl}}|^{\ominus} \quad |\overline{\underline{Cl}}-\overset{\oplus}{\underline{O}}-H$$
$$\qquad\qquad\qquad\qquad\qquad\qquad\qquad\qquad H \qquad\qquad\qquad (1.36)$$
$$|\overline{\underline{Cl}}-\overset{\oplus}{\underline{O}}\overset{\frown}{-}H \quad \underset{H}{\overset{|}{\underline{O}}}-H \longrightarrow |\overline{\underline{Cl}}-\overline{\underline{O}}| \quad H-\overset{\oplus}{\underline{O}}-H$$
$$\qquad H \qquad\qquad\qquad\qquad\qquad\qquad H \qquad\qquad\qquad H$$

## 1.5　化学平衡の計算(1) —— pH 値からほかの化学種濃度を計算する

### 1.5.1　pH 値と化学種濃度の関係

溶液の pH は，ガラス電極を用いた pH メーターなどによって，容易に測定することができる．いま水にいろいろな酸塩基(たとえば，硫酸，リン酸，酢酸，水酸化ナトリウム，アンモニア，エチレンジアミンなど)を適当に混合して溶かし，pH を測定したところ 5.00 ($[H^+]$ = 1.00 × $10^{-5}$ M) であったとする．この混合溶液中で，弱電解質である酢酸やアンモニアなどはどのような化学種として，どのような濃度で存在しているかを考える．

まず酢酸については，酢酸の解離平衡が成立しているから，

$$CH_3CO_2H \rightleftharpoons H^+ + CH_3CO_2^-$$

$$\frac{[H^+][CH_3CO_2^-]}{[CH_3CO_2H]} = K_a = 10^{-4.76} = 1.8 \times 10^{-5} \quad (1.37)$$

水素イオン濃度の実測値が $[H^+] = 1.0 \times 10^{-5}$ であるから，これを式(1.37)に代入して

$$\frac{[CH_3CO_2^-]}{[CH_3CO_2H]} = 1.8 \quad (1.38)$$

式(1.38)は，この溶液中ではイオン化した酢酸(解離型)が解離していない酢酸(遊離酸型)の 1.8 倍の濃度で存在していることを示す．

同様にアンモニアについても $[H^+] = 1.00 \times 10^{-5}$ M を平衡定数の式に代入して，

## 1.5 化学平衡の計算(1) —— pH 値からほかの化学種濃度を計算する ◆ 19

$$NH_4^+ \rightleftharpoons H^+ + NH_3$$

$$\frac{[H^+][NH_3]}{[NH_4^+]} = 10^{-9.25} = 5.6 \times 10^{-10}$$

$$\frac{[NH_3]}{[NH_4^+]} = 5.6 \times 10^{-5} \tag{1.39}$$

同様に,同じ溶液中にあるリン酸については,式(1.28)〜(1.30)において $[H^+] = 1.00 \times 10^{-5}$ M として,

$$\frac{[H_2PO_4^-]}{[H_3PO_4]} = 5.9 \times 10^2$$

$$\frac{[HPO_4^{2-}]}{[H_2PO_4^-]} = 6.2 \times 10^{-3} \tag{1.40}$$

$$\frac{[PO_4^{3-}]}{[HPO_4^{2-}]} = 4.8 \times 10^{-8}$$

このように,溶液の pH がわかっていれば,溶解している化学種の濃度比が一義的に決まる.化学種の濃度比が定まるということを別の言葉で表現すると,たとえば酢酸という化合物が溶けているとき,「何%が $CH_3CO_2H$ という形で存在し,何%が $CH_3CO_2^-$ という形で存在しているか」が決まるということである.このような化学種間の分布を扱う場合,百分率より分率(fraction)を用いて表すのが普通である.

酢酸(acetic acid)を簡便のために AcOH で表す.溶液に存在する酢酸という化合物をすべて合わせた濃度を記号 $C_{AcOH}$ で表す.$C_{AcOH}$ を酢酸の全濃度あるいは分析濃度とよぶ.酢酸は必ず AcOH か $AcO^-$ かの形で存在するから,[AcOH]と$[AcO^-]$を合わせたものは必ず $C_{AcOH}$ に等しくなければならない.このことを数式で表せば式(1.41)である.

$$C_{AcOH} = [AcOH] + [AcO^-] \tag{1.41}$$

式(1.41)は,溶質の酸や塩基がイオン解離してどのように姿を変えようと,その全物質量は当初水に溶かした物質量に等しいことを述べている.この原理を表現した数式をしばしば物質収支式とよぶ.これに対応させて,式(1.37)のような平衡定数の定義式を化学平衡式とよぶ.

式(1.41)の両辺を $C_{AcOH}$ で除して分率($\alpha$)の表現に変えると,

$$1 = \frac{[AcOH]}{C_{AcOH}} + \frac{[AcO^-]}{C_{AcOH}}$$
$$= \alpha_{AcOH} + \alpha_{AcO^-} \tag{1.42}$$

一方,式(1.38)の分母・分子を $C_{AcOH}$ で除して同様に変形すると式(1.43)となる.

$$\frac{[CH_3CO_2^-]}{[CH_3CO_2H]} = \frac{[CH_3CO_2^-]/C_{AcOH}}{[CH_3CO_2H]/C_{AcOH}} = \frac{\alpha_{AcO^-}}{\alpha_{AcOH}} = 1.8 \tag{1.43}$$

式(1.42)と(1.43)は，それぞれ物質収支式と化学平衡式から得られたもので，互いに独立な関係式である．含まれる未知数は $\alpha_{AcOH}$ と $\alpha_{AcO^-}$ の二つなので，二元一次の連立方程式として簡単に解くことができる．この場合，$\alpha_{AcOH}$ = 0.36, $\alpha_{AcO^-}$ = 0.64 と計算される．さらに，溶液中にある酢酸の全濃度が何らかの方法で決定できるか，あるいはあらかじめわかっていれば，遊離酸型と解離型の酢酸の濃度は，$[AcOH] = \alpha_{AcOH} C_{AcOH}$，および $[AcO^-] = \alpha_{AcO^-} C_{AcOH}$ の関係式を用いて容易に計算することができる．たとえば $C_{AcOH}$ が 0.1 M であれば，$[AcOH]$ = 0.036 M，$[AcO^-]$ = 0.064 M となる．

### 1.5.2 pH 変化に伴う化学種分布の変化

上では，具体的な水素イオン濃度の値を用いて計算法を示した．まったく同じ取扱いによって，$\alpha_{AcOH}$ あるいは $\alpha_{AcO^-}$ を一般的に$[H^+]$の関数として表現することができる．結果を示すと式(1.44)および式(1.45)である．ここでは式(1.37)の酢酸の酸解離定数 $K_a$ を $K_{AcOH}$ で置き換えている．

式(1.44)と式(1.45)は次のようにして導くことができる．まず式(1.37)の分母と分子を $C_{AcOH}$ で除してモル分率 $\alpha$ を用いる表示に変えると，式(1.46)が得られる．

$$\frac{[H^+][CH_3CO_2^-]/C_{AcOH}}{[CH_3CO_2H]/C_{AcOH}}$$
$$= \frac{[H^+]a_{AcO^-}}{a_{AcOH}} = K$$
$$a_{AcOH} = \frac{[H^+]a_{AcO^-}}{K} \quad (1.46)$$

式(1.42)と式(1.46)を連立させ，$\alpha_{AcOH}$ と $\alpha_{AcO^-}$ について解けば式(1.44)と式(1.45)が得られる．

$$\alpha_{AcOH} = \frac{[H^+]}{[H^+] + K_{AcOH}} \quad (1.44)$$

$$\alpha_{AcO^-} = \frac{K_{AcOH}}{[H^+] + K_{AcOH}} \quad (1.45)$$

式(1.44)と式(1.45)に基づいて，酢酸の化学種の分布が溶液の pH によって変化する様子を図1.3に示す．酢酸の化学種は二種だけなので，pH の変化に伴い二種の比率が単調に変わる．注目すべきは，二つの化学種の割合が等しくなる（$\alpha_{AcOH} = \alpha_{AcO^-}$，すなわち$[AcOH] = [AcO^-]$となる）pH 値が p$K_{AcOH}$ 値に等しいことである．このことは，式(1.37)において$[AcOH] = [AcO^-]$，あるいは式(1.46)において $\alpha_{AcOH} = \alpha_{AcO^-}$ と置けばただちにわかる．

まったく同様な計算を多価の酸塩基についても行うことができる．リン酸の例

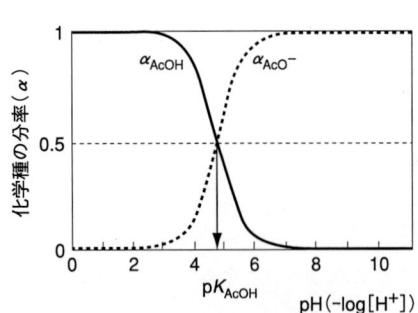

**図1.3 pH 変化に伴う化学種の分布の変化**
酢酸を含む水溶液中での $CH_3CO_2H$ 種の分率 ($\alpha_{AcOH}$) と $CH_3CO_2^-$ 種の分率 ($\alpha_{AcO^-}$).

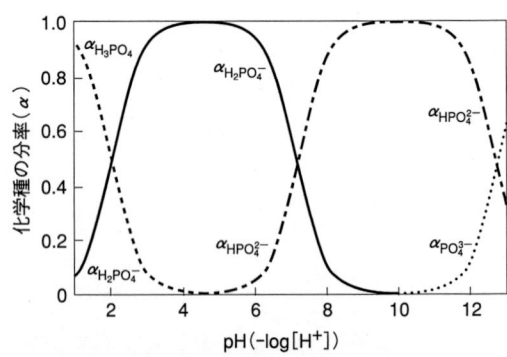

**図1.4 pH 変化に伴う化学種の分布の変化**
リン酸を含む水溶液中での $H_3PO_4$ 種の分率 ($\alpha_{H_3PO_4}$)，$H_2PO_4^-$ 種の分率 ($\alpha_{H_2PO_4^-}$)，$HPO_4^{2-}$ 種の分率 ($\alpha_{HPO_4^{2-}}$)，$PO_4^{3-}$ 種の分率 ($\alpha_{PO_4^{3-}}$).

を図 1.4 に示す．pH が低いときは酸解離の程度の小さいイオン種が支配的であるが，pH が高くなると解離した種の比率が増える．これに伴い，$H_2PO_4^-$ や $HPO_4^{2-}$ はある特定の pH で存在比率が最大となる．

## 1.6 化学平衡の計算(2) —— 溶液調製組成から pH 値を計算する

### 1.6.1 強酸と強塩基の溶液

1 mmol の塩酸を水に溶かして 1 L の溶液にしたとする．この水溶液の水素イオン濃度は，普通は単純に塩酸の濃度と同じとし，$[H^+]$ = 1 mmol/1000 mL = 0.001(M)，pH = $-\log[H^+]$ = 3.0 と計算する．これで実際上はまったくかまわないが，このような扱いで本当に支障はないのかを確かめる意味で，以下に厳密な取扱法を述べる．

まず，この系に含まれる化学量の関係を記述する式をもれなくあげる．これらの式は互いに独立(別種の由来)であることが必要で，基本的には以下の三種である：① 化学平衡式(equation of chemical equilibrium)，② 物質収支式(equation of mass balance)，③ 溶液のイオン的中性式(equation of ionic neutrality)．

化学平衡式：

$$[H^+][OH^-] = K_w = 1.0 \times 10^{-14} \tag{1.47}$$

物質収支式：

$$C_{HCl} = [Cl^-] = 0.001$$

ここで $C_{HCl}$ は塩酸の全濃度で，$C_{HCl}$ に相当する物質量を用いて溶液をつくったという意味である．塩酸 HCl は完全にイオン解離して $H^+$ と $Cl^-$ となる．そのうち，$H^+$ は水中での水の解離反応に巻き込まれるので数は不明となるが，$Cl^-$ の物質量は不変である．つまり用いた塩酸の全量がそのまま全濃度 $C_{HCl}$ として溶液中に存在する．

溶液のイオン的中性式：

$$[H^+] = [OH^-] + [Cl^-]$$

この式の意味するところは「溶液中でどのようなイオンの生成や消滅が起こっても，溶液全体としては電気的に中性である」ことである．したがって，電子の素荷電の数で勘定すれば，正負の荷電の総数は必ず相等しい．物質収支式を用いて $[Cl^-]$ を書き換えると，

$$[H^+] = [OH^-] + 0.001 \tag{1.48}$$

この系で未知量は $[H^+]$ と $[OH^-]$ の二つである．これに対し，これらの量を関係づける条件式として化学平衡式(式 1.47)とイオン的中性式(式 1.48)の二つがある．したがって二元の連立方程式を解くことにより，$[H^+]$ と $[OH^-]$ を容易に

### pH 指示薬

酸解離の前後で色が異なる化合物は pH 指示薬として用いられる．たとえば，メチルオレンジ(HA)の酸解離定数は p$K$ 値で約 3.5 であり，HA 型は赤色，$A^-$ 型は黄色である．したがって，pH が 3.5 (= p$K$)の水溶液中に溶けていれば HA 型と $A^-$ 型の濃度がほぼ等しいため，溶液の色は赤と黄の中間的な色に見える．

ところで酢酸についての図 1.3 を見ると，pH = p$K_{AcOH}$ の点では $\alpha_{AcOH} = \alpha_{AcO^-} = 0.5$ であり，この点を中心に pH 値が 1.0 ずれるだけで，AcOH 種と $AcO^-$ 種の分率が 0.9〜0.1 の間で変化する．このことからメチルオレンジの場合を類推すると，溶液の pH が 3 から 4 に変わると，主たる化学種が HA 型から $A^-$ 型に変わるため溶液の色が見かけ上赤から黄に変化することになる．これが pH 指示薬の変色の原理である．

計算することができる．知りたい量は$[H^+]$であるから，まず式(1.48)を変形して$[OH^-] = [H^+] - 0.001$とし，これを式(1.47)に代入する．

$$[H^+]([H^+] - 0.001) = 1.0 \times 10^{-14}$$

整理して，$[H^+]^2 - 0.001[H^+] - 1.0 \times 10^{-14} = 0$

この二次方程式を解けば溶液の水素イオン濃度が求まり，$[H^+] = 0.00100 (M)$となる．

上は厳密な解き方であるが，計算を簡略化するためには，式(1.48)を書き下した段階で式中の$[H^+]$と$[OH^-]$の相対的な大きさをあらかじめ見当づける．$[H^+]$が$[OH^-]$に比べて2桁以上も大きいと合理的に推測できれば，式(1.48)中で$[OH^-]$を$[H^+]$に対して無視しても，$[H^+]$計算の正確さは2桁程度まで確保できるだろうと考える．このようにすると，イオン的中性式からただちに，$[H^+] = 0.001 (M)$が得られる．これは0.001 Mの塩酸が完全解離すると考えて，ただちに$[H^+] = 0.001 (M)$とするのと同じことである．

上例の場合，$[H^+] = 0.001 (M)$であるから$[OH^-] (= 1 \times 10^{-11} M)$はきわめて小さく，式(1.48)で$[OH^-]$を無視できるのは当然である．しかし，仮に塩酸の濃度が$1.0 \times 10^{-7}$ Mであるような溶液を調製したとすれば，この溶液の$[H^+]$はもはや単純に$1.0 \times 10^{-7}$ Mとはならない．イオン的中性式において$[OH^-]$を$[H^+]$に対して無視できないからである．この場合は，さきの厳密なやり方に従い二次方程式($[H^+]^2 - 1.0 \times 10^{-7}[H^+] - 1.0 \times 10^{-14} = 0$)を解く．結果は$[H^+] = 1.62 \times 10^{-7} (M)$と得られる．

強塩基である水酸化ナトリウム水溶液の場合も，塩酸の場合と同様な考え方で扱うことができる．$[H^+]$と$[OH^-]$は，$[H^+][OH^-] = K_w$の関係式を用いていつでも互いに換算することができる．

### 1.6.2 弱酸と弱塩基の溶液

1 mmol の酢酸を水に溶かして1 Lの溶液にしたとする．この水溶液については前項と同様に以下の関係式が成り立つ．

化学平衡式：

$$[H^+][OH^-] = K_w = 1.0 \times 10^{-14} \tag{1.49}$$

$$\frac{[H^+][AcO^-]}{[AcOH]} = 10^{-4.76} = 1.8 \times 10^{-5} \tag{1.50}$$

物質収支式：

$$C_{AcOH} = [AcOH] + [AcO^-] = 0.001 \tag{1.51}$$

溶液のイオン的中性式：

$$[H^+] = [OH^-] + [AcO^-] \tag{1.52}$$

上の式中で，未知量は[$H^+$]を含め[$OH^-$]，[AcOH]，[$AcO^-$]の四つである．これに対し，これらの量を関係づける条件式も式(1.49)〜(1.52)の四つである．したがって，四元の連立方程式を解けば四つの未知量を計算することができる．しかし，まともに解くと三次方程式になるので厄介である．一方，合理的な推測をもち込むことにより，容易に近似計算を行うことができる．これらの近似法を考えることは，単なる計算の便宜にとどまらず身近な溶液の基本的な性質を理解するうえで重要である．

酸を水に溶かしたのだから，イオン的中性式(1.52)において，[$H^+$]は[$OH^-$]より2〜3桁以上は大きくなっているはずと推測し，[$OH^-$]を[$H^+$]に対して無視すると，[$H^+$] = [$AcO^-$]の関係式が得られる．これを酢酸の解離平衡式(1.50)および物質収支式(1.51)に代入して[$AcO^-$]項を消去すると以下の二つの関係式が得られる．

$$\frac{[H^+]^2}{[AcOH]} = 1.8 \times 10^{-5} \tag{1.53}$$

$$[AcOH] + [H^+] = 0.001 (= C_{AcOH}) \tag{1.54}$$

式(1.54)を[AcOH] = 0.001 − [$H^+$]と変形し，これを式(1.53)に代入して[AcOH]項を消去すれば，[$H^+$]だけを含む二次方程式が得られる．これを解けば[$H^+$] = $1.25 \times 10^{-4}$の値が得られる．またこのとき，[$H^+$][$OH^-$] = $K_w$の関係から[$OH^-$]は$4.0 \times 10^{-11}$と計算されるので，[$H^+$]は[$OH^-$]より6桁以上も大きい．したがって「[$H^+$]は[$OH^-$]より2〜3桁以上は大きい」との当初の仮定が裏づけられ，この近似計算は根拠づけられたことになる．

さらにもっと大胆な近似を進めることができる．上の式(1.54)において，[$H^+$]は[AcOH]に比べて無視できるほど小さいと考えるのである．そうすると，この式は[AcOH] = 0.001 (= $C_{AcOH}$)となる〔これは式(1.51)で[AcOH]に対して[$AcO^-$]を無視することと等価である〕．これは酢酸が解離していないといっているわけで理屈に合わないが，とにかくこの関係を式(1.53)に代入して[AcOH]を$C_{AcOH}$によって置き換えると次の関係式が得られる．

$$\frac{[H^+]^2}{C_{AcOH}} = 1.8 \times 10^{-5}$$

$$[H^+] = \sqrt{C_{AcOH} \times 1.8 \times 10^{-5}} = \sqrt{C_{AcOH} \times K_{AcOH}} \tag{1.55}$$

この近似式によって0.001 M酢酸水溶液の[$H^+$]を計算すると$1.34 \times 10^{-4}$となり，さきの厳密計算の結果($1.25 \times 10^{-4}$)に近いものの，やや開きがある．この理由は，0.001 Mという濃度はかなり薄いので，酢酸はかなり解離しており，解離した酢酸種を無視するという近似が行き過ぎているからである．実際，酢酸濃度を上げた0.1 M溶液について式(1.55)を適用してみると[$H^+$] = $1.34 \times 10^{-3}$となり，これは厳密計算の結果([$H^+$] = $1.33 \times 10^{-3}$)と実質的に同じである．

弱酸の代わりにアンモニアのような弱塩基を用いる場合も同様に扱うことがで

### 1.6.3 酸と塩基の混合溶液

30 mmol の酢酸と 20 mmol の水酸化ナトリウムを一緒に水に溶かして 1 L の溶液にしたとする．ここでも定石どおり，化学種の濃度を規定する三種の条件式を書き下す．

化学平衡式：

$$[H^+][OH^-] = K_w = 1.0 \times 10^{-14} \tag{1.56}$$

$$\frac{[H^+][AcO^-]}{[AcOH]} = 1.8 \times 10^{-5} \tag{1.57}$$

物質収支式：

$$\begin{aligned} C_{AcOH} &= [AcOH] + [AcO^-] = 0.03 \\ C_{NaOH} &= [Na^+] = 0.02 \end{aligned} \tag{1.58}$$

ここで $C_{NaOH}$ は水酸化ナトリウムの全濃度である．$Na^+$ と $OH^-$ イオンのうち，$OH^-$ は水中で反応してその数は不明となるが，$Na^+$ についてははじめに加えた数だけがそのまま存在する．

溶液のイオン的中性式：

$$[H^+] + [Na^+] = [OH^-] + [AcO^-] \tag{1.59}$$

未知量は $[H^+]$，$[OH^-]$，$[AcOH]$，$[AcO^-]$ の四つであり，条件式の数も式 (1.56)～(1.59) の四つであるから，これらの式を連立させて解けば未知量は求められる．とりあえず知りたい量は $[H^+]$ であるから，$[OH^-]$，$[AcOH]$，$[AcO^-]$ をひとつずつ，条件式を用いて消去していけばよい．しかしまともに扱うと $[H^+]$ は三次方程式を解いて求めることになる．しかしこの場合も，化学的な考察をあらかじめ加えて近似計算を取り入れると，実際には二次方程式の扱いになる．またある条件下ではもっと単純な加減乗除算になり，日常の実験を行ううえでも有用な関係式が得られる．以下これを説明する．

イオン的中性式は加減算で記述されているから，項の大小を推察して近似を取り入れるのに便利である．課題にあげた溶液では，酢酸の物質量のほうが水酸化ナトリウムに比べて多いので，溶液は酸性であると推定される．そうすると $[H^+]$ に比べて $[OH^-]$ を省略することができる．これによって式の扱いは前節と同じく二次方程式に帰着する．

さらに大胆に近似を進めて，$[H^+]$ も $[OH^-]$ もともに小さく，$[Na^+]$ あるいは $[AcO^-]$ に比べてともに無視できると仮定する．このことは，前節で 0.1～0.001 M 酢酸水溶液の $[H^+]$ が $1 \times 10^{-3}$～$1 \times 10^{-4}$ 程度であり，いま取り上げている溶液では $[Na^+] = 0.02$ M であることを考えると妥当な推測である．そうするとイオ

ン的中性式は$[\mathrm{Na^+}] = [\mathrm{AcO^-}]$ $(= C_\mathrm{NaOH})$に簡略化される．これを用いれば，物質収支式は$[\mathrm{AcOH}] = C_\mathrm{AcOH} - [\mathrm{AcO^-}] = C_\mathrm{AcOH} - C_\mathrm{NaOH}$と書き換えられる．$[\mathrm{AcO^-}]$および$[\mathrm{AcOH}]$についてのこの近似を，酢酸の解離平衡式(式1.57)に代入する．得られた結果は式(1.60)である．

$$\frac{[\mathrm{H^+}]C_\mathrm{NaOH}}{C_\mathrm{AcOH} - C_\mathrm{NaOH}} = 1.8 \times 10^{-5} (= K_\mathrm{AcOH}) \tag{1.60}$$

式(1.60)に実際に数値を入れて計算すると，$[\mathrm{H^+}] = 9.0 \times 10^{-6}$が得られる．近似算でなく厳密な計算を行っても同じ値が得られる．式(1.60)は，日常の各種の実験において広く適用可能であり，実用的にも意義が大きい．この立場からこの式の意味するところを以下に説明する．

水酸化ナトリウムは酢酸と反応してすべて酢酸ナトリウムになるから，式(1.60)中の分子の$C_\mathrm{NaOH}$は，現実には酢酸ナトリウムの濃度である．同様に，分母の$C_\mathrm{AcOH} - C_\mathrm{NaOH}$という量は中和されずに残っている酢酸の濃度である．つまり式(1.60)は，弱酸の酸解離平衡の定義式($[\mathrm{H^+}][\mathrm{A^-}]/[\mathrm{HA}] = K_\mathrm{HA}$，あるいは$[\mathrm{H^+}][\mathrm{B}]/[\mathrm{HB^+}] = K_\mathrm{HB}$)と同じ形となっている．このことをさらに溶液調製の立場から述べると，弱酸やその塩を，試薬濃度がそれぞれ$C°_\mathrm{HA}$，$C°_\mathrm{A^-}$，$C°_\mathrm{HB^+}$，$C°_\mathrm{B}$などになるように量り取って水に溶かせば，得られる溶液の水素イオン濃度は式(1.60)と同型の式(1.61)で計算できることになる．

$$\frac{[\mathrm{H^+}]C°_\mathrm{A^-}}{C°_\mathrm{HA}} = K_\mathrm{HA} \quad \text{または} \quad \frac{[\mathrm{H^+}]C°_\mathrm{B}}{C°_\mathrm{HB^+}} = K_\mathrm{BH^+} \tag{1.61}$$

ここで濃度の記号$C°_\mathrm{HA}$，$C°_\mathrm{A^-}$，$C°_\mathrm{HB^+}$，$C°_\mathrm{B}$は，それぞれ酢酸，酢酸ナトリウム，塩化アンモニウム，アンモニアについて，溶液調製に当たり量り取った試薬の物質量と溶液体積からそのまま計算する濃度を示す．式(1.60)以前では$C_\mathrm{HA}$などは溶液中にある酢酸という化合物の全物質量を表現していたが，$C°_\mathrm{HA}$などはその意味ではない．

---

**例題 1.7** 0.02 M 塩化アンモニウムと 0.02 M アンモニア水とを 1.5：1 の体積比で混合した水溶液の pH はいくらか．

**解** 得られた溶液では$C°_\mathrm{NH_4^+}/C°_\mathrm{NH_3} = 1.5$である．したがって式(1.61)の関係から$[\mathrm{H^+}] = (C°_\mathrm{NH_4^+}/C°_\mathrm{NH_3})K_\mathrm{BH^+} = 1.5 \times 10^{-9.25}$．pH = 9.07

---

## 1.7 酸塩基滴定

分析化学の課題を扱う場合，試料に含まれる酸性あるいは塩基性物質の量を調べる必要が生じる．このとき基本になる手法が酸塩基滴定(acid-base titration)である．中和滴定(neutralization titration)ともよばれる．

操作を模式的に述べると，濃度が未知の希塩酸(試料溶液，被滴定液)があると

き，これに濃度既知の水酸化ナトリウム水溶液(標準溶液，滴定液)を少しずつ加えていく．加えるごとに被滴定液の水素イオン濃度(pH)を逐次調べ，試料液中の塩酸がちょうど中和される点(中和点)を求める．古典的には試料溶液を三角フラスコにとり，これに pH 指示薬を加えるか，または pH 測定用電極を浸し，振り混ぜながらビュレットから標準液を加える(図1.5)．中和するまでに要した標準溶液の添加量から試料溶液中の塩酸の量を計算する．

試料として三種の溶液(塩酸，酢酸，塩酸＋酢酸)をとり，これを 0.1 M 水酸化ナトリウムによって滴定する．滴下に伴い被滴定液の pH($-\log[H^+]$)が変化する様子を図1.5にまとめて示す．このように，滴定液を加えることによって被滴定液の物性(この場合は pH)が逐次変化する様子を示した図を，一般に滴定曲線とよぶ．

試料溶液は塩酸と酢酸の 1 mmol を含み，これを中和するにはそれぞれ 10 mL の水酸化ナトリウム溶液が必要である．塩酸と酢酸だけを単独に含む場合(図1.6 a，b)は，水酸化ナトリウム溶液を 10 mL 添加したところで明確な pH の飛躍(ジャンプ)が見られる．塩酸と酢酸が混合して存在する場合(図1.5 c)は，10 mL と 20 mL を添加したところに pH ジャンプが現れている．なお，滴定曲線の横軸を中和度あるいは滴定度($a$)で示すこともある．これは中和点までに要する標準液の体積を単位とするもので，中和当量点を中和度1とする．中和度0.5は存在する酸のちょうど半量を中和した点になる．

滴定曲線の特徴を少し一般化して説明する．塩酸に塩基を加えていく場合，初期の低い pH 領域では pH 値の変化が鈍い．これは外部から pH 変化を起こす作用(アルカリの添加)が加わっても，この溶液は pH 値の変化を妨げる能力(pH 緩衝作用)が強いということである．しかし，中和度が1に近い pH 領域(pH 4～10)では塩基を加えると急激に pH が変化するので，pH 緩衝作用は乏しい．一方，

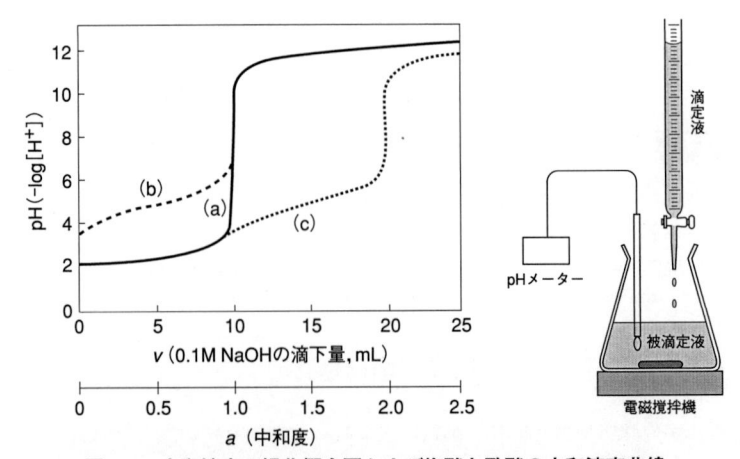

**図1.5 中和滴定の操作概念図および塩酸と酢酸の中和滴定曲線**
(a) 実線：0.01 M 塩酸 100 mL を 0.1 M 水酸化ナトリウムで滴定．(b) 破線：0.01 M 酢酸を同様に滴定．(c) 点線：塩酸について 0.01 M，酢酸についても同じく 0.01 M である溶液 100 mL を 0.1 M 水酸化ナトリウムで滴定．

酢酸では緩衝作用が大きいのは中和度が0.5のpH 4.8(= p$K_{AcOH}$)付近であり，滴定初期(pH 3〜3.5)と滴定終期(pH 7〜10)はともに緩衝作用が乏しい．

広く各種の化学反応を取り扱うとき，反応進行とともに系のpH変化が起こる場合がある．このような反応をpH変化を抑えながら行いたい場合，上のような酸塩基の性質を利用して，別に酸塩基性の試薬を加えて行うことがある．これをpH緩衝試薬(緩衝溶液)とよぶ．

図1.5(c)におけるpH 4付近のジャンプは，このあたりで塩酸の中和がほぼ終わることを示す．塩酸だけだとpH 4あたりですでに99%中和されているが，酢酸が共存している場合は酢酸の中和反応が並行して起こるため，塩酸単独の場合と違って鋭いジャンプにはならない．しかし，滴定曲線が少し立ち上がることから，酢酸が共存していても塩酸だけの中和点を知ることができる．pHを逐次測定しない場合は，pH指示薬のメチルオレンジがpH 4付近で変色することを利用して視覚的に塩酸の中和を判定する．しかし，酢酸の中和点(pH 7〜10)を知る目的には，メチルオレンジを用いることはできない．それにはpH 8以上で無色→紅色に変色するフェノールフタレインが適切である．

図1.5の滴定曲線は，前節1.6で説明した方法によって容易に計算することができる．なお，リン酸や炭酸のような多官能性の酸を強塩基で滴定する場合も，図1.5(c)に似た滴定曲線が得られる．

## 章末問題

**問題 1.1** 水分子を球と考え，1 gに含まれる水分子を数珠つなぎに真っすぐ並べたとしたら，どれだけの距離になるか．下の選択肢から近いものを選べ．まず想像で選び，ついで実際に計算して確かめてみよ(1 molの物質量 = 6.02 × $10^{23}$個の分子．図1.1から水分子の直径を2 Åとせよ)．
1. JR東京駅から新橋駅　　2. 東京から大阪　　3. 東京からハワイ
4. 地球から月　　5. 太陽から冥王星

**問題 1.2** 水の自己イオン解離(式1.7)について，(1)ブレンステッドとローリーの考え方，(2)ルイスの考え方に従って共役酸・共役塩基の関係を式に記せ．

**問題 1.3** グリシンの$H_2A^+$型(表1.1)からプロトンが解離するとき，アンモニウム基($R-NH_3^+$)とカルボキシ基($R-CO_2H$)のいずれから先に解離が起こるかを推定せよ．

**問題 1.4** 次の化合物を強電解質と弱電解質に分類せよ．
過塩素酸ナトリウム，臭化水素酸，水酸化アルミニウム，水酸化鉄，亜硫酸，アニリン，ピリジン，ベンゼンスルホン酸，アルコール，塩化テトラメチルアンモニウム，炭酸，水

**問題 1.5** アンモニア分子と水分子が反応してアンモニウムイオンと水酸化物イオンを生じる過程を電子対の動きで模式的に示せ．

**問題 1.6** アンモニウムイオン($NH_4^+$)が水分子($H_2O$)と反応してアンモニア($NH_3$)と水素イオン($H_3O^+$)になる過程(水中での陽子の移動反応)を電子対の動きで模式的に示せ．

**問題 1.7** 水中における硫化水素の第二段の酸解離($HS^-$の酸解離)反応を電子対の動きで模式的に示せ．

**問題 1.8** メタノール($CH_3OH$)は水と類似の自己イオン解離反応を行う．この反応を水にならい電子対の動きで模式的に示せ．

**問題 1.9** 実験の過程で生じたpH 5.0の廃水があり，その中に酢酸とピリジン(Py)が全濃度で共に0.03 M含まれていることがわかった．この廃水における遊離

の酢酸の濃度[AcOH]とプロトン化したピリジンの濃度[HPy$^+$]を計算せよ.

**問題 1.10** $p$-ニトロフェノール(ArOH)の p$K_a$ 値は 7.0 であり,ArOH 種は薄い黄色,ArO$^-$ 種は濃い橙色である.$p$-ニトロフェノールを含む水溶液の pH 値を p$K_a$-1, p$K_a$-0.5, p$K_a$, p$K_a$+0.5, p$K_a$+1 に調整したとき,それぞれの液中の $\alpha_{\text{ArOH}}$ と $\alpha_{\text{ArO}^-}$ を計算して表にまとめよ.またそれぞれの pH で溶液がどのような色に見えるかを推定して記せ.

**問題 1.11** 式(1.28)〜(1.30)の化学平衡式はリン酸を含むどのような水溶液でも成り立つ.溶液中で[$H_3PO_4$] = [$H_2PO_4^-$]となるようにするには pH をいくつに調整すればよいか.また[$H_2PO_4^-$] = [$HPO_4^{2-}$]とするためには pH をいくつに調整すればよいか.

**問題 1.12** 0.01 M 水酸化ナトリウムの pH を計算せよ.

**問題 1.13** 0.000001 M 硫酸の水素イオン濃度を計算せよ.

**問題 1.14** 0.01 M 塩化アニリニウム($C_6H_5NH_3^+Cl^-$)水溶液および 0.01 M 塩化アンモニウム($NH_4^+Cl^-$)水溶液の水素イオン濃度を計算せよ.式(1.55)を用いよ.

**問題 1.15** 0.02 M 酢酸と 0.02 M 酢酸ナトリウムとを同体積混合した水溶液の pH はいくらか.また 0.002 M アンモニア水と 0.002 M 塩化アンモニウムを同体積混合した水溶液の pH はいくらか.

**問題 1.16** 図 1.5(c)の滴定において,0.1 M NaOH を $v$ mL 滴下した時点で成り立つ化学平衡式,物質収支式,イオン的中性式を書き下せ.

**問題 1.17** 図 1.5(c)の滴定において,0.1 M NaOH を 10 mL 滴下した時点での pH を計算せよ.

**問題 1.18** 図 1.5(c)の滴定において,0.1 M NaOH を 19 mL 滴下した時点での pH を計算せよ.

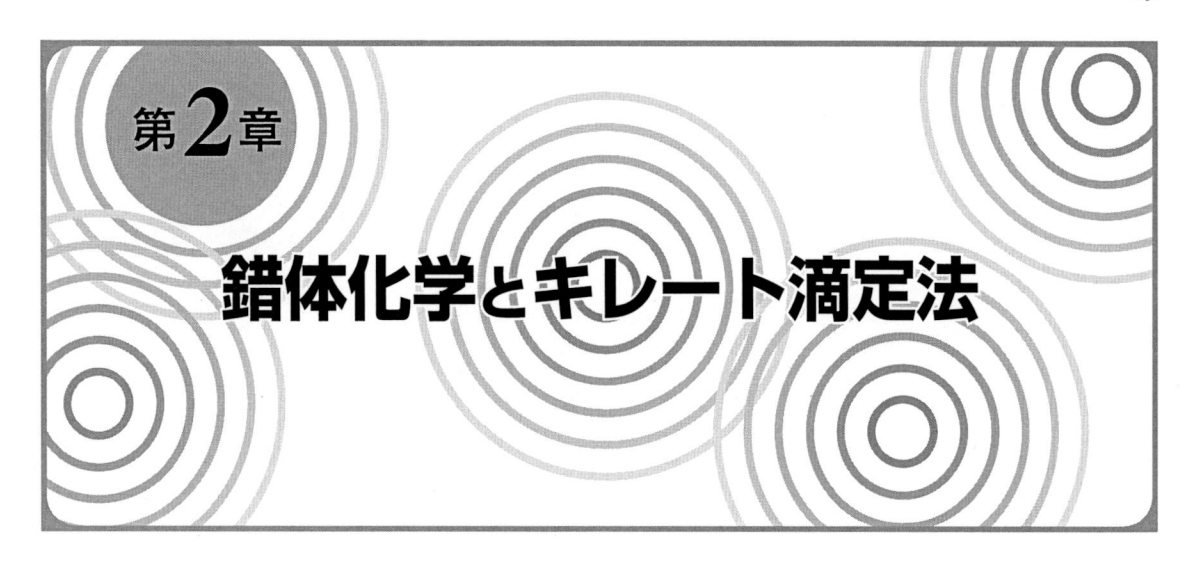

# 第2章 錯体化学とキレート滴定法

## 2.1 錯体の発見と錯体化学

18世紀から19世紀にかけて,鉄やコバルトなどの金属元素を含む化合物の中に,色あざやかなものが多数発見されたが,これらの化学構造は長い間なぞに包まれていた.19世紀後半に,スイスの化学者ウェルナー(Werner)は,当時報告されていた実験結果を再検討するとともに,自らも研究を行った結果,これらの化合物の特徴として,金属に直接結合している元素の数が金属イオン種によってほぼ一定であること,および金属イオンに結合する元素の空間配置もその金属イオンに特有であることを見いだし,1893年に配位説(coordination theory)を発表した.これが錯体化学の始まりである.

金属イオンと強く結合する原子あるいは原子団を配位子(ligand)とよび,金属イオンと配位子の結合で生成する化合物を錯体(complex)とよぶ.とくに錯体がイオンの場合は,錯イオン(complex ion),その塩は錯塩(complex salt)とよばれる.錯体(錯塩)化学は分析化学と密接なかかわりをもちながら発展し,現在ではキレート滴定法やキレート抽出法など数多くの分離分析手段として活用されている.本章ではまず錯体化学の基礎について解説し,次に分析化学への応用例として,キレート滴定法について述べる.

## 2.2 配位結合とキレート効果

配位子が示す金属イオンとの強い結合は,配位子の非共有電子対が,金属イオンの空の軌道に電子を供与することで形成される.このような配位子の金属イオンへの結合を配位結合(coordination bond)とよぶ.配位結合はルイス(Lewis)の酸塩基理論を考えると理解しやすい.たとえば,電子を与えることのできるアンモニア(ルイス塩基)と,電子を受け取ることのできるフッ化ホウ素(ルイス酸)の反応は次式で示される.

$$\begin{array}{c}\text{F}\\ \text{F:B}\\ \text{F}\end{array} + \begin{array}{c}\text{H}\\ \text{:N:H}\\ \text{H}\end{array} \rightleftarrows \begin{array}{c}\text{F H}\\ \text{F:B:N:H}\\ \text{F H}\end{array} \left[\equiv \begin{array}{c}\text{F H}\\ \text{F-B}\rightarrow\text{N-H}\\ \text{F H}\end{array}\right] \quad (2.1)$$

ここで矢印「→」は，ルイス塩基からルイス酸への電子供与による結合を表すときに用いる．錯形成反応では，金属イオンがルイス酸として，配位子がルイス塩基として働いている．以下にいくつかの錯形成反応の例を示す．

$$Ag^+ + 2(:SCN^-) \rightleftarrows [Ag(:SCN)_2]^- \quad (2.2)$$
$$Cu^{2+} + 4(:OH_2) \rightleftarrows [Cu(:OH_2)_4]^{2+} \quad (2.3)$$
$$Co^{3+} + 6(:NH_3) \rightleftarrows [Co(:NH_3)_6]^{3+} \quad (2.4)$$

錯形成反応では，金属イオンの空軌道の数や配位子の種類と大きさによって，配位結合を行う配位数が変化する．一般に金属イオンの配位数は2～6の間にあるが，7以上の値をとることもある．表2.1におもな錯体が示す金属イオンの配位数と配位結合の形をまとめる．

式(2.3)で示すように，硫酸銅の結晶を水に溶かすと，銅(Ⅱ)の水和錯イオンが生成し，溶液は青色になる．この溶液にアンモニア水を加えると溶液はアルカリ性となるため白濁し，水酸化銅〔$Cu(OH)_2$〕の沈殿が生じるが，さらにアンモニア水を加えると沈殿が再び溶けて溶液は藍色になる．これは式(2.5)で示される銅(Ⅱ)アンミン錯体が生成するためである（アンモニアがつくる錯体をアンミン錯体とよぶ）．

表2.1 金属イオンの配位数と配位結合の形

| 金属錯体例 | 配位数 | 配位結合の形[a] | |
|---|---|---|---|
| $[Ag(NH_3)_2]^+$, $[AgCl_2]^-$, $[AuCl_2]^-$, $[HgCl_2]$ など | 2 | L→M←L | 直線形 |
| $[Zn(NH_3)_4]^{2+}$, $[Cd(NH_3)_4]^{2+}$, $[Cd(CN)_4]^{2-}$, $[CoCl_4]^{2-}$ など | 4 | | 正四面体形 |
| $[Cu(NH_3)_4]^{2+}$, $[Pt(NH_3)_4]^{2+}$, $[Ni(CN)_4]^{2-}$, $[AuCl_4]^-$ など | 4 | | 平面正方形 |
| $[Co(NH_3)_6]^{2+}$, $[Fe(NH_3)_6]^{3+}$, $[Ni(NH_3)_6]^{2+}$, $[Fe(CN)_6]^{3-}$, $[PtCl_6]^{2-}$ など | 6 | | 正八面体形 |
| $[NpF_8]^{3-}$, $[UF_8]^{3-}$ など | 8 | | 立方体形 |

a) Mは金属イオン，Lは配位子を示す．

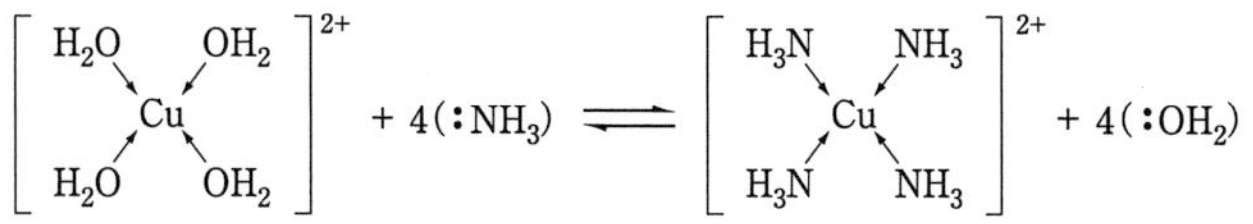

$$\left[\begin{array}{cc} H_2O & OH_2 \\ & Cu \\ H_2O & OH_2 \end{array}\right]^{2+} + 4(:NH_3) \rightleftharpoons \left[\begin{array}{cc} H_3N & NH_3 \\ & Cu \\ H_3N & NH_3 \end{array}\right]^{2+} + 4(:OH_2) \quad (2.5)$$

アンモニアの代わりにエチレンジアミンを加えても，アンモニアと同様の反応が起こる．

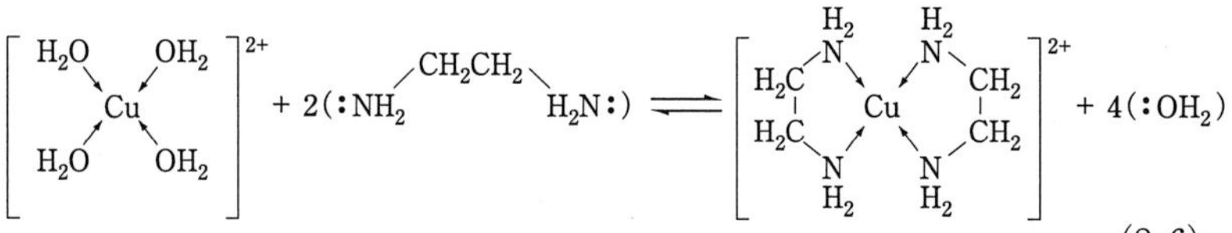

$$\left[\begin{array}{cc} H_2O & OH_2 \\ & Cu \\ H_2O & OH_2 \end{array}\right]^{2+} + 2(:NH_2-CH_2CH_2-H_2N:) \rightleftharpoons [Cu(en)_2]^{2+} + 4(:OH_2) \quad (2.6)$$

アンモニアのように金属イオンと一つの配位結合を形成する配位子を一座配位子(unidentate ligand)とよび，エチレンジアミンのように一分子で2個の配位結合を形成する配位子を二座配位子(bidentate ligand)とよぶ．同様に三座

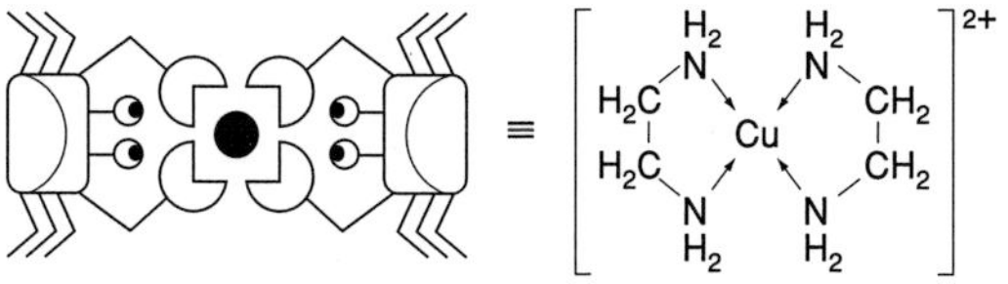

**図2.1 キレート化合物の構造**

**表2.2 銅(II)アンミン錯体の逐次安定度定数**
(20 ℃，イオン強度 $\mu = 0.1$)

| 配位子 | 配位座 | キレート環の数 | $\log k_1$ | $\log k_2$ | $\log k_3$ | $\log k_4$ |
|---|---|---|---|---|---|---|
| NH$_3$ | 1 | 0 | 4.1 | 3.5 | 2.0 | 2.1 |
| en | 2 | 1 | 10.7 | 9.3 | | |
| dien | 3 | 2 | 16.0 | 5.0 | | |
| tren | 4 | 2 | 18.8 | | | |
| trien | 4 | 3 | 20.5 | | | |

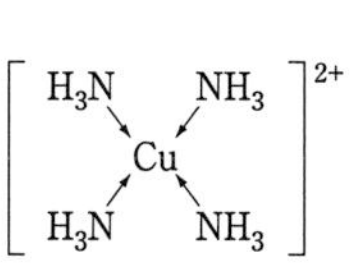

$[Cu(NH_3)_4]^{2+}$ 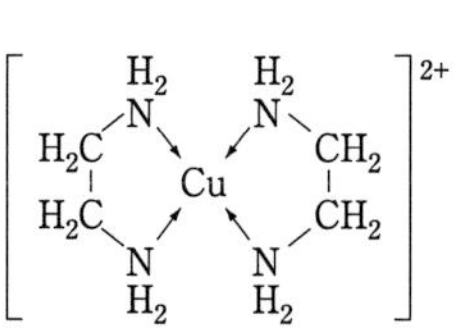　　$[Cu(en)_2]^{2+}$ 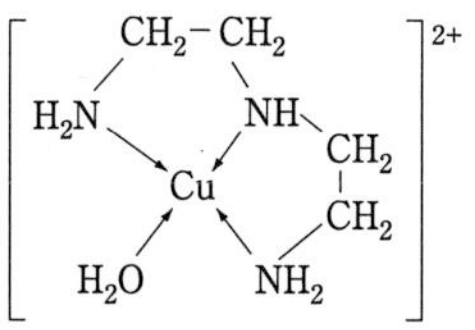　　$[Cu(H_2O)(dien)]^{2+}$

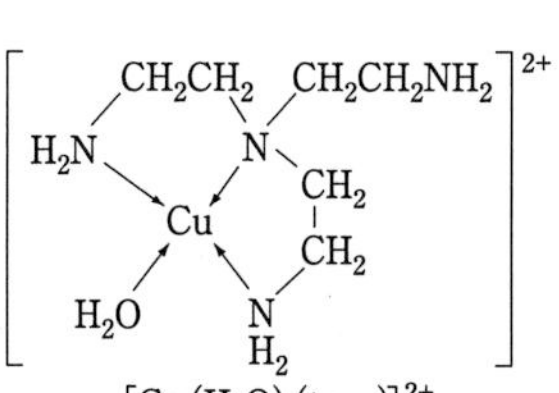

$[Cu(H_2O)(tren)]^{2+}$ 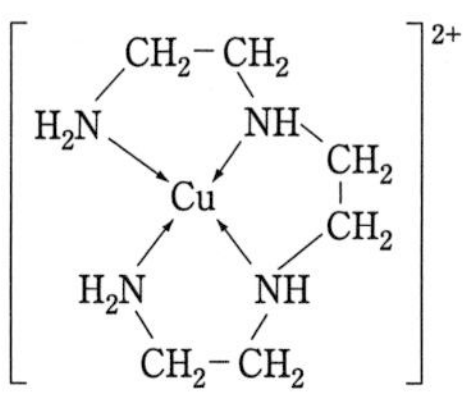　　$[Cu(trien)]^{2+}$

(tridentate)，四座(quadridentate)，六座(hexadentate)などの配位子が知られている．二座以上の配位子は，総称して多座配位子(multidentate ligand)とよばれる．また式(2.6)で示されるように，多座配位子を用いると，金属イオンを挟み込んだ環構造の錯体ができる．この結合の形が獲物を挟んだカニのハサミ(chela)に似ていることから(図2.1)，多座配位子の錯体は，キレート化合物(chelate compound)または金属キレート(metal chelate)とよばれている．

キレート化合物は，対応する一座配位子の錯体に比べて安定度が高く，これをキレート効果(chelate effect)とよぶ．キレート化合物の安定度を支配する要因に，キレート環の大きさや，環のひずみがある．一般に五員環のキレート化合物が最も安定である．表2.2に銅(Ⅱ)アンミン錯体の逐次安定度定数($k$，次節で解説する)をまとめる．金属：配位子の結合比が1：1の錯形成反応について $\log k_1$ の値を比べると，配位座数が多く，キレート環の数が多いほど $\log k_1$ の値は大きくなり，安定な錯体が生成することがわかる．

## 2.3　錯形成反応

錯形成反応の平衡式は，金属イオンをM，配位子をLで表すと，式(2.7)のように示される．なお簡略化のために，金属イオンと配位子の電荷は省略する．

$$M + L \rightleftarrows ML \tag{2.7}$$

この反応の平衡定数 $K_{ML}$ は，式(2.8)で示される．

$$K_{ML} = \frac{[ML]}{[M][L]} \tag{2.8}$$

$K_{ML}$ を錯体MLの安定度定数(stability constant)または結合定数(binding constant)とよぶ．$K_{ML}$ の値が大きいほど，式(2.7)の平衡は右方向に進み，安定な錯体が生成する．[M]，[L]，[ML]はそれぞれの化学種濃度(mol dm$^{-3}$)を示す．

$n$ 個の配位子が金属イオンに配位して $ML_n$ 型の錯体を形成する反応は，次式で示される．

$$\begin{aligned}
M + L &\rightleftarrows ML & k_1 &= \frac{[ML]}{[M][L]} \\
ML + L &\rightleftarrows ML_2 & k_2 &= \frac{[ML_2]}{[ML][L]} \\
&\vdots & &\vdots \\
ML_{n-1} + L &\rightleftarrows ML_n & k_n &= \frac{[ML_n]}{[ML_{n-1}][L]}
\end{aligned} \tag{2.9}$$

ここで $k_1, k_2, \cdots k_n$ を逐次安定度定数(successive stability constant)とよぶ．また $ML_n$ の錯形成反応は，式(2.10)のように示すこともできる．

$$M + nL \rightleftarrows ML_n \quad \beta_n = k_1 k_2 \cdots k_n = \frac{[ML_n]}{[M][L]^n} \tag{2.10}$$

$\beta_n$ を全安定度定数 (overall stability constant) とよぶ.

各配位子濃度における錯体化学種の生成の割合について考えてみる. $ML_n$ 錯体の生成する割合を $f_{ML_n}$ とすると

$$f_{ML_n} = \frac{[ML_n]}{[M] + [ML] + [ML_2] + \cdots + [ML_n]} \tag{2.11}$$

ここで全金属イオン濃度 $C_M$ は次式で示される.

$$C_M = [M] + [ML] + [ML_2] + \cdots + [ML_n] \tag{2.12}$$

$C_M$ は, 逐次安定度定数と配位子濃度を使うと次式で示される.

$$C_M = [M](1 + k_1[L] + k_1k_2[L]^2 + \cdots + k_1k_2\cdots k_n[L]^n) \tag{2.13}$$

したがって, $ML_n$ 錯体の濃度は

$$[ML_n] = \frac{k_1k_2\cdots k_n[L]^n C_M}{1 + k_1[L] + k_1k_2[L]^2 + \cdots + k_1k_2\cdots k_n[L]^n} \tag{2.14}$$

となり, 式 (2.14) を式 (2.11) に代入すると, $ML_n$ 錯体の生成割合 $f_{ML_n}$ は式 (2.15) で示される.

$$f_{ML_n} = \frac{k_1k_2\cdots k_n[L]^n}{1 + k_1[L] + k_1k_2[L]^2 + \cdots + k_1k_2\cdots k_n[L]^n} \tag{2.15}$$

たとえば河川水や海水の中で, さまざまな金属イオンがどのような化学種で存在しているかを知ることによって, 金属イオンの溶存状態が環境に与える影響を調べることができる. 式 (2.15) は, このような金属イオンの溶存化学種の解析を行う際の基本となる式である.

---

**例題 2.1** 鉛 (II) イオンは, 塩化物イオンと水中で反応して錯イオンを形成する. 鉛 (II) 塩化物錯イオンの逐次安定度定数は $k_1 = 10^{1.58}$ $M^{-1}$ ($1\,M = 1\,mol\,dm^{-3}$), $k_2 = 10^{0.65}$ $M^{-1}$, $k_3 = 10^{0.12}$ $M^{-1}$ である. 図 2.2 は式 (2.15) を使って, それぞれの化学種の生成割合と塩化物イオン濃度の対数の関係を計算し

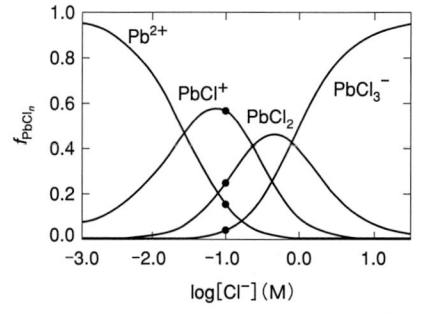

**図 2.2 鉛 (II) 塩化物錯イオンの生成割合**

た結果である. 塩化物イオン濃度 0.1 M の条件において生成するそれぞれの化学種の割合を計算し, 図が正しいことを確認せよ.

**解** 鉛 (II) イオンと塩化物イオンの錯形成反応は, 次のように示される.

$$Pb^{2+} + Cl^- \rightleftharpoons PbCl^+ \qquad k_1 = \frac{[PbCl^+]}{[Pb^{2+}][Cl^-]}$$

$$PbCl^+ + Cl^- \rightleftharpoons PbCl_2 \qquad k_2 = \frac{[PbCl_2]}{[PbCl^+][Cl^-]}$$

$$PbCl_2 + Cl^- \rightleftharpoons PbCl_3^- \qquad k_3 = \frac{[PbCl_3^-]}{[PbCl_2][Cl^-]}$$

したがって存在する化学種は，$Pb^{2+}$，$PbCl^+$，$PbCl_2$，$PbCl_3^-$ の四種類であり，式(2.15)より，それぞれの化学種の生成割合($f_{PbCl_n}$)は次式で示される．

$$f_{Pb} = \frac{1}{1 + k_1[Cl^-] + k_1k_2[Cl^-]^2 + k_1k_2k_3[Cl^-]^3}$$

$$f_{PbCl} = \frac{k_1[Cl^-]}{1 + k_1[Cl^-] + k_1k_2[Cl^-]^2 + k_1k_2k_3[Cl^-]^3}$$

$$f_{PbCl_2} = \frac{k_1k_2[Cl^-]^2}{1 + k_1[Cl^-] + k_1k_2[Cl^-]^2 + k_1k_2k_3[Cl^-]^3}$$

$$f_{PbCl_3} = \frac{k_1k_2k_3[Cl^-]^3}{1 + k_1[Cl^-] + k_1k_2[Cl^-]^2 + k_1k_2k_3[Cl^-]^3}$$

これに $k_1 = 10^{1.58}\,M^{-1}$，$k_2 = 10^{0.65}\,M^{-1}$，$k_3 = 10^{0.12}\,M^{-1}$ および $[Cl^-] = 0.1\,M$ の値を代入すると，$f_{Pb} = 0.149$，$f_{PbCl} = 0.565$，$f_{PbCl_2} = 0.253$，$f_{PbCl_3} = 0.033$ の値が得られ，図中の各生成割合と一致することが確認できる．

ついでに，ここで扱った溶液は現実的にはどんな状況で得られるかを考えてみる．たとえば 0.1 M NaCl 水溶液に，塩化物イオンの全濃度に影響しない程度のごく微量の $Pb(NO_3)_2$ を溶かして得られる．あるいは NaCl と $Pb(NO_3)_2$ を適当に水に溶かしたとき，もし水溶液中の遊離の塩化物イオン濃度$[Cl^-]$ が 0.1 M になっていれば，Pb を含む化学種は上に計算したとおりの比率になっている．

## 2.4 キレート滴定法

### 2.4.1 キレート試薬とその反応条件

多座配位子と金属イオンが水中で安定なキレート化合物を形成する反応を用いると，金属イオンの定量を行うことができる．このような目的に用いられる配位子をキレート試薬(chelating reagent)とよぶ．代表的なキレート試薬として，エチレンジアミン四酢酸(EDTA)が知られている．

EDTAは，図2.3に示す構造で多くの金属イオンと安定な 1:1 型の錯イオンを形成する．EDTA($H_4Y$)には酸解離基があり，pH に依存した酸解離が起こるため，$H_4Y$，$H_3Y^-$，$H_2Y^{2-}$，$HY^{3-}$，および $Y^{4-}$ の五つの化学種が存在する．金属イオン($M^{n+}$)も pH が高い条件では，$M(OH)^{n-1}$，$M(OH)_2^{n-2}$ などのヒドロキソ錯イオンを生成したり，共存する別の配位子 $A^{m-}$ との錯形成反応により，$MA^{n-m}$，$MA_2^{n-2m}$ などの錯イオンが生成する．たとえば，pH を一定に保つために用いら

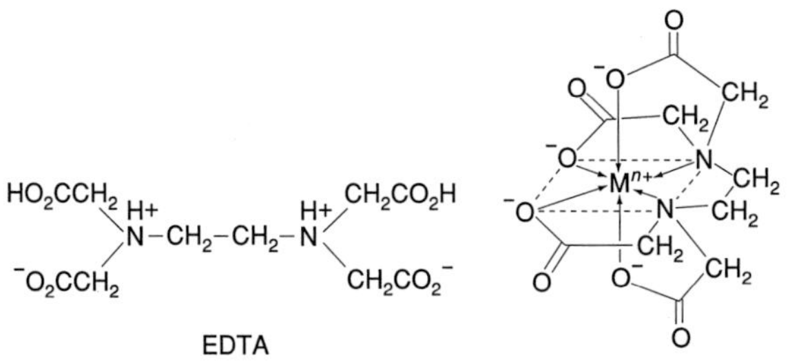

**図2.3 金属-EDTA錯体の構造**

れる酢酸緩衝液や，金属イオンの高いpH領域での加水分解を防ぐために加えられる補助錯化剤などとの副反応を考える必要がある．

このような場合は，条件安定度定数(conditional stability constant)を用いて反応条件を考えなければならない．まず，EDTAと金属イオンの錯形成反応は次式で示される．

$$M^{n+} + Y^{4-} \rightleftharpoons MY^{n-4} \tag{2.16}$$

$$K_{MY} = \frac{[MY^{n-4}]}{[M^{n+}][Y^{4-}]} \tag{2.17}$$

さて金属イオンに$OH^-$やほかの錯化剤との副反応が起こっている場合，EDTAと結合していない$M^{n+}$の総濃度$[M']$は，式(2.18)で示される．

$$[M'] = [M^{n+}] + \sum[M(OH)_p^{n-p}] + \sum[MA_q^{n-qm}] \tag{2.18}$$

ここで$M(OH)_p^{n-p}$および$MA_q^{n-qm}$の全安定度定数は，次式で示される．

$$\beta_p = \frac{[M(OH)_p^{n-p}]}{[M^{n+}][OH^-]^p} \quad \beta_q = \frac{[MA_q^{n-qm}]}{[M^{n+}][A^{m-}]^q} \tag{2.19}$$

したがって$[M']$は，

$$[M'] = [M^{n+}](1 + \sum\beta_p[OH^-]^p + \sum\beta_q[A^{m-}]^q)$$
$$= [M^{n+}]\alpha_M \tag{2.20}$$

$$\alpha_M = 1 + \sum\beta_p[OH^-]^p + \sum\beta_q[A^{m-}]^q \tag{2.21}$$

$\alpha_M$は，溶液pHと錯化剤$A^{m-}$の濃度が決まれば一定の値となる．これを副反応係数(side reaction coefficient)とよぶ．

同様に金属イオンに結合していないEDTAの総濃度$[Y']$は，水素イオン濃度の関数として次式のように示される．

$$[Y'] = [Y^{4-}] + [HY^{3-}] + [H_2Y^{2-}] + [H_3Y^-] + [H_4Y]$$
$$= [Y^{4-}]\left(1 + \frac{[H^+]}{K_{a4}} + \frac{[H^+]^2}{K_{a3}K_{a4}} + \frac{[H^+]^3}{K_{a2}K_{a3}K_{a4}} + \frac{[H^+]^4}{K_{a1}K_{a2}K_{a3}K_{a4}}\right)$$
$$= [Y^{4-}]\alpha_Y \tag{2.22}$$

$$\alpha_Y = 1 + \frac{[H^+]}{K_{a4}} + \frac{[H^+]^2}{K_{a3}K_{a4}} + \frac{[H^+]^3}{K_{a2}K_{a3}K_{a4}} + \frac{[H^+]^4}{K_{a1}K_{a2}K_{a3}K_{a4}} \quad (2.23)$$

ここで $K_{an}$ は，EDTAの酸解離定数である．$\alpha_Y$ は，EDTAの酸解離平衡に基づく副反応係数であり，溶液pHが決まれば，一定の値となる．

以上の副反応を考慮すると，EDTAと金属イオンの安定度定数は次式で示される．

$$K'_{MY} = \frac{[MY^{n-4}]}{[M'][Y']} = K_{MY}\frac{1}{\alpha_M \cdot \alpha_Y} \quad (2.24)$$

$K'_{MY}$ を条件安定度定数とよぶ．すなわち，それぞれの副反応係数が大きくなるほど，遊離の状態で存在する $[M^{n+}]$，$[Y^{4-}]$ の濃度は減少し，条件安定度定数 $K'_{MY}$ は，真の安定度定数 $K_{MY}$ よりも小さな値となる．

### 2.4.2 キレート滴定法と滴定曲線

錯形成反応に基づく滴定法を，錯滴定(complexation titration)とよぶ．とくにEDTAなどのキレート試薬を用いた錯滴定をキレート滴定(chelatometric titration)とよぶ．EDTAを用いたアルカリ土類金属イオンのキレート滴定法が，1945年にシュバルツェンバッハ(Schwarzenbach)によって紹介されて以来，簡便な金属イオン定量法として分析化学のさまざまな分野で利用されている．

キレート滴定法は，金属イオンとキレート試薬の錯形成反応を使って，当量点での金属イオンの大きな濃度変化を金属指示薬などを使って決定し，既知濃度のキレート試薬溶液の滴下量から，未知の金属イオン濃度を求める方法である．

金属イオン($M^{n+}$)の全濃度を $C_M$，滴下したEDTA溶液の全濃度を $C_Y$ とすると，

$$C_Y = [MY^{n-4}] + [Y'] \quad (2.25)$$
$$C_M = [MY^{n-4}] + [M'] \quad (2.26)$$

式(2.25)，(2.26)より，

$$C_Y = C_M - [M'] + [Y'] \quad (2.27)$$

式(2.24)より，

$$[Y'] = \frac{[MY^{n-4}]}{[M']K'_{MY}} = \frac{C_M - [M']}{[M']K'_{MY}} \quad (2.28)$$

ここで式(2.27)，(2.28)を用いると，金属イオンに対して加えたEDTAのモル比 $a$ は次式で示される．

$$a = \frac{C_Y}{C_M} = 1 - \frac{[M']}{C_M} + \frac{[Y']}{C_M}$$
$$= 1 - \frac{[M']}{C_M} + \frac{1}{[M']K'_{MY}} - \frac{1}{C_M K'_{MY}} \quad (2.29)$$

**図 2.4 金属イオンの滴定曲線**

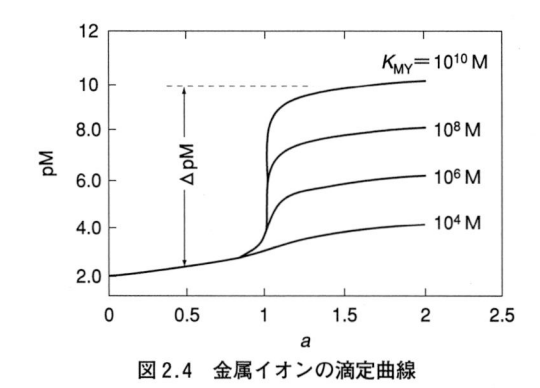

条件安定度定数が十分大きいとき ($K'_{MY} > 10^{7\sim 8}$ M),式 (2.29) の第 4 項は無視できるので,副反応係数を用いて次式のように簡略化できる.

$$a = 1 - \frac{[M^{n+}]\alpha_M}{C_M} + \frac{\alpha_Y}{[M^{n+}]K_{MY}} \tag{2.30}$$

この式を用いれば,滴定中の $[M^{n+}]$ を計算できる.たとえば pH = 10 の条件で,$C_M = 0.01$ M,$\alpha_Y = 1.0$,$\alpha_M = 1.0$ として,さまざまな $K_{MY}$ 値に対する滴定曲線を,pM ($-\log[M^{n+}]$) 値と $a$ の関係で図 2.4 に示す.この図から,$K_{MY}$ 値が大きいほど,pM 値の変化量 ($\Delta$pM) も大きくなり,当量点が明瞭になることがわかる.また一定の $K_{MY}$ 値であっても,pH が異なれば,$\alpha_Y$ や $\alpha_M$ の値が変化し,pM 値の変化量に影響を与える.したがってキレート滴定では,最適な pH 条件の選定も重要である.

**例題 2.2** 0.01 M の金属イオン水溶液 50 mL に,当量となるよう 0.01 M の EDTA 水溶液 50 mL を滴下した.このとき金属イオンの 99.9 % 以上が EDTA と錯体を形成するためには,条件安定度定数はいくら以上必要か,その値を求めよ.

**解** 当量点では $C_M = C_Y (= 0.005$ M) であるから,式 (2.25),(2.26) より $[Y'] = [M']$ の関係が得られる.錯体を形成していない金属イオンと EDTA の割合は 0.1 % 以下であるから

$$[Y']/C_Y = [M']/C_M < 10^{-3}$$

したがって

$$[Y'] = [M'] > 10^{-3} \times 0.005 = 5 \times 10^{-6} \text{ M}$$

また式 (2.25) より

$$[MY^{n-4}] = C_Y - [Y'] = 0.005 - 5 \times 10^{-6} = 0.005 \text{ M}$$

これらを条件安定度定数の式 (2.24) に代入すると

$$K_{MY'} > 0.005/(25 \times 10^{-12}) = 2 \times 10^8 \, M$$

したがって条件安定度定数は，$2 \times 10^8$ より大きい値が必要である．

### 2.4.3 金属指示薬による終点の決定

キレート滴定法では，図2.4で示されるように当量点での金属イオンの大きな濃度変化を知ることによって，滴定の終点が決められる．このために，金属イオン濃度変化に伴う電極電位差や拡散電流，電気伝導度などの変化を計測する物理化学的な方法を用いることもできるが，最も簡便な方法は金属指示薬（metallochromic indicator）を用いる方法である．キレート滴定法が今日のように分析化学の幅広い分野で利用されているのも，金属イオンの定量法として高価な装置を必要とせず，簡便かつ高い精度が得られるためである．

金属指示薬としてよく用いられるエリオクロムブラックT（BT）指示薬および

---

**コラム　超分子試薬の原点？**

フランスのレーン教授によって提案された超分子化学（supramolecular chemistry）は，複数の分子が弱い相互作用で集まった複合体によって，構成分子の個々の機能を超えた新しい機能をつくりだす化学であり，近年注目を集めている先端科学分野の一つである．たとえば，サイクレンという環状のポリアミンは，亜鉛イオン（$Zn^{2+}$）と水中で安定な1：1の錯体をつくることが知られていた．そこでサイクレンにルマジンという蛍光物質を加えて，水中で水素結合を利用して分子複合体をつくらせておく．微量の $Zn^{2+}$ を含む試料水溶液にこの分子複合体を加えると，ただちに $Zn^{2+}$ がサイクレンと錯体を形成してルマジンを水中に追いだす．複合体形成で消光されていたルマジンの蛍光は，遊離の状態で回復するので，その蛍光強度変化を調べることで，簡単に $Zn^{2+}$ の定量を行うことができる（図2.6）．これはアメリカのアンシュリン教授によって提案された超分子試薬の原理を使った研究の一例であるが，よく考えてみると，キレート滴定法で金属指示薬が示す応答原理にそっくりである．キレート滴定法は，もしかすると超分子試薬の原点かもしれない．

図2.6　超分子試薬による亜鉛の検出
〔H. S. Han, D. H. Kim, *Supramol. Chem.*, **15**, 59(2003)より図を修正して引用〕

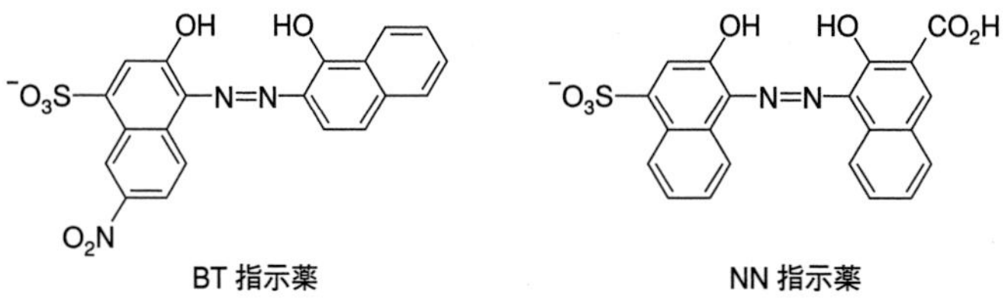

**図2.5　キレート滴定に用いられる金属指示薬**

ナフチルアゾナフトエ酸誘導体であるNN指示薬の構造を図2.5に示す．BT指示薬はおもに$Mg^{2+}$，$Ca^{2+}$，$Zn^{2+}$，$Cd^{2+}$，$Mn^{2+}$，$Pb^{2+}$などに，NN指示薬は$Ca^{2+}$の定量に用いられる．

図2.5に示すように金属指示薬(In)は多座のキレート配位子である．金属イオン($M^{n+}$)の溶液にInを少量加えると，$M^{n+}$と反応してキレート錯体$MIn^{n+}$を生成する．

$$M^{n+} + In \rightleftharpoons MIn^{n+} \tag{2.31}$$

この溶液により強力な錯化剤であるEDTAを加えていくと，まず遊離の$M^{n+}$がEDTAと反応する．遊離の$M^{n+}$がすべて消費されると，次に$MIn^{n+}$の中の$M^{n+}$との反応が始まり，より安定な$MY^{n-4}$錯体を生成する．したがって，当量点での反応は次式で示される．

$$MIn^{n+} + Y^{4-} \rightleftharpoons In + MY^{n-4} \tag{2.32}$$

たとえばBT指示薬では，pH 10の条件で$MIn^{n+}$は赤色であり，Inは青色である．したがって，金属指示薬の$MIn^{n+} \rightarrow In$の色の変化を確認することで，当量点を決定できる．

### 章末問題

**問題2.1** 金属イオン(M)と配位子(L)が1:1の錯体を生成し，その安定度定数は$K_{ML} = 10^7 \, M^{-1}$である．0.2 Mの金属イオン溶液に，等体積の0.2 M配位子溶液を加えた．溶液中の遊離の金属イオン濃度を計算せよ．

**問題2.2** $2.0 \times 10^{-4}$ Mの$AgNO_3$溶液50 mLに，0.2 Mアンモニア水溶液50 mLを加えた．錯イオン$Ag(NH_3)_n^+$の逐次安定度定数は，$k_1 = 10^{3.3} \, M^{-1}$，$k_2 = 10^{4.4} \, M^{-1}$として，この溶液中に存在する遊離の$Ag^+$および生成した錯イオンの濃度を求めよ．

**問題2.3** EDTA($H_4Y$)の酸解離定数は，$K_{a1} = 10^{-2.0}$ M，$K_{a2} = 10^{-2.7}$ M，$K_{a3} = 10^{-6.2}$ M，$K_{a4} = 10^{-10.3}$ Mである．
(1) pH 8, 10, 12における$Y^{4-}$の副反応係数を計算せよ．
(2) $Ca^{2+}$イオンとEDTAの安定度定数は，$K_{CaY} = 5.0 \times 10^{10} \, M^{-1}$である．$Ca^{2+}$イオンの副反応はないものとして，pH 8, 10, 12における条件安定度定数を求めよ．

### 参考文献

1) 上野景平，『キレート滴定法』，南江堂(1979)．

# 第3章 固液平衡とイオン交換反応

　胃のレントゲンを撮るときには，白いバリウム液を飲まされる．このバリウム液は水に難溶性の硫酸バリウム($BaSO_4$)に甘味料を加えて水に混ぜたものである．Ba は重たい元素でありX 線を通さない．したがってバリウム液を飲んだあとにレントゲンを撮れば，胃の形をきれいに見ることができる．これは $BaSO_4$ が水に溶けにくい性質を利用したものであるが，もし $BaSO_4$ が水によく溶けると，体の中に $Ba^{2+}$ が多量に吸収され，バリウム中毒を起こしてしまうだろう．このように $BaSO_4$ が難溶性である性質を使うと，試料中の硫酸イオンの定量を行うこともできる．硫酸イオンを含む試料溶液に塩化バリウム($BaCl_2$)を加えると，ただちに $BaSO_4$ 塩が沈殿し，沈殿の重量を正確に秤量することによって，試料中の硫酸イオンの含有量を求めることができる．このような定量法を重量分析法(gravimetric analysis)とよぶ．

　重量分析法は，秤量操作のみで定量を行うため，定量分析法の中でも精度の高い分析法の一つとして知られている．固液平衡の中で物質の沈殿生成にかかわる溶解平衡の理解は，重量分析法だけでなく，沈殿滴定法や金属イオンの分族法，試料の前処理法などさまざまな化学分析を行う上で重要である．また，試料の分離濃縮技術として固液平衡の中でもう一つの重要な平衡としてイオン交換反応がある．そこで本章では，まず溶解平衡の基礎についてまとめ，その応用例として沈殿滴定法を紹介する．次にイオン交換反応とその応用について解説する．

## 3.1　溶解平衡と溶解度積

　水に完全に不溶なわけではない塩化銀($AgCl$)などの難溶性塩を水の中に入れると，図3.1に示す溶解平衡が生じる．
　平衡 I は，固液間の $AgCl$ の溶解平衡であり，次式で示される．

$$AgCl_{(s)} \xrightleftharpoons{K_I} AgCl_{(w)} \qquad K_I = \frac{[AgCl]_w}{[AgCl]_s} \tag{3.1}$$

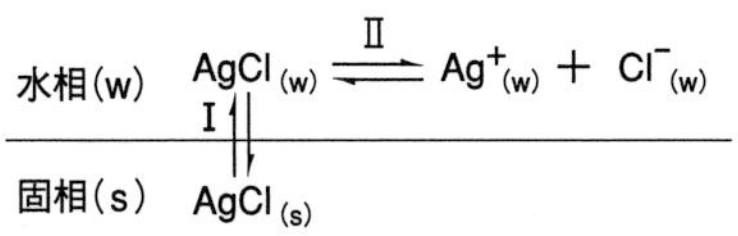

```
水相(w)    AgCl_(w) ⇌ Ag⁺_(w) + Cl⁻_(w)
                 I ↑↓      II
固相(s)    AgCl_(s)
```

**図3.1 塩化銀の溶解平衡**

平衡IIは，水中でのAgClの電離平衡であり，次式で示される．

$$\mathrm{AgCl_{(w)}} \overset{K_{\mathrm{II}}}{\rightleftharpoons} \mathrm{Ag^+_{(w)}} + \mathrm{Cl^-_{(w)}} \qquad K_{\mathrm{II}} = \frac{[\mathrm{Ag^+}]_w[\mathrm{Cl^-}]_w}{[\mathrm{AgCl}]_w} \tag{3.2}$$

したがって，溶解平衡の全平衡定数$K$は，

$$K = K_{\mathrm{I}}K_{\mathrm{II}} = \frac{[\mathrm{Ag^+}]_w[\mathrm{Cl^-}]_w}{[\mathrm{AgCl}]_s} \tag{3.3}$$

となる．ここで，「固体のAgCl濃度」は一定であるので〔純固体物質の活量(濃度)は1である〕，これを平衡定数$K$に含めると

$$K_{\mathrm{sp, AgCl}} = K[\mathrm{AgCl}]_s = [\mathrm{Ag^+}]_w[\mathrm{Cl^-}]_w \tag{3.4}$$

となる．$K_{\mathrm{sp}}$を溶解度積(solubility product)とよぶ．一般に$\mathrm{A}_m\mathrm{B}_n$型の難溶性塩の溶解平衡は，次式で示される．

$$\mathrm{A}_m\mathrm{B}_{n(s)} \rightleftharpoons \mathrm{A}_m\mathrm{B}_{n(w)} \rightleftharpoons m\mathrm{A}^{n+}_{(w)} + n\mathrm{B}^{m-}_{(w)}$$
$$K_{\mathrm{sp, A}_m\mathrm{B}_n} = [\mathrm{A}^{n+}]_w^m[\mathrm{B}^{m-}]_w^n \tag{3.5}$$

溶解度積と溶液中のイオン濃度積の関係は，次のようにまとめられる．

(1) $[\mathrm{A}^{n+}]_w^m[\mathrm{B}^{m-}]_w^n < K_{\mathrm{sp}}$のとき(不飽和溶液)：この条件で$\mathrm{A}_m\mathrm{B}_n$塩は水に溶解し，沈殿は生成しない．

(2) $[\mathrm{A}^{n+}]_w^m[\mathrm{B}^{m-}]_w^n = K_{\mathrm{sp}}$のとき(飽和溶液)：この条件で溶液は，$\mathrm{A}_m\mathrm{B}_n$塩が沈殿する限界の状態になっている．

(3) $[\mathrm{A}^{n+}]_w^m[\mathrm{B}^{m-}]_w^n > K_{\mathrm{sp}}$のとき(過飽和溶液)：この条件で溶液は，$\mathrm{A}_m\mathrm{B}_n$塩の沈殿で飽和状態にあり，イオン濃度積が$K_{\mathrm{sp}}$値と等しくなるまで，$\mathrm{A}_m\mathrm{B}_n$塩の沈殿が生成する．

---

**例題 3.1** 25℃におけるAgClの溶解度積は，$K_{\mathrm{sp, AgCl}} = 1.8 \times 10^{-10}\,\mathrm{M}^2$である．AgClの溶解度(g/L)を求めよ．ただしAgCl飽和水溶液の密度は$1.0\,\mathrm{g/cm^3}$であり，AgClの式量は143.4とする．

**解** AgClの溶解平衡は，

$$\mathrm{AgCl_{(s)}} \rightleftharpoons \mathrm{AgCl_{(w)}} \rightleftharpoons \mathrm{Ag^+_{(w)}} + \mathrm{Cl^-_{(w)}}$$

である．また$[\mathrm{Ag^+}]_w = [\mathrm{Cl^-}]_w$であるから，溶解度積は次式で示される．

$$K_{\text{sp, AgCl}} = [\text{Ag}^+]_w[\text{Cl}^-]_w = [\text{Ag}^+]_w^2 = 1.8 \times 10^{-10}\,\text{M}^2$$

したがって,

$$[\text{Ag}^+]_w = [\text{Cl}^-]_w = \sqrt{K_{\text{sp, AgCl}}} = 1.3 \times 10^{-5}\,\text{M}$$

となる.AgCl の溶解度 $S_{\text{AgCl}}$ (g/L) は

$$S_{\text{AgCl}} = 1.3 \times 10^{-5} \times 143.4 = 1.9 \times 10^{-3}\,\text{g/L}$$

と計算できる.

## 3.2 溶解平衡に影響を及ぼす諸因子

### 3.2.1 共通イオン効果と錯体形成の影響

　難溶性塩の構成イオンを別の塩として含む溶液中で,難溶性塩が生成する場合に,難溶性塩の溶解度は純水中よりも小さくなる.これを共通イオン効果(common-ion effect)とよぶ.

　たとえば,0.01 M $AgNO_3$ を含む水溶液中での AgCl の溶解度を考えてみる.純水中の AgCl の溶解度(M)は,例題3.1に示したとおり $1.3 \times 10^{-5}$ M と計算できる.一方,0.01 M $AgNO_3$ を含む水溶液中では,銀イオン濃度は純水に溶けるはずの AgCl 由来の銀イオン濃度を加えても $[\text{Ag}^+]_w = 0.01$ M と見なせる.したがって溶解できる塩化物イオン濃度は,

$$K_{\text{sp, AgCl}} = [\text{Ag}^+]_w[\text{Cl}^-]_w = 0.01[\text{Cl}^-]_w = 1.8 \times 10^{-10}\,\text{M}^2$$
$$[\text{Cl}^-]_w = 1.8 \times 10^{-8}\,\text{M}$$

となり,塩化物イオンの溶解度は,約 1/1000 まで減少する.この結果からわかるように,塩化物イオンを AgCl の沈殿として定量的に回収したい場合は,共通イオンである銀イオンの添加が有効である.

　一方,共通イオンを過剰に添加すると,目的イオンと水溶性の錯イオンを形成し,逆に溶解度が増加してしまう場合がある.たとえば,AgCl を純水に飽和させ,これに KCl を添加すると,塩化物イオン濃度が増加するため,銀イオンの濃度は減少する.しかし過剰に KCl を加えると,式(3.6)に示すように,水溶性の銀塩化物錯イオンが生成し,AgCl の溶解度は逆に増加する.

$$\text{Ag}^+_{(w)} + n\text{Cl}^-_{(w)} \rightleftharpoons \text{AgCl}_{n(w)}^{1-n} \qquad \beta_n = \frac{[\text{AgCl}_n^{1-n}]_w}{[\text{Ag}^+]_w[\text{Cl}^-]_w^n} \qquad (3.6)$$

　銀塩化物錯イオンでは,$n = 4$ までの生成が知られている.AgCl の沈殿が存在するときの銀イオンの副反応係数 $\alpha_{\text{Ag}}$ は,

$$\alpha_{\text{Ag}} = 1 + \beta_1[\text{Cl}^-]_w + \beta_2[\text{Cl}^-]_w^2 + \beta_3[\text{Cl}^-]_w^3 + \beta_4[\text{Cl}^-]_w^4 \qquad (3.7)$$

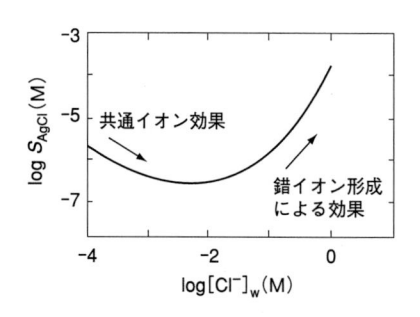

図 3.2 塩化銀のモル溶解度($S_{AgCl}$)と塩化物イオン濃度の関係

となる．したがって，AgCl の条件溶解度積 $K'_{sp,AgCl}$ は次式で示される．

$$K'_{sp,AgCl} = [Ag']_w[Cl^-]_w = K_{sp,AgCl} \cdot \alpha_{Ag} \quad (3.8)$$

ここで$[Ag']_w$は，水中の $Ag^+$ の総濃度を示す．したがって AgCl のモル溶解度 ($S_{AgCl}$)は$[Ag']_w$ と等しく，

$$S_{AgCl} = [Ag']_w$$
$$= K_{sp,AgCl}\left(\frac{1}{[Cl^-]_w} + \beta_1 + \beta_2[Cl^-]_w + \beta_3[Cl^-]_w^2 + \beta_4[Cl^-]_w^3\right) \quad (3.9)$$

式(3.9)を用いて計算される AgCl の溶解度と塩化物イオン濃度の関係を図 3.2 に示す．共通イオン効果による溶解度の減少と，塩化物錯イオンの生成による溶解度の増加によって，AgCl の溶解度に最小値が存在することがわかる．

### 3.2.2 異種イオン効果

難溶性塩を構成するイオンとは異なる塩の添加によっても，難溶性塩の溶解度は変化する．たとえば，AgCl や $BaSO_4$ の溶解度は，$KNO_3$ 塩の添加によって増加する(図 3.3)．この図から，溶解度に及ぼす $KNO_3$ 濃度の影響は，一価の AgCl 塩よりも，二価の $BaSO_4$ 塩で大きいことがわかる．これは異種イオン効果 (diverse-ion effect) または活量効果(activity effect)とよばれ，$KNO_3$ 塩の添加による溶液のイオン強度の増加によって起こる現象である．

これまでの濃度の取扱いでは，溶質や溶媒間の相互作用を考慮した実効濃度である活量 $a$(activity)が，分析反応に用いられる溶液条件では，濃度に等しいとし

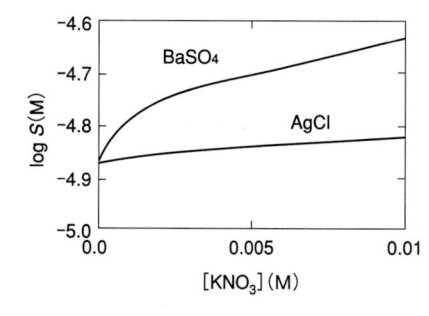

図 3.3 モル溶解度($S$)に及ぼす異種イオン濃度の影響

て計算を行ってきた．活量は，濃度を$c$とすると$a = \gamma c$で示される．$\gamma$は理想状態からのずれを表す補正係数であり，活量係数(activity coefficient)とよばれる．したがって，$A_mB_n$塩の溶解度積は厳密には次式で示される．

$$K_{sp}^0 = (a_A)^m (a_B)^n = (\gamma_A [A^{n+}]_w)^m \times (\gamma_B [B^{m-}]_w)^n \tag{3.10}$$

$K_{sp}^0$も平衡定数であるので，温度が決まれば一定の値となる．一般に溶液中の全イオン濃度(イオン強度)が高くなると，活量係数$\gamma$は小さくなるので，式(3.10)から難溶性塩$A_mB_n$の溶解度が大きくなることがわかる．

デバイ-ヒュッケル(Debye-Hückel)の近似式に基づけば，活量係数は25℃において次式で示される．

$$\log \gamma_i = -0.5 z_i^2 \times \left( \frac{\sqrt{I}}{1+\sqrt{I}} \right)$$
$$I = \frac{1}{2} \sum c_i z_i^2 \tag{3.11}$$

$z_i$は，i種イオンの価数を示し，$I$は溶液のイオン強度を示す．

### 3.2.3 pH効果

AgClやBaSO$_4$は広いpH領域で沈殿を生成するが，シュウ酸塩，炭酸塩，リン酸塩や硫化物，フッ化物，水酸化物は，陰イオンに水素イオンが結合して弱酸を生成するため，溶解度はpHの影響を受ける．

弱酸HAの陰イオンからなる難溶性塩MAを考えると，以下の平衡が存在する．

$$HA_{(w)} \rightleftharpoons H^+_{(w)} + A^-_{(w)} \qquad K_a = \frac{[H^+]_w [A^-]_w}{[HA]_w} \tag{3.12}$$

$$MA_{(s)} \rightleftharpoons MA_{(w)} \rightleftharpoons M^+_{(w)} + A^-_{(w)} \tag{3.13}$$

$A^-$イオンの総濃度を$[A']_w$とすると

$$[A']_w = [A^-]_w + [HA]_w = [A^-]_w \left( 1 + \frac{[H^+]_w}{K_a} \right) = [A^-]_w \alpha_A \tag{3.14}$$

2章で示したように，$\alpha_A$は溶液のpHによって決まる副反応係数である．したがってMA塩の溶解度積は次式で示される．

$$K_{sp,MA} = [M^+]_w [A^-]_w = \frac{[M^+]_w [A']_w}{\alpha_A} \tag{3.15}$$

条件溶解度積$K'_{sp,MA}$は，

$$K'_{sp,MA} = [M^+]_w [A']_w = \alpha_A K_{sp,MA} \tag{3.16}$$

となる．

**例題 3.2** 25℃の純水中での $CaF_2$ の溶解度積は,$K_{sp,CaF_2} = 8.1 \times 10^{-12} M^3$ である.pH = 3.0 の塩酸水溶液中での $CaF_2$ のモル溶解度を求めよ.ただし,HF の酸解離定数は,$K_a = 6.0 \times 10^{-4} M (25℃)$ とする.

**解** フッ化物イオンの副反応係数は,式(3.17)で示される.

$$\alpha_F = 1 + \frac{[H^+]_w}{K_a} = 1 + \frac{1.0 \times 10^{-3}}{6.0 \times 10^{-4}} = 2.7 \tag{3.17}$$

$CaF_2$ の条件溶解度積は

$$\begin{aligned} K'_{sp,CaF_2} &= [Ca^{2+}]_w[F']_w^2 = \alpha_F^2 K_{sp,CaF_2} \\ &= (2.7)^2 \times 8.1 \times 10^{-12} = 5.9 \times 10^{-11} M^3 \end{aligned} \tag{3.18}$$

となる.$CaF_2$ のモル溶解度を $S_{CaF_2}$ とすると

$$\begin{aligned} [Ca^{2+}]_w &= S_{CaF_2} \\ [F']_w &= [HF]_w + [F^-]_w = 2 S_{CaF_2} \end{aligned} \tag{3.19}$$

となるので,式(3.18)に代入すると

$$\begin{aligned} S_{CaF_2}(2 S_{CaF_2})^2 &= 4 S_{CaF_2}^3 = 5.9 \times 10^{-11} M^3 \\ S_{CaF_2} &= 2.5 \times 10^{-4} M \end{aligned}$$

と計算できる.

## 3.3 沈殿滴定法

溶解平衡を利用した分析法に,沈殿滴定法(precipitation analysis)がある.ここでは代表的な沈殿滴定法として,硝酸銀($AgNO_3$)を用いるハロゲン化物イオン($X^-$)の定量法を紹介する.

### 3.3.1 滴定曲線

0.1 M NaX 水溶液 100 mL を,0.1 M $AgNO_3$ 標準液で滴定する系を考えてみる.この沈殿反応は次式で示される.

$$Ag^+_{(w)} + X^-_{(w)} \longrightarrow AgX_{(s)} \tag{3.20}$$

$AgNO_3$ 溶液の滴下量を $v$ mL とすると,溶液中の $Ag^+$ と $X^-$ の物質収支は次式で示される.なお AgX は固体として液中に分散しているが,これを見かけ上,濃度の形 $[AgX]_s$ で表示している.

$$[Ag^+]_w + [AgX]_s = \frac{0.1 v}{100 + v} \tag{3.21}$$

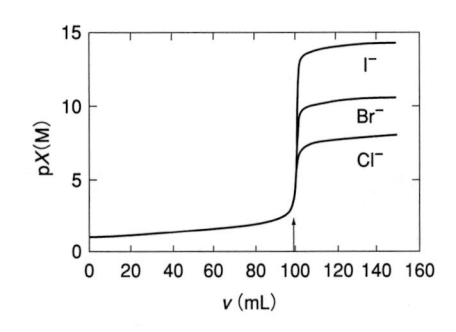

**図 3.4** AgNO$_3$ によるハロゲン化物イオンの滴定曲線

$$[X^-]_w + [AgX]_s = \frac{0.1 \times 100}{100 + v} \tag{3.22}$$

ここで AgX の溶解度積を $K_{sp, AgX}$ とすると，滴定における各段階の X$^-$ 濃度は，次のように計算できる．

(1) 当量点以前

$$[X^-]_w = \frac{10 - 0.1\,v}{100 + v} + \frac{K_{sp, AgX}}{[X^-]_w} \tag{3.23}$$

(2) 当量点

$$[X^-]_w = [Ag^+]_w = \sqrt{K_{sp, AgX}} \tag{3.24}$$

(3) 当量点以降

$$[Ag^+]_w = \frac{0.1\,v - 10}{100 + v} + \frac{K_{sp, AgX}}{[Ag^+]_w} \tag{3.25}$$

$$[X^-]_w = \frac{K_{sp, AgX}}{[Ag^+]_w} \tag{3.26}$$

式(3.23)，(3.25)における右辺第 2 項は，当量点付近での沈殿の溶解を考慮した補正項である．式(3.23)～(3.26)を用いて計算した塩化物イオン，臭化物イオン，およびヨウ化物イオンの滴定曲線を図 3.4 に示す．当量点における p$X$ 値（$= -\log[X^-]_w$）の変化量は，ハロゲン化銀の溶解度積が小さいほど，大きくなることがわかる．

### 3.3.2 沈殿滴定の指示薬

沈殿滴定の終点を決定する方法として，有色沈殿の生成を利用するモール(Mohr)法，有色錯イオンの生成を利用するフォルハルト(Volhard)法，および沈殿への指示薬の吸着に基づく発色変化を利用するファヤンス(Fajans)法が知られている．

**(1) モール法** ハロゲン化物イオンの沈殿滴定において，クロム酸カリウム(K$_2$CrO$_4$)を指示薬に用いると，当量点を超えて加えられた Ag$^+$ と反応して，

$Ag_2CrO_4$ の赤色沈殿が生成する．$CrO_4^{2-}$ の黄色から，$Ag_2CrO_4$ の赤色沈殿の生成による色の変化を終点として，滴定を行う方法をモール法とよぶ(式 3.27)．

$$2Ag^+_{(w)} + CrO_{4(w)}^{2-} \longrightarrow Ag_2CrO_{4(s)} \qquad (3.27)$$
（黄色）　　　　　　　（赤色）

**(2) フォルハルト法** $Ag^+$ をチオシアン酸カリウム(KSCN)標準液で滴定する際に，指示薬として硝酸第二鉄 $Fe(SCN)^{2+}$ 錯イオンが生成し，この赤色の発色を用いて終点を決定する方法をフォルハルト法とよぶ(式 3.28)．

$$\begin{aligned}Ag^+_{(w)} + SCN^-_{(w)} &\longrightarrow AgSCN_{(s)} \\ Fe^{3+}_{(w)} + SCN^-_{(w)} &\longrightarrow Fe(SCN)^{2+}_{(w)}\end{aligned} \qquad (3.28)$$
（無色）　　　　　　　（赤色）

この方法を用いたハロゲン化物イオンの間接定量も可能である．たとえば，ハロゲン化物イオンを含む試料溶液に，一定過剰の $AgNO_3$ 標準液を加え，過剰の $Ag^+$ をフォルハルト法で滴定することで，ハロゲン化物イオン定量ができる．ただし AgX は，AgSCN より一般に溶解度が大きいため，$Ag^+$ の逆滴定を行う前に，沈殿した AgX 塩をろ別しておく必要がある．

**(3) ファヤンス法** ハロゲン化物イオンの沈殿滴定において，試料中に $X^-$ が存在している条件では，生成した AgX 塩の沈殿の表面には，$X^-$ の吸着層が形成されている．当量点を超えると，$X^-$ の吸着層がなくなり，替わって過剰に存在する $Ag^+$ の吸着層が形成される．この溶液にアニオン性の蛍光指示薬であるフルオレセイン($In^-$)を加えると，$Ag^+$ の吸着で正に荷電した沈殿表面に $In^-$ が吸着し，蛍光色が黄緑色から赤紫色に変化する．この沈殿表面への指示薬の吸着による色変化で，終点を決定する方法をファヤンス法とよぶ(図 3.5)．

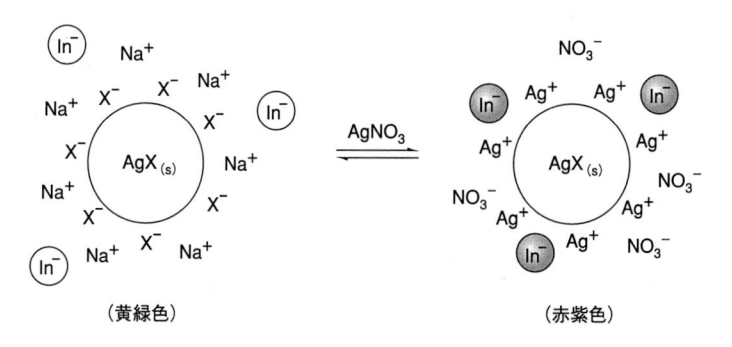

**図 3.5　ファヤンス法でのフルオレセイン指示薬の終点応答**

## 3.4 イオン交換反応

主成分がケイ酸アルミニウムからできている鉱物にゼオライトがある．ゼオライトは多孔性の結晶で，さまざまな孔径をもつゼオライトを人工的につくることもできる．硬水は，$Mg^{2+}$ や $Ca^{2+}$ を多く含む水であるが，硬水の中にゼオライトを入れると，$Mg^{2+}$ や $Ca^{2+}$ がゼオライトに吸着し，吸着量の2倍量の $Na^+$ が水中に放出される（図3.6）．

したがってゼオライトで処理することによって，硬水を軟水に変えることができる．このようにイオンが入れ替わる固液反応を，イオン交換反応（ion-exchange reaction）とよぶ．1854年に無機化合物のイオン交換機能が見いだされて以来，イオン交換反応の研究が進められ，1935年には合成高分子を基本骨格とする有機系イオン交換樹脂が誕生した．

### 3.4.1 イオン交換樹脂の種類と構造

現在使用されている有機系イオン交換樹脂の多くは，スチレン-ジビニルベンゼン（DVB）の共重合体を基本骨格としている（図3.7）．これらは，網目構造をもつ球状の高分子化合物であるが，樹脂をつくる際のDVBの割合を調整することによって，網目の大きさや樹脂の硬さが制御できる．DVBの含有率は架橋度とよばれ，通常の樹脂では架橋度8％前後のものが用いられている．

図3.7に示すイオン交換基Rは，イオン交換を行う樹脂中の固定荷電であるが，その種類によって，陽イオン交換樹脂と陰イオン交換樹脂に大別できる．イオン交換樹脂の種類と特徴を表3.1にまとめる．

陽イオン交換樹脂は，$Na^+$，$Ca^{2+}$ などの陽イオンを交換する樹脂であり，強酸であるスルホ基をイオン交換基とする強酸性陽イオン交換樹脂と，弱酸であるカルボキシル基などをイオン交換基とする弱酸性陽イオン交換樹脂がある．

陰イオン交換樹脂は，$Cl^-$ や $SO_4^{2-}$ などの陰イオンを交換する樹脂であり，その塩基性の強さによって，第四級アンモニウム基をイオン交換基とする強塩基性陰イオン交換樹脂と，第一～第三級のアミンをイオン交換基とする弱塩基性陰イオン交換樹脂がある．

特殊なイオン交換樹脂として，イミノ二酢酸やポリアミンなど金属イオンと安

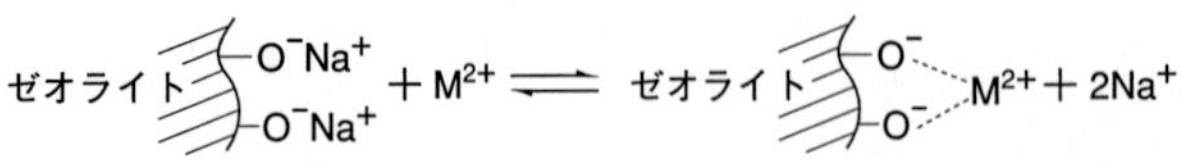

**図3.6** ゼオライトが示すイオン交換反応（M：Mg，Ca）

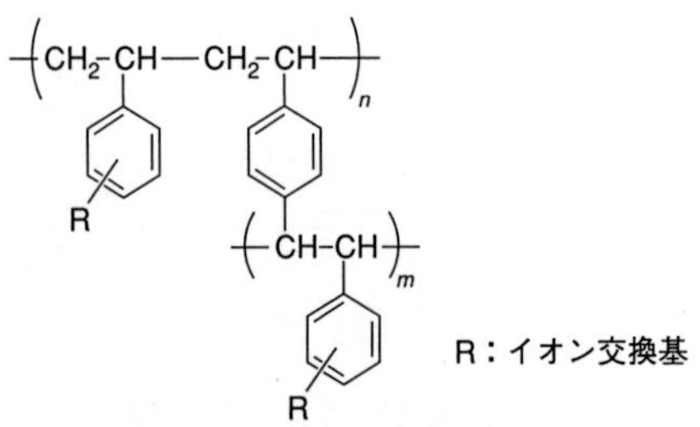

**図3.7** スチレン-ジビニルベンゼン共重合体構造
R：イオン交換基

表 3.1 イオン交換樹脂の種類と特徴

| 種類 | イオン交換基(R) | 特徴 |
|---|---|---|
| 強酸性陽イオン交換樹脂 | $-SO_3^-$ | 広い範囲のpHで陽イオン交換反応が可能．$H^+$型への再生には，高濃度の酸が必要． |
| 弱酸性陽イオン交換樹脂 | $-CO_2^-$ | 酸性溶液中では，陽イオン交換反応が起こらない．$H^+$型への再生が容易であり，当量酸溶液が用いられる． |
| 強塩基性陰イオン交換樹脂 | $-CH_2-\underset{CH_3}{\underset{|}{N}}-CH_3^+$ $\underset{}{CH_3}$ | 広い範囲のpHで陰イオン交換反応が可能．$OH^-$型への再生には，高濃度のアルカリが必要． |
| 弱塩基性陰イオン交換樹脂 | $-CH_2-\underset{CH_3}{\underset{|}{NH}}^+$ $-CH_2-\underset{CH_3}{\underset{|}{NH_2}}$ $-CH_2-NH_3^+$ | アルカリ性溶液中では陰イオン交換反応が起こらない．吸着した陰イオンの溶離には，薄いアルカリ溶液や$Na_2CO_3$，$NH_3$溶液を用いることができる． |
| キレート樹脂 | $-CH_2-N(CH_2CO_2H)_2$ $-CH_2NH(C_2H_4NH)_nH$ | 特定の金属イオンに対する選択性が，陽イオン交換樹脂に比べてきわめて高い．アルカリ土類金属イオン，遷移金属イオンなどの分離回収に用いられる． |

定なキレート錯体を形成する官能基をイオン交換としてもつキレート樹脂がある．キレート樹脂の特徴は特定の金属イオンに対する選択性が，陽イオン交換樹脂に比べてはるかに大きい点であり，高濃度の$Na^+$存在下で，$Mg^{2+}$や$Ca^{2+}$などのアルカリ土類金属イオンや，$Cu^{2+}$，$Zn^{2+}$，$Cd^{2+}$などの重金属イオンを回収することができる．

最初に述べたように，ゼオライトなど多孔性無機化合物の表面には，イオン交換能をもつヒドロキシ基や吸着イオンがあり，溶液中のイオンと交換することができる．これらは，無機イオン交換体とよばれる．無機イオン交換体は，イオン交換樹脂のように粒径の一定した球状粒子に成形することが難しく，水溶液中での安定性や吸脱着の際の安定性に問題があるために，工業的規模での利用は少ない．一方で，たとえばスピネル型マンガン酸化物が示すリチウムイオン選択性など，特定のイオンに対して優れた吸着選択性を示すものがあり，また耐熱性や耐放射線性に優れているため，従来のイオン交換樹脂の適用が困難な高度な分離技術への利用が期待されている．

## 3.4.2 イオン交換平衡と選択性

対イオンが$B^+$である陽イオン交換樹脂$R^-B^+$と溶液中の$A^+$のイオン交換反応は，次式で示される．

$$R^-B^+_{(R)} + A^+_{(w)} \rightleftharpoons R^-A^+_{(R)} + B^+_{(w)} \qquad (3.29)$$

ここで，添字(R)は樹脂相，(w)は水相を示す．このイオン交換反応の平衡定数$K$は，それぞれの相の陽イオンの活量を$a_A$, $a_B$, 活量係数を$\gamma_A$, $\gamma_B$とすると，

次式で示される.

$$K = \frac{(a_A)_R (a_B)_w}{(a_B)_R (a_A)_w} = \frac{[A^+]_R [B^+]_w}{[B^+]_R [A^+]_w} \times \frac{(\gamma_A)_R (\gamma_B)_w}{(\gamma_B)_R (\gamma_A)_w} \tag{3.30}$$

樹脂相内では，イオン交換基の解離によって，2〜8Mの高濃度の電解質溶液相となっているため，この相内のイオンの活量係数を決定するのは非常に難しい．そこで活量係数の項を無視することで，見かけのイオン交換平衡定数として次式が用いられる．

$$K_B^A = \frac{[A^+]_R [B^+]_w}{[B^+]_R [A^+]_w} \tag{3.31}$$

または

$$K_B^A = \frac{[R^-A^+]_R [B^+]_w}{[R^-B^+]_R [A^+]_w} \tag{3.32}$$

$K_B^A$は，$B^+$型の陽イオン交換樹脂に対して，$A^+$がどの程度イオン交換反応によって吸着するかを示すイオン交換選択性の尺度であり，選択係数(selectivity coefficient)とよばれる．すなわち$K_B^A$が1よりも大きければ，$A^+$は$B^+$よりもイオン交換樹脂に吸着されやすく，1よりも小さい場合は，$B^+$がより吸着されやすいことを示す．

また，水相と樹脂相のイオンの濃度比である分配比$D$は，イオン交換樹脂を用いるクロマトグラフィーの分離能の尺度として用いられる．この分配比には，樹脂中のイオン濃度を，乾燥樹脂重量当たりで換算したものと，湿潤樹脂の体積当たりで換算したものがあり，それぞれ次式のように定義される．

$$D_w = \frac{乾燥樹脂1\,g\,当たりに吸着したイオン量\,(mol/g)}{溶液1\,mL\,当たりのイオン量\,(mol/mL)} \tag{3.33}$$

$$D_v = \frac{湿潤樹脂1\,mL\,当たりに吸着したイオン量\,(mol/mL)}{溶液1\,mL\,当たりのイオン量\,(mol/mL)} \tag{3.34}$$

樹脂相の密度を$\rho_R$とすると，$D_v = \rho_R D_w$の関係がある．イオン交換樹脂に対する選択性は次の因子で決められる．

(1) **イオン価数** イオン価数(荷電)が大きいほど，樹脂に対する親和力が高くなる．したがって，強酸性陽イオン交換樹脂では，親和性の序列は次のとおりである．

$Th^{4+} > La^{3+} > Ca^{2+} > Na^+$

(2) **樹脂の膨潤** 樹脂の膨潤をもたらすイオン交換は，膨潤の少ないイオン交換に比べて不利となる．たとえば，同じイオン価数であれば，イオン半径が小さく水和度(電荷密度)の大きいイオンほど樹脂に対する親和性は低い．したがっ

て，強酸性陽イオン交換樹脂のアルカリ金属イオンに対する親和性は次の序列となる．

$$Cs^+ > Rb^+ > K^+ > Na^+ > Li^+$$

**(3) 樹脂マトリックスとの相互作用** 金属イオンの陰イオン性錯体や高分子量の有機イオンの樹脂への親和力はきわめて高い．これは静電相互作用に加え，ポリスチレン骨格からなる樹脂マトリックスとのファンデルワールス相互作用などによる相乗効果が働くためである．

### 3.4.3 イオン交換反応の応用

イオン交換反応は，純水製造や脱塩による物質の精製，分析法における妨害イオンの除去など，さまざまな分野で利用されている．以下に代表的な応用例をまとめる．

**(1) 純水の製造** 水道水を $H^+$ 型の強酸性陽イオン交換樹脂のカラムを通すこ

---

### コラム　日本の食卓塩

日本では1971年に塩業近代化が決められたことで，塩田を使って海水を天日で濃縮し塩をつくる方法から，イオン交換膜を使った製造技術に切り替えられた(現在では日本の塩業は自由化されている)．陽イオン交換膜と陰イオン交換膜を交互に並べた装置に電場をかけて，海水を濃縮する電気透析法という技術で食塩をつくる方法である．しかし当初用いられたイオン交換膜では，$Ca^{2+}$ や $Mg^{2+}$ などの二価金属イオンや，$SO_4^{2-}$ など海水に微量に存在する塩も濃縮され，溶解度の低い $CaSO_4$ などの難溶性塩が透析中に膜表面に析出してしまう問題があった．この問題を解決する方法として，一価イオンのみを選択的に透過させるイオン交換膜がわが国の独自技術として開発され，現在では安価な食卓塩を電気透析法によって生産できるようになっている．ただし，この革新的な技術によって，食卓塩として製造される食塩の中ににがり成分となる $Mg^{2+}$ などの多価電解質塩の含有量が少なくなっている．料理に用いるには，塩田からつくった自然塩を使ったほうがおいしく感じられるかもしれない．

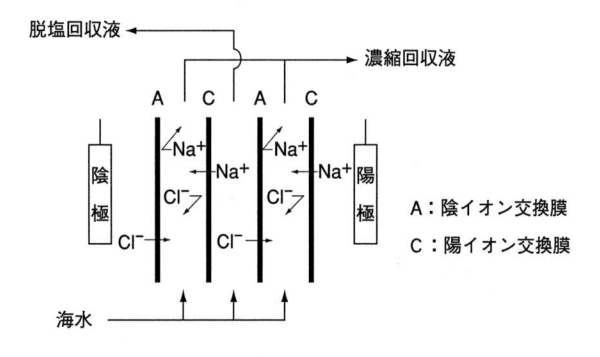

**図3.7 電気透析による海水の濃縮**

とで，水道水に含まれる陽イオンをすべて $H^+$ と交換することができる．次に $OH^-$ 型の強塩基性陰イオン交換樹脂のカラムを通すことで，陰イオンをすべて $OH^-$ と交換することができ，交換された $H^+$ と $OH^-$ は中和反応により水になる（式 3.35）．したがって，この操作により，水道水から純水を製造することができる．この原理は，イオンクロマトグラフィーのサプレッサーカラムにも応用されている．

$$\begin{aligned} R^-H^+ + M^+ &\rightleftharpoons R^-M^+ + H^+ \\ R^+OH^- + A^- &\rightleftharpoons R^+A^- + OH^- \end{aligned} \Bigg\} \longrightarrow H_2O \qquad (3.35)$$

実際の純水製造には，陽イオン交換樹脂と陰イオン交換樹脂を混合した混床式のカラムが用いられ，樹脂の再生の際には，それぞれの樹脂を比重の違いで分離して，酸およびアルカリを用いて再生する方法が実用化されている．

**(2) 非電解質の脱塩**　ショ糖や低級アルコールなど非電解質の水溶液に含まれる塩は，純水製造法と同様の処理法によって除去することができる．また，架橋度の高いイオン交換樹脂を用いると，タンパク質などの高分子電解質が樹脂の細孔内に入ることができないため，分子ふるい効果も利用して，低分子のイオンを除去することができる．

**(3) アミノ酸，タンパク質の分離**　アミノ酸やタンパク質は，その種類により異なる酸解離定数をもっているので，溶液の pH を調整することにより，イオン交換樹脂との相互作用を制御することができ，これによって各種アミノ酸，タンパク質の相互分離が可能である．

**(4) 微量成分の濃縮と妨害イオンの除去**　環境水に含まれる微量イオン成分の分析を行う際に，1本のイオン交換樹脂カラムに多量の試料液を通して目的イオンを吸着させ，少量の酸またはアルカリで溶離することによって，目的イオンを濃縮回収する前処理が行われる．また，陰イオンの定量の際に，試料中の陽イオンの存在が妨害となることがある．この場合は，$H^+$ 型の陽イオン交換樹脂カラムに試料を通すことで，妨害イオンを $H^+$ イオンと交換する前処理によって，定量への妨害因子を除去できる．

## 章末問題

**問題 3.1**　0.01 M $CaCl_2$ を含む水溶液中の $CaCO_3$ 塩のモル溶解度を求めよ．ただし，$K_{sp, CaCO_3} = 4.0 \times 10^{-9} \, M^2$ とする．

**問題 3.2**　0.1 M NaCl 水溶液 100 mL に，0.1 M $AgNO_3$ 標準液 99.9 mL を滴下したとき，溶液中に溶存する $Cl^-$ 濃度を求めよ．

**問題 3.3**　4.0 mmol/g のイオン交換容量をもつ $H^+$ 型陽イオン交換樹脂 1.0 g を 0.010 M NaCl 水溶液 100 mL 中に入れ，十分に撹拌したあとにろ過を行い，樹脂を溶液から分離した．このろ液 50 mL を 0.10 M NaOH 標準液で中和滴定を行ったところ，終点に要した滴下量は 4.1 mL であった．この陽イオン交換樹脂の $H^+$ に対する $Na^+$ の選択係数 $K_H^{Na}$ を求めよ．

# 第4章 分配平衡と抽出

　多成分の溶質が溶けている溶液相から，その溶液相と混じり合わない溶液相もしくは固相と接触させて，二相間の溶質の分配平衡の違いを利用して，目的成分のみを別の溶液相または固相に分離回収する方法を抽出(extraction)とよぶ．液液間の分配を利用するのが溶媒抽出(solvent extraction)であり，液固間の分配を利用するのが固相抽出(solid extraction)である．茶やコーヒーがおいしいのは，茶葉やコーヒー豆などの固相の中に含まれる成分が，湯の中(水相)に抽出されるためである．

　目的成分が溶けている相の体積に比べて，回収を目的とする相の体積を十分に小さくすれば，目的成分の濃縮回収も可能である．したがって，目的成分の選択的分離法や微量成分の前濃縮による高感度な分析法への応用として，抽出法は分析化学の分野で幅広く利用されている．本章では，抽出法の基礎となる分配平衡と各種抽出分離法について解説する．

## 4.1 分配平衡と分配係数

　水と油などのように互いに混じり合わない溶液間での溶質の分配平衡について考えてみる．図4.1は，溶質Sの液相1と液相2の間の分配平衡を示したものである．

$$K_D = \frac{[S]_1}{[S]_2} \quad (4.1)$$

**図4.1 溶質の分配平衡**

このときのそれぞれの相での溶質の濃度の比は，式(4.1)で示される．ここで[　]は溶質濃度，添字1, 2は，液相1, 2の濃度を示す．$K_D$ は分配係数(distribution coefficient または partition coefficient)とよばれ，二相間の溶質の分配に基づく平衡定数である．たとえば，液相1を有機相，液相2を水相とすると，一般に水に溶けやすい無機物質の $K_D$ は小さくなり，反対に有機相に溶けやすい有機物質の $K_D$ が大きくなる．分配係数の定義において，どちらの液相を分

母にするかは任意である．したがって，分配係数の値を使う場合は，どちらの相が分母にきているかを明確にしておく必要がある．

## 4.2 弱酸，弱塩基の抽出平衡

具体的な例として，弱酸として安息香酸(HA)を選び，水相からエーテル相への HA の抽出平衡を考えてみる(図 4.2)．

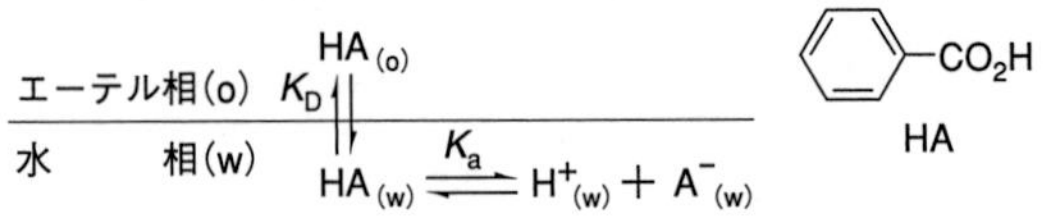

図 4.2 安息香酸(HA)の水相とエーテル相間の抽出平衡

$$\text{エーテル相(o)} \quad HA_{(o)} \quad K_D \parallel$$
$$\text{水 相(w)} \quad HA_{(w)} \underset{K_a}{\rightleftharpoons} H^+_{(w)} + A^-_{(w)}$$

安息香酸は，水相では pH に依存して次式に示す酸解離反応を行う．

$$HA_{(w)} \rightleftharpoons H^+_{(w)} + A^-_{(w)}$$

$$K_a = \frac{[H^+]_w [A^-]_w}{[HA]_w} \tag{4.2}$$

ここで $K_a$ は安息香酸の酸解離定数である．解離種の安息香酸イオン($A^-$)は負電荷をもち，強く水和された状態であり，エーテル相には分配しない．したがって，エーテル相への分配は，非解離種の安息香酸(HA)のみを考慮すればよい．

$$K_D = \frac{[HA]_o}{[HA]_w} \tag{4.3}$$

水相とエーテル相に溶存する安息香酸のすべての化学種の分配状態について考えてみる．それぞれの相の全濃度を $C_{HA,w}$，$C_{HA,o}$ とすると，その水相とエーテル相の比は分配比($D$, distribution ratio)とよばれ，次式で示される．

$$D = \frac{\text{エーテル相中の HA 全濃度}}{\text{水相中の HA 全濃度}}$$
$$= \frac{C_{HA,o}}{C_{HA,w}} = \frac{[HA]_o}{[HA]_w + [A^-]_w} \tag{4.4}$$

また式(4.2)から，$[A^-]_w$ は次式で示される．

$$[A^-]_w = \frac{K_a}{[H^+]_w}[HA]_w \tag{4.5}$$

式(4.4)，(4.5)を用いると，

$$D = \frac{[HA]_o}{[HA]_w \left(1 + \dfrac{K_a}{[H^+]_w}\right)} = K_D \frac{1}{1 + \dfrac{K_a}{[H^+]_w}} \tag{4.6}$$

となる．式(4.6)を対数で表すと，

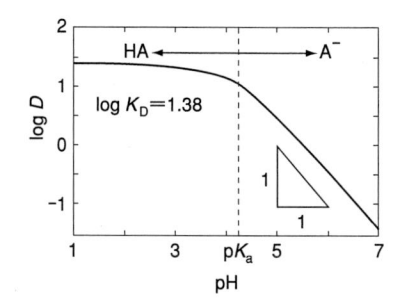

**図 4.3　$\log D$ と pH の関係**

$$\log D = \log K_D - \log\left(1 + \frac{K_a}{[H^+]_w}\right) \tag{4.7}$$

となる．図 4.3 は，25 ℃における安息香酸の水相とエーテル相間の分配係数を $K_D = 24$，水相中の酸解離定数 $K_a = 6.3 \times 10^{-5}$ M として，式 (4.7) を用いて計算した結果である．

式 (4.7) より，$1 \gg K_a/[H^+]_w$ のとき，すなわち pH が $pK_a$ よりも十分に低い条件では，水相の化学種は HA のみとなり，分配比が分配係数と一致する．

$$\log D = \log K_D \tag{4.8}$$

一方，$1 \ll K_a/[H^+]_w$ の条件では，式 (4.7) は次式で示される．

$$\log D = -\mathrm{pH} + \log\frac{K_D}{K_a} \tag{4.9}$$

すなわち，$\log D$ と pH の関係は，$-1$ の傾きの直線となることがわかる (図 4.3)．

次に安息香酸が水相とベンゼン相の間で抽出平衡にある場合を考えてみる．ベンゼン相では，安息香酸は図 4.4 に示すように，水素結合を介して二量体を形成することが知られている．

$$2\mathrm{HA}_{(o)} \rightleftarrows (\mathrm{HA})_{2,(o)}$$

$$K_d = \frac{[(\mathrm{HA})_2]_o}{[\mathrm{HA}]_o^2} \tag{4.10}$$

ここで $K_d$ は，安息香酸の二量化定数である．ベンゼン相の安息香酸の全濃度 $C_{\mathrm{HA,o}}$ は，

$$\begin{aligned}
C_{\mathrm{HA,o}} &= [\mathrm{HA}]_o + 2[(\mathrm{HA})_2]_o \\
&= [\mathrm{HA}]_o(1 + 2K_d[\mathrm{HA}]_o)
\end{aligned} \tag{4.11}$$

**図 4.4　安息香酸 (HA) の水相とベンゼン相間の抽出平衡**

となる．したがって，式(4.6)は次式のように示される．

$$D = K_D \frac{1 + 2K_d[HA]_o}{1 + \frac{K_a}{[H^+]_w}} \tag{4.12}$$

安息香酸の水相とベンゼン相の間の抽出平衡では，分配比が水相のpHだけでなく，ベンゼン相のHA濃度に依存することがわかる．

## 4.3 分配比と抽出率

二相間の分配係数の差を利用して分離を行うとき，最初の液相にあった溶質の何%が抽出液のほうへ移ったかを評価する必要がある．この評価に用いられるのが，抽出率(percent extraction, $E$)である．溶質Sの水相，有機相での全濃度を$C_{S,w}$, $C_{S,o}$とし，それぞれの相の体積を$V_w$, $V_o$とすると，抽出率は次式で示される．

$$E(\%) = \frac{C_{S,o}V_o}{C_{S,o}V_o + C_{S,w}V_w} \times 100 \tag{4.13}$$

分子，分母を$C_{S,w}V_o$で割ると，

$$E(\%) = \frac{\frac{C_{S,o}}{C_{S,w}}}{\frac{C_{S,o}}{C_{S,w}} + \frac{V_w}{V_o}} \times 100 = \frac{D}{D + \frac{V_w}{V_o}} \times 100 \tag{4.14}$$

または，

$$D = \frac{E}{100 - E} \times \frac{V_w}{V_o} \tag{4.15}$$

となる．したがって水相と有機相の体積が等しい場合，$E = 1\%$で$D = 10^{-2}$，$E = 50\%$で$D = 1$，$E = 99\%$で$D = 10^2$の値が得られる．

## 4.4 金属キレートの抽出

金属イオンは，水中で強く水和されているため，そのままでは有機相に分配しないが，適当な配位子と無電荷のキレート錯体を形成することによって，有機相に抽出することが可能となる．配位子と金属イオンの錯形成能の違いを利用すれば，特定の金属イオンのみを有機相に分離回収することもできる．このような目的に用いられる配位子を，抽出試薬(extraction reagent)とよぶ．

具体例として，抽出試薬にオキシン(8-ヒドロキシキノリノール, HL)を用いた金属イオンの水相から有機相への抽出について考えてみる．水相でのオキシンと$n$価の金属イオン($M^{n+}$)の錯形成反応は次式で示される．

図4.5 オキシンによる金属イオンの抽出平衡

$$\text{HL} + \frac{1}{n}\text{M}^{n+} \rightleftharpoons \text{ML}_n + \text{H}^+ \tag{4.16}$$

水相と有機相間のオキシンおよび金属オキシンキレートの抽出平衡を図4.5に示す．有機相に存在するオキシンが水相に分配し，酸解離反応を経て解離した$n$個のオキシン($L^-$)が，式(4.22)に従って金属オキシンキレートを生成し，有機相に抽出される．このときの全抽出反応は次式で示される．

$$\text{M}^{n+}_{(w)} + n\text{HL}_{(o)} \rightleftharpoons \text{ML}_{n,(o)} + n\text{H}^+_{(w)}$$
$$K_{ex} = \frac{[\text{ML}_n]_o [\text{H}^+]_w^n}{[\text{M}^{n+}]_w [\text{HL}]_o^n} \tag{4.17}$$

ここで$K_{ex}$を抽出定数(extraction constant)とよぶ．オキシンと金属オキシンキレートの分配係数$K_{D,HL}$, $K_{D,ML_n}$，水中でのオキシンの酸解離定数$K_a$，および金属オキシンキレートの全安定度定数$\beta_n$と$K_{ex}$の間には，式(4.18)の関係がある．

$$K_{ex} = \frac{K_{D,ML_n} \beta_n (K_a)^n}{(K_{D,HL})^n} \tag{4.18}$$

したがって，$K_{D,ML_n}$, $\beta_n$, $K_a$が大きいほど，また$K_{D,HL}$が小さいほど抽出定数は大きくなる．また金属イオンの分配比は，副反応がない場合は，次式で示される．

$$D = \frac{[\text{ML}_n]_o}{[\text{M}^{n+}]_w} = \frac{K_{ex}[\text{HL}]_o^n}{[\text{H}^+]_w^n} \tag{4.19}$$

対数で表すと，

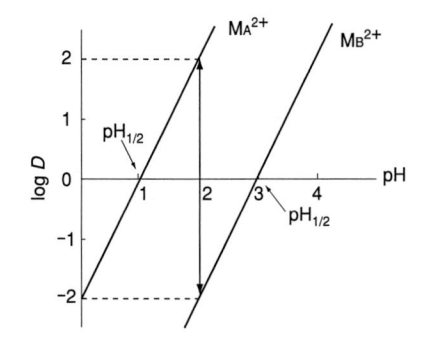

図4.6 log $D$ と pH の関係

$$\log D = \log K_{ex} + n \log[\text{HL}]_o + n\text{pH} \tag{4.20}$$

となる．金属イオンに対してオキシンの濃度が十分に大きい場合には，$[\text{HL}]_o$ が一定であるとき $\log D$ と pH の直線関係を調べることにより，傾きから $n$，切片から $\log K_{ex}$ を求めることができる．pH 一定条件下で $\log D$ と $\log[\text{HL}]_o$ の関係からも，同様の解析を行うことができる．

図 4.6 に二価金属イオン $M_A^{2+}$，$M_B^{2+}$ の抽出を行った際の $\log D$ と pH の関係を示す．式(4.20)から予想されるように，一般に二価金属イオンの抽出では，傾き 2 の直線関係が得られる．金属イオンの抽出分離を行う場合は，金属イオンが 50 %抽出される pH 値($\log D = 0$ となる pH 値)を指標にすることができる．これを半抽出 pH (half extraction pH) とよび，$\text{pH}_{1/2}$ で表す．たとえば，$M_A^{2+}$ と $M_B^{2+}$ を完全に分離するには，$M_A^{2+}$ が 99 %以上抽出される pH 条件において，$M_B^{2+}$ の抽出率が 1 %以下であればよい．したがって，$M_A^{2+}$ の分配比が $\log D = 2$ となる pH において，$M_B^{2+}$ の $\log D$ 値が $-2$ 以下となる条件を満たすために，$M_A^{2+}$ と $M_B^{2+}$ の半抽出 pH の差($\Delta\text{pH}_{1/2}$)が 2 以上あればよいことが，図 4.6 からわかる．

---

**例題 4.1** 抽出試薬 $H_2L$ を用いて，二価金属イオンの水相から有機相への抽出を行った．$[H_2L]_o = 0.10$ M の条件で，$\log D$ と pH の関係を調べたところ，傾き 2 の直線を示し，半抽出 pH は，$\text{pH}_{1/2} = 3.0$ であった．この系の抽出定数 $K_{ex}$ を求めよ．ただし，$H_2L$ は $M^{2+}$ と 1 : 1 型の錯体を形成し，抽出試薬濃度は金属イオン濃度に比べ十分大きいものとする．

**解** 抽出定数 $K_{ex}$ は次式で示される．

$$K_{ex} = \frac{[\text{ML}]_n[\text{H}^+]_w^2}{[H_2L]_o[M^{2+}]_w} \tag{4.21}$$

$M^{2+}$ の分配比は，

$$D = \frac{[\text{ML}]_o}{[M^{2+}]_w} = \frac{K_{ex}[H_2L]_o}{[\text{H}^+]_w^2} \tag{4.22}$$

となる．対数で表すと，

$$\log D = \log K_{ex} + \log[H_2L]_o + 2\text{pH} \tag{4.23}$$

半抽出 pH では $\log D = 0$ であり，$\log[H_2L]_o = -1.0$ を式(4.20)に代入すると，

$$0 = \log K_{ex} - 1.0 + 2 \times 3.0$$
$$\log K_{ex} = -5.0$$

したがって抽出定数は，$K_{ex} = 10^{-5.0}$ M と算出できる．

## 4.5 繰り返し抽出

体積 $V_A$ mL の溶媒 A の中に溶質 S が濃度 $C_{A,0}$ で溶けている．この溶質 S を溶媒 B 中に回収するために，体積 $V_B$ mL の溶媒 B を使って，繰り返し抽出を行う系を考えてみる（図 4.7）．

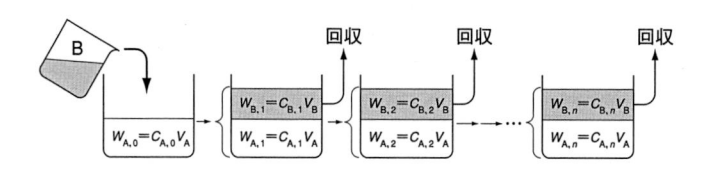

**図 4.7 繰り返し抽出による物質量変化**

1 回目の抽出で，溶質 S が溶媒 A, B 間で分配平衡に達したときの分配係数 $K_D$ は，次式で示される．

$$K_D = \frac{C_{B,1}}{C_{A,1}} \tag{4.24}$$

それぞれの溶媒に存在する溶質 S の物質量の和は，最初の溶媒 A に存在した物質量に等しいので，

$$W_{A,0} = W_{A,1} + W_{B,1} \tag{4.25}$$

となる．ここで，それぞれの相の物質量は，$W_{A,1} = C_{A,1}V_A$, $W_{B,1} = C_{B,1}V_B$ である．1 回目の抽出で溶媒 A に残った物質量の割合は，次式で示される．

$$\frac{W_{A,1}}{W_{A,0}} = \frac{C_{A,1}V_A}{C_{A,1}V_A + C_{B,1}V_B} = \frac{V_A}{V_A + \frac{C_{B,1}}{C_{A,1}}V_B}$$

$$= \frac{V_A}{V_A + K_D V_B} \tag{4.26}$$

したがって，

$$W_{A,1} = \left(\frac{V_A}{V_A + K_D V_B}\right) W_{A,0} \tag{4.27}$$

となる．同様に 2 回目の抽出では，

$$W_{A,2} = \left(\frac{V_A}{V_A + K_D V_B}\right) W_{A,1} = \left(\frac{V_A}{V_A + K_D V_B}\right)^2 W_{A,0} \tag{4.28}$$

となる．したがって $n$ 回の繰り返し抽出は，次式で示される．

$$W_{A,n} = \left(\frac{V_A}{V_A + K_D V_B}\right)^n W_{A,0} \tag{4.29}$$

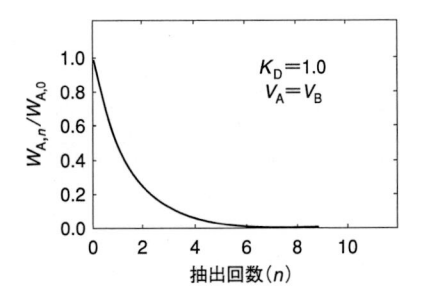

**図 4.8** 溶媒 A に残る溶質の割合と抽出回数の関係

$K_D = 1$, $V_A = V_B$ の条件で繰り返し抽出を行った場合の溶媒 A に残る溶質 S の割合($W_{A,n}/W_{a,0}$)と抽出回数の関係を図 4.8 に示す．溶媒 A に残る溶質 S の割合は，指数関数的に減少するため，3，4 回の繰り返し抽出で，ほぼ 90 ％以上の溶質を回収できることがわかる．この原理からわかるとおり，洗浄を行う場合も，多量の溶媒で 1 回洗浄を行うよりも，少量の溶媒に分けて数回洗浄を行うほうが，洗浄効率ははるかに高くなる．

## 4.6 クレイグの向流分配による多段抽出

分配係数の近い二つの溶質を，抽出法によって相互分離するためには，多段抽出操作が必要になる．クレイグ(Craig)は，1000 回程度までの抽出操作を連続的に行うことのできる自動式の向流分配装置を開発している．装置の詳細は省略するが，クレイグ法の原理は図 4.9 で示される．互いに混じり合わない溶媒 A と溶媒 B を接触させ，上層側の溶媒 B を順次，次の抽出容器に送り込む方法である．

たとえば，繰り返し抽出のときと同じように，溶質 S の分配係数が式(4.24)で示されるとき，移動回数 0 回($n = 0$)での溶媒 A 相と B 相の溶質の分率は，次式で示される．

$$\frac{W_{A,1}}{W_{A,0}} = \frac{1}{1 + K_D} \tag{4.30}$$

$$\frac{W_{B,1}}{W_{A,0}} = \frac{K_D}{1 + K_D} \tag{4.31}$$

ここでは，簡単のために，両溶媒相の体積は等しい($V_A = V_B$)とした．体積比が異なる場合は，$K_D$ の代わりに $K_D(V_B/V_A)$ を用いればよい．

容器 1 に残る溶質の全分率($f_{1,n} = 0$)は，

$$f_{1,n=0} = \frac{W_{A,1}}{W_{A,0}} + \frac{W_{B,1}}{W_{A,0}} = 1 \tag{4.32}$$

となる．移動回数 1 回($n = 1$)では，容器 1 の溶媒 A と溶媒 B に残る溶質の分率は

$$\frac{W_{A,1}}{W_{A,0}} = \left(\frac{1}{1 + K_D}\right)^2 \tag{4.33}$$

$$\frac{W_{B,1}}{W_{A,0}} = \left(\frac{1}{1+K_D}\right)\left(\frac{K_D}{1+K_D}\right) \tag{4.34}$$

となる．同様に容器2の溶媒Aと溶媒Bに残る溶質の分率は

$$\frac{W_{A,2}}{W_{A,0}} = \left(\frac{K_D}{1+K_D}\right)\left(\frac{1}{1+K_D}\right) \tag{4.35}$$

$$\frac{W_{B,2}}{W_{A,0}} = \left(\frac{K_D}{1+K_D}\right)^2 \tag{4.36}$$

となる．したがって，容器1および2に残る溶質の全分率は，次式で示される．

$$f_{1,n=1} = \frac{W_{A,1}}{W_{A,0}} + \frac{W_{B,1}}{W_{A,0}} = \frac{1}{1+K_D} \tag{4.37}$$

$$f_{2,n=1} = \frac{W_{A,2}}{W_{A,0}} + \frac{W_{B,2}}{W_{A,0}} = \frac{K_D}{1+K_D} \tag{4.38}$$

具体的な値として，$K_D = 1$の条件での分率の変化を図4.9に示した．移動回数を増やした際に各容器に残る溶質の全分率は，$(1/2 + 1/2)^r$を二項展開したときの各項に対応していることがわかる．一般に，$n$回の移動によって各容器に残る溶質の全分率は，次式を二項展開した各項の値に対応する．

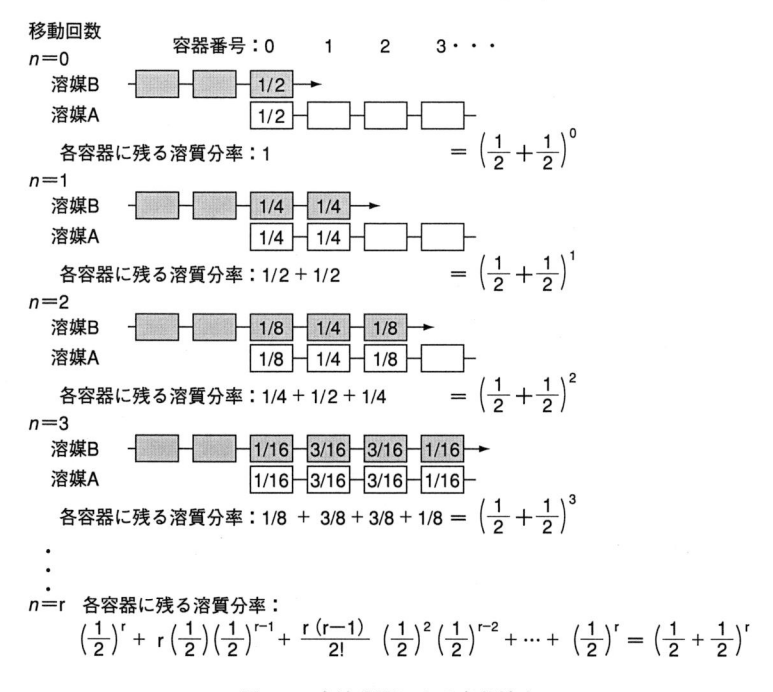

**図4.9 向流分配による多段抽出**

$$\left(\frac{1}{1+K_D} + \frac{K_D}{1+K_D}\right)^n \tag{4.39}$$

したがって，容器 r に残る溶質の全分率は，次式で示される．

$$f_{r,n} = \frac{n!}{r!(n-r)!}\left(\frac{1}{1+K_D}\right)^n K_D{}^r \tag{4.40}$$

$K_D = 2.0$ の溶質 X と，$K_D = 0.5$ の溶質 Y を，クレイグ法を使って分離する様子を図 4.10 に示す．容器間を移動する溶媒 B への分配が大きい溶質 X のほうが，早く次の容器に移動し，移動回数の増加とともに，X と Y の分離が進むことがわかる．分配係数の差の小さな溶質同士の分離には，より多くの移動回数と容器数が必要である．クレイグ法による向流分配装置では，1000 回程度までの連続抽出が可能であり，この装置を使ってビタミン，ホルモン，タンパク質などさまざまな生理活性物質の分離精製が行われた．さらに多段の抽出を要する分離は，後述するクロマトグラフィーによって行われる．クレイグ法による多段抽出の原理は，クロマトグラフィーの基礎となる段理論を理解するうえでも重要である．

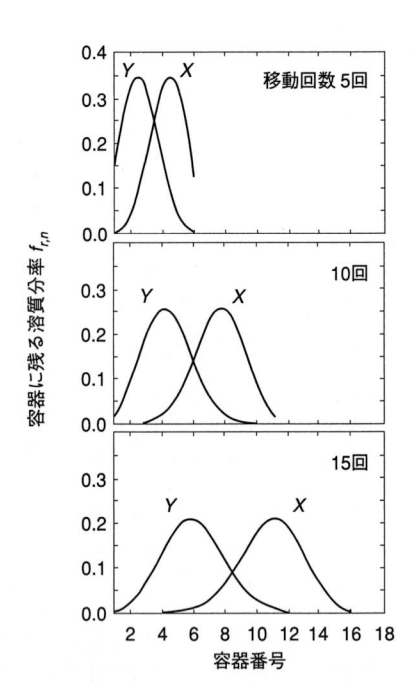

**図 4.10 クレイグ法による溶質の分離**
〔$V_A = V_B$ の条件で式(4.40)を用いて計算〕

## コラム　溶媒抽出，固相抽出，そして超臨界流体抽出

　溶媒抽出のほかに，疎水性の樹脂などに水中の有機物試料を吸着分配させ，ついで樹脂を少量の有機溶媒を使って洗い，試料を濃縮分離する方法がある．これは固相抽出とよばれ，水中の微量有機物を分析するための前処理法などに広く用いられている．一方，第三の抽出法として，超臨界流体抽出がある．たとえば二酸化炭素は，常温，常圧では気体であるが，臨界温度($31℃$)，臨界圧力($73\,\mathrm{atm}$, $1\,\mathrm{atm} = 1.013 \times 10^5\,\mathrm{Pa}$)を超えると，気体でも液体でもない超臨界流体になる（図4.11）．超臨界流体を使って目的物質を抽出したあとに，常温，常圧に戻せば，二酸化炭素は気体として除去できるので，目的物質のみを回収できる．また，超臨界流体には高分子量の有機物などさまざまな溶質を溶解する能力があるだけでなく，高圧になって流体の密度が大きくなるほど物質の溶解性が大きくなるため，分配係数を圧力で制御することもできる．このため複雑な混合物からでも，目的物を選択的に抽出できるなどの特徴をもつ．したがって，安全性が求められる食品や，熱に弱いタンパク質，ビタミンなどを精製する有効な手段となり，最近では環境汚染のないクリーン技術として，ドライクリーニングなどへの応用も研究されている．もちろん，超臨界流体を使ったクロマトグラフィーの技術開発も進められている．

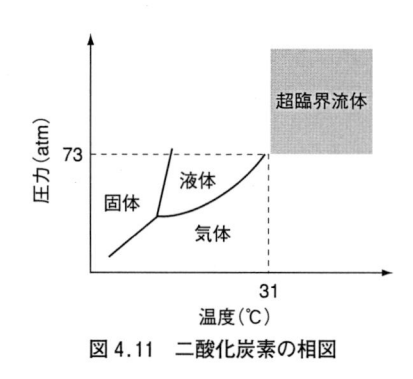

**図 4.11　二酸化炭素の相図**

### 章末問題

**問題 4.1** 弱酸(HR)の有機相と水相間の分配係数は，$K_D = 10$ である．水相の pH が 5.0 のとき，半分の量の HR が有機相に抽出された．有機相では二量体は形成しないものとして，この弱酸の水相での酸解離定数を求めよ．

**問題 4.2** $n$ 価の金属イオン同士を，抽出試薬(HL)を用いて完全に分離するには，それぞれの金属イオンに対する半抽出 pH の差はいくら以上必要か．

**問題 4.3** 各容器の移動相となる溶媒の体積を 3.0 mL，固定相となる溶媒の体積を 2.0 mL として，分配係数 $K_D = 1.0$ の溶質の分離をクレイグ法で行った．移動回数 3 回で，それぞれの容器に残る溶質量(%)を求めよ．

### 参考文献

1) 田中元治，赤岩英夫，『溶媒抽出化学』，裳華房(2000).
2) クレイグ向流分配装置について：たとえば，土屋雅彦，戸田昭三，原口紘炁 監訳，『クリスチャン分析化学Ⅰ　基礎編』，丸善(1989), p. 366.

# 第5章 酸化還元反応

酸化還元反応では，反応物同士の電子授受(電子移動)を取り扱う．しかし実際の反応では，特定の化学結合が解裂したり，新たな化学種が生成したりする場合もある．酸化還元反応の多くは，溶液中で定量的に進むので，滴定法による容量分析に応用されている．一方，普通に溶液内で反応物同士を混ぜるのではなく，酸化反応と還元反応に分けて，それぞれ別の場所で行わせることもできる．この場合，電子の受取先あるいは供給元として電極を用意して，電流を外部に取りだすと，反応の電気量を使って定量分析ができる(クーロメトリー)．また，電流は1秒ごとに移動する電気量だから反応速度にほかならないので，これも定量分析に利用することができる(アンペロメトリー)．いずれも，簡単な装置で感度のよい測定ができることから，さまざまな化学センサーやバイオセンサーに応用されている．

## 5.1 酸化還元反応

反応の前後で元素の酸化数が変化する場合，この反応を酸化還元反応とよぶ．たとえば，銅粉を空気中で加熱すると，

$$2Cu + O_2 \rightleftharpoons 2CuO \tag{5.1}$$

の反応により黒色の酸化銅(II)CuOが生成する．一方，水素ガスを送りながらこの酸化銅(II)を加熱すると，

$$CuO + H_2 \rightleftharpoons Cu + H_2O \tag{5.2}$$

の反応により，酸化銅(II)は元の銅(0)に戻る．反応前後の電荷を合わせるために電子を用いると，式(5.1)の反応において銅(0)は，

$$Cu \rightleftharpoons Cu^{2+} + 2e^- \tag{5.3}$$

の反応を行っているので，銅は電子を失っていることがわかる．

この例でみたように，酸化還元反応は，「酸化体 + $ne^-$ $\rightleftharpoons$ 還元体」のように一般化して表すことができる（$n$ は電子数）．第 1 章において，酸解離反応では「酸 $\rightleftharpoons$ 塩基 + $H^+$」であった．両者の共通点が見てとれよう．また，ある酸 HA を水に溶かすと，

$$HA + H_2O \rightleftharpoons H_3O^+ + A^- \tag{5.4}$$

という平衡が成り立った．このとき $H_2O$ は塩基であり，ただ一つの反応が単独に起こるのではなく，プロトンを与える反応と受け取る反応が組み合わさって起こることを学んだ．酸化還元反応も同じように，二種類の酸化還元反応がかかわることで「酸化体（1）+ 還元体（2）$\rightleftharpoons$ 還元体（1）+ 酸化体（2）」のようになる．以上のように，酸化還元反応も，酸塩基反応と同じように解釈できることに気づいてほしい．

---

**例題 5.1** 酸化数の規則について説明せよ．

**解** 酸化数は次のような規則によって決める．

1. 単体中の原子の酸化数は 0 とする．
   - $H_2$ の H の酸化数は 0 である．
   - $O_2$ の O の酸化数は 0 である．
2. 単原子イオンの酸化数はイオンの電荷に等しい．
   - $Cu^{2+}$ の Cu の酸化数は +2 である．
   - $Cl^-$ の Cl の酸化数は -1 である．
3. 電気的に中性の化合物では，構成原子の酸化数の合計を 0 とする．
4. 一般に化合物中の水素原子の酸化数は +1，酸素原子の酸化数を -2 と決める．しかし過酸化物では，酸素原子の酸化数は -1 とする．
   - $NH_3$ では，H の酸化数は +1 なので，N の酸化数は -3 である．
   - $HNO_3$ の H の酸化数は +1，O の酸化数は -2 なので，N の酸化数は +5 である．

---

**コラム　　有機化合物の酸化還元**

有機化学では，還元とは酸素が除かれるか，または水素原子と新たな結合を形成する変化をいう．一方，水素原子が除かれて多重結合が生成するか，または炭素が電気陰性度の高い元素（酸素，窒素，硫黄，ハロゲンなど）と結合する反応は酸化である．これは，酸化剤を用いたアルコールからアルデヒド，またはケトンの生成が脱水素反応であることからも明らかであろう．有機反応でも，酸素原子が 1 個結合すれば分子全体として酸化数が 2 増加し，水素が 1 個結合すれば酸化数が 1 減少すると定義されており，これを利用して酸化数を決めることができる．しかし，ラジカル（不対電子をもつ原子または分子）が生成する場合を除いて，有機反応では完全に電子が移ったとは考えにくいことが多いので，有機化合物中の原子にそれぞれ酸化数を付することは一般に行わない．

- $H_2O_2$ の H の酸化数は +1, O の酸化数は -1 である ($O_2^{2-}$ の酸化数は -2 である).

5. 電荷をもったイオンでは, 構成原子の酸化数の合計はイオンの電荷に等しい.
- $SO_4^{2-}$ では, O の酸化数は -2, S の酸化数は +6 である.

水溶液で起こる酸化還元反応の例を次にあげる. 過塩素酸で酸性にした水溶液中で, 過マンガン酸カリウムと硫酸鉄(Ⅱ)は式(5.5)の反応を起こす. 希硫酸中で硫酸セリウム(Ⅳ)と硫酸鉄(Ⅱ)を混ぜると, 式(5.6)のような反応が進む. また同じく希硫酸中で硫酸スズ(Ⅳ)と塩化チタン(Ⅲ)を混ぜると, 式(5.7)の反応が起こる.

$$MnO_4^- + 5Fe^{2+} + 8H^+ \rightleftharpoons Mn^{2+} + 5Fe^{3+} + 4H_2O \qquad (5.5)$$

$$Ce^{4+} + Fe^{2+} \rightleftharpoons Ce^{3+} + Fe^{3+} \qquad (5.6)$$

$$Sn^{4+} + 2Ti^{3+} \rightleftharpoons Sn^{2+} + 2Ti^{4+} \qquad (5.7)$$

ここで, それぞれの化学種の状態(酸化数)ではなく, それらの作用に着目して, 電子を奪う側の分子やイオンを酸化剤とよび, 奪われる側(電子を与える側)を還元剤とよぶ. 式(5.5)の反応であれば, $MnO_4^-$ が酸化剤, $Fe^{2+}$ が還元剤である.

最後に, 式(5.6)を例にとって, 反応が実際に起こっている様子を述べる. 硫酸セリウム(Ⅳ), および硫酸鉄(Ⅱ)の溶液をつくり, それぞれの物質量が等しくなるように溶液を混ぜると, 瞬間的に反応が起こり, 99.9 % 以上が $Ce^{3+}$ と $Fe^{3+}$ に変化する. 反応物である $Ce^{4+}$ と $Fe^{2+}$ は, 溶液中できわめて微少量が存在するにすぎない. この反応は, 酸塩基反応などと同じように, 正方向および逆方向のいずれの向きにも進みうるので, 溶液中では式(5.6)の正反応と逆反応が同時に起こっている. それだけでなく, 式(5.6)には現れない式(5.8)や式(5.9)の反応も同時に起こる.

$$Ce^{4+} + Ce^{3+} \rightleftharpoons Ce^{3+} + Ce^{4+} \qquad (5.8)$$

$$Fe^{3+} + Fe^{2+} \rightleftharpoons Fe^{2+} + Fe^{3+} \qquad (5.9)$$

すなわち, イオンは溶液中で互いに衝突して電子の交換をつねに行っているわけである. この事実を意識しておけば, 以降の議論がわかりやすくなる. なおこのような電子交換反応は, たとえば $Fe^{3+}$ と $Fe^{2+}$ の試薬を同位元素で標識して式(5.9)の反応を行うことで確認できる ($Fe^{*3+} + Fe^{2+} \rightleftharpoons Fe^{*2+} + Fe^{3+}$).

## 5.2 酸化還元電位とネルンスト式

式(5.4)で示されるように, プロトンはヒドロニウムイオンとして安定に存在できる. これに対し, 電子は水和(溶媒和)してもごく短い時間しか存在できない ($10^{-11}$ 秒). 原子から遊離した電子は非常に高いエネルギーをもつためである. 酸や塩基では, たとえばpHメーターでプロトンの濃度を測ることで酸の強弱を

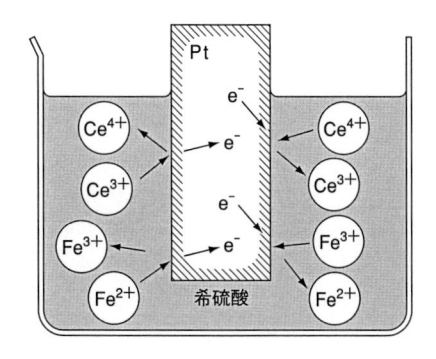

**図 5.1 白金板と酸化還元活性イオンとの電子のやり取り**
図は式(5.6)の反応溶液に白金板を浸したときの様子．金属状の白金（電気伝導体）がセリウムイオンや鉄イオンの相手になって電子授受が起こる（不均一な反応系での電子移動）．

決めることができた．酸化還元反応ではこのような方法を使えない．したがって，

$$2H^+ + 2e^- \rightleftharpoons H_2 \tag{5.10}$$

の反応を基準にして強弱を決める．

図 5.1 は，それ自体は反応を起こすことはないが良導体である白金を，酸化還元活性なイオンを含む溶液に浸した状態を示している．このとき白金は，反応物から一時的に電子を受け取ったり，逆に外部の電子源からの供給を受けて電子を与えたりすることができる．電子は，金属上の白金のバンド構造を介して内部のいたるところを行き来できるので，電極内で電子がもつエネルギーはあらゆる場所で同じになる．溶液内で酸化反応が起こるときには，電極に次つぎと電子を放出することになるので，電極内部では電子のエネルギーが高まる．逆に，還元反応の場合には，電子を消費して電子のエネルギーを低下させることになる．したがって，電極内部の電子のエネルギーを目安にすれば，酸化還元反応の強弱がわかるわけである．以降の議論では，このような電子エネルギーを電位とよぶ．

図 5.2 はいろいろな電極をモデル表示したものである．これらから任意の二つを選べば電池になるが，この電池の電圧（電池電位）を測ることを考えよう．このとき，単一の電極の寄与を決めることはできない．しかし，一方の電極が 0 の電位をもっていると定義すれば，もう一方の電極に値を割り当てることができる．このようにして特別に選ばれた電極が基準水素電極（normal hydrogen electrode;

---

**コラム　　　　酸化還元電極**

図 5.1 における白金板を電極とよぶ．また，混乱しがちであるが，図 5.1 の実験装置そのものも電極とよばれる．白金は，酸化還元対の電子移動に対して触媒作用があることがわかっている．しかし，それ自身が変化を起こして溶液に溶けだすことはない．このような電極を酸化還元電極という．

図 5.1 のままでは，電極の電子の受け入れに限界があるため，電子授受は一瞬しか起こらない．しかし，電子を外部に取りだしてやれば反応は定常的に起こる．このような電極を二つ組み合わせ，一方では酸化反応が，他方では還元反応が起こるように組み合わせたのが化学電池である．モーターや電球などをつなげば，一方の極から電子が流れだし，他方の極に流れ込むわけである．

### 図5.2 いろいろな電極のモデル図

この図は互いにつながった水溶液に各種の電極が浸された様子をモデル的に示したもので，溶液水槽は多孔質のセラミック板（破線）でいくつかの部屋に分けられている．多孔質板は微細な空孔を通じて水溶液中の分子やイオンを拡散・通過させるが，溶液全体が流体として互いに混合することはない．各室には酸化還元を行う化学種のみを示しているが，実際的にはこのほかに pH を調節したり，溶液の電気伝導性を高めるために，酸化還元反応を行わない電解質を加えていることを想定している（詳しくは第6章を参照）．

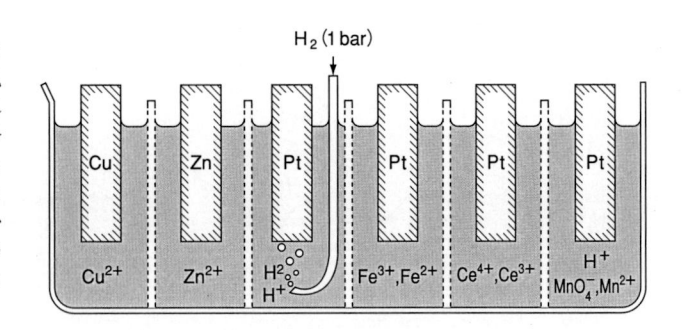

NHE）で，白金上で式(5.10)の反応が起こるケースである．またここで割り当てた値が酸化還元電位であり，式(5.10)のように，還元反応が起こるときの電位として定義する．

すでに述べたように，図5.2のようにした電極の電位は，溶液内の化学種との電子授受によって変化する．銅電極を例にとると，次の反応が起こっている．

$$Cu^{2+} + 2e^- \rightleftharpoons Cu \tag{5.11}$$

酸塩基反応と同じように考えれば，平衡の位置，言い換えればどれだけ電子が消費されるのかは，溶液内のイオンの濃度[$Cu^{2+}$]（活量）に影響されることは直感的にわかるだろう．$Cu^{2+}$ イオンは Cu 電極から電子を奪う反応を起こすので，[$Cu^{2+}$]が大きくなって電極表面に衝突する頻度が大きくなると，電極内部の電子密度が下がり，電極の電位はプラスの方向に動くにちがいない．このことは，ネルンスト(Nernst)式を用いて定量的に表すことができる．これによれば図5.2の銅電極の電位は次式によって与えられる．

$$E_{Cu^{2+}, Cu} = E°_{Cu^{2+}, Cu} + \frac{RT}{nF}\ln\frac{[Cu^{2+}]}{[Cu]} = 0.337 + \frac{0.059}{2}\log[Cu^{2+}] \tag{5.12}$$

ここでは，以下の化学熱力学の約束ごとを取り込んでいる．

(1) 金属状の銅は，溶液とは関係なしに一定の結晶構造を保ち，純物質とみなせるので活量は1である．
(2) 電気伝導体内の電子も，一定の結晶格子構造では濃度（活量）は一定なので活量は1と置く．

---

**コラム　基準水素電極：気体電極**

基準水素電極とは，Pt 電極が，活量1の水素イオンを含む水溶液に浸された状態で，同時に，1 bar の気体状水素と接触して，式(5.10)の反応に関する電子授受平衡にあるときのことをいう．「活量1の水素イオン水溶液」は実現できないので，NHE は，仮想的な電極であることに注意してほしい．なお温度が25℃の場合をとくに標準水素電極(standard hydrogen electrode；SHE)とよぶ．

式(5.12)の前半部で，$R$ は気体定数，$T$ は絶対温度，$E°_{Cu^{2+},Cu}$ は電子授受反応式(5.11)に特有の定数（$E°_{Cu^{2+},Cu} = 0.337\,V$），$n$ はこの反応の電子数を表す係数（$n = 2$）である．電位をボルト(V)単位とし，常用対数で表せば式(5.12)の後半部となる．

さて，$[Cu^{2+}] = 1(M)$ のとき式(5.12)の対数項はゼロであるから $E = E°_{Cu^{2+},Cu}$ となり，$E°_{Cu^{2+},Cu}$ は金属銅が活量1の銅イオン水溶液に浸されているときに水素電極に対して示す電位を表すことになる．これを電極「$Cu|Cu^{2+}∥$」の標準電位とよぶ．記号 $|$ は金属銅とイオンの水溶液が接触していることを意味し，$∥$ は図5.2にあるような隔壁で水素電極($Pt,\ H_2|H^+∥$)から隔てられていることを意味する．式(5.12)で計算される銅電極の電位は，図5.2のような構成の電極系を用いて実際に測定することができる．

---

**例題 5.2** 図5.2の $Pt|Fe^{3+}, Fe^{2+}∥$ で示される電極，および $Pt|MnO_4^-, Mn^{2+}∥$ で示される電極についてネルンスト式を示せ．

**解**　「$Pt|Fe^{3+}, Fe^{2+}∥$」電極

電極上での反応は，

$$Fe^{3+} + e^- \rightleftharpoons Fe^{2+} \tag{5.16}$$

なので，次式を得る．

$$\begin{aligned}E_{Fe^{3+},Fe^{2+}} &= E°_{Fe^{3+},Fe^{2+}} + \frac{RT}{nF} \ln \frac{[Fe^{3+}]}{[Fe^{2+}]} \\ &= 0.771 + \frac{0.059}{1} \log \frac{[Fe^{3+}]}{[Fe^{2+}]}\end{aligned} \tag{5.17}$$

---

### コラム　電気化学ポテンシャルとネルンスト式

熱力学の第一法則によると，気体の内部エネルギー変化は，系になされた仕事，および系に熱として輸送されたエネルギーの和で表すことができた．これを端緒に，体積変化に伴う機械的な仕事（外圧が $p_{ex}$，体積変化が $dV$ のとき，仕事は $-p_{ex}\,dV$）とエントロピー，さらには化学ポテンシャル($\mu$)を考慮することで化学熱力学が体系づけられた．ところで溶液中のイオンの場合，イオン雰囲気の形成など，その静電荷に由来する仕事を行う．電気的な仕事は静電ポテンシャル（電位）を $\phi(V)$，電荷を $q(C)$ として $\phi dq(J)$ で表されるので，この項を化学ポテンシャル($\mu$)につけ加えて電気化学ポテンシャル($\tilde{\mu}$)と定義し用いる．なお $z$ はイオンの電荷数，$F$ はファラデー定数（電気素量とアボガドロ数の積）である．

$$\mu_i = \mu_i° + RT \ln a_i \tag{5.13}$$
$$\tilde{\mu}_i = \mu_i° + RT \ln a_i + z_i F \phi \tag{5.14}$$

ここで電池を例にとって考える．電池に外部回路（モーターや電球など）をつないでエネルギーを取りだすような場合，電池は機械的な仕事はしないし，温度や圧力が一定であれば，電池の反応ギブズエネルギー($\Delta G$)はすべて電気エネルギーに転換されることになる．

$$\Delta G = -nFE \tag{5.15}$$

おおまかにいって，式(5.11)に現れる酸化体と還元体について $\tilde{\mu}$ を考え，平衡時にはそれらが等しくなるとし，式(5.15)の関係式を使うとネルンスト式が得られる．

「Pt｜MnO$_4^-$, Mn$^{2+}$‖」電極

このときの反応は，水素イオンを含んで次のとおりである．

$$MnO_4^- + 8H^+ + 5e^- \rightleftharpoons Mn^{2+} + 4H_2O \qquad (5.18)$$

$$E = E°_{MnO_4^-, Mn^{2+}} + \frac{RT}{nF} \ln \frac{[MnO_4^-][H^+]^8}{[Mn^{2+}][H_2O]^4}$$

$$= 1.51 + \frac{0.059}{5} \log \frac{[MnO_4^-][H^+]^8}{[Mn^{2+}]} \qquad (5.19)$$

## 5.3 電池の起電力と電池反応の平衡定数

図5.2では，説明の便宜のために多数の電極を同時に持ち込んで示した．しかし，実際上は任意の二つの電極を組み合わせればよい．たとえば，銅電極と水素電極であれば，Pt, H$_2$｜H$^+$‖Cu$^{2+}$｜Cu のようにすればよい．これを電池とよび，二つの電極部を半電池，それぞれの電極で起こる反応を半反応，両極間の電位差を電池の起電力とよぶ．

ここで，反応が自発的に起こるか，つまり電池として作動するかどうかに気を配ろう．電池の起電力は，右側の半反応の電位から左側の半反応の電位を引いて得られる．ここでコラムの式(5.15)を見てほしい．ギブズエネルギー変化が負の値になるためには，電池の起電力が正の値になる組合せでなければならない．このとき左側の電極では酸化反応が起こり，放出される電子は外部回路を介して運ばれ，右側の電極上での還元反応で消費されて電池反応が完結する．なお，それぞれの電極で生じる電荷の不均衡は，多孔質板を通じてイオンが移動することで解消される．

**例題5.3** 電池 Pt, H$_2$｜H$^+$‖Cu$^{2+}$｜Cu の起電力を求めよ．

**解** 銅電極の半反応と電位：

$$E_{Cu^{2+}, Cu} = 0.337 + \frac{0.059}{2} \log [Cu^{2+}] \qquad (5.12)$$

水素電極の半反応：$2H^+ + 2e^- \rightleftharpoons H_2$

水素電極の電位：

$$E_{H^+, H_2} = E°_{H^+, H_2} + \frac{RT}{nF} \ln \frac{[H^+]^2}{P_{H_2}} = 0 + \frac{0.059}{2} \log \frac{[H^+]^2}{P_{H_2}} \qquad (5.20)$$

電池の起電力：

$$E_{cell} = E_{Cu^{2+}, Cu} - E_{H^+, H_2}$$

$$= \left(0.337 + \frac{0.059}{2} \log[Cu^{2+}]\right) - \left(0 + \frac{0.059}{2} \log \frac{[H^+]^2}{P_{H_2}}\right)$$

$$= 0.337 + \frac{0.059}{2} \log \frac{P_{H_2}[Cu^{2+}]}{[H^+]^2} \qquad (5.21)$$

もし $P_{H_2} = 1\,atm$, [H$^+$] = 1 M(活量 1), [Cu$^{2+}$] = 1 M(活量 1)ならば, 銅電極が正極になり, 起電力は $E = 0.337 + 0 = 0.337$ (V).

もし $P_{H_2} = 1\,(atm)$, [H$^+$] = 0.1 M, [Cu$^{2+}$] = 0.1 M ならば,

$$E = 0.337 + 0.030 \log(1 \times 0.1 \times 0.1^{-2})$$
$$= 0.337 + 0.030 \log 10 = 0.367\,(V)$$

反応ギブズエネルギーと平衡定数($K$)との間には次の関係式が成り立った.

$$-\Delta G° = RT \ln K \tag{5.22}$$

これにコラムの式(5.15)を組み合わせると, 電池の起電力と平衡定数は, 以下の式で結びつけられる.

$$-\Delta G° = nFE° = RT \ln K = 2.3\,RT \log K \tag{5.23}$$
$$\log K = \frac{nFE°}{2.3\,RT} = \frac{nE°}{0.059} \tag{5.24}$$

すでに見たように, 反応が自発的に起こる半反応の組合せを見つけることは重要である. 加えて, 滴定法による容量分析の可否は, 反応が十分大きな平衡定数をもっているかどうかによって決まる. 以下の例題で具体的に見てみよう.

**例題 5.4** 一電子の酸化還元反応が 25 ℃で 99.9 %以上進行するのは, 電池の起電力がいくら以上のときか.

**解** 設問の条件下では, 反応物が 0.1 %, 生成物が 99.9 %の割合で存在することになるので, 平衡定数(反応比)の定義から $K \geqq 10^3$ が得られる. これを式(5.24)に代入して, 次の解を得る.

$$E° \geqq 0.059 \log K = 0.059 \times 3 = 0.177\,(V)$$

**例題 5.5** 硫酸銅を含む希硫酸に銅粉を懸濁させ, これにさらに水素ガスを吹き込んで化学平衡の状態にした. この反応について平衡定数を書き下し, その値を求めよ.

**解** 題意の化学平衡とは, Cu$^{2+}$, Cu, H$^+$, H$_2$ が共存していて, 見かけ上, 化学種間の電子の授受が停止した状態である. これは図 5.2 において銅極と水素電極間に電流が流れない状態, すなわち両電極の電位が等しい(電池の

---

**コラム　　　電池の起電力測定**

実際的な電極の組み立ては第 6 章を参照してほしい. 電位差の測定は, 電極間に無視できるほどに小さな電流($10^{-11}$ A 程度)しか流れないようにして行うのがポイントである. 電流が流れると, 必然的に金属電極近傍の溶液組成が変化する. ネルンスト式が示すように, 溶液組成の変化は電極電位の変化をもたらし, 化学平衡が成り立った条件下での電位とは異なってくるからである.

起電力がゼロの)状態である．したがって，式(5.21)において $E_{cell} = 0$ と置いた状態が化学平衡に達した状態である．

$$E_{cell} = 0 = 0.337 + \frac{0.059}{2} \log \frac{P_{H_2}[Cu^{2+}]}{[H^+]^2} \quad \therefore \quad \log \frac{P_{H_2}[Cu^{2+}]}{[H^+]^2} = -11.4$$

$$\frac{[H^+]^2}{P_{H_2}[Cu^{2+}]} = 10^{11.4} = 2.51 \times 10^{11} \quad (\text{平衡定数})$$

これは $Cu^{2+} + H_2 \rightleftharpoons Cu + 2H^+$ の反応の平衡定数である．ついでに，もし題意の反応で水素イオン濃度が 1 M，水素ガスの圧力が 1 atm であったなら，$1^2/(1 \times [Cu^{2+}]) = 2.51 \times 10^{11}$ であるから，この溶液中では $[Cu^{2+}] = 1/(2.51 \times 10^{11}) = 3.98 \times 10^{-12}$ (M) となる*1．

*1 $Cu^{2+}$ の還元と $H_2$ の酸化を独立した電極にして組み合わせれば，電池反応は定量的に進み，平衡時には解答のような $Cu^{2+}$ 濃度になる．しかし同じ溶液では，酸化と還元がうまく組み合わさって電子授受が起こる場合にしか電池反応が成立せず，反応の速度は非常に遅くなる．起電力を外部に取りだせないことにも注意しよう．

## 5.4　酸化還元滴定とその応用

酸化還元反応は非常に大きな平衡定数をもつものが多い．また，特定の化学結合が解裂したり，新たな化学種が生成したりするなどの大きな構造変化を伴わないかぎり，反応は室温でも迅速に進む．このため，滴定法を中心とした容量分析に応用されている．

代表的な滴定剤には，過マンガン酸カリウムや硝酸セリウム(Ⅳ)，ヨウ素などがある．このうち過マンガン酸カリウムは強い酸化剤であり，それ自身の着色により終点の検出が容易なので，古くから利用されてきた．またヨウ素は比較的穏和な酸化剤であり，ヨウ素の酸化作用を利用した直接滴定，およびヨウ化物イオンの酸化と組み合わせた間接滴定の両方に利用できる利点がある．

酸化還元滴定では，ネルンスト式を用いれば，簡単に滴定曲線を予測することができる．本章のまとめとして，ここでは硝酸セリウム(Ⅳ)溶液を滴定剤とする $Fe^{2+}$ の定量を取りあげる．酸化還元滴定は，医薬品分析や環境試料(化学的酸素要求量の決定)にも利用されているが，それらについては成書を参照されたい．

**例題 5.6**　Ce(Ⅳ) による $Fe^{2+}$ の定量

硫酸酸性 (1 M) で 0.100 M の $Fe^{2+}$ 溶液 50 cm³ を 0.100 M の $Ce^{4+}$ 溶液で滴定した．$Ce^{4+}$ 溶液を，それぞれ (a) 10 cm³，(b) 25 cm³，(c) 50 cm³，(d) 100 cm³ 滴下したときの溶液の電位を計算し，滴定曲線の概略を示せ．なお温度は 25 ℃ とし，$E°_{Fe^{3+},Fe^{2+}} = 0.68$ V (1 M $H_2SO_4$)，$E°_{Ce^{4+},Ce^{3+}} = 1.44$ V (1 M $H_2SO_4$) である．

**解**　反応溶液内の酸化還元反応をあらためて示す．

$$Fe^{2+} + Ce^{4+} \rightleftharpoons Fe^{3+} + Ce^{3+} \tag{5.6}$$

例題 5.4 に準じると，

$$\log K = \log \frac{[Fe^{3+}][Ce^{3+}]}{[Fe^{2+}][Ce^{4+}]} = \frac{(1.44 - 0.68)}{0.059} = 12.9$$

なので，この反応は定量的に進む．ここで，$Fe^{2+}$ イオンおよび $Ce^{4+}$ イオンそれぞれの酸化還元反応についてネルンスト式を考える．

$$E_{Fe^{3+},Fe^{2+}} = 0.68 + 0.059 \log \frac{[Fe^{3+}]}{[Fe^{2+}]} \tag{5.25}$$

$$E_{Ce^{4+},Ce^{3+}} = 1.44 + 0.059 \log \frac{[Ce^{4+}]}{[Ce^{3+}]} \tag{5.26}$$

いずれの式を用いても溶液の電位を計算できるが，当量点までは $Fe^{3+}/Fe^{2+}$ が主成分なので式(5.25)を用いるのが便利である．逆に当量点以降は $Ce^{4+}/Ce^{3+}$ に関する式(5.26)を用いるとよい．

(a) 滴定剤を $10\ cm^3$ 滴下した場合：滴定前の $Fe^{2+}$ の全物質量は $0.1 \times 50 = 5.0\ mmol$ である．溶液に加えられた $Ce^{4+}$ ($1.0\ mmol$) との反応により $Fe^{3+}$ が $1.0\ mmol$ 生成し $Fe^{2+}$ として $4.0\ mmol$ が残る．これを式(5.25)に代入して，$E = 0.68 + 0.059 \log(1.0/4.0) = 0.64\ (V)$

(b) 滴定剤を $25\ cm^3$ 滴下した場合：同じようにして，$E = 0.68 + 0.059 \log(2.5/2.5) = 0.68\ (V)$

(c) 滴定剤を $50\ cm^3$ 滴下した場合：滴定の当量点になる．当量点では $[Fe^{2+}] = [Ce^{4+}]$, $[Fe^{3+}] = [Ce^{3+}]$ である．式(5.25)と式(5.26)を足し合わせると，

$2E = 2.120 + 0.059 \log\{([Fe^{3+}][Ce^{4+}])/([Fe^{2+}][Ce^{3+}])\}$

対数項はゼロになるので，$E = 1.06\ (V)$

(d) 滴定剤を $100\ cm^3$ 滴下した場合：滴定の二当量点である．式(5.26)において $[Ce^{4+}] = [Ce^{3+}]$ として，$E = 1.44\ (V)$

以上の結果から得られる滴定曲線の概略を図5.3に示した．

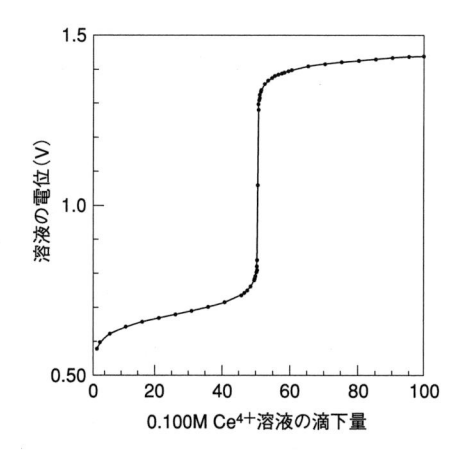

**図 5.3　硝酸セリウム(Ⅳ)による $Fe^{2+}$ の滴定曲線**

## コラム 酸化還元指示薬

例題5.6に述べた滴定曲線は，作用電極（白金など）と参照電極（銀-塩化銀電極など）を対にして溶液に入れ，それらの間の電位差を測定すれば容易に得られる．しかし，滴定の終点を知るだけでよいのであれば，指示薬を用いるのが簡単である．酸化還元滴定では，当量点の前後で溶液の酸化還元電位が急変するので，これに伴ってそれ自身が酸化還元されて変色する分子で

あれば指示薬として用いることができる．代表的なものはメチレンブルー（$E° = 0.53$ V，無色から青色に変色），フェロイン（$E° = 1.12$ V，赤色から淡青色に変色）などがある．$E°$の値を比較すると，例題5.6の系ではフェロインの利用が適していることがわかるだろう．

## 章末問題

**問題 5.1** 次の化合物中の元素の酸化数を示せ．
(1) $Fe_2O_3$，(2) KH（水素化カリウム），(3) NO（一酸化窒素），$NO_2$（二酸化窒素），$NO_3^-$（硝酸イオン），(4) $SO_2$（二酸化硫黄，亜硫酸ガス），$H_2SO_3$（亜硫酸），$SO_3$（三酸化硫黄，無水硫酸），$H_2SO_4$

**問題 5.2** 次の反応を起こす電池をつくれ．
(1) $Zn + CuSO_4 \rightleftharpoons ZnSO_4 + Cu$
(2) $2AgCl + H_2 \rightleftharpoons 2HCl + 2Ag$
(3) $2H_2 + O_2 \rightleftharpoons 2H_2O$
(4) $2Na + 2H_2O \rightleftharpoons 2NaOH + H_2$
(5) $H_2 + I_2 \rightleftharpoons 2HI$

**問題 5.3** 巻末の表より，$Cu^{2+}/Cu$ 酸化還元対，および $Cu^+/Cu$ 酸化還元対の $E°$ は +0.340 V，+0.520 V である．これをもとに，$Cu^{2+}/Cu^+$ 対の $E°$ を計算せよ．

**問題 5.4** 塩酸酸性（1 M）の条件下で，0.020 M の $Sn^{2+}$ 溶液 50 $cm^3$ を 0.100 M の $Ce^{4+}$ 溶液で滴定した．$Ce^{4+}$ 溶液を，それぞれ(a) 4 $cm^3$，(b) 10 $cm^3$，(c) 20 $cm^3$，(d) 40 $cm^3$ 滴下したときについて，溶液の電位を計算し滴定曲線の概略を示せ．なお温度は25℃とし，$E°_{Sn^{4+},Sn^{2+}} = 0.14$ V（1 M HCl），$E°_{Ce^{4+},Ce^{3+}} = 1.28$ V（1 M HCl）である．

**問題 5.5** 過酸化水素（$H_2O_2$，分子量 34.01）の3％水溶液をオキシドールとよび，殺菌・消毒薬として用いる．$H_2O_2$ は組織中のカタラーゼによって分解を受け，活性酸素を生成し，これにより殺菌作用が現れる．いま，市販のオキシドールを10倍に希釈し，その 10 $cm^3$ 0.02 M $KMnO_4$ 水溶液を用いて滴定したところ，19.5 $cm^3$ で終点となった．オキシドール中の $H_2O_2$ の濃度を求めよ．

## 参考文献

1) R. A. Day, Jr., A. L. Underwood 共著，鳥居泰男，康 智三 共訳，『定量分析化学 改訂版』，培風館(1985)．
2) 日本分析化学会北海道支部・東北支部 共編，『分析化学反応の基礎 改訂版』，培風館(1994)．
3) 分析化学研究会 編著，『分析化学の理論と計算』，廣川書店(2003)．
4) 片山幸士，木曽祥秋 編著，『ベーシック分析化学実験—環境理解へのツール—』，ケイ・ディー・ネオブック(2003)．
5) 大堺利行，加納健司，桑畑 進 著，『ベーシック電気化学』，化学同人(2000)．

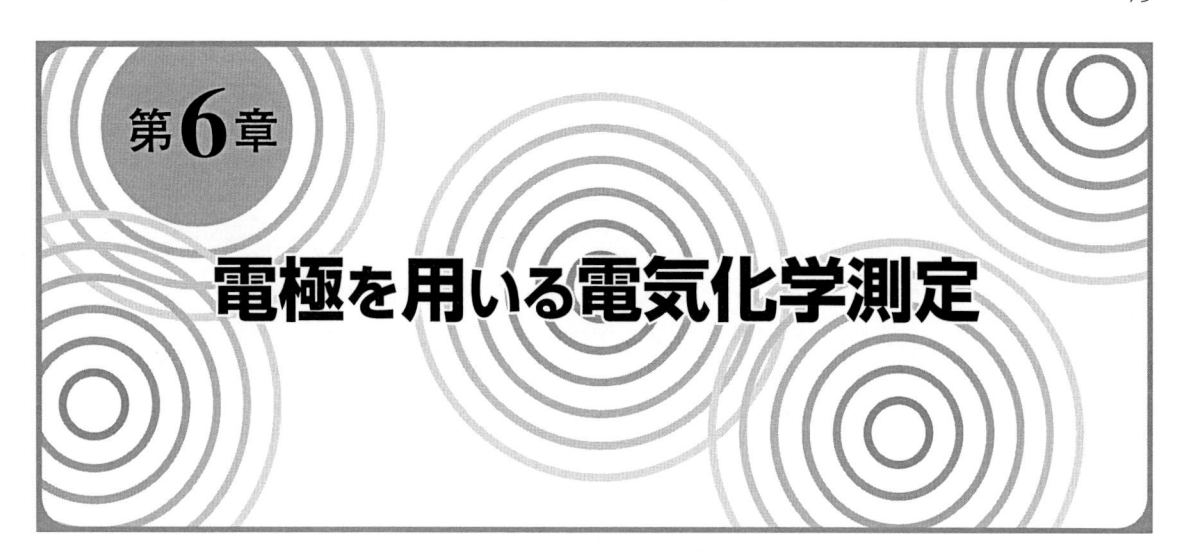

# 第6章 電極を用いる電気化学測定

本章では，電極の概念を導入し，電極と溶液種との間の電気化学平衡と電子授受反応を明確に記述する．平衡電極電位の測定法，電極表面で起こる電子授受反応の制御法，電極で流れる電流の意味を理解する．これらを基礎として，電極を用いる電気化学測定の基本を学ぶ．

## 6.1 はじめに

電極を用いる電気化学測定は，現代社会において不可欠な分析技術の一つである．糖尿病で苦しむ人びとが平常に生活できるように，必要時に必要なだけのインスリンを自動的に体内に注入することができる皮膚に装着型チップの開発を目指した研究が進められているが，その実現のためには血液中のグルコース濃度をつねに正確にモニターできる長寿命な電気化学センサーの開発が鍵となる．多くの医療関連の分析で電極を用いたセンシングは重要である．ほかにも，味覚センサー，魚の鮮度センサー，環境センサーなどもさまざまな場面で使用されはじめている．また，電極を用いる電気化学測定の理解は，高機能電池，太陽光電池，燃料電池，スーパーキャパシター，バイオ素子などの研究における基礎である．

人類がはじめて電池を作製して用いたのは，約二千年前のイラクの都市パルティアにおいてであるとされているが，電極を用いる電気化学は19世紀末から体系化されはじめ，1920年代のポーラログラフィーの発明を機に，これまで格段の進歩を遂げてきた．本章は，その内容を読者がマスターすれば，電極を用いる電気化学的測定の基礎的な考え方をしっかりと身につけられるようにまとめた．

## 6.2 電極と酸化還元反応

前章で学んだ酸化剤と還元剤との間で起こる酸化還元反応の考え方を拡張し，「電極」の概念を導入する．

酸化剤（oxidant）と還元剤（reductant）との間の電子授受反応（酸化還元反応）を考える．酸化剤は，電子を反応相手から奪って自らは還元する分子[*1]であり，

[*1] 本章では，酸化還元を起こす化学種を単に「分子」と書くが，溶液中イオン種も含めた意味で「分子」とよぶ．

電子授受の反応前は酸化体(oxidized form)であり，反応後には還元体(reduced form)となる．逆に，還元剤は，電子を反応相手に与え，自らは還元体から酸化体へと変化する分子である．化学種 i の酸化体を $Ox_i$，還元体を $Red_i$ で表すと，電子授受反応を式(6.1)で書くことができる．

$$Red_1 + Ox_2 \longrightarrow Ox_1 + Red_2 \tag{6.1}$$

式(6.1)の反応が矢印の方向に進むためには，$Red_1$ が与えることができる電子のエネルギーが，$Ox_2$ が受け取る必要がある電子のエネルギーよりも高くなければならない．さもないと，式(6.1)の過程は，登り坂(すなわち，反応のギブズエネルギー変化 $\Delta G > 0$)になってしまう．式(6.1)の過程を図で示すと図6.1(a)のようになるが，このときの電子のエネルギーの関係は，図6.1(b)のようである．

式(6.1)の反応の考え方を，以下のように三段階に拡張してみよう．まず，式(6.1)における反応種1を巨大化する(拡張-1)．たとえば，実験者が手に取ることができる固体にまで巨大化する．例として，亜鉛(Zn)板とする．亜鉛板の表面の Zn 原子一つ〔式(6.1)の $Red_1$ に当たる〕が酸化し，亜鉛板と接触している酸性水溶液中のプロトン($Ox_2$ に対応する)が還元される反応は次のように書ける．

$$Zn_N + 2H^+ \longrightarrow Zn_{N-1} + Zn^{2+} + H_2 \tag{6.2}$$

ここで，添え字 $N$ は，反応前の亜鉛板中にある Zn 原子の総数である．亜鉛原子自身が化学変化し，還元体 $Zn^0$ が酸化体 $Zn^{2+}$ になる．それにより，一つの Zn 原子当たり二つの電子が溶液中のプロトンに移動する．式(6.2)の反応は，実際に $\Delta G < 0$ であり，多量の強酸性水溶液中では，水素ガスを発生して Zn がすべて $Zn^{2+}$ になるまで進行し，固体亜鉛の全部が酸化溶解して終わる．ここで，プロトンは式(6.1)の $Ox_2$ に当たり，水素ガスは $Red_2$ に当たる．

拡張をさらに進める．式(6.2)の反応は亜鉛板の質量が一方的に減少していく過程であった．そこで，$Ox_2$ が電子を受け取って $Red_2$ になる反応が進んでも，電子の供給側(金属)の量は変化しないようにする(拡張-2)．さらには，金属は，電子を供給するだけでなく，その逆反応である電子を受容する反応も起こせるようにする(拡張-3)．拡張-2，3を合わせると，「電子の出し入れができるが，金

図中の HOMO は Highest Occupied Molecular Orbital の略で最高被占軌道，LUMO は Lowest Unoccupied Molecular Orbital の略で最低空軌道を意味する．すなわち，HOMO は，分子内で電子に占有されている最も高いエネルギーの電子軌道であり，LUMO は，分子内で電子に占有されていない最も低いエネルギーの電子軌道である．HOMO の電子は還元体分子1の中で最もエネルギーが高いので，酸化する際，最初に酸化体へと移動する．酸化体分子2の LUMO に電子が入ると，基底状態としての還元体になる．

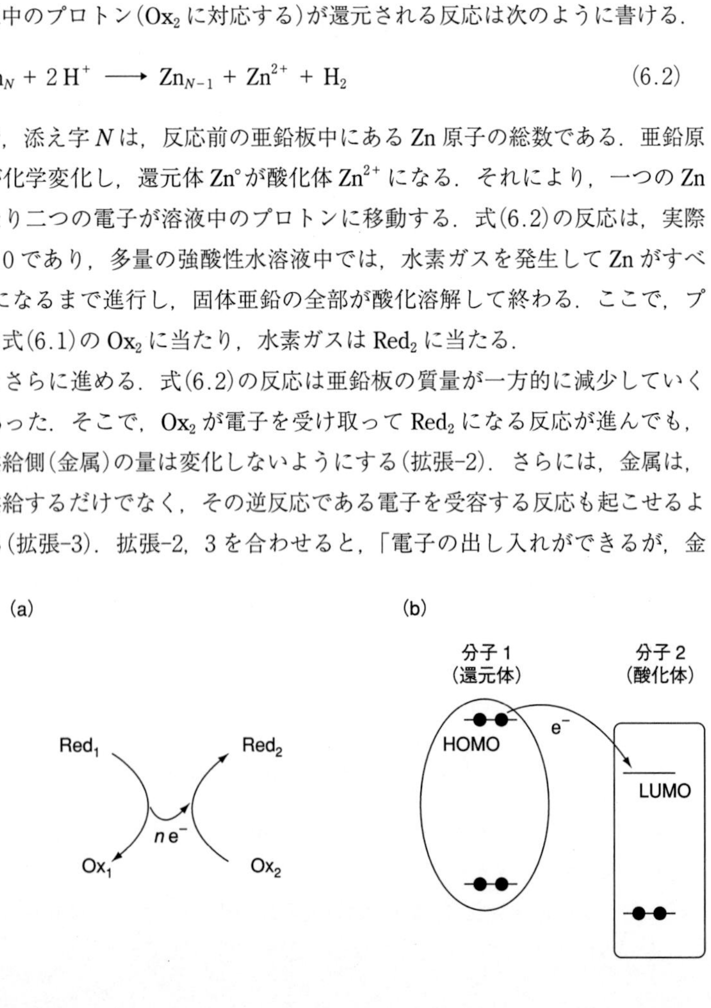

**図6.1** (a) **酸化還元反応(式6.1)のスキーム**($n$ は反応にかかわる電子数を表す化学量論係数.)，(b) **酸化還元反応(左図)を，上方向に電子エネルギー軸を取って $n = 1$ の場合について表した図**(図で上に行くほど電子のエネルギーが高い)

属の構成原子は酸化還元を受けない」ということになる．

拡張-3までを同時に可能にするために，亜鉛板の代わりに金(Au)の板を用いる．起こりうる反応の一例は次式

$$Ne^-(\text{Au}) + 2\text{H}^+ \longrightarrow (N-2)e^-(\text{Au}) + \text{H}_2 \tag{6.3}$$

および，式(6.3)の逆反応である次式である．

$$Ne^-(\text{Au}) + \text{H}_2 \longrightarrow (N+2)e^-(\text{Au}) + 2\text{H}^+ \tag{6.4}$$

$Ne^-(\text{Au})$は，金板の中に$N$個の自由電子があることを意味する．

ここまで，拡張-1〜3を行ったが，明らかな問題が二つ残る．一つは，式(6.3)の反応が起これば，電子が一方的に溶液中へと失われただけであるから，金が正に帯電する．式(6.4)の反応が起これば逆に負に帯電する．しかし，このような正負の帯電が接触した固体と溶液の間で起こることは，電荷中性の原理から許されない．もう一つは，式(6.3)と(6.4)のどちらの反応が起こるのか，あるいは溶液中に$\text{H}^+$と$\text{H}_2$が共存するときどちらの反応が優勢に起こるのか，またこれをどうすれば制御できるか，という問題である．これらを一気に解決する手段がある．それは，金に導線をつなぎ，外部回路に接続することである．このときの外部回路がどのようなものかは，6.5節以降で詳述する．

外部回路への接続の重要な意味は，反応がどちらの方向に起こっても金が帯電しないように，電荷を外部回路に，あるいは外部回路から移動できるということである．電荷の移動を可能にするには，金以外の物質を用いるにしても，使用可能な材料は電気伝導体に限られる．具体的には，金属または半導体であることが必須である．このように，媒体に浸され，外部回路につながった電気伝導体を電極(electrode)という．媒体はここでは溶液であり，酸化還元活性種を含むことができる．なお，拡張-2は緩めてもよく，電気伝導体自身が反応しても電極である．さらには，電気伝導体であれば液体でもよい．

## 6.3 電極と溶液種との間の電子授受反応

電極表面で電子授受反応が起こっても，出入りした電荷は外部回路によって補償されるものとして，自分自身は反応しない金属電極の表面で起こる反応を考える．例として，溶液中に酸化還元活性種として$\text{H}^+$と$\text{H}_2$のみが存在するとき，正味の反応が，式(6.3)と(6.4)のどちらであるのか，または式(6.3)と(6.4)の反応が同じ速度で起こるために正味の反応は進行しないのか，これは，金属が授受できる電子のエネルギーと，溶液側が授受できる電子のエネルギーの相対的な高低によって決まる．そこで，金属側と溶液側に分けて，電子のエネルギー状態を考える．なお，この例で溶液中に共存する$\text{H}^+$と$\text{H}_2$の組合せでの酸化還元による相互変換は，平衡反応式

$$2\text{H}^+ + 2e^-(\text{Eld}) \rightleftharpoons \text{H}_2 \tag{6.5}$$

で書くことができる．このような組合せを酸化還元対(redox couple)といい，「$H_2/H^+$」と書く[*2]．なお，電極を略してEldと表記し，「$e^-$(Eld)」で電極中の一電子を表した．

金属電極が，溶液中の酸化体(電子受容体)に与えることのできる電子のエネルギー，あるいは溶液中の還元体(電子供与体)から受け取ることができる電子のエネルギーは，金属のフェルミ準位によって決定づけられる．

金属は近似的に，エネルギーに関して連続的に自由電子の電子準位をもつものと見なせる．電子準位は，電子の数のぶんだけエネルギーの低いほうから順に電子に満たされている．エネルギーの関数としての電子占有準位の数は，状態密度(エネルギーの関数としての電子準位密度)とフェルミ-ディラック分布関数との積によって決まる[*3]．あるエネルギーの電子占有準位の数が，電子準位の総数の1/2になるとき，そのエネルギーをフェルミ準位とよぶ．この様子は，図6.2に示してある．空のコップに水を満たすように電子が金属に満たされていて，水の水位がフェルミ準位だとイメージしてよい．フェルミ準位のエネルギーを $\varepsilon_f$ と書くことにする．

一方，溶液中の酸化還元対が授受する電子のエネルギー準位を $\varepsilon_{redox}$ とすると，$p\mathrm{Ox} + n e^- \rightleftharpoons q\mathrm{Red}$ の反応（$p$ と $q$ は化学量論係数，$n$ は図6.1の説明を参照）における酸化還元対の $\varepsilon_{redox}$ は次式で与えられる．

$$\varepsilon_{redox} = \varepsilon^\circ_{\mathrm{Red/Ox}} - \frac{kT}{n} \ln \frac{[\mathrm{Ox}]^p}{[\mathrm{Red}]^q} \tag{6.6}$$

ここで，$\varepsilon^\circ_{\mathrm{Red/Ox}}$ は標準酸化還元エネルギーで，酸化還元対と溶液組成によって決まる固有の値である．$k$ はボルツマン定数，$T$ は絶対温度である．この式での $n$ は酸化還元平衡関係に現れる電子の数である．また[ ]の項は濃度を表している．厳密には濃度でなく活量とすべきだが，ここではすべての分子の活量係数を1として濃度で記述した．$H_2/H^+$ 対の例(式6.5)では，$n=2$，[Ox] = [$H^+$]，$p=2$，[Red] = [$H_2$]（水素ガスの場合は代わりに水素分圧），$q=1$ とすればよい．式(6.6)は，$\varepsilon_f = \varepsilon_{redox}$ のときに電極と溶液とが酸化還元平衡状態となること

[*2] 反応にかかわる電子数(この場合は2)は書かなくてもわかるので表示しない．また，還元体をスラッシュの左側に書くことが推奨される．あとで示す図6.7で，電位軸を左にいくほど還元体の存在割合が大きくなることから，還元体を左に書くのである．

孤立した分子の電子軌道(あるいは電子の準位)は，図6.1(b)に一部を示したように，エネルギーに関して離散的である．金属では，すぐあとに図6.2で示すように，電子の準位は帯(バンド)を形成していて，あるエネルギー範囲ではエネルギー軸に沿って連続に分布している．

[*3] 金属の状態密度とフェルミ・ディラック分布関数は，固体物理学あるいは統計熱力学の講義で学習することになる．また，無機化学で，金属のゾンマーフェルトモデルも学んでほしい．ここでは概念のみを把握していれば十分なので，具体的な表式は省略する．

**図6.2 金属の電子構造を近似的に示した模式図**
(a)は状態密度，(b)には(a)の曲線にフェルミ-ディラック分布関数を乗じた結果の曲線を加え，電子に満たされている電子準位をグレーに塗ってある．$\varepsilon_f$ のエネルギーのところでは，電子に満たされた準位数と満たされていない準位数の比が1である．

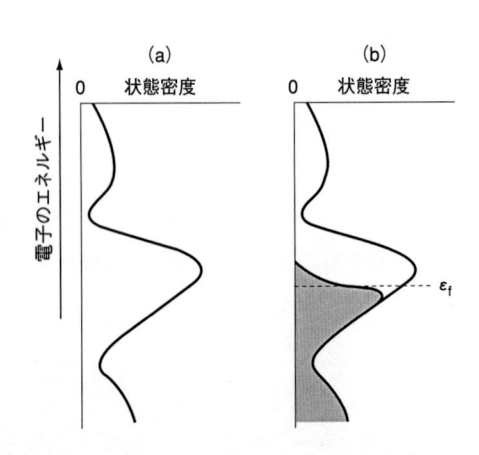

から，ネルンスト(Nernst)式に基づいて書いたものである(6.4節と6.8節，および章末の注を参照).

同じエネルギーの基準で $\varepsilon_f$ と $\varepsilon_{redox}$ が与えられるものとすると，金属側と溶液側の電子エネルギーの高低関係として次の三つの場合：(1) $\varepsilon_f < \varepsilon_{redox}$，(2) $\varepsilon_f = \varepsilon_{redox}$，(3) $\varepsilon_f > \varepsilon_{redox}$ を考えることができる．これらを図6.3に示す．金属中の $\varepsilon_f$ より低いエネルギー領域のグレー部分は，その領域の電子準位が電子に占有されていることを表している．

(1)の場合，溶液中のRed(ここでは$H_2$)が供与できる電子のエネルギーよりも，電極中に移動したあとの電子のエネルギーのほうが低い．よって，

$$H_2 \longrightarrow 2e^-(Eld) + 2H^+ \tag{6.7}$$

の反応(還元体$H_2$の酸化反応)が優勢に起こる．電子は溶液から電極に注入される方向に移動する．電気的中性条件を保つため，移動した分の電子は外部回路へと流れでる．このとき流れる電流(電流の向きは，電子の移動の向きと逆であり，外部回路から電極を通して溶液へと電流が流れる)をアノード電流(anodic current)，起こる反応をアノード反応(anodic reaction)とよぶ．アノード反応を起こす役割をしている電極をアノード(anode)[*4]という．

次に(2)の場合，電極側と溶液側とで移動できる電子のエネルギーが等しく，正味の電子授受は起こらず，正味の電流はゼロである．このとき，電極は溶液中の酸化還元対と酸化還元平衡にあるという．

最後に(3)の場合は，(1)の場合とエネルギーの高低関係が逆であり，

$$2e^-(Eld) + 2H^+ \longrightarrow H_2 \tag{6.8}$$

の反応(酸化体$H^+$の還元反応)が優勢に起こる．電子は電極から溶液中のOx(ここでは$H^+$)に移動する．電極から溶液へと移動した分の電子は，電気的中性を保つため，外部回路から補給される．このとき流れる電流(その向きは，溶液から電極を通して外部回路へ)をカソード電流(cathodic current)，起こる反応をカ

[*4] 高校の教科書では，アノードを「陽極」，あとで述べるカソードを「陰極」と表現していたり，正極，負極という用語が用いられたりすることが多い．陽極，陰極，正極，負極という用語は混乱を招く場合があるので，この教科書ではアノード，カソードのみを用いる．

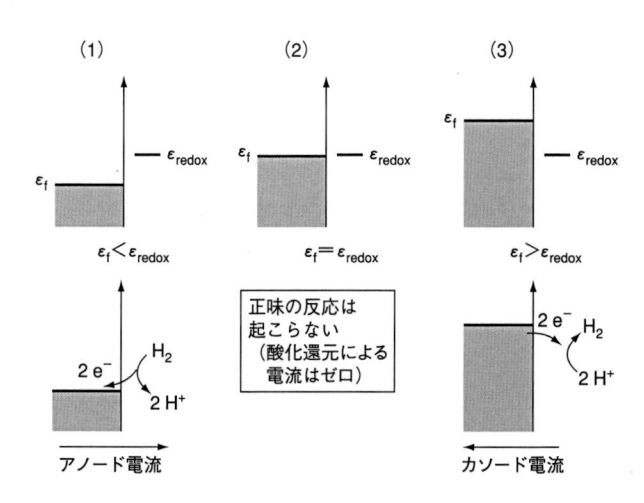

**図6.3 酸化還元対を含む溶液中に浸された金属の $\varepsilon_f$ と $\varepsilon_{redox}$ との間の三通りの高低関係**
図の下半分には，起こる酸化還元反応($H_2/H^+$対と電極との間の電子授受反応)と電流を示してある．

ソード反応(cathodic reaction)とよぶ．カソード反応を起こす役割をしている電極をカソード(cathode)という．

以上のように，同じ電極が，正味どちらの反応が起こっているのかによって，アノードにもカソードにもなることを理解しよう．

## 6.4　酸化還元平衡にあるときの電極電位

$\varepsilon_f$ はエネルギーの次元をもち，これを一電子がもつ電荷($-e = -1.602 \times 10^{-19}$ C)で割った値は電位になる．$E = -\varepsilon_f/e$ を電極電位(electrode potential)という．

電極が溶液中の酸化還元対と酸化還元平衡にあるとき〔前節(2)の場合〕，$E = -\varepsilon_f/e = -\varepsilon_{redox}/e$ である．よって，式(6.6)の両辺を $-e$ で除した式は，

$$E = E° + \frac{RT}{nF} \ln \frac{[\text{Ox}]^p}{[\text{Red}]^q} \tag{6.9}$$

となる．これがネルンスト式である．気体定数 $R$ は，ボルツマン定数 $k$ にアボガドロ数 $N_A$ を乗じた値であり，$kT/e = RT/F$ となる．$F = eN_A = 9.64853 \times 10^4$ C mol$^{-1}$ をファラデー定数(Faraday constant)といい，電子1 mol 当たりの電荷量の絶対値である．また，$E° = -\varepsilon°_{redox}/e$ である．ネルンスト式の導出は 6.8 節で述べる．式(6.9)は，酸化体，還元体とも活量係数が1のときの式であり，そのように置けないときには，$E°$ の代わりに $E°'$ とし，それを式量電位(formal potential)という．式(6.9)を活量で書けば $E°$ のままでよく，それを標準酸化還元電位(standard potential)とよぶ．

電極電位に値を与えるときには，何を基準にしたかを明示しなければならない．次のように基準を取ることが国際的に決められている．清浄できわめて表面積の大きな多結晶の白金(Pt)を電極とし，酸化還元対が，1 bar の $H_2$(気体)と活量1の $H^+$ であるときに，25 ℃において Pt 電極が示す「酸化還元平衡にあるときの電極電位」を 0.000 V と定める．この電極構成を標準水素電極とよぶ．標準水素電

---

**コラム**　$\varepsilon°_{redox}$ の絶対値は実測できるのか？

量子論で，シュレーディンガー方程式を解いて固有値としてのエネルギーを求めることを習った．このときのエネルギーの基準は，ハミルトニアンをつくるときのポテンシャル項のエネルギー基準と同じである．電子の場合，真空・無限遠にある電子の状態を基準（ポテンシャルエネルギーがゼロ）にする．真空・無限遠とは，対象となる系が，真空以外の何ものとも相互作用がない状態をいう．

よって，もし「真空・無限遠」に電子がある状態に電圧計の端子をとって平衡状態にすれば，$\varepsilon°_{redox}$ の値を実測できることになる．しかし，このことは実際には不可能である．端子を差し込んだとき，そこはもはや真空ではなくなる．したがって，$\varepsilon°_{redox}$ のエネルギーは定義できるが，絶対値を直接に実測することはできない．しかし推算はできる．$H_2/H^+$ 対の $\varepsilon°_{redox}$ は，上記の基準で $-4.5$ eV とされている．

極の英語表記は standard hydrogen electrode であり，三つの単語の頭文字をとって SHE とよぶ．また，温度を25℃に限らなければ，いちいち温度をことわったうえで NHE とよぶ（NHE は normal hydrogen electrode の三つの単語の頭文字による表現である）．

言い換えると，酸化還元平衡にあるときには $-\varepsilon_{redox}/e = -\varepsilon_f/e = E$ であるから，式(6.6)あるいは(6.9)から，この分圧，活量，温度において $H_2/H^+$ 対と平衡にある白金電極が示す $E$ 値は，上記と同じ基準で 0.000 V である．式(6.6)あるいは(6.9)の $[Ox]^p/[Red]^q$ は，このとき，活量1の二乗を分圧1 bar で割った値となるので，割り算の結果を1とすると，そのときの $H_2/H^+$ 対の $\varepsilon°_{redox}$ を，同じ基準で電位に換算した式(6.9)の $E°$（$H_2/H^+$ 対の標準酸化還元電位）もまた 0.000 V であるということである．

結局，電極電位も酸化還元電位も，SHE または NHE を基準にして表現することになっていることがわかった．なお，電極電位を，基準となる電極の電位に対して実測する方法は，6.5節で詳述する．しかし，ここで疑問が生じるであろう：$\varepsilon°_{redox}$ のエネルギーの絶対値を明示できないのであろうか？ 興味ある読者はコラムを参照されたい．

## 6.5 酸化還元平衡にあるときの電極電位の実測

酸化還元対を一つ含む 1 mol dm$^{-3}$ HCl 水溶液中に金電極を浸漬した状況を考える．酸化還元対をヘキサシアノ鉄（シアン化鉄）イオンとし，Fe(Ⅲ)，Fe(Ⅱ)両種が共存するものとする．つまり，酸化還元対は，$[Fe(CN)_6]^{4-}/[Fe(CN)_6]^{3-}$ である．この対の $E°'$ は測定されており，1 mol dm$^{-3}$ HCl 水溶液中で 0.71 V vs. NHE (25℃) である．"vs. NHE" という書き方を用いたが，vs. は英単語 versus の略であり，"vs. NHE" で「NHE の電位を基準にして」という意味をもつ．なお，HCl 溶液とした意味は，$E°'$ が，共存する電解質とその濃度に依存するからだけでない．それ自身が $E°'$ 付近で酸化還元活性をもたないこの電解質は，支持電解質として，電気化学測定において重要な役割を果たす (6.10節参照)．

さて，$[Fe(CN)_6]^{4-}$ と $[Fe(CN)_6]^{3-}$ の濃度比を，電極電位を実測することによって知るにはどうすればよいか．ここまで述べてきたことをよく理解して応用すれば答えられるので，少し考えてみてから次に進んでほしい．

はじめ，金電極は外部回路から切り離しておく．すると Au/$[Fe(CN)_6]^{4-}$ + $[Fe(CN)_6]^{3-}$ の系[*5] は自発的に平衡に達する．金電極には電流が流れないからである．つまり，$\varepsilon_f = \varepsilon_{redox}$ であり，式(6.9)が成り立つ状態である．そこで，金電極に電流が流れない状況を保ちながら，NHE との電位差を測定すれば，$E = -\varepsilon_{redox}/e$ が得られることになる．そのための外部回路は，金電極と NHE の白金電極それぞれからの導線を，内部抵抗が無限大である電圧計の二つの端子につなげて構成すればよい．電圧計は，二つの端子の間の電位差を計測する仕組みである．内部抵抗が無限大であれば，電流が外部回路に流れないようにできる．

高校の物理の初歩で習ったように，電圧計が電位差を与えるためには，回路は

*5 ここで用いたスラッシュ「/」は，異なる相（ここでは金属相と液体相）が直接接触した境界があることを意味する．このような境界を界面 (interface) とよぶ．界面は数学的な面ではなく，接触によって単独相バルクから状態が変化した領域の厚みをもつ．

閉じていなければならない．つまり，電圧計とつないだ状態で，電圧計を含む回路全体はループをなしていなければならない．ループをなすには，金電極とNHEが同じ溶液中に浸されていればよい．

ここで問題が生じる．同一の溶液にAu電極とNHEを浸すということは，Au電極の周囲だけにあってほしい$[Fe(CN)_6]^{4-}$ + $[Fe(CN)_6]^{3-}$と，NHEを構成するPt電極の周囲だけにあってほしい$H_2$ + $H^+$とが混合してしまう．これではAu電極，Pt電極双方の電位が変化してしまう．

そこで，図6.4のような仕組みにする．破線で表した隔壁で，$[Fe(CN)_6]^{4-}$ + $[Fe(CN)_6]^{3-}$溶液と$H_2$ + $H^+$溶液とを分けた．この隔壁は，二つの溶液が混合しないようにすると同時に，二つの溶液間にイオン移動によって電流が流れることは妨げず，かつ，二つの溶液間に内部電位差を形成しないものである．「内部電位差を形成しない」が意味することは，隔壁の左側と右側に同じイオン種があったとして，それらの感じる電位を，真空・無限遠を基準にして定義して内部電位とよんだとき，両者(左右)で内部電位が等しい，ということである．言い換えると，「液間電位差を生じない」ということになる．隔壁は，素焼きの多孔質板でもよいが，「液間電位差を生じない」ためには，1:1電解質のカチオンとアニオンの輸率[*6]が溶液中で等しくなるような塩(KClなど)を溶かし込んで固めた寒天を用いるとよい．この寒天をガラス管に詰めて二つの溶液を橋渡しした仕組みは，塩橋(salt bridge)の一種である．

こうすると，図6.4に示すようにNHEも平衡系であるので，左側の金電極と右側の白金電極の間の電位差を電圧計で読むことができ，金電極の電位から白金電極の電位を差し引いた電位差は，$[Fe(CN)_6]^{4-}/[Fe(CN)_6]^{3-}$濃度比とこの酸化還元対の式量電位とによって決まる平衡状態での$E$を，NHEを構成する白金電極の平衡電位$E_{NHE}$(= 0.000 V)基準で表した値にほかならない．よって，最後に式(6.9)を用いれば，濃度比を求めることができる．図6.4に示した全体を，次式のように書く．

*6 輸率とは，溶液中のイオン移動による電流をカチオンとアニオンが担うとき，両者の寄与の割合を，全体を1として示した数値である．物理化学の教科書を参照のこと．

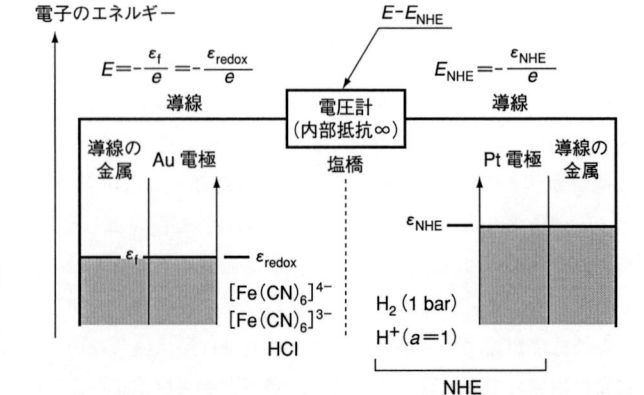

**図6.4 酸化還元平衡にあるときの電極電位を測定するための構成**
左右いずれの電極も溶液と酸化還元平衡にあり，電圧計では左右の平衡電位の差：$E - E_{NHE}$を測定できる．

$$\text{Au} \left| \begin{array}{l} [\text{Fe(CN)}_6]^{3-} \\ [\text{Fe(CN)}_6]^{4-} \\ \text{HCl}(1\text{ mol dm}^{-3}) \end{array} \right\| \begin{array}{l} \text{H}_2(1\text{ bar}) \\ \text{H}^+(a = 1) \end{array} \right| \text{Pt} \qquad (6.10)$$

二重スラッシュ「//」は，液間電位差がゼロの液絡があることを示しており，この記号がでてきたら，そこには塩橋があることをイメージすればよい．また，全体の系が「//」で分けられるとき，それぞれの部分系〔式(6.10)では，「//」より左の系と右の系〕を具体的に構成する領域をコンパートメントという．

ここで述べたような測定を，さまざまな酸化還元対に対して行えば，$E^{o\prime}$のデータリストをつくることができる．このデータリストを活量換算した結果が標準酸化還元電位の表であって，実際に，巻末の付録3にある．

## 6.6　電位規制による反応の制御

前節で説明した酸化還元平衡にあるときの電極電位（以下，単に平衡電位という）の測定では，被測定系の電極と基準となる電極の，計二つの電極があれば十分であった．基準となる電極を，参照極(reference electrode)とよぶ．図6.4の例では，NHEが参照極であった．

本節では，外部回路を用いて，積極的に被測定系（図6.4の左側の電極系）の電極電位を平衡電位から動かす制御法を考える．平衡からずらすのだから，少なくとも被測定系は非平衡となり，反応による電流が流れる．

$\varepsilon_f < \varepsilon_{\text{redox}}$にするには，電極電位（電極電位は，$\varepsilon_f$を$e$で割ってマイナスを付けた値となることを再確認のこと）を平衡電位よりも大きな値にすればよい．図6.3の(1)の場合であり，アノード電流が流れる．$\varepsilon_f > \varepsilon_{\text{redox}}$にするには，電極電位を平衡電位よりも小さな値にすればよい．図6.3の(3)の場合であり，カソード電流が流れる．電位の値を大きくすることを，より正確には「電位をよりポジティブにする」といい，逆に小さくすることを「電位をよりネガティブにする」という．また，このような電位の制御を電位規制という．

さて，図6.4の構成で，電極電位を平衡電位からずらすだけなら簡単である．電圧計を電源に入れ替えればよい．電源は，二つの端子の間に電位差を発生させる機能をもつ．実際に，図6.4で，電源を働かせることを想像してみよう．金電極にアノード電流を流すには，金電極の電位が，平衡電位よりもポジティブになればよい．このときの正味の反応は，

$$[\text{Fe(CN)}_6]^{4-} \longrightarrow [\text{Fe(CN)}_6]^{3-} + e^-(\text{Au}) \qquad (6.11)$$

である．キルヒホッフの法則より，電流が閉じた一つのループ回路を流れるとき，ループのいたるところ流れる電流は同じ値である．よって，金電極で流れたアノード電流と同じ大きさのカソード電流が，NHEを構成する白金電極で流れることになる．

ここで大きな問題が生じる．この電流が大きいと，NHEは電位の基準として

の役割を失う．なぜならば，NHE にカソード電流が流れるということは，式 (6.8) の反応 $[2e^-(Eld) + 2H^+ \longrightarrow H_2]$ が正味，進行するということである．白金電極の表面近傍では，$[H^+]$ が減少し，$H_2$ 分圧 $p(H_2)$ が上昇する．よって，式 (6.9) からわかるように，濃度比の項で，$[Ox]$ が減少し，$[Red]$ が増えることになるから，白金電極の電位は，$H_2(1\,bar)$，$H^+(a=1)$ のときに比べてネガティブに動く．したがって，この状況では，図 6.4 の右側の電極系はすでに NHE 参照極ではなくなってしまっているということを物語っているのである．同時に，金電極の電位は，正確な基準に対してどこにあるのか測定できなくなってしまう．

　以上のことより，電極電位を正確に把握しつつ規制し，平衡系からずらして反応を起こすには，参照極が平衡を保つように，参照極には電流を流さないようにする工夫が必須である．二つの電極ではそれを達成するのは不可能である．なぜなら，電位の基準として平衡を保ちながら，金電極で流れたのと同じ大きさの電流を受けもつという二役を，参照極は両立できない．

　そこで工夫として，電流を受けもつだけの役割をする第三の電極を登場させる．金電極はつねに，内部抵抗が無限大の電圧計を介して参照極とつないでおく．そうすれば，電流が参照極には流れないので，金電極の電位を動くことのない正しい参照極電位を基準としてモニターできる．一方，金電極と同じコンパートメント内に，第三の電極として白金電極を入れる．そして，金電極に流れた電流は，第三の電極を通じて流れるようにし，金電極と第三の電極をつなぐ外部回路には，電源に直列に電流計を入れる．

　この状況を，図 6.5 に示した．電極が計三つ登場したので，三極式構成 (three electrode configuration) とよぶ．被測定系である金電極を作用極 (working electrode)，第三の電極 (ここでは白金とした) を対極 (counter electrode) とよぶ．対極の役割は，作用極での電流をこなすことだけであり，作用極と同じコンパートメント内にあっても十分に離しておけば，対極が電流を担うためにその表面で

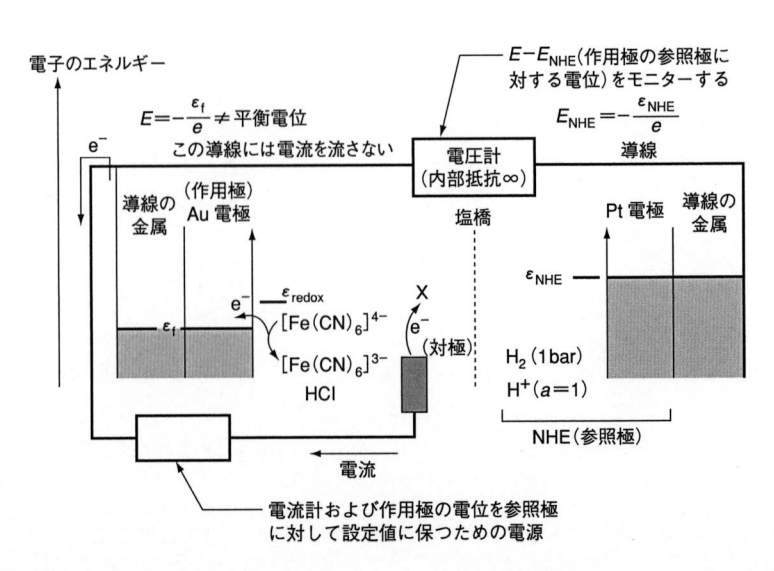

**図 6.5　電極電位を平衡電位から積極的にずらす (非平衡にする) ための構成**
参照極の電位を基準として正確に電位制御し，同時に電流を測定するための構成である．X は対極と電子授受する分子．

どのような反応を起こしているかに関しては，一切，気にする必要はない．ただし，対極近傍の溶液組成が反応により極端に変化すると作用極への影響がありうるのと，さまざまな測定において対極の抵抗が無視できるほど小さいことが好ましいので，対極は腐食したりしない金属またはカーボンなどでつくり，その表面積は，作用極のそれよりも 100 倍以上大きくしておくのがよい．

以上をまとめると，作用極の電位を，平衡電位からずらした一定電位に保ち，流れる電流を測定するには，図 6.5 に示した構成を用いればよく，測定者は具体的に次のような操作をする．作用極と対極の間に適当な電位差を与えて，作用極が，参照極に対して，設定したい電位となるようにする．つまり，作用極と参照極の間につないだ電圧計の針の振れが設定したい値を保つように，つねに，作用極と対極の間に適当な電位差を与えるための電源ダイヤルを制御し続ければよいのである．図 6.6 に示したとおりである．なお，このとき，作用極と対極の間にかけられた電位差は，電気化学測定においては知る必要はない．必要なのは，あくまでも，作用極の参照極に対する電位と，作用極に流れた電流との関係である．

あなたが測定者になった場合，図 6.6 に示した「電源ダイヤルを制御し続ける」作業を，こなすことができるだろうか．一瞬も電圧計を見つめる目とダイヤルを握る指を離せない．わずかでも電圧計の針がずれたら，ただちにそれを元に戻すようにダイヤルを回転させなければならない．ダイヤルの回し方の手加減も難しく，到底，人間業ではない．これでは化学分析にならない．

そこで，この測定者がする作業を，一台の計測機器に精確・機敏に行わせるこ

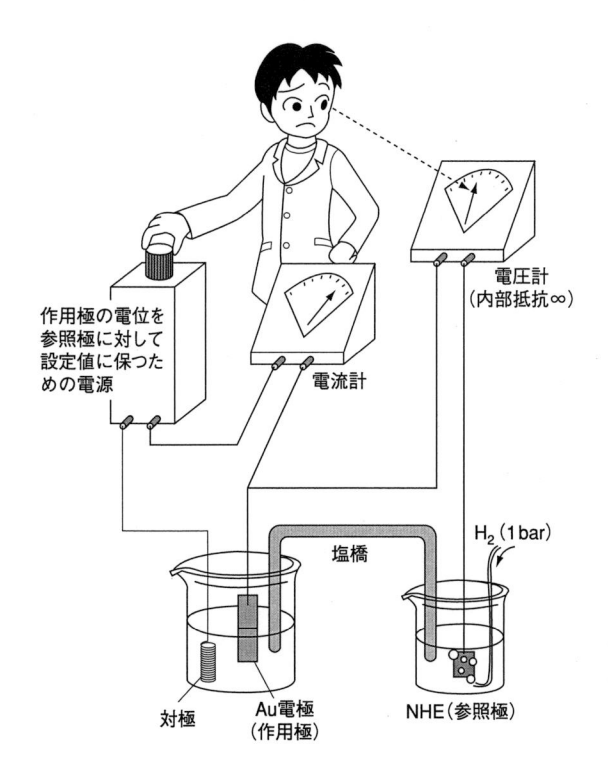

**図 6.6 作用極の電極電位を制御して流れる電流を測定するための実際の実験系**
測定者が，三極系を用いて制御しようとしている様子を絵で示してある．原理としては正しいが，このような操作は現実にはとても人間業ではなく，「分析」とはいえない．

とが必要である．実際にそのような役割を果たす計測機器をポテンシオスタット(potentiostat)とよぶ(コラムを参照)．

## 6.7 電極を用いる電気化学分析の特徴

電極を用いる電気化学分析の特徴を，溶液中(均一系)での酸化還元反応分析(第5章)と比較しつつ，きちんと記述しておこう．

均一系中で起こる酸化還元反応の $\Delta G$ を大きく変化させるには，酸化体または還元体の濃度を極端に変えるか，あるいは用いる化学種そのものをほかのものに代える必要がある．$\Delta G$ は，実存する化学種によって限定され，自由に変化させることは困難である．これに対して，電極系では，ポテンシオスタットの精度(通常，1 mV の精度での制御は容易)で，広い範囲で連続的に電極電位を平衡電位から変えることができるため，一つの分子について連続的広範囲に $\Delta G$ を変化させることができる．この点が，電極を用いる電気化学分析の最も重要な特徴の一つである．また，電極電位の変え方(たとえば，どのような時間の関数として動かすか)も任意である．

次に，溶液中における酸化還元反応による化学種の濃度変化を連続的に追跡することを考えてみる．つまり均一系での酸化還元反応の速度の測定である．典型的な方法は，時刻ゼロで，酸化体の溶液と還元体の溶液とを完全混合させ，その後の濃度変化を光吸収スペクトルなどで追跡するものである(ストップトフロー法)．この場合，濃度と光吸収強度との間の検量線をあらかじめ求めておく必要がある．一方，電極上で，$1.00 \times 10^{-5}$ mol の物質量の酸化体が，二電子還元反応を経てすべて還元体に変換される，という過程が 1.00 s の間に起こったとする．移動した電子は $2.00 \times 10^{-5}$ mol である．問題としている 1.00 s の間の平均的な電流値は，$(2.00 \times 10^{-5}$ mol s$^{-1}) \times F$ の計算により，$1.93$ C s$^{-1}$ となる．1 C s$^{-1}$ = 1 A だから，1.93 A となる．逆に，電流値と二電子反応だとわかっていれば，この一秒間での平均的な反応速度が $1.00 \times 10^{-5}$ mol s$^{-1}$ であったと求められる．このように，電極系では，電子授受反応のみによって電流が流れるとき，電流が酸化還元反応速度を直接に表している．

また，ここで大切なのは，ファラデー定数はその名のとおり定数なので，検量線を必要とせずに絶対量としての反応量を電流の時間積分(つまり電荷量)から決

---

**コラム　ポテンシオスタットは自作も可能**

任意の定電位で電位規制できるポテンシオスタットは，電気電子工学科の学生の友人に助けてもらえば，電気屋で買い集めた素子(オペアンプなど)や部品を用いて数万円程度もあれば満足な性能のものがつくれるだろう．15年ほど前までは，多くの大学の学部3年生くらいの学生実験(分析化学実験など)で，ポテンシオスタットの自作がテーマの一部になっていた．機器分析に必要な十分な精度の装置も，値段は高くなるが，いろいろなものが市販されている．

定できることである．これが，高校で習ったいわゆる電気分解におけるファラデーの法則である．

以上をコンパクトにまとめよう．電極を用いる電気化学分析の特徴は，以下のとおりである．

(1) 電極系では，酸化還元反応の $\Delta G$ が連続可変である．
(2) 電子授受反応の速度を，電流として直接測定できる．
(3) 検量線を必要としない定量分析ができる．

(1) は熱力学的特徴，(2) は反応速度論的特徴，(3) は分析化学的特徴といわれている．

**例題 6.1** 電極上で，$Cu^{2+} + 2e^- \longrightarrow Cu^0$ という反応を起こしたところ，金属銅の析出により，電極の重量が1時間で 0.318 g 増加した．この1時間の間には一定の値の電流が流れていたとして，電流値，反応速度，流れた電荷量を求めよ．ただし，電流はすべてこの反応のみによって流れたものとする．

**解** Cu の原子量 63.55 より，析出量は $5.00 \times 10^{-3}$ mol. 1 時間に流れた電荷量は $2 \times 5.00 \times 10^{-3}$ mol $\times F = 965$ C，平均電流はこれを $60^2$ s で割って 0.268 A である．$n = 2$ の反応であることに注意．また析出量を $60^2$ s で割って，反応速度は $1.39 \times 10^{-6}$ mol s$^{-1}$ と求められる．

この例題のように，流れた電荷量から反応した物質量を決める分析方法を，電解定量分析(電気量分析)という．

## 6.8　電極系における電気化学平衡

ここまでの記述の中では，6.3 節で式 (6.6) として，電気化学平衡の基礎式であるネルンスト式を用い，6.4 節で式 (6.9) として説明した．

ネルンスト式の導出は次のように行う．$p\text{Ox} + ne^-(\text{Eld}) = q\text{Red}$ の平衡条件を，電気化学ポテンシャルの釣り合いで表す．電気化学ポテンシャルとは，化学ポテンシャルと静電ポテンシャルの和である．後者は，電荷をもっている化学種

---

**コラム　　電気化学ポテンシャルを用いたネルンスト式の導入**

電気化学ポテンシャルを $\tilde{\mu}$ で表すと，釣り合いの等式は $p\tilde{\mu}_{\text{Ox}} + n\tilde{\mu}_e = q\tilde{\mu}_{\text{Red}}$ である(添え字 e を付けた項は電極中の電子の電気化学ポテンシャル)．電気化学ポテンシャルを用いた実際の導出過程は他書でしっかりと学んでほしい．ただし，日本の大学で使われている多くの物理化学の教科書では，電池反応のギブズエネルギー変化からネルンスト式を導いているが，式の根拠が曖昧に書かれている例が多く，混乱を生む可能性がおおいにある．はじめてネルンスト式を習うときには是非，電気化学ポテンシャルを用いて導いてほしい．

(イオンあるいは電子)の，真空・無限遠にある状態とのエネルギー差，すなわち電荷と内部電位の積で表される．釣り合いの等式から，電極相と溶液相の間の内部電位の差を求め，それを参照極基準の電位の形で書き直した式がネルンスト式である．コラムも参考にしてほしい．

さて，ネルンスト式の，きわめて重要な変形バージョンでの表し方を例題で示す．

---

**例題 6.2** $f(E) = [\text{Red}]/([\text{Red}] + [\text{Ox}])$ で $f(E)$ を定義する．$f(E)$ の意味は，電位 $E$ の電極と，Red と Ox を含む溶液全体とが酸化還元平衡(ただし，$p = q = 1$ とする)にあるときに，酸化還元対の合計量のうち，どのくらいの割合が還元体でいるか(つまり電子に占有されているか)を，電位 $E$ の関数として示したものである．$f(E)$ の表式を求めたうえで，$n = 1$，$T = 298\,\text{K}$ として，図示せよ．

**解** $f(E)^{-1} = 1 + ([\text{Ox}]/[\text{Red}])$ であるので，ネルンスト式を変形して求めた $[\text{Ox}]/[\text{Red}]$ をこれに代入し，最後に逆数を求めて整理すれば，式(6.12)のように $f(E)$ が得られ，題意の図示を行った結果は図 6.7 のようになる．

$$f(E) = \frac{1}{1 + \exp\left[\dfrac{nF}{RT}(E - E^{\circ\prime})\right]} \tag{6.12}$$

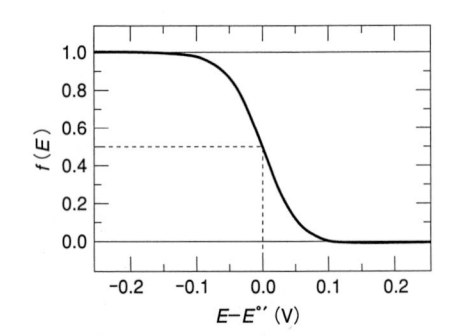

**図 6.7 例題 2 の解答の図示**
一電子反応 ($n = 1$)，温度 298 K のときの，$f(E)$ の曲線を示してある．

---

$f(E)$ の曲線の形，およびこの曲線を $E$ で微分した形(章末問題 6.5)は，電気化学測定結果を記述する際に頻出するので，重要である．図 6.7 の曲線から，次のことをただちに見て取れる．$E \gg E^{\circ\prime}$ では，ほとんど酸化体のみが存在するのに対し，$E \ll E^{\circ\prime}$ では，ほとんど還元体のみが存在する．$E = E^{\circ\prime}$ のとき，酸化体と還元体の濃度は等しい．この曲線の下側を還元体，上側を酸化体に塗り分ければ，平衡状態での電位と酸化体-還元体の割合の関係が一目瞭然である．さらに，$f(E)$ を 0.1 から 0.9 にするまでに $E$ がどれだけ変化すればよいかを求めると，式(6.12)から $E^{\circ\prime} \pm 57\,\text{mV}$ となる．この電位区間幅 114 mV は，$RT/F$ の値($T = 298.15\,\text{K}$ のとき $25.69\,\text{mV}^{*7}$) の 4.4 倍程度であることもつかんでおこう．

*7 この値は，物理化学で最も重要な意味のある値の一つ $kT$ を電位スケールで表した値にほかならない．$kT$ の意味は，物理化学の教科書でよく把握しておきたい．この把握は，物理化学全体の理解のポイントでもある．

## 6.9 電気化学窓

6.7節で述べた特徴(1)に関連して,媒体(溶媒)が水であるときの,分析化学的に意味のある$E$の可変範囲を検討しておこう.水に溶けた微量のイオンを電気化学的に分析したい.作用極として白金を用い,溶液のpHを0とする.結論からさきに書くと,この場合,分析対象分子の酸化還元電位が,NHE基準で(原理的には)$0.00\,\text{V} < E < 1.23\,\text{V}$の範囲にあれば,電気化学分析ができる(白金電極は表面の酸化還元や$H^+$吸着などを起こすが,ここではこれらは分析に影響を与えないものとする).

さて,この両端を制限する二つの電位は何を意味するのであろうか.実は,溶媒である水自身も,電気化学反応活性なのである.$H_2/H^+$対の$E°$は,NHEの平衡電位と同じである.よって,$0.00\,\text{V}$よりネガティブな電位領域では,水素ガスの発生が起こり,きわめて大きな電流が流れる.溶媒自身の還元反応にほかならない.希薄水溶液中の水の濃度が$55.5\,\text{mol}\,\text{dm}^{-3}$であることを思いだそう.$1.23\,\text{V}$の制限は,これよりポジティブな電位では酸素が発生し,それに対応する大きなアノード電流が流れることによる.

結論として,微量な分析対象分子の電気化学反応を測定できるようにするには,溶媒の反応に邪魔されずに反応を見渡せる電位の窓(上述の場合には$0.00\,\text{V} < E < 1.23\,\text{V}$の電位範囲)に分子の酸化還元電位が入ることが必要である.この電位範囲を,電気化学窓(electrochemical window)という(後出の図6.10 cも参照).水溶液系での両端の電位はpHに依存し,pHが1だけ高くなるごとに,25℃では,約$59\,\text{mV}\,\text{pH}^{-1}$でネガティブ方向へシフトする(この説明は省くが,電気化学ポテンシャルを用いてネルンスト式を導いた者はただちに理解できることであり,章末問題6.3で確かめてほしい).

上のpH = 0の例で,電気化学窓のネガティブ側が$0.00\,\text{V}$で制限されてしまうのは分析の上で問題である.少なからぬ金属で,それが酸化されて生じる金属カチオンとの酸化還元対の$E°$は,$H_2/H^+$対の$E°$よりもネガティブだからである.それら金属カチオンの還元反応も測定対象にするためにはどうしたらよいのだろうか.実は,電気化学窓の端の電位値は,電極材料によっても決まる.水銀(Hg)

---

### コラム　　Hg電極の電気化学窓

Hg電極表面上での$H^+$の還元反応が遅いのは,Hg表面に$H^+$がきわめて還元吸着しにくいことに由来する.逆に,$H^+$が最も吸着しやすいのはPt電極表面であり,熱力学的な$E°'$近くから水素発生が起こりだす.このように,電極表面は,用いる物質に依存して異なる触媒活性をもっているといえる.この事実は,燃料電池の設計などでの要点になる.詳細は触媒化学で学んでほしい.逆に,水銀電極の電気化学窓のポジティブ側端は$0.8\,\text{V}$ vs. NHE程度までである.水銀自身の酸化反応が起こりはじめるからである.このポジティブ側端は,ハロゲンイオン存在下やアルカリ性水溶液中では$0.2\,\text{V}$付近となり,電気化学窓は狭くなる.

を作用極に用いれば，電気化学窓のネガティブ側端は一気に $-1.6$ V vs. NHE よりネガティブな電位まで広がる．これにより，アルカリ金属以外のほとんどの金属イオンの電気化学分析が水中で可能になる（付録3の表を見て確認されたい）．なぜここまでネガティブ側に広がるのかというと，水銀電極上での $H^+$ の還元反応の速度が，$E > -1.6$ V vs. NHE ではきわめて遅く，分析化学的には無視できるからである（コラム参照）．

## 6.10　支持電解質

もしも高校までに習った電気化学で，「アニオンはアノードに引きつけられて酸化し，カチオンはカソードに引きつけられて還元する」と理解していたとしたら，それは完全な誤りである．この場でただちにその考えを捨てなければならない．6.6節ですでに見てきたように，アニオンである $[Fe(CN)_6]^{3-}$ もカソードで還元されて $[Fe(CN)_6]^{4-}$ に化学変化する．

6.6節で，二つの電極と溶液を含むループ回路のいたるところに，同じ電流が流れることを確認した．ここでおそらく疑問が生じるであろう．何が溶液中で電流を担っているのだろうか．

純水の抵抗は，断面積 1 cm$^2$ で長さが 1 cm の電流経路で $18.3 \times 10^6$ Ω であり，ほとんど絶縁体である．これに微量の $[Fe(CN)_6]^{4-}/[Fe(CN)_6]^{3-}$ 対が溶解した中性の溶液では，抵抗値は下がる（加えたイオンが電荷を運び，電流を担うことはできるから）が，水溶液が伝導体となるほどの低下ではない．このような系に二つの電極を入れて電位差を与え，強制的に電流を流したときには，$[Fe(CN)_6]^{4-}$ と $[Fe(CN)_6]^{3-}$ および塩として溶解したときに加わった対カチオン（たとえば $K^+$）のみが，電流の担い手となる．すると，溶液の抵抗は大きいから，溶液の中に電場が生じ，それに従ってイオンが移動することになる．このように液体やゲル中のイオンが，その媒体中にできた電場を駆動力として移動するイオン移動の過程を電気泳動という．

確かに電気泳動によって溶液が電流を担うことはできるが，困ったことが起こる．一つは，酸化還元活性種が中性分子の場合，担い手がない（あったとしても，中性の水中では濃度が $10^{-7}$ mol dm$^{-3}$ の $H^+$ と $OH^-$ だけであり，これらの電気泳動は溶液中に pH 勾配を生むことになってしまう）．また，反応種が電気泳動すれば，それらの濃度分布が電流によって変化する．また，そもそも図6.5が成り立たない．大きな抵抗のある溶液を電流が流れると，オームの法則に従って，電流に抵抗値を乗じただけの電位差（オーミックドロップ）が生じてしまい，作用極と参照極とで電位の基準が異なってしまうのである（正確にいうと，それぞれの電極の近傍にあるイオンが感じる真空・無限遠を基準とした電位が異なることになる）．つまり，作用極と参照極の電位差が，設定したい値から，オーミックドロップ分だけずれてしまうのである．

酸化還元不活性で，大量に溶液中に溶かすことができ，電流の担い手の役目を引き受けられる電解質を溶かしておくことによって，上記の問題を回避できる．

この目的のために加えられる電解質のことを支持電解質(supporting electrolyte)とよぶ．6.5 節で $1\,\mathrm{mol\,dm^{-3}}$ の HCl を加えたのはこのためでもあった．なお，イオンがどのように電流を担うのかを定量的に記述する方法は他書で学んでほしい．電場による水中のイオン移動は，電気化学分析が扱う主要な対象の一つである．測定には電気伝導計を用いる．

## 6.11 ポーラログラフィー

6.9 節で，水銀電極の有用性に触れた．電気化学窓のネガティブ側への大きな拡張である．水銀は常温で液体であるため，さらに次のような利点ももっている．まず，電気化学分析のためには電極が清浄であることが必須であるが，水銀は簡単に蒸留することができ[*8]，高純度化できる(99.9999 % の純度達成は，大学の研究室なら十分可能である)．また，液体であるため電極としての取扱いや端子の取り方が難しいと思われるが，実際はそんなことはなく，図 6.8 のように，キャピラリーを通して水溶液中に自然に重力で押しだされるようにして用いることができる．水銀滴が重くなって耐えられなくなると，切れて落下するが，すぐ新しい水銀滴が育ってくる．電極反応によって電極表面が汚染されたとき，固体電極であれば一度取りだしで清浄化する作業が必要になることがほとんどであるのに対し，水銀は清浄な電極表面がつねに自動更新される．電極の表面積が時間変化するが，6.9 節およびここで述べたように，水銀は電気化学分析にとってきわめて有用な電極である．表面積の時間変化を計算または実測することは可能で，時間変化まで含めた定量的な電流の扱いもすでに確立している．

ここで述べた水銀が滴下する電極を，滴下水銀電極(dropping mercury electrode ; DME)とよび，これを用いた電流と電位の関係の測定法をまとめて，ポーラログラフィー(polarography)とよぶ．ポーラログラフィーは 1920 年代に，チェコスロバキア(当時)でヘイロフスキー(Heyrovsky)と志方によって発明され，このうち前者はこの業績によりノーベル化学賞(1959 年)を受賞した．

## 6.12 電極反応の律速過程

電極表面で起こる電子授受の反応(電極反応)の速さが電流として直接測定できることを 6.7 節で学んだ．ここでは，電子授受反応の速さが何によって支配され

[*8] 水銀の気体はきわめて猛毒である．水銀の扱いは，法令を遵守し，経験のある実験指導者の監督のもとで慎重を期す．

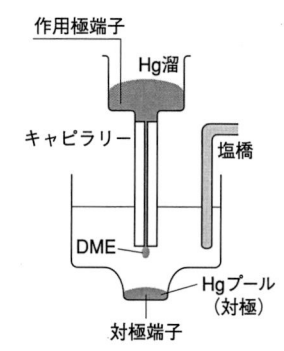

**図 6.8 DME を用いた電極系の実際**
塩橋の途中から右側(参照極側のコンパートメント)は省略した．滴下した水銀が溜まってできた Hg プールはそのまま対極として用いることができる．本図は，ポーラログラフィーの基本的な測定系でもある．

るのかを考える．

　はじめ，水溶液中に反応種として$[Fe(CN)_6]^{3-}$のみがあって，これを還元するのに十分ネガティブな電極電位を突然に与えたものとする．電極電位が$E^{\circ\prime}$よりわずかにネガティブなら，ごく初期には，電極表面近傍にある$[Fe(CN)_6]^{3-}$が電極から電子を受容する還元過程（電荷移動過程とよぶ）が反応の速さを支配するであろう．しかし，電極電位が$E^{\circ\prime}$より大きくネガティブであると，電極の近傍では，$[Fe(CN)_6]^{3-}$の濃度が時間とともに小さくなっていき，電極表面での濃度がゼロになってしまう．この状況では，沖合から表面に$[Fe(CN)_6]^{3-}$がやってくればたちまち還元される．したがって反応の速さは，沖合から$[Fe(CN)_6]^{3-}$が表面に移動してくる流束に比例することになる．ここで，流束とは，単位時間当たり単位断面積をとおって運ばれる物質量である．反応が進むと，濃度勾配が，電極表面から沖合に向かって成長していく．濃度勾配を駆動力として物質が移動する過程を拡散（diffusion）とよぶ．

　電荷移動過程と物質移動（ここでは拡散）過程は直列に起こる過程であるので，どちらか遅いほうが律速段階となり，反応速度すなわち電流を支配する．電荷移動過程がきわめて速い場合には，いつでも物質移動が追いつかない状態にあるので，物質移動律速（あるいは拡散律速という）になる．一方，電荷移動過程がきわめて遅く，物質移動過程によって電極表面での濃度が一定に保たれるならば，電荷移動律速となる．

　よって，電流を測ることにより，拡散律速の場合には反応種の拡散係数（拡散の速さを表す定数であり，種と媒体で決まる）を求めることができ，電荷移動律速の場合には，表面近傍の反応種と電極との間の電子移動の速さを直接測定することができる．実際には，両方の過程が絡み合って速度が決まる場合も多い．その場合には，反応速度のモデルに基づいたデータの解析が必要になる．

　詳細は他書に譲るが，完全に電荷移動律速のときの電流値の電極電位依存性を表した式をバトラー・ボルマー（Butler–Volmer）の式とよぶ．この式に，動的平衡条件（速度の釣り合いの条件）を課すと，正味の電流がゼロになることから，ネルンスト式がでてくる．

　電極表面での反応種濃度がゼロになるような拡散律速の状況を限界拡散状態という．このとき，拡散層（濃度勾配が生じる領域の厚み）が一定とみなせる状態では電流が一定となり，その値を限界拡散電流という．反応種とその拡散係数が既知であれば，限界拡散電流から濃度を求めることができる．電極と測定法を工夫すれば，$10^{-9}$ mol dm$^{-3}$より小さい濃度まで測定可能である．

## 6.13　ボルタンメトリー

　これまで述べてきたことより，電極表面で起こる酸化還元反応を用いた分析を行うときには，電極電位，時間，電流（または電流を時間積分して求めた電荷量）の関係を測定するのが基本であることがわかる．このうち，電極電位を時間の関数として外部回路で規制し（もちろん三極系を用いる），電流を電位の関数として

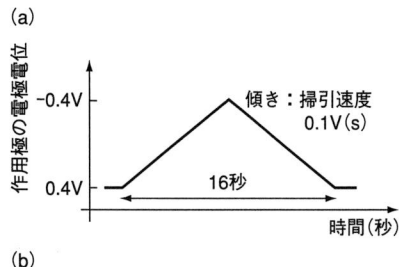

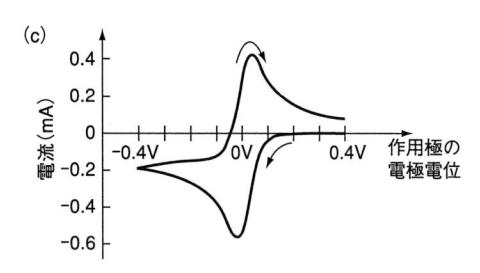

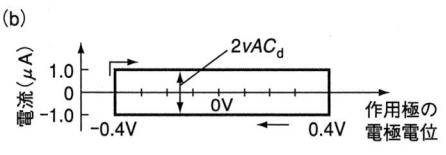

**図 6.9 サイクリックボルタンメトリーの説明図**
(a) 電位の動かし方を時間の関数として示してある．(b) 酸化還元活性種がないときに観測される二重層充電による CV 波形．示した波形は，実際に，(a) に示した電位掃引の場合に，$C_d = 10\ \mu\mathrm{F\ cm^{-2}}$，$A = 1.0\ \mathrm{cm^2}$ として理論的に計算したものである．(c) 酸化還元活性種が可逆に反応したときの CV 波形．実際に (b) で示したパラメータに加え，酸化体と還元体の拡散係数が等しく $1.0 \times 10^{-5}\ \mathrm{cm^2\ s^{-1}}$ とし，酸化体のみがはじめに $2.0 \times 10^{-3}\ \mathrm{mol\ dm^{-3}}$ あったとして，$n = 1$，$E^{o\prime} = 0.00\ \mathrm{V}$ として理論的に計算したものである．

測定する方法をボルタンメトリー（voltammetry）といい，横軸に電極電位，縦軸に電流を表示した測定結果をボルタモグラム（voltammogram）という．電流と電位軸の表示方法には二つの流儀があるが，本書では，図 6.7 と同様にポジティブな電位を右に，またアノード電流を上に取る方法に従う．

さまざまな電位制御法と電流検出法のボルタモグラムが開発されてきているが（下のコラムを参照），最も頻繁に用いられる方法はサイクリックボルタンメトリー（cyclic voltammetry；CV）である．CV における電位制御方法を時間の関数として図 6.9(a) に示す．酸化還元種がないときの CV 波形は，図 6.9(b) のように，横に寝たほぼ長方形のようになる．酸化還元活性種がないのになぜ電流が流れるのかというと，前にも少し触れたが，電極電位が変わるためには，電極相の内部電位と溶液相の内部電位との差を変化させなければならず，静電気学の基本法則によると，そのためには電極の表面電荷と溶液側のイオン分布が同時に変わらなければならない．電子が界面を横切って移動するのではなく，コンデンサーが充電する過程と同じことが起こるのである．よって，この過程で流れる電流を二重層充電電流という．二重層という意味は他書で学んでほしい．その容量を

---

**コラム　さまざまなボルタンメトリー**

直線的に電位掃引する CV のほかに，パルスをかけながら電位掃引するパルスボルタンメトリーや微分パルスボルタンメトリー，サイン波の交流をかけながら電位掃引する交流ボルタンメトリー，方形波で電位を往復させながら少しずつその往復の中心をずらしていくオスターヤング方形波ボルタンメトリーなどがよく用いられている．

$C_d$ とすると，電極表面積 $A$，掃引速度(図 6.9 a 参照)$v$ のとき，二重層充電電流の掃引方向による差(図 6.9 b 参照)は $2vAC_d$ に等しい．

溶液中に酸化還元活性種があると，二重層充電電流に加算されて酸化還元電流が観測される．実際の CV 波形の例を図 6.9(c)に示す．詳細は他書に譲るが，電気化学的に可逆[*9]であるときには，電流は拡散に律速され，CV 波形から次のような情報が得られる．(1) ピーク電流値は $v^{1/2}$ に比例し，その比例定数から，一分子当たり授受する電子数，濃度，拡散係数のうち二つが既知であればもう一つが求められる．(2) アノードピーク電位とカソードピーク電位の差から，ネルンスト式の $n$ が求められる．(3) アノードピーク電位とカソードピーク電位の中点における電位の値を，$E^{o\prime}$ と比べることにより，酸化体と還元体の拡散係数の比が求められる(この比が 1 のときには，ピーク電位の中点の値は $E^{o\prime}$ に等しい)．

なお，電気化学的に可逆でないときには電荷移動過程の速度によって波形が変化するので，その解析をすれば速度論的な情報も得られる．また，電極表面に単分子層吸着した酸化還元活性種の CV 波形(章末問題 6.5 参照)は，溶液種と明らかに異なる(たとえば，ピーク電流値は $v^{1/2}$ ではなく $v$ に比例し，ピークの面積が反応種の吸着量に対応する)ので，別の情報も得られる．

ちなみに，電極は非常に小さくでき(数十 nm の直径は可能)，針の形状にもできるので，たとえば一つの生体細胞内での CV 測定なども可能である．

## 6.14 電気化学分析に広く用いられる参照極

ここまで，参照極として NHE のみをとりあげてきたが，この電極は使いやすいとは限らないし，理想的な NHE を現実に作製することはできない．いつでも 1 bar の水素ガスが必要であるし，pH のわずかなずれも問題になる．そこで実際には，いくつか別の参照電極が用いられている．よく用いられる電極は図 6.10 (a)に示した「銀/塩化銀/飽和 KCl 参照電極」である．その構成は，「Ag/AgCl$_{固体}$/KCl(飽和濃度)//」であり，その平衡電極電位は，25℃で 197 mV vs. NHE である．

[*9] 反応が両方向に進むことを「化学的に可逆」という．それに対し，電極表面上で酸化還元反応が起こるときに，測定の時間領域内で，電極表面においてつねに電気化学平衡にある(つまり，電荷移動過程が測定にかからないほど速い)とき，その反応は「電気化学的に可逆」であるという．つまり，電極電位と電極表面での濃度 $[Ox]_{surf}$，$[Red]_{surf}$ とでネルンスト式が成り立つ場合である．

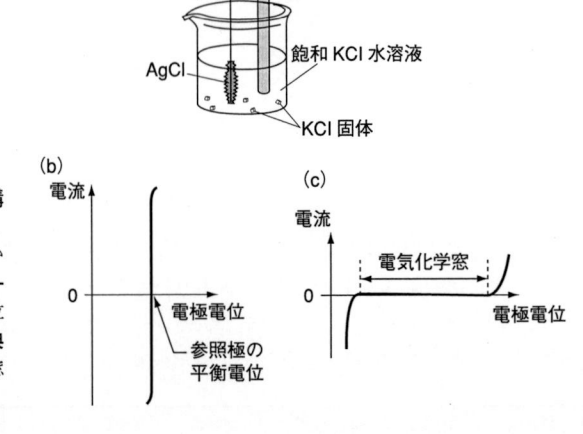

図 6.10 (a)「Ag/AgCl/ 飽和 KCl 水溶液」の構成の参照極　塩橋から先は略した．飽和溶液なので，溶液中には KCl 固相も共存していなければならないことに注意．(b) 理想非分極電極に典型的な電流-電位の関係を示す曲線　多少の電流が流れても電位が変化しないことに注目．(c) 理想分極電極に典型的な電流-電位の関係を示す曲線　電気化学窓が広いことに注目．

なお，KCl濃度が異なる銀/塩化銀参照電極もある．pHメーターのガラス電極で用いられている参照電極の多くは，銀/塩化銀参照電極である．

参照電極の大事な要件の一つは，多少電流が流れても電位が平衡電位から大きく変化しないことである．つまり，図6.10(b)のような電流-電位特性をもっていることが必要である．一方，図6.10(c)は，広い電気化学窓をもつ場合であり，電気化学分析用の作用極として適している．図6.10(b)のような特性をもつ電極を，理想非分極電極とよび，図6.10(c)のような特性をもつ電極を，理想分極電極とよぶ．

## 6.15 電極を用いる電気化学分析例

電極を用いる電気化学分析の基礎事項は，詳細を省いた点は多いものの，ここまででほぼカバーした．最近の適用例を含めて電極を用いる電気化学分析の数例を以下に概観する．

有機溶媒中の微量の水の定量分析法であるカールフィッシャー法では，電極を用いた電気化学測定が鍵となる．細胞中の微量分析では，3万個の分子があれば検出可能な微小電極を用いた測定法が確立している．一原子の先端をもつ針を固体表面まで数Åの距離に近づけて固体表面の様子を探るプローブ顕微鏡の技術が発展してきているが，この針を電極とすることもでき，その手法を電気化学プローブ顕微鏡という．また，小さな穴を微粒子が通り抜ける際に電極を流れる電流が変化することを用いて，粒子のサイズごとの粒子濃度を測定するコールターカウンターも電極を用いた電気化学分析の一つである．

## 6.16 分光法と組み合わせた電気化学計測

一部は第8および9章の先取りになるが，分光測定を絡めた電気化学測定の実例を本節で紹介する．電気化学測定をしながら，同時に電極系から分光情報を得る計測手法を分光電気化学(spectroelectrochemistry)とよぶ．溶媒中または電極自身の中を光(電磁波)が透過すればよいので，いろいろな分光法を用いることができる．以下の例は，さきに第9章を読んでから読み直してもよい．

図6.11(a)に，分光器の光路に垂直に設置された，電解液の厚みがたかだか1mm以下の薄層セルを示してある．薄層の中には，網状の金からなる作用極があり，薄層セルは光を透過する．作用極の電位を一定の値に規制すると，セルはたいへん薄いので，短時間で電極と薄層内の酸化還元対を含む溶液とは平衡に達する．その溶液組成は，透過吸収分光分析から知ることができる．

図6.11(b)は，測定結果の例である．ここではOx + e$^-$ ⇌ Redの反応において，Ox, Red両方が光吸収を示す．図のスペクトルには等吸収点(507 nm)があり，これはOxとRedの二状態の存在比が電位で制御されていることを支持している．

このデータ解析は，次の例題で説明する．

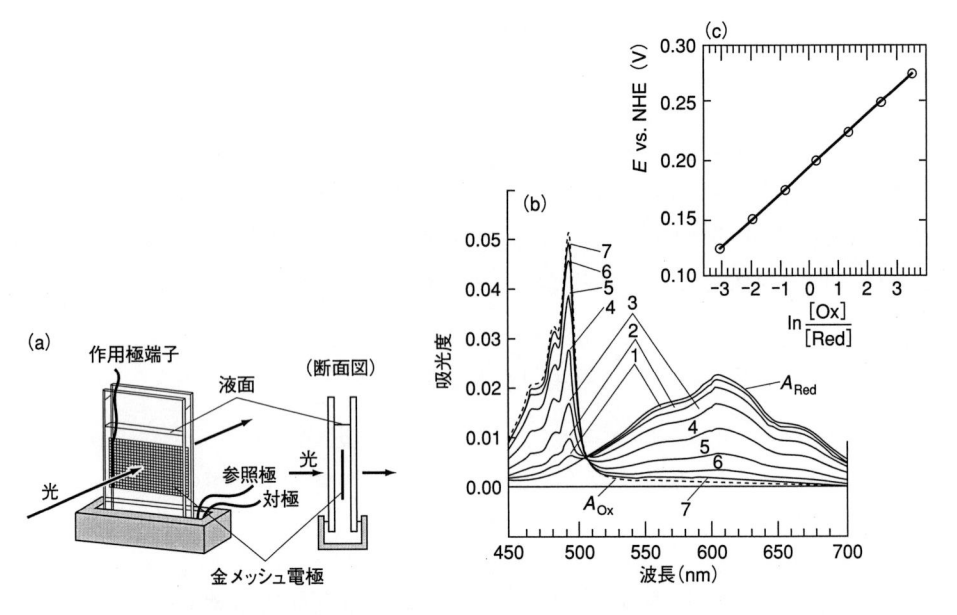

**図6.11** (a) 薄層の中で酸化還元平衡にある溶液と電極を通して，電位制御下で光吸収を測定する実験系の構成．(b) さまざまな電位で得られた吸収スペクトル　電位(NHE基準)は，(1) 0.123 V，(2) 0.149 V，(3) 0.174 V，(4) 0.200 V，(5) 0.225 V，(6) 0.251 V，(7) 0.277 V．(c) 吸収スペクトルを本文例題6.3にあるように解析した結果

**例題6.3**　図6.11(b)から，[Ox]/[Red]を求め，さらに電位と$\ln([Ox]/[Red])$の関係から$n=1$であることを確認するとともに，この酸化還元対の$E^{\circ\prime}$を求めよ．ただし，温度$T=25℃$とする．

**解**　[Ox] + [Red] = 一定であること，およびランバート-ベール(Lambert-Beer)の式(第9章参照)を用い，次のことが簡単に導ける．すべてがOxになったときの吸光度を$A_{ox}$，すべてがRedになったときの吸光度を$A_{red}$とすると，ある電位$E$で平衡状態にあるときの吸光度$A$を含む形で，等吸収点以外の波長で$[Ox]/[Red] = (A_{red} - A)/(A - A_{ox})$が成り立つ．この値の自然対数を横軸に，$E$を縦軸にとってプロットしたのが図6.11(c)であり，ネルンスト式に一致した直線となる．傾き$(RT/nF)$から$n$を求めることができ，$\ln([Ox]/[Red])$が0になる電位は$E^{\circ\prime}$に等しい．この問題では，$E^{\circ\prime} = 0.20$ Vである．

## 章末問題

**問題6.1**　式(6.12)の図示を，$n=2$，$T=298$ Kの場合で行い，$f(E)$曲線の形に，反応電子数がどのようにきくのかを視覚的に確認せよ．

**問題6.2**　(1) 1 mol dm$^{-3}$ HCl水溶液中での酸化還元対$[Fe(CN)_6]^{4-}/[Fe(CN)_6]^{3-}$の25℃における$E^{\circ\prime}$の値を，銀/塩化銀/飽和KCl参照電極の平衡電位を基準として書け．(2) この参照電極での電極反応式(平衡反応式)を書け．(3) この参照電極において$[Cl^-]$を変化させたときの25℃での平衡電位(vs. NHE)を

$\log([\text{Cl}^-]/\text{mol dm}^{-3})$ の関数として書け.ただし,活量係数は1とせよ.

**問題 6.3** 前問(3)の考え方を参考にし,6.9節で述べたように,水溶液中での電気化学窓のネガティブ側端が $59\,\text{mV}\,\text{pH}^{-1}$ でネガティブ方向にシフトする理由を説明せよ.

**問題 6.4** 本文中で述べた次の三項目について調査し,どのような仕組みと電気化学的な原理で分析あるいはセンシングが行われるのかをまとめよ.(1) グルコースオキシダーゼ(酵素)を用いたグルコースセンサー,(2) カールフィッシャー法による水分定量分析,(3) コールターカウンター

**問題 6.5** (1) $n = 1$ のときの $f(E)$ を $E$ で微分した結果の関数が,$-\dfrac{F}{RT}f(1-f)$ となることを確認せよ.(2)【発展研究問題】6.13節で触れた「単分子層吸着した酸化還元活性種の可逆な条件下での CV 波形」(電流と電位 $E$ の関係)が,上の式と同形であることを確認せよ.

## 参考文献

1) 『電気化学測定法マニュアル 基礎編』, 電気化学会 編, 丸善(2002).
2) A. J. Bard, L. R. Faulkner, "Electrochemical Methods: Fundamentals and Applications: 2nd Ed.," John Wiley (2001).
3) 渡辺 正, 金村聖志, 益田秀樹, 渡辺正義, 〈基礎化学コース〉『電気化学』, 丸善(2001).
4) 大堺利行, 桑畑 進, 加納健司, 『ベーシック電気化学』, 化学同人(2000).
5) 玉虫伶太, 高橋勝緒, 『エッセンシャル電気化学』, 東京化学同人(2000).
6) 渡辺 正, 中林誠一郎, 『電子移動の化学——電気化学入門』, 日本化学会 編, 朝倉書店(1996).
7) 玉虫伶太, 『電気化学 第2版』, 東京化学同人(1991).

章末注:本章6.3節で,溶液中で電子を授受する電子準位を,単一準位の $\varepsilon_{\text{redox}}$ であるとして記述した.ただしこれは一つの単純化したモデルであって,本章で述べた内容には影響しないが,現実に電子を授受する準位はエネルギー軸に沿って分布しており,分布は酸化還元活性種と溶媒分子との相互作用などによって決まる.単一準位で表すモデルは,とりわけ半導体電極での電子授受反応をわかりやすく記述するために用いられる.この考え方の詳細は,上にあげた参考文献2にわかりやすく記述されている.

# 第7章 クロマトグラフィーと電気泳動

## 7.1 クロマトグラフィーとは

クロマトグラフィーとは，大きな表面積をもつ固定相（stationary phase）と，これに接して流れる移動相（mobile phase）との間に，混合物を分布させ，この二相間における分析対象物質の相互作用の差を利用して各成分を分離する方法である．この方法では，多成分の混合物から単一な成分を相互に分離することにより，定性的な検出・同定や定量的な測定も可能である．

## 7.2 クロマトグラフィーの種類

移動相と固定相の組合せによる分類：移動相に気体を用いるものをガスクロマトグラフィー（gas chromatography；GC），液体を用いるものを液体クロマトグラフィー（liquid chromatography；LC）とよぶ．

分離対象物質と固定相との相互作用による分類：分離対象物質は固定相との相互作用の強弱によって移動速度に差が生じ分離が達成される．相互作用としては，一般に吸着，分配，イオン交換，サイズ排除が考えられ，特殊な場合は生物学的親和性も相互作用の一つと見なされる．実際の分離過程では，これらの相互作用が複合的に起こっている場合も多く，その分離機構を単独の相互作用で説明できない場合も少なくない．

固定相の形状による分類：ガラス平板に薄いシリカゲルなどの層を塗布した固定相や，ろ紙を固定相に用いるクロマトグラフィーは，その形状から平面クロマトグラフィーに分類され，前者は薄層クロマトグラフィー，後者はペーパークロマトグラフィーとよばれる．一方，円筒状の管に固定相を充填したもの（カラム；column）を用いるクロマトグラフィーはカラムクロマトグラフィー（column chromatography）とよばれる．

移動相と固定相の極性の大小による分類：固定相の極性に対して移動相の極性が低いクロマトグラフィーを順相，その逆の極性状態での分離を逆相とよぶ．

## 7.3 クロマトグラフィーの基礎

### 7.3.1 分配平衡と保持値

　試料成分は移動相と固定相の両相への分配を繰り返しながら移動相中を移動する．移動相と均一に充填された固定相との間にはつねに平衡が成り立っており，そこに注入された試料成分はそれぞれ固定相と移動相の両相に分布している．図7.1のようにまったく固定相との相互作用がなく固定相に保持されない成分($S_0$)は移動相に溶解したままカラムを素通りする．すなわち，成分($S_0$)の移動線速度($v_0$)[*1]は移動相の線速度($v_S$)に等しい．固定相と何らかの相互作用がある成分($S_1$, $S_2$)は固定相と移動相に一定の比で分布する．このとき，固定相中の試料成分量と移動相中の試料成分量との比を分配比(partition ratio)あるいは質量分布比(capacity factor)とよび，いずれも$k'$で表す．$k'$は保持比，容量比ともよばれる．試料成分$S_1$と$S_2$は移動相と固定相間で分配平衡状態にあることから，成分$S_1$および$S_2$のカラム内移動線速度($v_1$および$v_2$)は分配比に依存する．すなわち，分布が移動相側に偏っているものほど早く溶出されてくることになり，この図の場合$v_2 < v_1 < v_0$となり，成分$S_2$よりも$S_1$が先に溶出され分離が達成される．

　成分$S_0$, $S_1$, $S_2$からなる試料を分離して得られるチャート（クロマトグラムという）を図7.2に模式的に示す．これは，カラムの出口に接続した検出器を用いて，溶出してくる成分を時間の経過とともに連続的に記録したものである．縦軸は検出器からの出力である．試料が注入されておのおのの成分が溶出されるまでの時間をそれぞれ（絶対）保持時間(retention time)とよび，記号$t_R$で表す．各成分はカラム中で移動相と固定相の両相間に分配され，移動相中に存在するときにのみカラム内を移動する．したがって，分配して移動相中に存在する時間の総計は，いずれの成分の分子も同じである．これをデッドタイム(dead time)あるいはホールドアップタイム(holdup time) $t_0$とよび，これは固定相とまったく相互作

[*1] 線速度：流量($cm^3$/min)をカラムの断面積($cm^2$)で割ったもの．したがって，たとえばcm/minという単位をもつ．

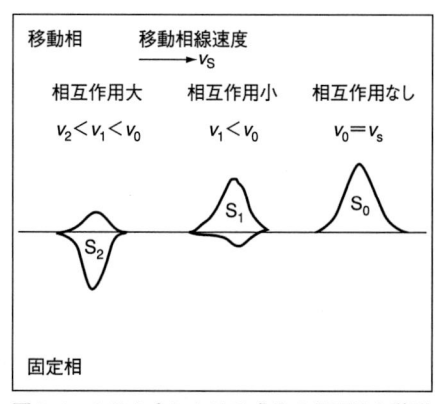

**図7.1** カラム内における成分の分配比と移動速度の関係

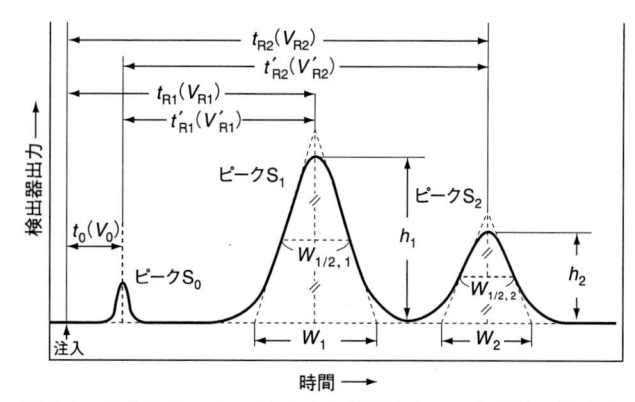

**図7.2** 三成分($S_0$, $S_1$, $S_2$)を含む試料のクロマトグラム（ただし$S_0$は相互作用なし）

$t_R$：絶対保持時間，$V_R$：絶対保持容量，$t_0$：ホールドアップ時間，$V_0$：デッドボリューム，$t'_R$：補正保持時間，$V'_R$：補正保持容量，$h_1$, $h_2$：ピーク高さ，$W_1$, $W_2$：ピーク幅，$W_{1/2,1}$, $W_{1/2,2}$：半値幅．

用を示さない成分 $S_0$ がカラムを素通りする時間であり，かつ移動相がカラムを通過する時間に等しい．固定相と相互作用する試料成分が固定相に分配されて存在する時間は，(絶対)保持時間 $t_R$ からデッドタイム $t_0$ を差し引いた時間に相当する．この時間を補正保持時間(adjusted retention time) $t'_R$ とよび，試料成分が固定相に保持された正味の時間を示す．

$$t'_R = t_R - t_0$$

このことから，成分 $S_1$ が固定相中に存在する時間と移動相中に存在する時間との割合は $t'_{R1}/t_0$ であることがわかる．すなわち，カラム中で両相に分配されている成分 $S_1$ の分子数の割合が $t'_{R1}/t_0$ ということになる．そこで，成分 $S_1$ の分配比 $k'$ は次のように表される．

$$k_1' = \frac{(N_1)_S}{(N_1)_M} = \frac{t'_{R1}}{t_0} = \frac{t_{R1} - t_0}{t_0}$$

ここで，$(N_1)_S$ は固定相中の成分 $S_1$ の分子数，$(N_1)_M$ は移動相中の成分 $S_1$ の分子数である．

一方，固定相と移動相に分配された成分 $S_1$ の両相中での濃度比は分配定数(partition constant)または分配係数(partition coefficient) $K$ とよばれ，次のように表される．

$$K = \frac{[S_1]_S}{[S_1]_M}$$

ここで，$[S_1]_S$ および $[S_1]_M$ はそれぞれ成分 $S_1$ の固定相および移動相中の濃度である．分配係数 $K$ は固定相と移動相の種類が決まるとカラム温度が一定であれば成分ごとに一定の値となる．

固定相と移動相の体積がそれぞれ $V_S$ と $V_M$ のカラムを考えると，分配平衡に達したとき，分配係数と分配比とは次のように関係づけられる．

$$k_1' = \frac{[S_1]_S V_S}{[S_1]_M V_M} = K \times \frac{V_S}{V_M}$$

### 7.3.2 分離係数と分離度

試料中の成分を分離するには，カラム中で各成分帯が広がらず，重なり合わないことが必要である．二成分間の分離の尺度として分離係数と分離度が使われる．分離係数 $\alpha$ は両ピークの頂点位置がどの程度分離しているかを示す尺度で，次のように示される．

$$\alpha = \frac{k_2'}{k_1'} = \frac{t_{R2} - t_0}{t_{R1} - t_0}$$

$\alpha > 1$ のとき，両ピークの頂点位置は分離しているといえる．しかしながら，ピークのすその部分が重なっている場合もあり，分離係数のみでは両成分が分離しているとはかぎらない．そこで，ピーク全体を考慮した分離の様子を表す尺度として分離度 $R_S$ が定義されている．

$$R_S = \frac{2(t_{R2} - t_{R1})}{W_1 + W_2} = \frac{2(t_{R2} - t_{R1})}{1.70(W_{1/2,1} + W_{1/2,2})}$$

$R_S = 1$ のとき互いのピークは 5% の面積ずつ重なっている．完全な分離には $R_S \geqq 1.5$ であることが必要である．

### 7.3.3 分離効率と理論段数

ピーク(分離成分の流出曲線)の形状は，正規分布曲線で近似することができる．このとき，成分 $S_1$ の分離効率は理論段数(number of theoretical plate, $N$)で表すことができる．$N$ はカラムを構成する仮想的な段の総数である．図 7.2 の成分 $S_1$ のピークに関しては次の式で与えられる．

$$N = 16\left(\frac{t_{R1}}{W_1}\right)^2 = 5.545\left(\frac{t_{R1}}{W_{1/2,1}}\right)^2$$

$N$ が大きければ，保持時間が同じでも鋭いピークが得られ，分離効率はよいことになる．しかしながら，$N$ はカラムの長さ $L$ に依存するので，$N$ の大きさだけでカラム相互の性能を比較する直接的なパラメータにはならない．そこで，カラム相互の分離能(カラム効率)を比較するため理論段相当高さ(height equivalent to a theoretical plate; HETP)$H$ が定義され，これによりカラム効率を比較している．$H$ は次式で表される．

$$H = \frac{L}{N}$$

$L$ が一定のとき，$H$ の値が小さいほどピーク幅は狭くなり，カラムの分離性能がよいことを意味する．

### 7.3.4 定性と定量

#### (a) 定性分析

物質同定の基礎になるのは保持時間 $t_R$ である．$t_R$ は分配係数 $K$ によって規定されるが，分配係数 $K$ は移動相，固定相および温度が一定ならば各成分に固有の値となるため，操作条件を一定にすれば $t_R$ により試料成分の同定が可能である．しかしながら，ある条件で測定した $t_R$ が一致したからといって必ずしも同一成分であるとはかぎらないので，ほかの条件で測定しその一致性を調べるか，あるいはほかの方法で確認操作をする必要がある．

#### (b) 定量分析

定量の基礎となるのはピークの面積(あるいは高さ)である．各成分の単位量当

たりのピーク面積（あるいは高さ）は成分によって異なるし，検出器の条件によっても変動するので，定量を行う条件下で感度あるいは検量線を求めておく．ピーク面積は現在では，コンピュータに検出器出力を入力することにより計算される．定量には絶対検量線法，内標準法，標準添加法の3方法が用いられている．

　絶対検量線法では，あらかじめ定量目的の物質を用いてクロマトグラフィーを行い，カラムへの導入量と検出器応答との関係（検量線）を作成しておく．これとの比較から測定試料中の成分量を求める．内標準法では，定量したい目的物質の近くにピークが現れるような別の標準物質を，既知量だけ測定試料に混合してカラムに導入する．両者の検出器応答を比較して目的物の量を知る．標準添加法では，測定試料に目的物質とまったく同じ物質を上乗せして加え，得られる検出器応答の増分から内挿して元の試料中の成分量を知る．

**例題 7.1** 液体クロマトグラフィーによって $S_1$ および $S_2$ の分離を行った．$S_1$ および $S_2$ の絶対保持時間は，それぞれ 2.2 min および 3.1 min であり，溶媒先端のピークは 0.3 min に現れた．$S_1$ および $S_2$ のピーク幅は，それぞれ 0.20 min および 0.22 min であった．それぞれのピークの保持比 $k_1'$ および $k_2'$ を求めよ．また，$S_1$ のピークに関する理論段数 $N$ を求め，さらに $S_1$ と $S_2$ のピークの分離係数 $\alpha$ および分離度 $R_S$ を求めよ．

**解** 題意より，$t_{R1} = 2.2$ min，$t_{R2} = 3.1$ min，$t_0 = 0.3$ min であるので，$S_1$，$S_2$ の補正保持時間は，$t'_{R1} = 1.9$ min，$t'_{R2} = 2.8$ min である．また，ピーク幅は，$W_1 = 0.20$ min，$W_2 = 0.22$ min である．したがって，$k_1' = 1.9/0.3 = 6.33$，$k_2' = 2.8/0.3 = 9.33$

　また，$S_1$ の理論段数 $N_1 = 16(2.2/0.20)^2 = 1936$ 段，分離係数 $\alpha = k_2'/k_1' = 9.33/6.33 = 1.47$，分離度 $R_S = 2(t_{R2} - t_{R1})/(W_1 + W_2) = 2 \times 0.9/(0.20 + 0.22) = 4.28$

## 7.4　液体クロマトグラフィー

### 7.4.1　高速液体クロマトグラフィー

　LC はオープンカラム方式のカラムクロマトグラフィーを主体として発展してきたが，分離能，再現性，迅速性に劣るなどの点から高速液体クロマトグラフィー（high-performance liquid chromatography；HPLC）に取って代わられようとしている．HPLC は微量試料の分析を可能にし，しかもその分離能を向上させるために固定相，検出器および送液装置などに改良を加えて発展してきた．分離モードとしては，特殊なものを除いて，カラムクロマトグラフィーで用いられる分離モードのほとんどが適用可能となっている．今日 HPLC は，種々のカラム充填剤の開発により，GC と並ぶほど広範に利用されている．GC により分析される試料は気体にする（気化させる）必要があるのに対し，HPLC の試料はその必要がなく，その意味では汎用性はさらに広いといえる．

### (a) 充填剤

HPLC用充填剤には，表面多孔性型（ペリキュラー型）と全多孔性型（ポーラス型）がある．表面多孔性型充填剤は，不活性な核（30～40 μm径）の表面に多孔性シリカまたはアルミナが付けてある（1～2 μm厚）．全多孔性型充填剤は直径2～30 μmの球形粒子全体が多孔性のもので，シリカ系充填剤およびポーラスポリマー系充填剤がある．ポーラスポリマー系は，スチレンとジビニルベンゼンの共重合体の微小粒子を熔着したものである．表面多孔性粒子と微細孔型全多孔性粒子を図7.3(a)，(b)にそれぞれ示す．現在，逆相系分配クロマトグラフィーで主流となっている化学結合型充填剤は全多孔性粒子に修飾基を直接化学結合させた充填剤であり，模式的に図7.3(c)のように示される．このような修飾処理を行う前の素材そのものの支持体を担体という．

### (b) 装置

HPLCに用いる装置を高速液体クロマトグラフとよぶ．その構成は図7.4のように，送液部（ポンプ），試料注入部（インジェクター），分離部（カラム），検出部およびデータ処理部からなっている．カラムは分析目的によってさまざまなものが用いられ，分離モードによって適宜選択される．高精度の分析を行うためにはカラムオーブンによりカラムを恒温に保つ手法がとられる．HPLC用検出器としては，おもに吸光度検出器（absorbance detector），示差屈折率検出器（differential

(a) 表面多孔性型　(b) 微細孔型全多孔性型　(c) 化学結合型

図7.3　充填剤粒子の模式図

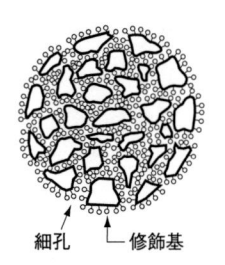

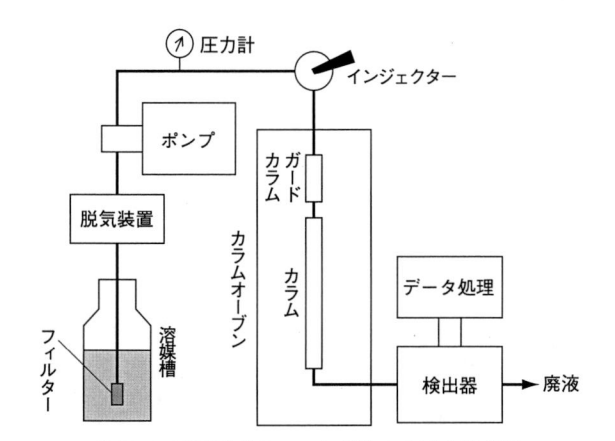

図7.4　高速液体クロマトグラフの基本構成図

refractive index detector；RI)，電気化学検出器(electrochemical detector)，蛍光検出器(fluorescence detector)があげられる．いずれの検出部もフローセル(流れ状態のまま検出するセル)である．RI検出器は試料成分を含む溶出液と対照とする溶媒との屈折率の差を利用しているため，すべての試料成分を検出することができる．紫外・可視吸収のない糖類の検出によく使われるが，感度は低い．RI検出器は温度制御が必要である．また，溶出溶媒の屈折率が刻々変わる勾配(グラジエント)溶離での検出は原理的に不可能である．

(c) 分離モード

**吸着クロマトグラフィー(adsorption chromatography)**：吸着クロマトグラフィーでは分離対象物質が固定相表面の吸着活性点に吸着される吸着力の差により分離され，強く吸着される物質ほど遅く溶出される．吸着モードでは，固定相の活性点に対して移動相と分離対象物質との間で吸着競合が起こるので，たとえば，固定相に対する親和力(吸着力)の強い移動相を使うほど同じ成分でも早く溶出することになる．充填剤としては，シリカゲル系とポーラスポリマー系があり，シリカゲル系が順相モード，ポーラスポリマー系が逆相モードでおもに使用される．

**分配クロマトグラフィー(partition chromatography)**：分配クロマトグラフィーは，各試料成分の固定相液体と移動相との間の分配(溶解)の差を利用して各成分を分離する方法である．固定相液体への溶解度の大きい成分ほど遅れて溶出する．分配モードでは逆相系での分離が主流である．この場合，アルキル基などの疎水性官能基を化学結合(固定相液体)した充填剤と移動相に存在する成分との間に働く疎水性相互作用力の程度によって，カラム保持性が決定される．溶出(分離)原理は，移動相の極性をしだいに低下させることによって固定相と成分間に働く疎水性相互作用力を低下させることによる．したがって，移動相の有機溶媒濃度を増加させると早く溶出する．アルキル基が炭素数18の長鎖(C18)であるカラムを単にODS(octadecyl silane)とよぶこともあり，最も広範に使用されている充填剤である．移動相に水100％からアセトニトリルまたはメタノール100％まで使うことが可能であるため，極性物質から脂肪族炭化水素まで広範な物質を分離対象とすることができる．

**イオン交換クロマトグラフィー(ion-exchange chromatography)**：イオン交換基をもつ固定相を用い，イオン性物質(無機イオン，アミン類，核酸塩基類，アミノ酸，タンパク質，有機酸など)の電気的性質の差によって分離する方法である．イオン交換体は骨格をなす担体とイオン交換能をもつ交換基とからなる．イオン交換体の種類は第3章にあげられている．分離の原理は，イオン的相互作用に基づく吸着現象である．すなわち，担体にとって活性な状態とは，イオン交換基がイオン解離していなければならない．したがって，強酸性陽イオン交換体や強塩基性陰イオン交換体は広いpH範囲で有効であるが，弱酸性陽イオン交換体はpH 8以上，弱塩基性陰イオン交換体ではpH 6以下でなければ有効にイオン交換ができない．

イオン交換体による試料イオンの保持は移動相のイオン強度，pH，組成によって変化する．低塩濃度緩衝液(溶離液)に溶解した試料成分の溶出には，pHを段階的に変化させるか，あるいは塩濃度(イオン強度)を高くして溶出する方法が用いられる．

**サイズ排除クロマトグラフィー(size exclusion chromatography；SEC)**：SECは，分子を立体的な大きさに基づいて"ふるい"あるいは"ろ過"作用によって分離する方法である．生化学分野では，ゲルろ過法(gel filtration)とよばれ，高分子化学分野では，ゲル浸透クロマトグラフィー(gel permeation chromatography；GPC)とよばれることが多い．

ゲル浸透とよばれるように固定相担体の三次元網目構造をもつ膨潤ゲル内に溶質分子が入っていくことによって分離が達成される．分離用ゲルはポーラスポリマーや多孔性シリカ粒子が用いられ，ゲルには粒子内に試料分子程度の大きさの細孔が多数存在し，試料分子はゲル内への浸透性の差により分離される．図7.5のような細孔をもつゲルの場合，細孔より大きな分子は内部に浸透できないので，粒子間を素通りするため早く溶出する(デッドボリュームに溶出)．一方，細孔より小さい分子はゲル内部に浸透するが，その分子サイズにより，より小さい分子はゲルの内部深くまで浸透し，少し大きい分子はそれよりも浅く浸透して移動相に戻る．したがって，分子の溶出は，細孔より大きい分子は一括してデッドボリュームに溶出し，次に細孔に入る分子のうち分子サイズの大きいものから順に溶出し，最後に最も分子サイズの小さな分子が溶出するパターンとなる．細孔に入れないサイズの分子は細孔から排除されるので，そのぎりぎりの分子サイズを排除限界とよんでいる．現在では，種々の排除限界をもつ充塡剤が多数市販されている．

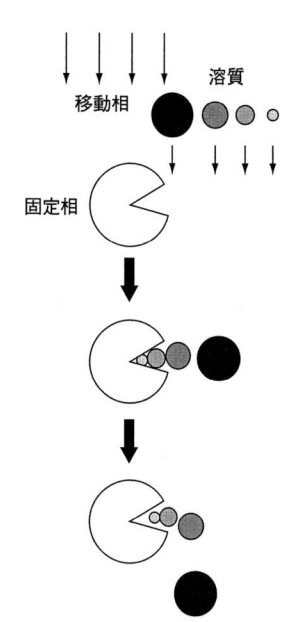

**図7.5 サイズ排除クロマトグラフィーの分離機構**

SECで特徴的なのは，保持容量(V)と試料分子の分子量(M)の対数との間に直線関係が成り立つことである．直線の両端は曲線となるが，中間部はほぼ直線と見なすことができる．したがって，同一条件で，分子量のわかっている物質をマーカーとして検量線を作成しておくことにより，未知物質の分子量を推定することが可能である．

### (d) 溶出法(溶離法)

溶出法は同じ組成の移動相で溶出する等濃度溶出法(isocratic elution)と移動相の組成を変える溶出法がある．組成を変える溶出法には，段階的溶出法(stepwise elution)と勾配溶出法(gradient elution)がある．勾配溶出法では，移動相の組成，濃度あるいはpHなど試料成分と固定相との間の相互作用に影響を及ぼす要素を変化させて溶出する．

### 7.4.2 平面クロマトグラフィー

平面クロマトグラフィーには，ろ紙を用いるペーパークロマトグラフィー(paper chromatography；PC)とガラス板に微粒子を塗布した薄層クロマトグラフィー(thin layer chromatography；TLC)がある．PCはTLCに比べ再現性が劣

るので，現在ではあまり使われていない．TLC は平滑な表面をもつガラス板の片面に種々の固定相となる粒子(シリカゲル，アルミナ，ポリアミド末，セルロース末，化学結合型シリカゲルなど)を固着剤と共に 0.25 mm 程度の厚さに均一に塗布し乾燥させたものである．プレートの下端から一定の距離(原線)に試料混合物をスポットし，移動相(展開溶媒)の入った密閉展開槽(チャンバー)中に浸して展開する．密閉展開槽は展開溶媒の蒸気で飽和されている．移動相は毛細管現象により上昇する．溶媒先端がプレートの上端近くに達したとき印をつけ，プレートを取りだし溶媒を蒸発させる．上昇した成分スポットの位置を肉眼または呈色剤の噴霧や紫外線照射などによって検出する．得られた移動距離の比をその成分の相対移動距離(ratio of flow)$R_f$ とよび，定性分析の指標としている．

$$R_f = \frac{原線からスポットの中心までの距離}{原線から溶媒先端までの距離}$$

一方向だけの展開の場合一次元展開というが，一度展開したプレートを 90 度回転させて，直角方向に二度目の展開を行うこともある．この方法を二次元展開法という．分離されたスポットの粒子をかき取り，適切な溶媒で溶出して分離された成分の性質を調べることもできる．

## 7.5　ガスクロマトグラフィー

GC は移動相に気体(キャリヤーガス)を用いるカラムクロマトグラフィーで，一定流量のキャリヤーガス流中に試料を注入する．注入された試料成分は気化してカラムに運ばれ，分離されて，下流に設置された検出器で検出される．したがって，分析対象物質は操作温度で安定な気体になる物質ということになる．気化しにくい物質は何らかの誘導体化により気化するような物質に変換する必要がある．GC は分離能が高く，高感度，迅速で簡便であることから広範囲に利用されている．

### 7.5.1　装　置

GC 用の装置をガスクロマトグラフとよぶ．その構成は，図 7.6 に示すように試料注入部，分離カラム，検出器およびデータ処理部からなっている．

(a) キャリヤーガス

キャリヤーガスは不活性なヘリウムや窒素がよく用いられる．

(b) 試料注入部

充填カラムでは，試料は注入口に取り付けられたシリコンセプタムを通してシリンジで試料気化室に注入される．試料注入部における拡散が少ないものほど良好なクロマトグラムが得られる．キャピラリーカラムでは，バンド幅の広がりを抑えシャープなピークを得るため，注入した試料をスプリッターで分割し，一部だけをカラムに導入するスプリット法が一般的である．試料成分が低濃度の場合には，全量を注入するスプリットレス注入法も採用される．GC では，通常，気

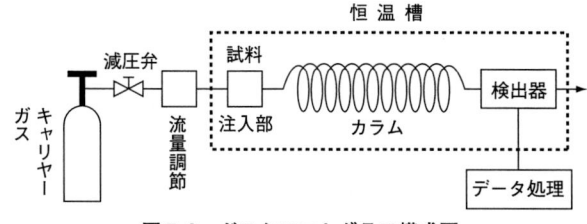

図7.6 ガスクロマトグラフ構成図

化室温度はカラム温度よりも20〜30℃高く設定するが，試料によっては熱分解を起こす場合があるので注意が必要である．

(c) カラム

カラムには，内径1〜4 mm，長さ1〜5 mのステンレスあるいはガラス管に固定相となる充填剤を詰めた充填カラムと，内径0.1〜0.5 mm，長さ10〜60 mの溶融シリカキャピラリー内壁に固定相液体を保持させ，内部は中空のキャピラリーカラムが用いられる．GC分析においては，試料成分の極性に応じて固定相液体が選択される．すなわち，極性成分を分析するには極性の高い液相，非極性成分の分析には低極性液相，中極性あるいは極性が異なる混合試料の場合にはそれと同じ液相を使用することにより，化合物の同定が容易になるなど多くのメリットがある．キャピラリーカラムは充填カラムに比べて数十倍高い分離能を有するが，カラムに導入できる試料量は充填カラムの数百分の一である．

(e) 検出器

**熱伝導度検出器**(thermal conductivity detector；TCD)：タングステンフィラメントなど，温度により電気抵抗が変化する感熱素子が，温度制御された金属ブロック中のキャリヤーガス流路に組み込まれている．このフィラメントを直流電流で加熱し，一方にはカラムから出てきたキャリヤーガスを，他方には試料成分を含まないキャリヤーガスと同一のガスを流し，両フィラメントの電気抵抗の変化を電位差に変換することにより試料成分を検出する．

**水素炎イオン化検出器**(flame ionization detector；FID)：有機化合物は酸化炎中で燃焼させるとイオン性の燃焼生成物を生じる．このイオンを電極で捕捉することによって試料成分を検出することができる．FIDの応答は，検出器に導入された水素と空気の酸化炎中でキャリヤーガス中の試料成分を燃焼させることにより生じる(図7.7)．現在，最も汎用性の高いGC検出器である．

**炎光光度検出器**(flame photometric detector；FPD)：リンや硫黄を含む化合物を還元炎中で燃焼すると，特有の炎光を放射する．この炎光を光学フィルターで分光し，その強度を光電子増倍管で測定することにより，リンおよび硫黄化合物を選択的に検出するものである．

**電子捕捉型検出器**(electron capture detector；ECD)：電子親和力の大きい有機ハロゲン化合物の超高感度検出に用いられる．キャリヤーガスあるいはメイクアップガスとして窒素ガスやメタンを含むアルゴンガスなどが使用されるが，これらの気体は$^{63}$Niからの$\beta$線によってイオン化し陽イオンと電子を生成する．

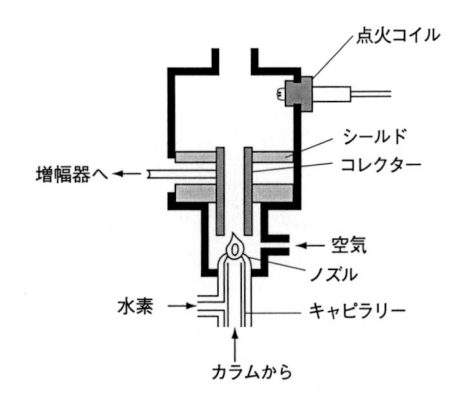

**図 7.7　水素炎イオン化検出器**

このとき電極には定常電流が流れており，カラムから流出してきた電子親和力の大きい成分は電子を捕捉して陰イオンとなる．さらにこの陰イオンは先に生じていた陽イオンと結合して消滅するので，定常電流を減少させることになる．この減少分を測定することにより親電子性物質を選択的に検出できる．

**そのほかの検出器**：最近 GC の検出端として，質量分析計を用いる GC/MS 分析法が汎用されている．質量分析計については第 13 章に記述されている．

### 7.5.2　恒温および昇温 GC 分析法

カラム温度の設定方法には，カラム温度一定で分析を行う恒温分析法と，試料注入後所定のプログラムに従ってカラム温度を上昇させていく昇温分析法がある．恒温分析法は試料の組成が比較的単純で沸点の分布範囲が狭い試料に適用される．一方昇温分析法は，試料組成が複雑でそれらの沸点が広い範囲に分布している試料に対して適用される．同属体の保持挙動は，恒温および昇温分析法の特徴を理解するうえで重要であるので，$n$-パラフィンのクロマトグラムを図 7.8(a)，(b)に比較して示す．図からわかるように，恒温分析では炭素数の小さい $n$-パラフィンでは保持時間が詰まって現れ，炭素数の大きい成分は後方にまばらに現れる．それに対し，昇温分析では温度上昇に伴い保持時間が速くなるので，炭素数の大きい $n$-パラフィンも効率よく分離される．

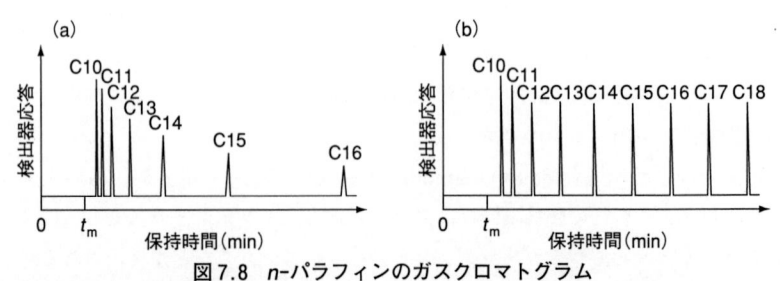

**図 7.8　$n$-パラフィンのガスクロマトグラム**
(a) 恒温分析，(b) 昇温分析．試料：デカン(C10)〜ヘキサデカン(C16)の等量混合物．

> **コラム　はじめてのクロマトグラフィー**
>
> クロマトグラフィーは，ロシアの生化学者 Michael Tswett が，植物色素の混合物からクロロフィルを分離したのが始まりといわれている．彼は，図7.9のように，炭酸カルシウム(固定相)を詰めたガラス管(カラム)の上端に少量の植物色素混合物(試料)を置き，石油エーテル(移動相)を流した．試料がカラムを下降するにしたがって，色素混合物ははっきりした層に分かれ，それぞれの色素が分離されることを発見し，これをクロマトグラフィー(chromatography)と命名した．この発見を機に，種々のクロマトグラフィーが考案されている．
>
> **図7.9　カラムを用いた植物色素混合物の分離**
> (a) カラム上端に色素混合物を加え，移動相を流しはじめたところ．(b) 移動相が下降して，色素が分離されたところ．

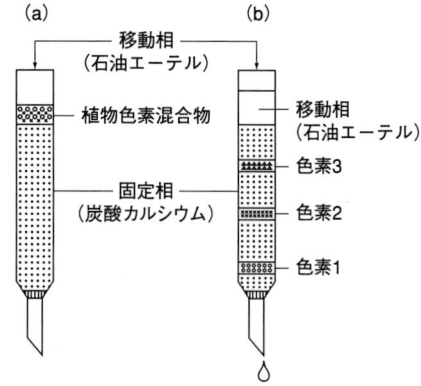

## 7.6　電気泳動

### 7.6.1　はじめに

　電気泳動は，水溶液に電流を流すとき，荷電粒子やイオンが電場の勾配に従って動く現象である．このとき荷電が大きいと，粒子に働く力も大きいのでその移動速度は大きくなる．一方，荷電粒子やイオンのかさばり(分子量)が大きいと溶液中での動きに抵抗が大きいので移動速度は小さくなる．この原理を利用すれば，低分子から高分子まであらゆる種類の荷電化合物の分離に利用できる．しかし，分離手法としての電気泳動の特徴が最も生きるのが，タンパク質や核酸などの生体高分子である．この目的のために，これら生体分子を化学的に前処理する手法および電気泳動を行う媒体の両方について，これまで多くの工夫がなされている．

　以下では生体分子を対象に手法の概要を述べるが，その前に応用の一端をあげて分析・分取上の意義を強調したい．身近な話題では，BSE[*2]の原因である異常プリオンタンパク質の検出・同定や，ヒトの全遺伝子解読などのゲノムプロジェクトにおける DNA の塩基配列決定に用いられている．また遺伝子欠陥による病気の診断，食中毒や病気の原因になるウイルスや細菌の検査，事件現場に残さ

---

[*2] Bovine Spongiform Encephalopathy の略でウシ海綿状脳症を示す．

れた毛髪や微量の血液に含まれる遺伝子を調べて犯人を特定するDNA鑑定に利用されている．同様に，遺伝子組換え農作物の検出・同定などにも用いられている．

### 7.6.2 電気泳動法の分類

現在までにさまざまな改良や工夫が行われてきており，電気泳動の原理や使用する支持体などの種類により，表7.1のように分類される．これらのうち，前述のような生物試料の分析や調製などに一般的によく利用されるのがゲル[*3]電気泳動法である．

*3「ゲル」とはコロイド溶液が固まって，半固体ないし固体の状態になったものであり，ゲルが分散媒を含んだまま固化したものをゼリーという．食品では，豆腐，こんにゃく，ゆで卵の白身の部分などは「ゲル」である．

**表7.1 一般的な電気泳動法の分類**[a]

| 大分類 | 中分類 | 分離に使用する支持体（担体）の種類による分類 | 特徴と分離対象物質 |
|---|---|---|---|
| ゾーン電気泳動（緩衝液のしみ込んだ支持体や溶液中で，荷電の違いによる分子の電場における動きの差を利用して泳動帯（ゾーン）として分離する電気泳動法） | 支持体ゾーン電気泳動 | ろ紙電気泳動 | 支持体としてろ紙を使用するゾーン電気泳動法で，ゾーン電気泳動のうちでは最も手軽である． |
| | | 寒天ゲル電気泳動 | ガラス板に寒天ゲル薄層を形成して用いる．免疫電気泳動にも利用される． |
| | | セルロース膜電気泳動 | 通常はセルロースアセテート膜を支持体として用いる．セルロース膜は緩衝液のよい支持体となり，血清タンパク質分画などに利用される． |
| | | ポリアクリルアミドゲル電気泳動 | ポリアクリルアミドゲルは人工合成されたアクリルアミドモノマーを重合してつくられるゲルで，性質や重合度の異なる種々のゲルをつくることができる．タンパク質や核酸の電気泳動に利用されている．ゲルの形状によりディスク（円筒状）ゲル電気泳動，スラブ（平板状）ゲル電気泳動に分けられる．異なる分離原理（等電点と分子の大きさ）に基づいて二段階で分離する二次元電気泳動がある． |
| | | SDS-ポリアクリルアミドゲル電気泳動 | |
| | | アガロースゲル電気泳動 | 寒天を精製してつくられたアガロースを用いる．通常の寒天よりもゲル強度の強いゲルをつくることができ，DNAやRNAなど核酸の電気泳動に利用される． |
| | 自由ゾーン電気泳動 | 密度勾配電気泳動 | 支持体を用いず，適当な溶液中で試料を電気泳動する方法である．両性電解質の電気泳動移動度は等電点でゼロになる．電気泳動電極間に両性担体という特殊な緩衝能をもった物質を入れると，pH勾配をつくることができる．この中で電気泳動するとタンパク質などの両性電解質はpH勾配上の等電点のゾーンまで泳動し，電気泳動移動度がゼロになり濃縮される．このpH勾配はショ糖，電気的中性物質でつくった濃度勾配中に形成される． |
| | | 等電点電気泳動 | |
| キャピラリー電気泳動 | | | 緩衝液で満たされた内径25〜75 μmのキャピラリー内で電気泳動を行う方法で，これによりとくにジュール熱に起因する悪影響を減少させることができる．高電圧をかけることができ，高分解能でありながら分析時間も短い．アミノ酸，ビタミン，無機イオン，有機酸，界面活性剤，ペプチド，タンパク質，糖類，オリゴヌクレオチドやDNA制限酵素フラグメントのような化合物などの分析・分取に利用されている． |

a) 泳動させるために印加する直流電圧は，分離に用いる支持体の形状や大きさによって変わる．平板状では数十〜200 Vと低いが，キャピラリーでは数kVに及ぶ．通電による発熱にも注意が必要である．分離に要する時間も，装置・形状，目的（分析，分取）などによって数分から数時間まで変化する．

### 7.6.3 ゲル電気泳動法

ゲル電気泳動法のなかでタンパク質やペプチドの分析・分取に最もよく利用されるのはSDS-ポリアクリルアミドゲル電気泳動(SDS-PAGE)で，またDNAやRNAなど核酸の分析や精製にはアガロースゲル電気泳動が利用されている．ポリアクリルアミドゲル電気泳動は，DNAの塩基配列決定や低分子のDNAの分離にも利用される．

#### (a) タンパク質の SDS-PAGE

タンパク質やペプチドの荷電の状態は，その構成アミノ酸の種類と割合によって決まってくる．したがって，タンパク質やペプチド分子のアミノ酸組成がわかれば，分子中に含まれる解離基の種類と数を知ることができる．タンパク質分子の総荷電は，これら解離基の荷電の総和ということになる．つまり，あるpHにおいて単純タンパク質やペプチドは固有の荷電数をもつことになり，糖タンパク質やリン酸化しているタンパク質では，糖鎖中の糖組成やリン酸基の数や解離状態をさらに考慮して，分子のもつ電荷数を計算することになる．このため，網目構造の十分に粗いゲル中や支持体のない溶液中では，タンパク質分子の大きさや立体構造に関係なく，電気泳動を行うゲル中や溶液中の緩衝液のpHによってタンパク質の移動する方向が決まってくる．

したがって，タンパク質本来の荷電状態とは無関係に分子の大きさ(分子量)に基づいてタンパク質分子を分離するためには，タンパク質の立体構造と荷電状態がすべてのタンパク質で同じとなるように処理して，適当なすきまの網目をもつゲル中を同じ方向に移動させる必要がある．このために，強陰イオン性界面活性剤であり，タンパク質分子にイオン的に結合するとともにタンパク質の疎水性部分とも結合するドデシル硫酸ナトリウム(sodium dodecylsulfate; SDS)などを使ってタンパク質の立体構造を壊し，強いマイナスの電荷をもたせる処理が行われている．最も一般的に行われているタンパク質の電気泳動法であるLaemmliの方法によるSDS-PAGEでは，さらに，試料中のタンパク質を溶かすため，緩衝液には還元剤である$\beta$-メルカプトエタノールも加えられている．この$\beta$-メルカプトエタノールの還元作用により，タンパク質分子内のジスルフィド結合(S-S結合)が還元，切断されて，タンパク質は完全に変性する．これらの作用により，ほとんどすべての試料中のタンパク質分子は，分子全体がほぼ均一に強い負電荷を帯びた直鎖状の構造となる．これを適当な重合度のポリアクリルアミドゲル中で電気泳動すると，個別のタンパク質の形状や性質には影響されずにゲルの分子ふるい効果[*4]により，タンパク質のもつ分子量に従って分離することができる．図7.10に一般的な垂直型スラブゲル電気泳動装置を示す．

泳動中および泳動後，普通はゲルの中のタンパク質の位置を肉眼で見ることはできない．このため，電気泳動終了後には，ゲル中の位置を知るために，タンパク質を色素で染色する．種々のタンパク質の染色検出方法があるが，最も一般的な方法は，クマジーブリリアントブルーR-250(CBB R-250)という色素による染色法である．この染色検出法の検出限界は10ナノグラム(ng)程度であり，染色

---

[*4]「分子ふるい効果」とは，クロマトグラフィーの節で説明したように，分子の移動速度が分子の大きさによって規則性をもって変化させられるような媒体の働きをいう．しかしゲル電気泳動の場合，分子ふるい効果はゲルクロマトグラフィーとは少し異なっている．寒天ゲルやポリアクリルアミドゲルは，水中で高分子の鎖が分子レベルの大きさの三次元網目を密につくっている状態である．タンパク質や核酸などの分子がこの中で電気泳動するには，網目をくぐって進まねばならない．タンパク質や核酸の分子は一般にそれ自身が分子鎖の広がり(分子のかさばりと形)を動的に変えており，またゲルの網目の大きさもある範囲で変動している．そのような状況下で溶質分子が泳動するとき，大きい分子は網目に進行を阻まれる確率が大きく，泳動は遅れる．反対に小さい分子は網目を容易にくぐり抜けるので泳動速度が速くなる．結果として，泳動するうちに分子量の大小に従って溶質の分離が起こる．

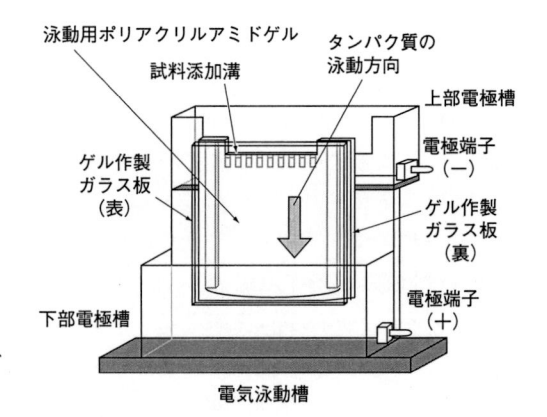

**図 7.10** タンパク質の電気泳動に用いられるスラブゲルと垂直型電気泳動装置

の濃さはタンパク質量とよく比例している．さらに高感度に検出するためには銀染色法が用いられる．アレルギーの原因となる抗原タンパク質やBSEの原因となる異常プリオンタンパク質を高感度に検出する場合には，電気泳動により分離されたゲル中のタンパク質をニトロセルロース膜などに写し取り（ウエスタンブロッティングという），目的のタンパク質に対してのみ結合する抗体を用いて検出するイムノブロット法が用いられる．また，バンドの位置を確認後，切りだして精製する場合のタンパク質バンドの検出には，銅や亜鉛イオンによる染色法が利用できる．

　一般にSDS存在下で加熱して可溶化されたタンパク質は，その種類にかかわらず直線状で，負に荷電しており，その分子の大きさはタンパク質の分子量を反映したものとなる．このため，タンパク質の分子量を電気泳動後の移動度から推定することができる．分子量が明らかな標準タンパク質の相対移動度($R_f$)から検量線をつくっておけば，実際に試料中に含まれている未知のタンパク質の分子量を推定することができる（SDS-PAGEによるタンパク質分子量の推定法）．

　泳動ゲルの上端から泳動の先端〔通常は，泳動の先端の位置を知るためのマーカーとして加えられているブロモフェノールブルー(BPB)〕までの距離を$A$，また，あるタンパク質バンドからゲル上端までの距離を$B$とすると，このタンパク質の相対移動度($R_f$)は$B/A$で求めることができる．試料と同時に泳動した分子量既知の標準タンパク質の$R_f$値を計算し，これを分子量の対数に対してプロットした検量線を作成する．得られた検量線に試料タンパク質の$R_f$値をあてはめて，また，得られた回帰直線の方程式からその分子量を推定することができる．

**例題7.2** ある生体試料のSDS-PAGEを行った結果，図7.11のレーン1に示すような電気泳動パターンが得られた．Mのレーンは分子量既知の標準タンパク質を同じゲル中で電気泳動した結果である．未知のタンパク質(X)の分子量を推定せよ．ここで，泳動ゲルの上端から電気泳動の先端までの距離は$A = 64\,\text{mm}$であった．また，ゲルの上端から各標準タンパク質までの距離($B$)はそれぞれ以下の値であった．

## 7.6 電気泳動

図 7.11 タンパク質の SDS-PAGE 分析例

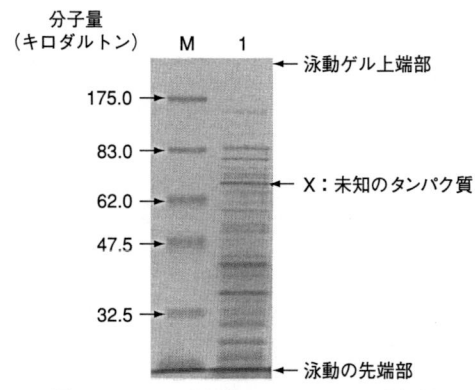

| タンパク質 | 分子量<br>(キロダルトン) | 泳動距離($B$)<br>(mm) |
|---|---|---|
| マルトース結合タンパク質-ガラクトシダーゼ融合タンパク質 | 175 | 9 |
| マルトース結合タンパク質-パラミオシン融合タンパク質 | 83.0 | 19 |
| グルタミン酸脱水素酵素 | 62.0 | 30 |
| アルドラーゼ | 47.5 | 40 |
| トリオースリン酸イソメラーゼ | 32.5 | 54 |
| タンパク質 X | ? | 25 |

**解** 分子量既知のタンパク質およびタンパク質 X の相対移動度($R_f$)は，$B/A$ より，表のようになる．$R_f$ 値を分子量の対数に対してプロットした検量線を作成すると，図 7.12 の検量線が得られる．グラフからも，得られた回帰式から，X の分子量は約 70.6 キロダルトンと推定される．

| タンパク質 | 分子量<br>(キロダルトン) | 泳動距離<br>($B$) (mm) | 相対移動度<br>($R_f$) |
|---|---|---|---|
| マルトース結合タンパク質-ガラクトシダーゼ融合タンパク質 | 175 | 9.00 | 0.141 |
| マルトース結合タンパク質-パラミオシン融合タンパク質 | 83.0 | 19.0 | 0.297 |
| グルタミン酸脱水素酵素 | 62.0 | 30.0 | 0.469 |
| アルドラーゼ | 47.5 | 40.0 | 0.625 |
| トリオースリン酸イソメラーゼ | 32.5 | 54.0 | 0.844 |
| タンパク質 X | ? | 25.0 | 0.391 |

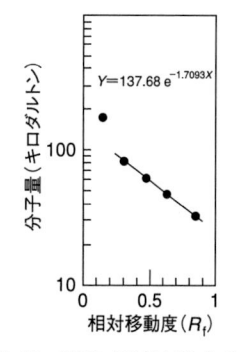

$Y = 137.68\, e^{-1.7093X}$

図 7.12 SDS-PAGE によるタンパク質の分子量推定のための検量線

### (b) 核酸のアガロースゲル電気泳動

核酸の分析・分取にもポリアクリルアミドゲル電気泳動(PAGE)が利用できるが，より大きな分子サイズの核酸の分離にはアガロースゲル電気泳動が適している．図 7.13 にはアガロースゲル電気泳動に使用される一般的なサブマリン型電気泳動装置を示している．アガロースのゲル化は，アガロースを緩衝液中に温め

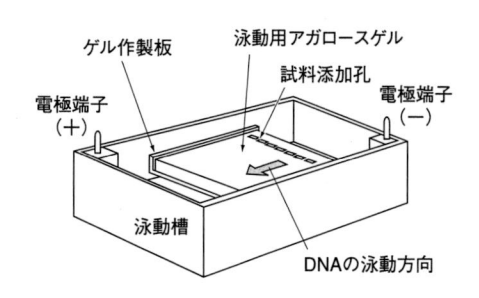

図 7.13 核酸のアガロースゲル電気泳動に用いられるサブマリン型電気泳動装置

て溶かし，室温に放置することで自然に起こる．このゲル化には化学反応を伴わない．電気泳動の移動度は，タンパク質同様，核酸分子の大きさだけでなく，高次構造にも大きく左右される．すなわち核酸が一本鎖か二本鎖か，環状か線状かなどの構造の違いによって移動度が異なってくる．泳動に用いられる緩衝液は分析目的であれば，通常 TBE（トリス-ホウ酸-EDTA）緩衝液が用いられる．ゲル中の核酸も肉眼では見ることができないので，泳動終了後に DNA と特異的に結合する蛍光色素などで染色して検出する．

## 章末問題

**問題 7.1** 成分1と成分2について，絶対保持時間を測定したところ，4分21秒と6分3秒であった．これらのピークの半値幅($W_{1/2}$)はそれぞれ23秒と25秒であった．このときの分離度を求めよ．

**問題 7.2** 液体クロマトグラフィー用のカラムを購入した．カラムのデータによると，ベンゼン，ナフタレン，アントラセンに対する絶対保持時間は，それぞれ 4.61 分，6.27 分，9.92 分であった．各ピークの半値幅($W_{1/2}$)は，それぞれ 0.07 分，0.09 分，0.15 分であった．このカラムのベンゼン，ナフタレン，アントラセンに対する理論段数を，百の位を四捨五入して表示せよ．

---

## コラム　タンパク質の二次元電気泳動

タンパク質を等電点の違いにより，まず，ディスクゲル中で等電点電気泳動により分離し，電気泳動後のゲル中のタンパク質をさらに分子量の違いにより SDS-PAGE で分離することができる．これにより，通常の SDS-PAGE では分離できない試料中の「同じ分子量をもつが，電気的性質（等電点）は異なる」タンパク質同士を分離することができる．この写真は，食中毒を引き起こすサルモネラ菌の菌体タンパク質の二次元電気泳動結果である．

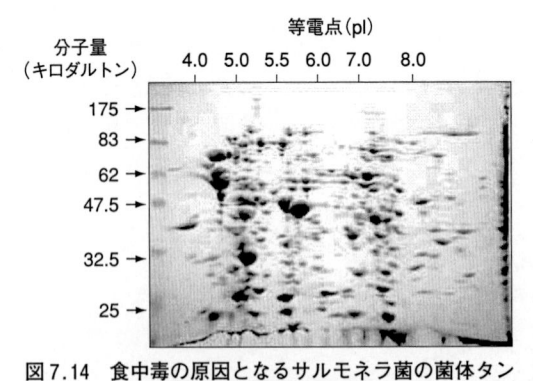

**図 7.14** 食中毒の原因となるサルモネラ菌の菌体タンパク質の二次元電気泳動分析

異なる分子量と等電点をもつ約 150 種類以上のタンパク質が分離されている．

**問題 7.3** あるタンパク質をつくらせるために大腸菌の組換え体を作製した．非組換え体大腸菌および組換え体大腸菌からそれぞれ細胞質タンパク質を調製して，標準タンパク質とともに SDS-PAGE を行った．この標準タンパク質の電気泳動結果から検量線を作成し，組換え体タンパク質の分子量を推定せよ．

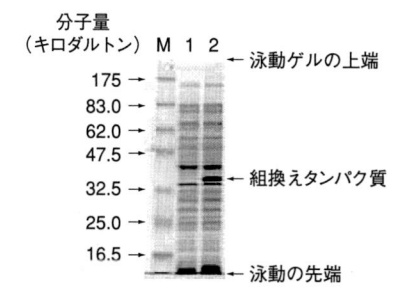

分子量（キロダルトン）
175 →
83.0 →
62.0 →
47.5 →
32.5 →
25.0 →
16.5 →

→ 泳動ゲルの上端
→ 組換えタンパク質
→ 泳動の先端

（レーンの説明）
M：標準タンパク質
1：非遺伝子組換え体大腸菌細胞質タンパク質
2：遺伝子組換え体大腸菌細胞質タンパク質

## 参 考 文 献

1) 『機器分析入門 改訂第 3 版』，日本分析化学会九州支部 編，南江堂(1996)．
2) 『高速液体クロマトグラフィーハンドブック 改訂 2 版』，日本分析化学会関東支部 編，丸善(2000)．
3) 西方敬人，細胞工学別冊：〈目で見る実験ノートシリーズ バイオ実験イラストレイテッド ⑤〉『タンパクなんてこわくない』，秀潤社(1997)．
4) 〈無敵のバイオテクニカルシリーズ〉『改訂 タンパク質実験ノート㊦：分離同定から一次構造の決定まで』，岡田雅人，宮崎 香 編，羊土社(2001)．
5) 中山広樹，西方敬人，細胞工学別冊：〈目で見る実験ノートシリーズ バイオ実験イラストレイテッド ②〉『遺伝子解析の基礎』，秀潤社(1998)．
6) P. H. O'Farrell, "High Resolution Two-dimentional electrophoresis of proteins," *J. Biol. Chem.*, **250**(10), 4007(1975)．

---

## コラム　下痢原性大腸菌 O157 の検出

　大腸菌 O157 が原因の食中毒により，多くの命が失われてきた．本菌の検出は，大腸菌 O157 だけがもっている遺伝子の塩基配列部分をポリメラーゼ連鎖反応（PCR 反応）により増やして，増えた DNA 断片をアガロースゲル電気泳動で調べることで検出できる．

　大腸菌 O157 は，電気泳動により増幅された遺伝子断片が検出されるが，ほかの細菌では検出されない．

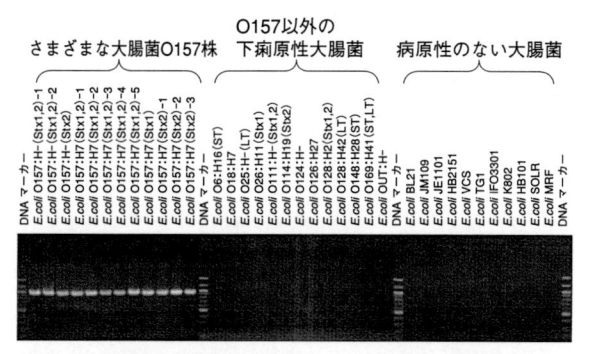

図 7.15　重篤な食中毒を引き起こす下痢原性大腸菌 O157 の PCR による検出

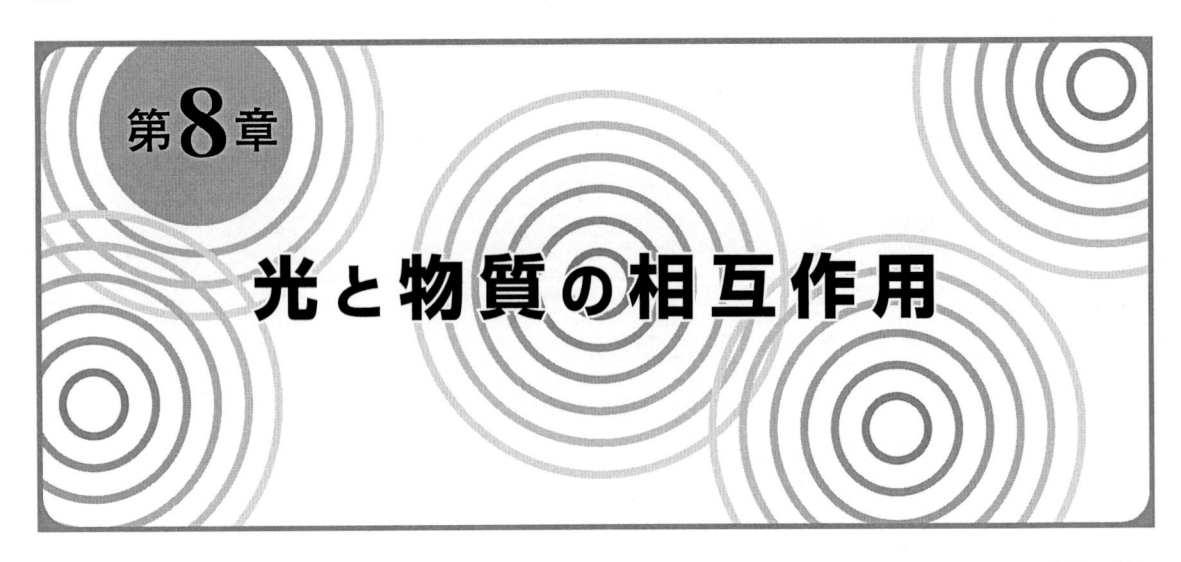

# 第8章 光と物質の相互作用

物質や溶液の着色を見てその成分や濃度を知ろうとすることは，ごく自然に行われる「分析」である．そして現在，色を見る，すなわち光を利用する分析手法は，多くのバリエーションとなり先端分析機器として幅広い分野で活用されている．これらの分析機器を正しく利用するためには，光と物質の相互作用について理解しておくことが必要である．本章では，光とは何か，どのように物質と相互作用をするかなどを，機器分析法の理解を助けるために学習する．

## 8.1 光とは

### 8.1.1 波動性と粒子性

「光とは何か」という疑問について，人類は古代からさまざまな答えを見つけてきた．科学的な考えとしては，電波と同じような波とする考えと，粒子状のものとする考えとがあった．19世紀から20世紀初頭まで，反射，屈折，回折，干渉といった光の性質がマクスウェルの電磁波方程式とよばれるもので完全に説明され，光は電場と磁場が直交して振動する波，すなわち電磁波として取り扱われた（図8.1a参照）．しかし，1905年に発表された光電効果を説明するアインシュタインの光量子説により，光は粒子としても取り扱えることが明らかになった．結局，20世紀はじめの量子論とよばれる学問分野の完成により，光は二重性といわれる波としての性質（波動性）と粒子としての性質（粒子性）の両方をもつものであることが明らかになった．量子論では電子，原子，分子といった粒子からできている物質も波動性をもつことが示された．これによって，光と原子・分子の相互作用が，量子論により統一的に取り扱うことができるようになった．

二重性をもつ光をどのように取り扱ったらよいのだろうか．完全な理解には量子論の知識を必要とするが，ここでは状況に応じて波動として取り扱ったり粒子として取り扱ったりできると理解しておくのが便利である．光を波動として取り扱うとき，通常の波と同じように，波長（$\lambda$），振動数（$\nu$）という性質が定義できる．光速度 $c$（$2.998 \times 10^8 \mathrm{ms}^{-1}$）とすると

---

**光の波としての現象**

分析化学では光子が分子に衝突するとして取り扱ったほうが理解しやすい現象を多くとりあげるが，光が示す波としての現象も多くの科学計測に利用されている．屈折計による濃度測定は，着色していない物質の分析に重宝されている．X線回折を利用した結晶構造解析（第11章），干渉現象によるマイクロメーターの精度での平面性の測定や「流れ」や「渦」の可視化などの応用もある．

**光電効果と量子論**

金属に光を当てると表面から電子が飛びだしてくる現象が19世紀後半に発見された．飛びだす電子のエネルギーは光の波長に依存し，電子の個数は光強度に依存した．これが光電効果であり，光子の衝突で説明する光量子説はわれわれにとって非常に理解しやすい．しかし量子論の完成により，電子の波動性と光の相互作用としても理解できるようにもなった．

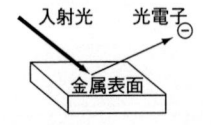

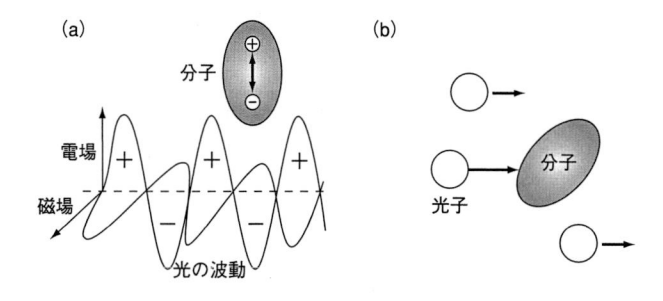

**図 8.1 光と分子の相互作用のイメージ**
(a) 波動としての取扱いの場合，(b) 粒子としての取扱いの場合．

$$c = \nu\lambda \tag{8.1}$$

となる．一方，光を粒子として取り扱うとき，光は質量をもたないエネルギーの塊と考えることができ，光子(photon)とよばれるようになる．光子は原子・分子のように一つずつ数えることができ，光量子説から光子1個のもつエネルギー($\varepsilon$)と波としての光の波長($\lambda$)との間には次の関係がある．

$$\varepsilon = h\nu = \frac{hc}{\lambda} \tag{8.2}$$

ここで，$h$はプランク定数($6.624 \times 10^{-34}$ J s)であり，量子論のいろいろな関係式に現れる重要な定数である．

光と物質の相互作用においても，波動性と粒子性の両方の性質を反映したイメージを考えることができる(図8.1)．電磁波である光は振動する電場をもつため，原子・分子の内部の荷電粒子(電子や原子核)の運動状態を変化させることになる．一方，光を光子として取り扱うとき，相互作用は光子と原子・分子の衝突によるエネルギーの受け渡しとして理解することができる．これら両方の考え方は本質的に同じであるが，物質についての理解が中心である化学の分野では後者のほうがイメージしやすいであろう．

## 8.1.2 光のエネルギー

光には色があるが，実はこれは光のもつエネルギーの違いを反映している．エネルギーの違いによりヒトの眼の中の視覚細胞との相互作用が異なり，結果として脳で異なった色として知覚されるのである．式(8.1)と(8.2)に従えば，光は波動としての波長と光子1個がもつエネルギーにより分類できる(図8.2)．

エネルギーの大小は非常に広い範囲に及び，ある領域ごとに原子・分子と特有の相互作用を示し，個別の名称をもっている．われわれが通常「光」とよぶものは，ヒトの眼に感じることのできる可視光とその前後の紫外線と赤外線の領域であり，エネルギーの広がり全体からすると非常に狭い部分である．そこで，エネルギー範囲全体を取り扱うときには光とよばず電磁波ということが多い．$100\,\mu$mより長波長の電磁波をわれわれは電波とよんでおり，光子と分子の衝突というイメージの相互作用はほとんど起こらず，波動として取り扱うことが多い．約1 nmよ

**図8.2　エネルギーによる光の分類**
可視光部分は拡大して虹の七色をエネルギーの順に並べている．相互作用のうち核磁気共鳴・常磁性共鳴については第12章を参照．

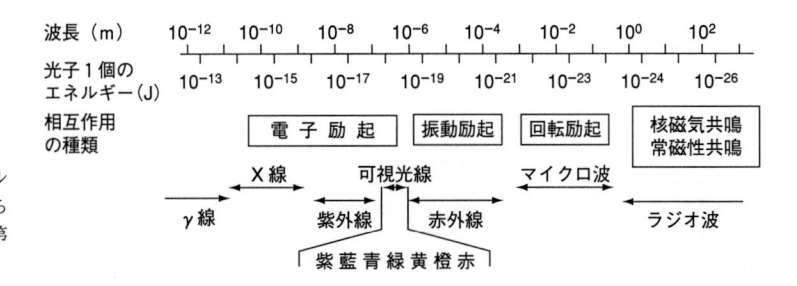

り短波長の電磁波には放射線とよばれるX線とγ(ガンマ)線がある．これらは分子に大きなエネルギーを与えイオン化や放射化させることができる．X線を波動として取り扱うとき，その波長と物質の結晶構造の原子間距離が同程度であるため，回折現象が観測される．これを解析することで結晶構造の決定ができる(第11章参照)．有名なDNA二重らせん構造もこの方法により確認された．

---

**例題 8.1**　波長 550 nm の電磁波は緑色の光である．この電磁波のエネルギーを計算せよ．

**解**　式(8.2)より

$$\varepsilon = \frac{6.624 \times 10^{-34} \times 2.998 \times 10^{8}}{550 \times 10^{-9}} = 3.61 \times 10^{-19} \text{ J}$$

となる．このエネルギーによる視覚細胞中の緑色に応答する分子の構造変化が，光を緑色に感じる最初のステップである．光子1個当たりのエネルギーはあまりに小さいので，分子の質量を取り扱うのに分子量を利用するのと同様に，アボガドロ定数と同じ個数の光子のエネルギーの合計で表示することが多い．

$$\varepsilon = (3.61 \times 10^{-19}) \times (6.02 \times 10^{23}) = 2.17 \times 10^{5} \text{ J/mol}$$
(単位の違いに注意)

光のエネルギーという言葉とは別に，光強度，光量といった用語がある．これらは光子の個数の多少を表しており，電磁波として取り扱うときには，波長は一定で振幅が変化することに相当する．

---

## 8.2　光による分子の励起と緩和

### 8.2.1　エネルギー準位

前節で光と物質の相互作用は光子と原子・分子の衝突によるエネルギーの受け渡しとして取り扱うことができると述べた．そこで原子・分子のエネルギー状態，すなわちエネルギー準位について理解しておく必要がある．原子は球状であり点中心をもつから，エネルギー準位は単純である．しかし，分子は原子が多数結合

してできており形も多様なため，エネルギー準位は複雑になる．以下は分子についてまとめる．

　分子中の電子は分子軌道とよばれる軌道に入っており，安定な状態では原子核に近い内側の軌道から順に詰まっている．この電子配置のエネルギー準位を電子基底状態という．光子と分子が衝突することで電子はエネルギーを得て，高いエネルギーの外側の分子軌道へと移る(電子遷移)．こうしてできた電子配置のエネルギー準位を電子励起状態という．この様子を図8.3の左側に模式的に示した．

　分子は振動と回転という原子核間の相対的な運動に基づくエネルギー状態ももっている．振動エネルギーは電子遷移エネルギーに比べ，数十分の一から数百分の一程度と小さく，回転エネルギーは振動エネルギーのさらに数十分の一から数千分の一程度と非常に小さい．したがって，振動・回転励起は電子遷移に比べエネルギーの小さい長波長側の光と相互作用する．電子，振動，回転のエネルギー状態は，光が光子として取り扱えるのと同様にとびとびのエネルギー値をもつこと(このことを量子化されているという)がわかっている．そこで各エネルギー準位を線で表し，その相対的な関係をエネルギー準位図として図8.3にまとめた．電子，振動，回転いずれのエネルギー準位も物質の構造と密接に関係しており，エネルギー準位を知ることは物質の構造を知ることにほかならない．

　電子，振動，回転のエネルギーは，それぞれの種類ごとに別々の電磁波を吸収・放出するわけではない．これらのエネルギーの総計として図8.3のように多数の準位があり，ある準位間が1光子のエネルギーに相当すれば，その光子が吸収あるいは放出される．また，多数の準位の存在のために分子の電子遷移を起こす光子は特定の単一波長(エネルギー)ではなく，一般に波長に広がりがある．

### 8.2.2 光の吸収と発光

　図8.3に示したように分子は励起されるが，その過程で光子エネルギーは分子

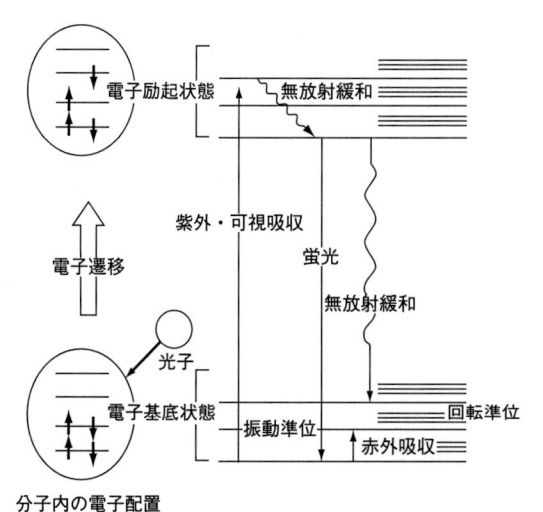

**電子の軌道**

光を粒子として取り扱ったり波動として取り扱ったりして理解しやすくするように，分子中の電子もイメージとして二つの捉え方がある．一つは，マイナスの電荷をもった粒子が円軌道をまわっているイメージである．もう一つは，電子雲(電子の存在確率分布)として原子核のまわりに広がったイメージであり，これらを使い分けて理解すると便利である．円軌道のイメージでは内周より外周のほうが不安定でエネルギー的に高い状態にある．したがって，内から外への電子の移動で光吸収が起こり，外から内への移動では発光が起こる．

図8.3　光子による電子励起と分子のエネルギー準位図

## 遷移確率

日常の現象の延長として光子の衝突により分子が励起されるとイメージすると，1回の光子の衝突で必ず励起されるように思う．しかし，実際には10回，100回と数多く光子が衝突するうちにはじめて励起される確率的な過程であり，その割合を遷移確率とよぶ．同様に，蛍光現象もすべての励起分子が一定の時間後に一斉に発光するのではなく，分子がある確率でエネルギーを光として徐々に失う．したがって，蛍光は励起直後に最も強く，その後は徐々に減衰する．光吸収や発光などを原子・分子レベルで取り扱うときには，このような確率での考えが重要になる．

## 多光子過程

光励起は共鳴的であり，通常の光強度では電子の励起は1個の光子との衝突で起こる．しかし，レーザーのような強い光を使うと，2個の光子が同時に衝突する確率が高くなり，2光子分のエネルギーをもった励起状態が生成しそこから新たな蛍光が発生する現象が観測される．これは多光子過程とよばれ，2光子衝突のときのみ発生するため，1光子過程と区別して検出でき，選択性や感度の向上に利用される．

## 白色光と単色光

光の三原色は赤・緑・青（R・G・Bと表示）であるが，それはヒトがそれぞれに対応する三種類の視覚細胞をもっているからである．この三原色の光を重ねると，三種類の視覚細胞が同時に応答し白色と認識される．そこで可視光領域の波長を連続して含む光を白色光とよぶ．一方，単色光はピーク中心波長を一つもった光であるが，その波長幅は非常に狭いレーザー光（0.001 nm）から光学フィルターで取りだした光（数十 nm）までいろいろである．

---

内の電子エネルギーとなり，光子は消滅する．この現象が光の吸収に相当し，図8.3に上向きの矢印として示されている．光子が消滅するといえるのは，光によるエネルギーの受け渡しが，部分的に行われるのではなく，準位間のエネルギー差に完全に一致したときにのみ行われるためであり，共鳴的励起といわれる．波長ごと，すなわちエネルギーごとに吸収光量を測定したものは吸収スペクトルとよばれ，分子のエネルギー準位を反映した物質特有のものとなり，光による分析手法の基本となる（第9章参照）．

エネルギーを吸収した分子は不安定であり，ある時間後にそのエネルギーを放出し，基底状態へ戻る．この緩和過程には，光を放出するもの（蛍光）と熱エネルギーとなり周囲の温度を上昇させるもの（無放射緩和）がある．強い蛍光を示す分子は少ないが，蛍光スペクトル測定も吸収スペクトル測定と同様に重要な分析手法である．最近は無放射緩和により発生した熱を利用する光音響法やサーマルレンズ法などの高感度な分析手法も開発されている．

## 8.3 分光測定技術

### 8.3.1 光の発生と分光

光と物質の相互作用を調べるには，波長ごとに吸収や発光の強度を測定することになる．そのためには連続した幅広い波長の光（白色光）から特定の波長の光（単色光）を取りだす必要がある．この操作を分光という．白熱したフィラメントを用いるランプ光源からの発光は白色光であり，分光器（モノクロメーター）や光学フィルターと組み合わせて利用する．光を分光する方法にはおもに，波長ごとの屈折率の違いを利用するもの（プリズム）と，波長により回折角度が異なることを利用するもの（回折格子）とがある．図8.4にそれらを模式的に示すが，いずれも入射した白色光は反対側に虹色に分解されて現れる．必要な波長の位置にスリットとよばれる細いすきまを置くことで単色光を取りだすことができる．現在，製造技術や取り扱いの容易さからほとんどの分光器には回折格子が使われている．

最近は，発光の原理から分光することなく単色光が得られる光源もある．最も身近にあるのが発光ダイオード（LED）である．二種類の半導体接合面において電子が流れるとき，流れやすさの違いから余分なエネルギーが光となって放出される現象を利用するものである．小型で電気エネルギーから光への変換効率が高い光源として，日常生活では電球や蛍光灯に代わるものとして期待されている．単色光源としても現在は近赤外線〜可視光〜紫外線までカバーする数多くの波長が利用できる．強力な光源として知られているレーザーも単色光源である．レー

図8.4 分光の原理
(a) プリズムの場合，(b) 回折格子の場合：スリットにより緑色の光を取りだしているところ．

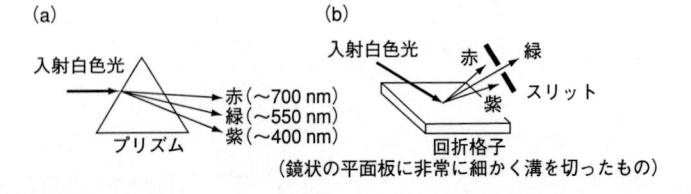

(a) 入射白色光 → プリズム → 赤（～700 nm）／緑（～550 nm）／紫（～400 nm）

(b) 入射白色光 → 回折格子（鏡状の平面板に非常に細かく溝を切ったもの）→ 赤／緑／紫 → スリット

> **コラム** ― レーザー ―
>
> レーザー(laser)は20世紀最大の発明の一つとされ，21世紀はエレクトロニクスに代わりレーザーを使った光通信技術などフォトニクスの時代になると期待されている．分析化学でもレーザーを使った多くの高性能分析法が開発されている．レーザー光には，輝度，指向性，単色性に優れているといった，目に見えて理解しやすい特徴以外にも，小さなスポット($\mu m$以下)に集光できる，短パルス光(ナノ秒〜フェムト秒)が発生できる，干渉を容易に起こすことができるという通常の光には不可能な特徴がある．これら原因を一言で表すと，レーザーはコヒーレント光であるから，となる．コヒーレントとは位相が揃っているという意味であり，レーザー光中の個々の光子が波としても，すべて位相を揃えているということである．ちなみに対比から通常の光はノンコヒーレント光とよばれる．分子1個が検出できる超高感度分析，高分解能分光による詳細な分子構造解析，表面や界面の分子レベルの局所分析，反応中間体の直接検出を可能にする高速時間分解測定，数kmもさきの成分分析を行うリモートセンシングなど，いずれもレーザーの特徴を生かして可能になったものである．

ザー光は，高輝度，指向性が高い(ビームとして真っすぐに進む)，単色性に優れている(波長幅が非常に狭い)といった特徴をもっており，単色光源として理想的であるが，大型の電源装置や精巧な光学装置を必要とし，特殊な用途に限られていた．しかし最近，LEDの発光原理を発展させた半導体レーザー(レーザーダイオード，LD)が開発され，それを組み込んだ使い勝手のよいレーザー光源が利用できるようになってきている．

## 8.3.2 光の検出

機器分析では測定量は最終的に電気信号として処理される．分光測定では光を電気信号に変換する光検出器が必要となる．変換原理には光電効果を利用したもの(光電管や光電子増倍管)や，さきに述べたLEDの原理を逆に使って光が当たると半導体に電子が流れるもの(フォトダイオード，PD)などがある．光検出器には，波長に依存した特有の感度があり，強度を正しく比較するためには補正を必要とする．また，広い波長範囲を測定するためには複数の検出器を組み合わせる必要もでてくる．

半導体製造の高度集積化技術の進歩によりイメージセンサーとよばれる光検出器も利用されるようになってきた．数十$\mu m$幅のPDを直線的に並べたフォトダイオードアレイ(PDA)や数$\mu m$四方のPDを数十万から数百万個二次元的に並べたCCD検出器がある．前者はコピー機のスキャナー部分，後者はデジタルカメラに組み込まれているが，分光測定にも使用される．従来の分光器ではスリットにより単色光を選択したが，イメージセンサーをスリットの代わりに置くと，いちいち単色光を取りだして測定(波長掃引，波長スキャンという)することなくスペクトルが瞬時に測定できる．これはポリクロメーターあるいはマルチチャンネル分光器とよばれ，分析機器の高機能化に役立っている．

最近，光の照射や分光装置への光の導入に光ファイバーが利用されている．光

**光電子増倍管**
光電効果は光検出器の原理として利用されている．光子1個の衝突により飛びだした電子1個は真空管中で印加電圧により加速され，別の金属表面に衝突し複数個の電子(二次電子)を発生する．これを繰り返すことで電子数を増し，大きな電気信号を得る．これが光電子増倍管(PMT)とよばれる光検出器で，光子を1個ずつ計数(フォトンカウンティング)することができ，微弱光検出には欠かせないものとなっている．

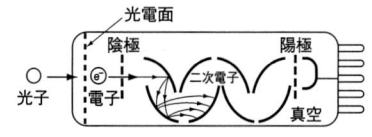

屈折率の高い部分　屈折率の低い部分

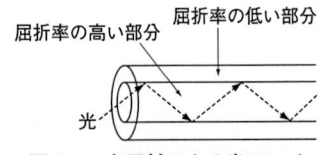

光

**図 8.5　全反射による光ファイバーへの光の閉じ込め**

ファイバーを利用するとミラーを使わずに光路を自由に曲げることができ，装置を小型化したり機能を高めたりするうえで有利になる．光が屈折率の高い物質から低い物質へ進むとき，ある入射角（臨界角）以上では透過することができなくなり，すべての光が境界面で反射されてしまう．この現象を全反射とよび，光ファイバーでは内部の材質の屈折率を変化させてこれを実現している（図 8.5）．

## 章 末 問 題

**問題 8.1**　電子レンジは周波数 2.45 GHz のマイクロ波で水分子を振動させることにより加熱する．このマイクロ波の波長を計算せよ．

**問題 8.2**　水銀灯のおもな波長 254 nm の紫外線は強い殺菌効果を示す．この光子エネルギーを計算せよ．

**問題 8.3**　分光器の波長分解能を決める因子にはどのようなものがあるか．その原理から考えてみよ．

## 参 考 文 献

1) 井上晴夫，高木克彦，佐々木政子，朴　鐘震，〈基礎化学コース〉『光化学 I』，丸善（1999）．
2) 北森武彦，宮村一夫，〈基礎化学コース〉『分析化学 II　分光分析』，丸善（2002）．

# 第9章 分子分光分析

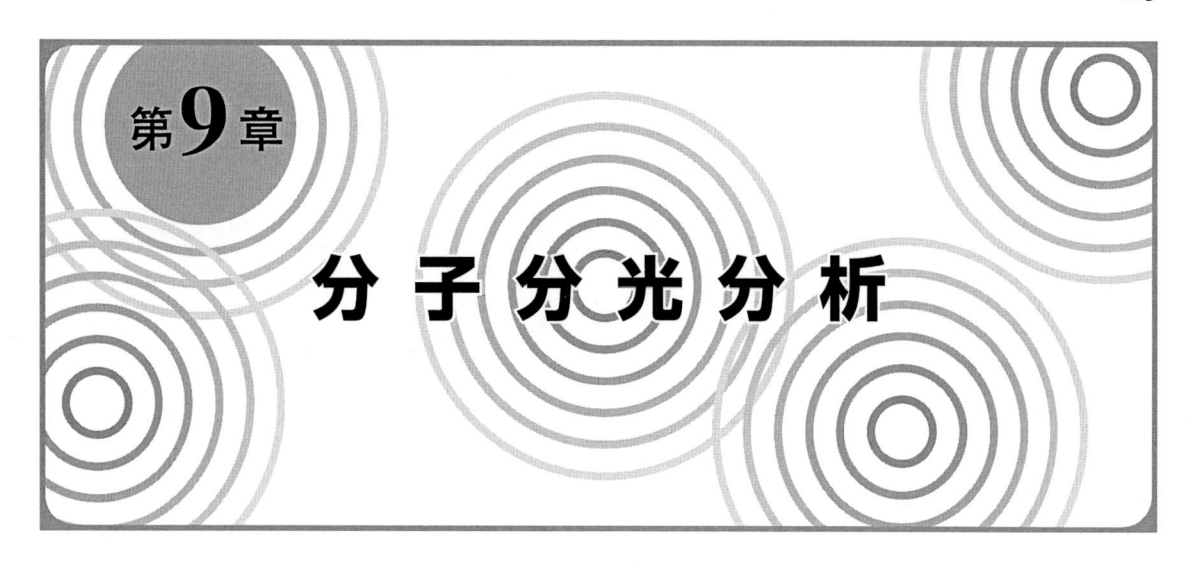

物質に照射された光は，第8章「光と物質の相互作用」で述べたように，光子エネルギーに等しい分子の特定のエネルギー状態とのみ相互作用する．そのため，透過光や蛍光の波長ごとの強度分布（スペクトル）を測定すれば，物質を構成する分子の量や構造についての情報を得ることができる．この方法は分子分光分析とよばれ，化学反応を利用しないために非破壊である．光を電気的に測定することで迅速かつ高感度・高精度な応答を得ることができるといった特徴をもち，クロマトグラフィーなどほかの分析法の検出原理としても重要なものである．ここでは主要な分子分光分析である紫外・可視吸光度法，蛍光法，赤外吸収分光法，ラマン分光法について学習する．

## 9.1 紫外・可視吸光度法

吸光度法は溶液の色が濃いほど着色物質の濃度が高いということを定量的に取り扱い，物質の濃度を求める方法である．使用する波長は紫外（ultraviolet）光と可視（visible）光の領域であり，それぞれ UV，VIS とよばれ，測定法自身も同じ名称でよばれることがある．また，この波長領域の吸収では電子状態の遷移が起こるため，電子状態に影響する分子構造の推定など物質の同定にも利用される．

### 9.1.1 ランバート-ベールの法則

分析対象分子が吸収する単色光を試料溶液に通すと，光強度は指数関数的に減衰し，次式で表される（図9.1a）．

$$I = I_0 e^{-\varepsilon Cl} \tag{9.1}$$

$I$：透過光強度　　$I_0$：入射光強度
$\varepsilon$：モル吸光係数　　$C$：試料溶液のモル濃度
$l$：溶液の厚み，光路長ともいい，通常は光路長 1 cm のセルを使用して測定する．

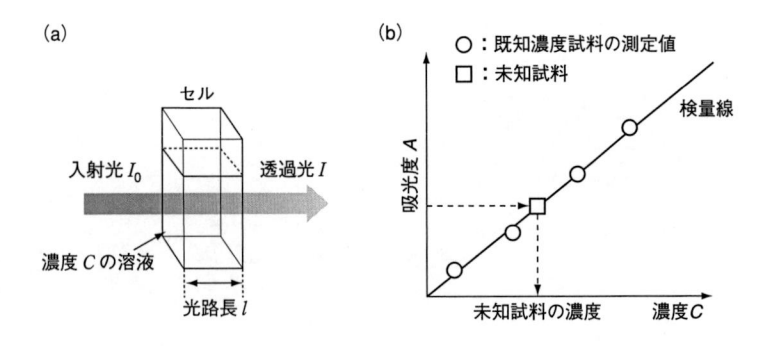

**図 9.1 吸光度法の原理**
(a) 試料セルを透過する光の減衰．
(b) 検量線と濃度測定．

これはランバート–ベール（Lambert–Beer）の法則といわれ，光吸収による定量分析の基本となる関係式である．モル吸光係数は分子固有の値で，大きいほど光を多く吸収する物質ということになる．式(9.1)を変形し，吸光度（absorbance）$A$を定義する．

**吸光度とモル吸光係数の単位**
吸光度は無次元の量であるため単位はないということになるが，慣用的に吸光度の数字の次に Abs と表示する．モル吸光係数の単位は $M^{-1}\,cm^{-1}$ と表示される．$M \equiv mol/L$ であり，光路長 1 cm での濃度 1 mol/L の溶液が示す吸光度がモル吸光係数ということになる．

$$A = \varepsilon C l = -\log \frac{I}{I_0} \tag{9.2}$$

ここで $I/I_0$ は透過度 $T$，その百分率は透過率 $T\%$ とよばれる．吸光度 $A$ は濃度 $C$ と比例関係にあり，モル吸光係数のわかったものを光路長 1 cm のセルで測定すれば，ただちに濃度 $C$ が算出できる．これが吸光度法の原理である．実際には，正確なモル吸光係数が不明である，測定精度を向上させるなどのために，既知濃度の溶液の吸光度を最大吸収波長で測定し，図9.1(b)に示すような検量線をあらかじめ求め，未知試料の濃度を決定する．分光光度計の構成を図9.2に示す．

**図 9.2 分光光度計の構成（複光束式）**

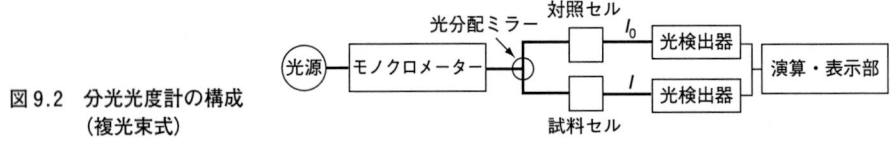

---

**例題 9.1** 物質 A のモル吸光係数は波長 500 nm において $6100\,M^{-1}\,cm^{-1}$ である．物質 A の水溶液の吸光度が 0.434 Abs であるとき，この溶液の濃度を計算せよ．

**解** 式(9.2)より

$$0.434 = (6100\,M^{-1}\,cm^{-1}) \times C \times (1\,cm)$$
$$C = 0.434/6100 = 7.11 \times 10^{-5}\,mol/L$$

ちなみに，このときの透過率は

$$T\% = (10^{-0.434}) \times 100 = 36.8\,\%$$

となる．吸光度法では透過率があまりに小さくても逆に大きすぎても，精度

のよい測定ができない．$T$ ％で 10～80 ％，$A$ で 1～0.15 になるよう試料濃度を調整する．

### 9.1.2 発色反応

紫外・可視領域に目的物質の吸収がないあるいは弱いといった場合には，化学反応を利用して発色（呈色ともいう）させたあとに吸光度法により分析する．錯形成反応（第 2 章参照）を利用した金属イオンの定量分析は，吸光度法の最も重要な応用例である．たとえば，鉄（II）イオンは 1,10-フェナントロリンと以下のような反応により赤色の錯体を生成する．

生じた錯体のモル吸光係数は $10^4$ と大きく，分析感度の向上に直接的に結びつく．また，錯形成反応の生成定数の違いを利用し特定の金属イオンとのみ安定な発色反応をさせ選択性を付与することもでき，いろいろな金属イオンの分析に適した発色試薬が開発されている．さらに，溶媒抽出などの分離操作（第 4 章参照）と組み合わせることで，発色した分析対象だけを選択的に抽出濃縮でき，よりいっそうの高感度化を達成することができる．

金属イオンの発色反応による定量以外にも，アンモニア態窒素を定量するインドフェノール法やリン酸イオンを分析するモリブデン青法など，多くの目的に応じた発色反応がある．

## 9.2 蛍光法

分子には光吸収した後，効率よく蛍光を発するもの（蛍光性分子）がある．この蛍光スペクトルの形状と強度を測定し，試料の濃度と種類を決定するのが蛍光法である．蛍光法の最大の特徴は，検出感度が非常に高いことである．これは吸光度法を昼間の明るさの中で星を見ようとしていることにたとえると，蛍光法は夜空に星を見ることに相当すると考えれば理解できよう．しかし，蛍光性分子の種類は非常に少なく，適用範囲が限られるのが欠点である．

### 9.2.1 励起スペクトルと蛍光スペクトル

蛍光法では，蛍光の測定波長を固定し励起光の波長をスキャンして得られる励起スペクトルと，励起光の波長を固定して得られる蛍光スペクトルがある．そこで最適の励起波長と蛍光波長を選ぶことができるため，吸光度分析に比べ選択性が高くなる．両者の関係を図 9.3 に示す．発光機構に大きな変化がなければ光を

---

**円二色性**

光の性質の一つに偏光がある．電磁波の振動面が特定の方向に向いたり（直線偏光），左右一定方向に回転したり（円偏光）しているものである．このような光は互いに鏡像関係にあるような（キラルという）物質と相互作用するとき，その応答が異なる．たとえば，左右円偏光に対するモル吸光係数が異なる．これを円二色性（CD）という．CD スペクトルの測定はキラリティーが重要な意味をもつタンパク質や DNA の構造解析に威力を発揮する．

**蛍光寿命**

蛍光性分子をパルス光で励起すると蛍光は直後に最大強度を示し，徐々に指数関数的に減衰していく．蛍光が最大強度の $1/e$ になるまでの時間を蛍光寿命とよび，蛍光性有機分子で数ナノ秒という高速の現象である．この測定には特殊な装置を必要とするが，励起状態の緩和過程について直接的な情報を与えてくれる．蛍光プローブ法において利用価値が高い．

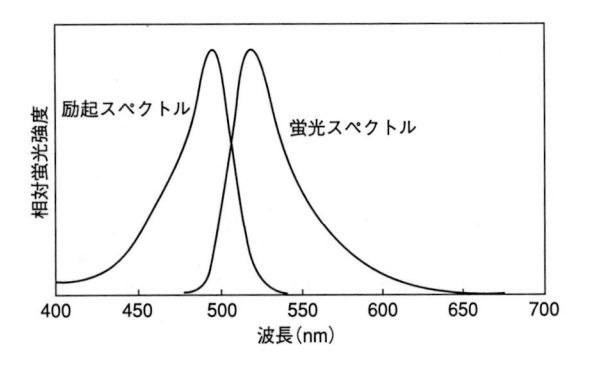

**図 9.3** 蛍光性分子フルオレセインの励起・蛍光スペクトル

吸収するほど発光が強くなるので，励起スペクトルは吸収スペクトルと同様の情報を含んでいる．典型的な場合には，短波長側に現れる励起スペクトルと長波長側に現れる蛍光スペクトルは左右対称の鏡像関係になる．

吸収した光量に対して蛍光となった光量の比を蛍光量子収率という．これが大きいほど分子の検出感度が高くなる．蛍光性分子として知られるクマリン，フルオレセイン，ローダミンでは蛍光量子収率は 0.9 程度であるが，0.1 を超える分子は数少ない．蛍光強度は光源強度や測定分解能により変化し，蛍光量子収率も励起波長や溶媒に依存する．したがって，蛍光法を定量分析に用いる場合には，分析対象と同じ条件で測定された検量線を用いることが必須である．

### 9.2.2 蛍光標識と超高感度分析

蛍光法の適用範囲を広げるためには，フルオレセインのような大きな蛍光量子収率をもつ分子を化学反応などにより分析対象に標識する方法(蛍光ラベル化法)がとられる．うまく蛍光標識できれば，ほかの分子が蛍光を示さないため目的成分を選択的に検出できる．アミノ酸や核酸といった比較的試料量が少なく低濃度での処理が必要とされる生体関連物質に適した蛍光ラベル化剤が数多く市販されている．また，蛍光性分子には蛍光スペクトルの形状や強度が溶媒の極性など周囲の影響を受けやすいものがある．そのような分子を細胞内の微細な領域に取り込ませると，その場所の性質(極性や粘度)を測定するといったことにも可能になる．これは蛍光プローブ法とよばれる．

蛍光強度は励起光が強いほど大きくなり，高感度測定が可能になる．そこで，励起光源にレーザーを使用すると感度は飛躍的に向上する．よく準備された実験条件下では溶液中の分子 1 個からのレーザー励起蛍光が測定可能であり，分子 1 個ずつの動きや性質の測定ができる．具体的には，蛍光標識された生体分子の細胞内での移動を顕微鏡下で直接観測することが可能になっている．

## 9.3 赤外吸収分光法とラマン分光法

図 8.2(p.123)より赤外線領域の光は分子の振動状態と相互作用する．量子論の解析から，分子振動はランダムに起こっているのではなく，近くにある原子間

の基本的な振動(基準振動)の重ね合わせであることが明らかになっている．基準振動は，原子を玉に，化学結合をバネにモデル化することで理論的にも計算でき，赤外吸収スペクトルを測定すれば分子構造について詳しい情報を得ることができる．これを赤外吸収分光法といい，赤外(infrared)の語からIRともよばれる．

振動エネルギーより大きなエネルギーをもつ可視光が分子と相互作用するとき，電子励起状態の生成以外にラマン散乱とよばれる相互作用が起こる．一般に励起状態の生成を伴わない相互作用を散乱とよび，散乱の大部分はレイリー散乱という入射光と同じ波長の光となる．一部に振動エネルギーの増減分だけ波長が変化（ラマンシフト）した光が観測される．これを発見者にちなんでラマン散乱とよぶ．このラマンシフトの解析も，赤外吸収分光法と同じように分子構造についての情報を与えてくれる．

### 9.3.1 赤外吸収分光

基準振動がどのようなものか，水の場合を図9.4に示す．結合の長さが変化する伸縮振動($\nu$と表示される)と結合角が変化する変角振動($\delta$)に大きく二分され，さらに対称(s)，逆対称(as)，面内，面外などに分類される．量子論の取扱いから，赤外吸収は分子振動に伴って双極子モーメントが変化する基準振動において観測され，一方ラマンスペクトルは分子振動に伴って分極率が変化する基準振動において観測される．そうした振動をそれぞれ赤外活性，ラマン活性とよぶ．空気中の窒素や酸素といった等核二原子分子では双極子モーメントがゼロであるため赤外不活性である．一方，水は大きな双極子モーメントをもつため強い赤外吸収を示し，水溶液状態でのIRスペクトルは測定できない．このようにIRスペクトルの測定では，溶媒やセル材質の赤外吸収を避けるため，試料をKBr粉末で錠剤にする，NaCl板に挟むなど特殊な準備が必要になる．

赤外吸収スペクトルは波長2.5～25 $\mu$m領域で測定されるが，歴史的に次式で定義される波数$\tilde{\nu}$(単位はcm$^{-1}$)により表示されることが多い．

$$\tilde{\nu} = \frac{1}{\lambda} \qquad (9.3)$$

波数は波長の逆数であり，1 cm当たり光の波がいくつあるかを示す．波数での測定領域は4000～400 cm$^{-1}$となるが，波数はエネルギーに対して比例関係があり，スペクトルは等間隔の波数に対して表示される．赤外吸収分光光度計には，分散型とよばれる紫外・可視分光光度計と同じように回折格子分光器を使用する

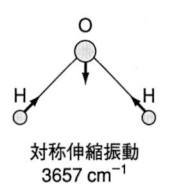

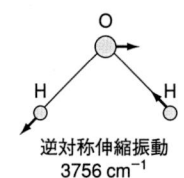

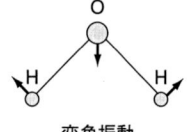

**近赤外分光**

近赤外線とは可視光と赤外線の間の波長800～2500 nm領域の光である．分子振動の倍音や結合音が複雑に重なり合って現れるが，最新のコンピュータデータ解析理論と組み合わせ，分析化学への応用が進んでいる．紫外・可視吸光度法に比べ吸収が弱いため希釈などの操作を必要としない．赤外吸収分光法と異なり水分子の影響を受けにくいなどの特徴を生かし，試料調製をせず現場でそのままの状態で分析操作を行うこと(オンサイト分析)ができる．たとえば，果実の糖度を次つぎと測定しながら選果をしていくといったことに応用されている．

対称伸縮振動　　　逆対称伸縮振動　　　変角振動
3657 cm$^{-1}$　　　3756 cm$^{-1}$　　　1595 cm$^{-1}$　　図9.4　水分子の基準振動

ものと，干渉計を構成しフーリエ変換という解析方法を使うものがある．フーリエ変換を利用するものは FTIR(fourier transform infrared)とよばれ，感度や分解能が高く，少量の粉末試料で測定可能といった特長があり，現在，主流となっている．

簡単な有機分子の例としてアセトンの IR スペクトルを図9.5に示す．特徴的な部分構造(官能基)の基準振動が明瞭なピークを与えており，それらは特性吸収帯とよばれる．いろいろな化合物中の官能基に対して予想される特性吸収帯の波数領域と強度が表にまとめられており，これをもとに未知化合物の構造が推定できる．さらには1万種類を超える多くの化合物の赤外吸収スペクトルがデータベース化されており，それを利用した未知化合物の同定も可能となっている．特性吸収帯の典型的な出現領域を図9.5下部に示す．玉とバネのモデルから予想されるように，軽い水素原子の伸縮振動は大きなエネルギーをもち，最も高波数側に表れる．1500 cm$^{-1}$以下の領域はエネルギーが小さいため倍音振動(基準振動が2倍，3倍励起されたもの)や結合振動(複数の基準振動が同時に励起されたもの)が重なり複雑になる．結果としてこの領域は分子全体の特徴を示す場合が多く，指紋領域とよばれる．

### 9.3.2 ラマン分光法

四塩化炭素のラマンスペクトルを図9.6に示す．中心の大きなピークはレイリー散乱である．ラマン散乱光のうち，光のエネルギーが振動エネルギー分減少して長波長側に現れるものをストークス線，振動エネルギー分増加して短波長側に現れるものをアンチストークス線とよぶ．通常，強度の大きいストークス線のほうを分析に利用する．ラマンスペクトルの測定には強度が大きく単色性に優れたレーザー光源が適しており，ラマン分光装置はレーザー光とレイリー散乱光を防ぐ高性能の光学フィルターや高分解能の分光器により構成されている．

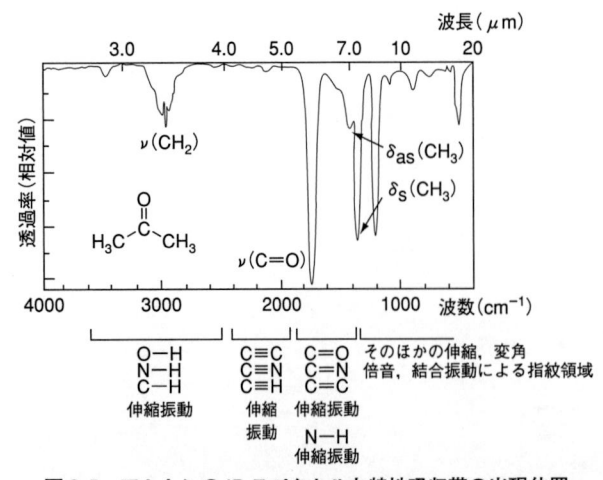

図9.5 アセトンのIRスペクトルと特性吸収帯の出現位置

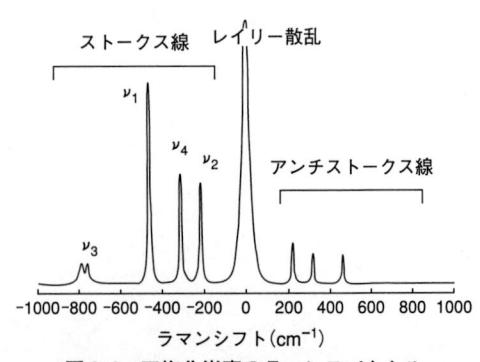

図9.6 四塩化炭素のラマンスペクトル
$\nu_1$：全対称伸縮振動，$\nu_3$：伸縮振動，$\nu_2$，$\nu_4$：変角振動．

## コラム　感度と検出限界とダイナミックレンジ

分光分析において感度は最も大きな要素の一つである．とくに先端科学分野では ppt（1兆分の1）の変化が検出できなくてはならないものが数多くあり，超高感度分析が必要とされる．分析感度の定義は濃度変化に対する測定量（吸光度や蛍光強度）変化の割合であり，検量線の傾きに相当する量である．しかし，われわれは普通，どれだけ低濃度の測定ができるか，つまり検出限界が低いことを感度が高いといっている．検出限界は最良の条件下で紫外・可視吸光度法で $10^{-8}$ mol/L，蛍光法で $10^{-11}$ mol/L，レーザーを使った蛍光法では $10^{-14}$ mol/L にもなる．このような検出限界を得るためには，選択性の高い分離・検出方法の利用やバックグラウンドを抑える工夫など，分析操作全体への検討が必須である．

実際の分析操作で重要な要素の一つにダイナミックレンジがある．検出限界と検出可能な最大濃度（検量線が飽和し，定量できなくなるところ）との比をダイナミックレンジといい，どんなに感度がよくてもこれが小さいと，いちいち希釈などで濃度を調整しないといけないため実用的でなくなる．蛍光法は吸収法に比べ，感度だけでなく一桁ほどダイナミックレンジが広いのも大きな利点となっている．

基準振動は，赤外活性，ラマン活性，あるいはその両方となるが，対称中心をもつ分子では対称中心に対して対称な振動はラマン活性，逆対称な振動は赤外活性と，どちらか一方に分類される．これを相互禁制則といい，ラマンスペクトルと赤外吸収スペクトルはまったく異なったものになる．対称中心をもたない分子でも O-H のような極性官能基の振動は赤外吸収が強くラマン散乱が弱い，C-C のような極性が弱い結合は赤外吸収が弱くラマン散乱が強いといった同様の傾向を示す．これを利用してスペクトルの各ピークがどのような振動に帰属されるか検討することができる．

赤外吸収法と比べたラマン分光法の特徴は，水のラマン散乱が弱いため溶媒として水が使えることである．もう一つの特徴は局所分析ができることである．光源のレーザーは小さなスポットに集光できるため，赤外吸収分光法を顕微鏡と組み合わせたもの（～10 $\mu$m）に比べ，より微小な領域（～1 $\mu$m）の成分分析が高感度にできるようになる．

### 章末問題

**問題 9.1** 物質 X の $1.00 \times 10^{-5}$ mol/L の水溶液を調製し，380 nm での透過率を測定すると 58.2 % であった．物質 X のモル吸光係数を算出せよ．
**問題 9.2** 蛍光標識に使われる蛍光量子収率の大きな分子につき調べよ．
**問題 9.3** 水の対称伸縮振動は 3657 $cm^{-1}$ に現れる．その波長を計算せよ．
**問題 9.4** 波長 720 nm で励起したラマンスペクトルにおいて，水の対称伸縮振動のストークス線はどれくらいの波長に現れるか計算せよ．

### 参考文献

1）北森武彦，宮村一夫，〈基礎化学コース〉『分析化学Ⅱ　分光分析』，丸善 (2002).
2）梅沢喜夫，北森武彦，木村博子，下田満哉，角田欣一，馬場嘉信，〈基礎化学コース〉『分析化学Ⅲ　超微量分析』，丸善 (2004).
3）M. Hesse, H. Meier, B. Zeeh 著，野村正勝 監訳，『有機化学のためのスペクトル解析法』，化学同人 (2000).

# 第10章 原子分光分析

　表面温度が約 6000 K の太陽は可視域を中心にほぼ連続的な波長の電磁波を放出している．この太陽光をプリズムに通して白いスクリーンに投影すると，白色光が虹の七色に分かれるのを観察することができる．このスペクトルをさらに詳しく調べると，とびとびに暗い部分（暗線）が認められる．この暗線は，発見したドイツの物理学者にちなんでフラウンホーファー(Fraunhofer)線とよばれる．主要な暗線の中で長波長側から四番目の暗線は 589 nm にある．この波長の電磁波は黄色で，ナトリウムの炎色反応で観測される輝線と一致する．そのほかの暗線もさまざまな元素の輝線と一致する．これは太陽から放射された連続光が，太陽の周辺の温度が比較的低い領域に存在するいろいろな原子によって，ある特定の波長の電磁波だけが吸収されるために起こる現象である．

　このように，ある元素が原子の状態で存在すると，その元素に特有の波長の電磁波を吸収するし，一方炎色反応のようにある特定の波長の電磁波を放出する現象が観測され，その吸収・放出の程度は原子の存在量と関係づけられる．この現象を定量分析に利用したものが，現在最も普及した無機成分の機器分析法の一つとなっている．

## 10.1　原子吸光分析法

　ある波長の電磁波が原子蒸気層を通過するとき，基底状態の原子（最外殻電子が最もエネルギーの低い軌道に存在する原子）が電磁波を吸収して励起状態（最外殻電子が高いエネルギー状態の軌道に存在）になる．水溶液中で着色物質により起こる光吸収現象と同様に，この原子による光吸収現象（原子吸光, atomic absorption）を利用して定量分析を行う方法を原子吸光分析法（atomic absorption spectrophotometry）とよぶ．この分析法は，1950 年代に実用化された．選択性に優れているため共存成分が存在しても目的元素の定量を行うことができ，高い感度を有するため ppm（mg kg$^{-1}$）や ppb（$\mu$g kg$^{-1}$）レベルの微量成分の定量を直接行うことができる．そのため，工業分析，食品分析，環境分析，臨床分析など，

さまざまな分野において最も普及してきた．

### 10.1.1 原理

#### (a) 原子吸光

原子のもつエネルギーは最外殻の電子のエネルギー状態により決まる．ナトリウム原子を例にとると，その基底状態の電子配置では，下に示したように M 殻の 3s 軌道に 1 個の電子が存在する．ただし，右肩の数字はそれぞれの軌道に存在する電子数である．この電子が固有のエネルギーを吸収すると，より不安定な軌道（たとえば 3p 軌道）に移り，励起状態となる．

基底状態　$(1s)^2(2s)^2(2p)^6(3s)^1$　→　励起状態　$(1s)^2(2s)^2(2p)^6(3p)^1$

いま基底状態で $E_0$ のエネルギーをもつナトリウム原子がエネルギーを吸収して，最外殻電子が 3s 軌道から 3p 軌道に励起され，原子が $E_1$ のエネルギーをもつようになるとする．その吸収に必要なエネルギーはどのようなものでもよいのではなく，式(10.1)で示されるように，二つの状態間のエネルギー差と等しいものに限定される．また，そのエネルギーの授受は電磁波を通じて行われるのが普通である．

$$\Delta E = E_1 - E_0 = h\nu = \frac{hc}{\lambda} \tag{10.1}$$

ここで $h$ はプランク定数($6.626 \times 10^{-34}$ J s)であり，$\nu$(s$^{-1}$)，$c$ ($3.00 \times 10^8$ m s$^{-1}$)，$\lambda$(m)はそれぞれ電磁波の振動数，速度，波長を表す．$\Delta E$ の値はそれぞれの元素により異なるため，目的とする元素の原子吸光に必要な波長の電磁波を当てれば，その原子のみに基づく吸光現象が観測される．

---

**例題 10.1**　Na の炎色反応は黄色である．この光の波長は 589 nm であり，Na 原子の最外殻電子が 3p 軌道から 3s 軌道に移る際に放出される．最外殻電子が 3p 軌道にある原子と 3s 軌道にある原子のもつエネルギーの差を求めよ．

**解**
$$\Delta E = \frac{hc}{\lambda} = \frac{6.626 \times 10^{-34}(\text{J s}) \times 3.00 \times 10^8 (\text{m s}^{-1})}{5.89 \times 10^{-7}(\text{m})}$$
$$= 3.37 \times 10^{-19}(\text{J})$$

---

#### (b) 原子の分布

原子が複数のエネルギー状態をとりうるとき，それぞれのエネルギー状態にある原子数の分布は，温度と励起エネルギーに依存する．表 10.1 に，励起エネルギーの異なる Na，Ca，Zn について，異なる温度において励起状態にある原子数と基底状態にある原子数の比を示した．温度が高くなると励起状態にある原子数が増えるが，ほとんどの原子が基底状態で存在することがわかる．上で述べた

表 10.1 基底状態および励起状態の原子数比

| 元素 | 励起波長(nm) | 励起状態原子数/基底状態原子数 | | |
|---|---|---|---|---|
| | | 2000 K | 3000 K | 5000 K |
| Na | 589.0 | $9.8 \times 10^{-6}$ | $5.8 \times 10^{-4}$ | $1.5 \times 10^{-2}$ |
| Ca | 422.7 | $1.2 \times 10^{-7}$ | $3.5 \times 10^{-5}$ | $3.3 \times 10^{-3}$ |
| Zn | 213.9 | $7.3 \times 10^{-15}$ | $5.4 \times 10^{-10}$ | $4.3 \times 10^{-6}$ |

原子吸光の現象はこの基底状態の原子が励起されることと関連しており，基底状態の原子の分布が大きいために効率よく吸収が起こり，原子吸光が高感度である要因となっている．なお，いったん励起状態になった原子は$10^{-8}$秒程度の時間ですみやかに基底状態に戻るため，光吸収が飽和することはない．

**(c) ランバート-ベールの法則**

原子蒸気層を電磁波が通過するとき，入射光量を$I_0$，透過光量を$I$，原子蒸気層の密度と長さをそれぞれ$D$と$l$とすると，吸光度$A$は式(10.2)で表すことができる．ただし，$k$は比例定数である．

$$A = \log\left(\frac{I_0}{I}\right) = kDl \tag{10.2}$$

溶液の場合と同様にランバート-ベール(Lambert-Beer)の法則が成立するため，吸光度を測定することで原子濃度を求めることができる．

### 10.1.2 装置

原子吸光分析法で分析対象となるのは通常溶液である．装置の構成は吸光光度計に似ているが，光源と原子化部(溶液中に含まれる目的元素を原子の状態にする部分)が異なる(図10.1)．

（i）光源：原子吸光法が世界中で用いられるようになったのは，安定した高輝

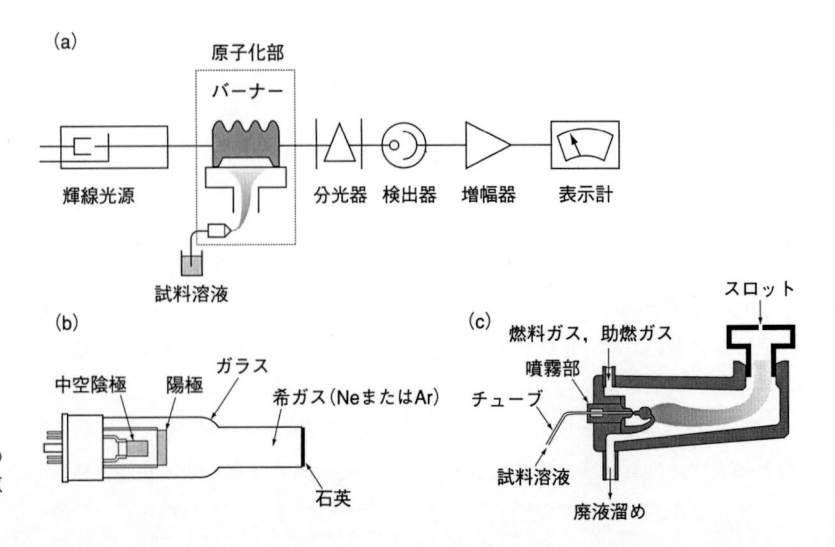

**図 10.1 原子吸光分析装置の概要**
(a) 装置の構成，(b) 中空陰極ランプの構造，(c) フレーム原子吸光装置の原子化部の概要．

度光源である中空陰極ランプ(hollow cathode lamp)の開発に負うところが大きい.

中空陰極ランプの構造を図10.1(b)に示す. 1000 Paの圧力のネオンまたはアルゴンが封入されており,陰極材料には目的元素の金属やその合金などが用いられる. 電極間に電圧を加えて放電を起こさせると,封入ガスがまずイオン化し,それが加速されて陰極に衝突し,目的元素の原子蒸気を生成する. この原子が,さらに電子やイオンと衝突して励起され,基底状態に戻るときにその原子に固有の輝線スペクトルからなる電磁波を放出する.

原子吸収スペクトルは吸収の線幅が非常に狭いので(~0.005 nm),たとえばタングステンランプからの光を分光して原子吸光が起こる波長の光を取りだしたとしても,原子吸光の線幅よりもはるかに大きくなる. したがって,照射した電磁波のうち,原子によって吸収される比率は小さくなってしまい,観測される吸光度($\log I_0/I$)は小さくなる. それに対して,中空陰極ランプではその線幅も0.0005～0.001 nmと狭く,原子吸光を観測するのに最適である(図10.2).

(ⅱ) 原子化部:中空陰極ランプの光が通過する領域に,分析対象となる試料中の目的元素の原子蒸気を安定的になおかつ試料中の濃度に比例するようにつくることが重要となる. 試料中に含まれる分析対象成分を遊離原子に変えるには,適当な方法で試料を加熱する. フレーム(化学炎)で原子化させるフレーム法と,フレームを用いないで原子化を行うフレームレス法があり,フレームレス法の代表例はグラファイト(黒鉛)炉法である.

(a) フレーム法

フレーム式原子化部の構造を図10.1(c)に示す. 目的元素を含む試料水溶液は,霧吹きの原理を利用して,細いチューブを通して噴霧室内に微小な水滴として導入される. 大きな水滴は取り除かれ,細かな霧だけがバーナーヘッドにあけられたすきま(スロット)から高温のフレームの中にでるようになっている. 試料の90%近くは分析には用いられない.

空気-アセチレンの組合せのフレーム(低温フレーム)の温度は2300℃であり,最も一般的に用いられる(スロットの長さすなわち光路長は普通10 cm). この温度で原子化することのできないケイ素,アルミニウム,バナジウム,タングステンなどの元素の分析には,3000℃の一酸化二窒素-アセチレンフレーム(高温フ

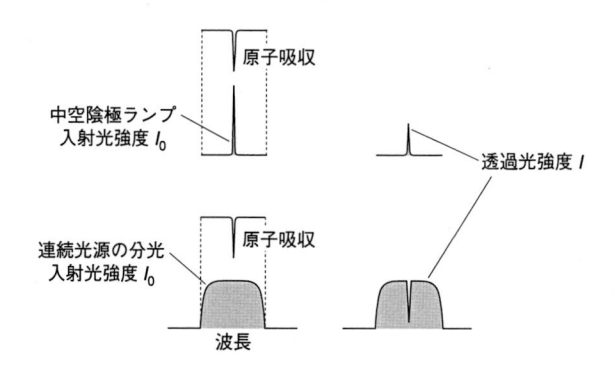

図10.2 原子吸収の概念図

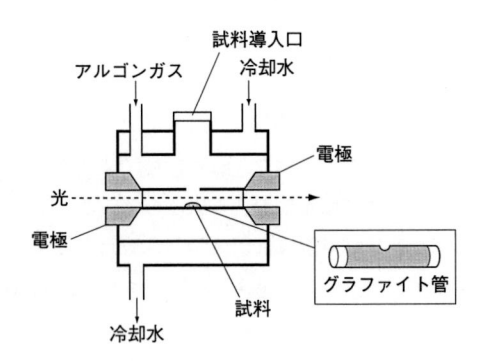

**図 10.3　グラファイト炉の原子化部**

レーム）を用いる（光路長は 5 cm）．

### (b) フレームレス法

フレームを用いない加熱法の中で最もよく用いられるグラファイト炉の原子化部の構成を図 10.3 に示す．試料をグラファイト管内に直接導入し，電気的な加熱により原子化する方法である．グラファイト管（長さ 20～30 mm，直径 5～10 mm）の中に少量で一定量（5～100 mm$^3$）の試料を導入し，グラファイト管に流す電流と時間を制御して試料の乾燥（約 100～150 ℃），有機物の灰化（400～600 ℃），原子化（2000～3000 ℃）を段階的に行う．グラファイト管の酸化を防ぐためにアルゴンなどの不活性ガスを流す．マイクロピペットを用いて少量の試料を注入するが，再現性よく一定の試料を導入するためにはオートサンプラーが使用される．グラファイト炉原子吸光法では，試料の利用率は 100 %に近く，高感度（ppb レベル）の分析が可能である．

フレーム法では，チューブから吸い込まれた試料溶液が霧状になってフレームに導かれると検出器に原子吸収が観測されるので，一定の吸光度が観測されるまで試料溶液の噴霧を続け，ベースラインからの高さを定量に用いる．グラファイト炉原子吸光法の場合には，試料中のすべての目的元素が狭いグラファイトの中で短時間に原子化し，発生した原子蒸気は不活性ガスにより排出されるので，パルス状の吸収シグナルが観測される．

### 10.1.3　干渉とその除去

共存物質の影響を受けて感度が変化したりベール（Beer）則が成り立たなくなるなどの現象を干渉とよび，その原因により，物理干渉，化学干渉，イオン化干渉および分光干渉に大別される．Ca の定量を例にとって原子化の過程と干渉の関係を図 10.4 に示した．

### (a) 物理干渉

フレーム法では，細いチューブから水溶液を吸いあげて細かい霧としてフレームの中に導かれる．したがって，試料溶液の粘性，比重，表面張力など物理的な試料液性が変わると，検出器からの応答が変化することになり，これを物理干渉とよぶ．このような干渉を防ぐには，標準溶液の液性を試料と同じにするか，目的元素を分離回収したあとに分析を行う．

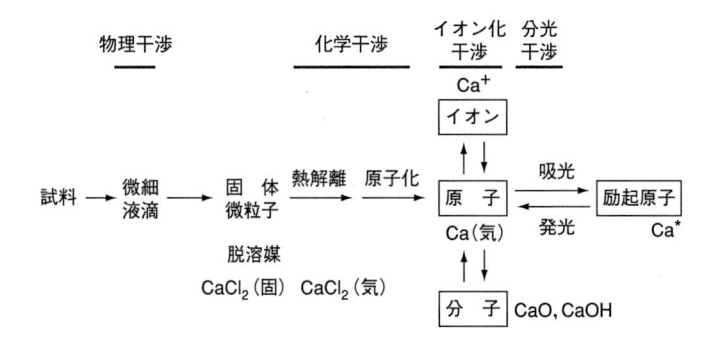

図 10.4 CaCl$_2$ 水溶液からの Ca の原子化過程と干渉

### (b) 化学干渉

フレームやグラファイト炉内で，共存成分と反応して目的元素が高温でも解離しない塩や酸化物を生成し，感度に影響を与える現象を化学干渉とよぶ．たとえば，Mg の定量感度は共存する Al により著しく影響を受ける．難解離性のスピネル（MgAl$_2$O$_4$）が生成し，Mg の原子化が妨げられるためである．化学干渉は高温フレームでは起こりにくい．また，干渉を起こす原因成分と結合する成分を一定量過剰に加えることもこの干渉を抑制するためには有効である．Mg 定量の際の Al の干渉はランタン塩を添加することで抑制することができる．ランタンが Al と混合酸化物をつくり，スピネルが生成しなくなるためである．

### (c) イオン化干渉

イオン化エネルギーの低い目的元素は，原子化の過程で一部がイオン化する．このイオン化率が一定であれば定量に支障はないが，その程度が共存元素により変化することがある（イオン化干渉）．たとえば，高温フレームを用いた Ba の分析において，感度は共存する K 濃度に影響を受ける．K はイオン化（K → K$^+$ + e$^-$）しやすく，そのためにフレーム中の電子の濃度が高くなり，目的元素のイオン化（Ba → Ba$^+$ + e$^-$）の程度が変化するためである．試料にカリウム塩を一定量過剰に添加すると，イオン化は抑制されて Ba の吸光度は増加し，イオン化率は共存元素によらず一定になる．

### (d) 分光干渉

目的元素の分析線と共存元素の分析線波長が近接している場合に，共存元素による吸収が分析結果を不正確なものにする．これを分光干渉とよぶ．たとえば，308.215 nm でアルミニウムを定量する際に，バナジウム（分析線波長：308.211 nm）の共存が，アルミニウムの分析値に正誤差を与える．干渉を起こす元素の存在が予測されるならば，別の分析線を選ぶことで，この干渉を防ぐことができる．

高濃度のアルカリ，アルカリ金属塩化物を含む水溶液を，フレームあるいはグラファイト炉で加熱すると，二原子分子に基づく幅広い吸収（分子吸収）が 200 nm ～300 nm の範囲で観測される（図 10.4 参照）．したがって，とくに 300 nm 以下の分析線を用いて定量を行う場合には，分析値に正誤差を与えることになる．このようなバックグラウンド吸収の補正は，紫外域の連続スペクトル

光源である重水素($D_2$)ランプを用いて行う．分光器を用いて目的元素の分析波長の光を取りだしても，目的元素が原子吸光を起こす波長幅に比べてそのスペクトル幅ははるかに広いので，目的元素に由来する吸収はほとんど観測されず，バックグラウンド吸収だけを測定することができる（図10.2参照）．そこで，中空陰極ランプを用いて測定した吸光度からバックグラウンド吸収を差し引くことで，目的元素による正味の吸光度を求めることができる．このようなバックグラウンド補正はグラファイト炉を用いた場合には必ず必要となり，上の操作が自動的に行われるようになっている．

**例題 10.2** 一部の干渉は低温フレームで起こりやすいにもかかわらず，アルカリ金属イオンの定量には低温フレームが用いられる．その理由について説明せよ．

**解** アルカリ金属のイオン化エネルギーが低いため，高温フレーム中ではイオン化してしまい，原子吸収が起こりにくく感度が低下するとともに，イオン化干渉を受けやすくなるためである．

### 10.1.4 原子吸光法による定量分析

フレームおよびグラファイト炉原子吸光法による各元素の検出限界を表10.2（p.140）に示した．グラファイト炉原子吸光法のほうが100倍程度高感度である．これらの値は定量可能な濃度を知る目安であり，通常はこれらの値の10倍以上の濃度になるように濃度を調整して定量を行う．

**例題 10.3** 原子吸光法が定性分析に用いられない理由について説明せよ．

**解** 原子吸光法は，一種類の目的元素の輝線スペクトルを放出する中空陰極ランプを光源として，その光吸収を測定に用いる方法である．したがって，多数の元素に関してその存在の有無を調べるのには不適当である．

## 10.2　ICP発光分析法

原子状態の元素は，最外殻電子の存在状態に応じて基底状態以外に複数の励起状態をとる．基底状態と励起状態に存在する原子数の比は温度により決まり，表10.1のように，高温であるほど励起状態の原子数が多くなる．熱的に励起されて励起状態にある原子は不安定な状態にあるため，$10^{-8}$秒程度の短時間でよりエネルギー準位の低い励起状態，最終的には基底状態に戻る．この際，各エネルギー準位のエネルギー差に対応した電磁波を放出し，その電磁波の波長はそれぞれの元素に固有のものとなる．アルカリ金属元素の炎色反応はこの特性を利用したものである．したがって，原子発光スペクトルから定性分析が可能であるし，その発光強度から定量分析が可能となる（図10.5）．ただし，励起原子からの発

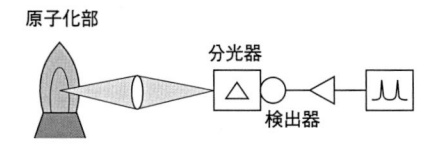

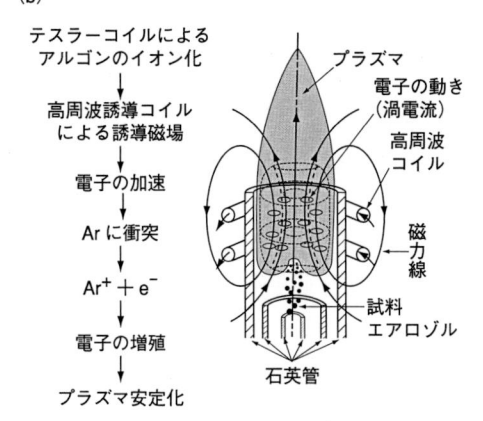

(a)

原子化部　分光器　検出器

(b)

テスラーコイルによる
アルゴンのイオン化
↓
高周波誘導コイル
による誘導磁場
↓
電子の加速
↓
Arに衝突
↓
$Ar^+ + e^-$
↓
電子の増殖
↓
プラズマ安定化

プラズマ／電子の動き（渦電流）／高周波コイル／磁力線／試料エアロゾル／石英管

**図 10.5　発光分光装置の概要**
(a) 発光分光装置の構成，(b) ICP の発生機構．

光を定量分析に用いるには，励起状態にある原子の数が十分に多くなければならない（原子数比で $10^{-4}$ から $10^{-7}$ 程度の範囲）．たとえば励起エネルギーの大きい（分析線波長の短い）亜鉛では，フレームやグラファイト炉の温度で励起される原子数比は非常に小さく，発光を分析に用いることは困難である．しかし，より高い温度の励起源を用いることができればそれが可能となる．

1960 年代に発光分光分析用励起源として開発された ICP (inductively coupled plasma，誘導結合プラズマ) は，5000 K 以上の高温を安定に保つことができ，与えられたエネルギーによって目的元素を原子やイオンにするとともにそれらを励起する．高感度であり，分析可能な濃度範囲が広く，多元素同時定量も可能である．ICP 発光分析法 (inductively coupled plasma-atomic emission spectroscopy) は，フレーム原子吸光法と同様に溶液の分析が可能なことから，1970 年代から普及しはじめ，いまではフレーム原子吸光法に代わってあらゆる分野で利用されている．

### 10.2.1　ICP の原理

透明石英管の上端に 2 ～ 4 回巻かれた高周波誘導コイル（水冷銅管）に，27 MHz の高周波電流を流すと，石英管内を通る高周波磁界が生じる．放電により一部を $Ar^+$ と $e^-$ にイオン化したアルゴンガスを石英管内に導くと，石英管内に生じた高周波磁界による電磁誘導によってエネルギーを得た電子が周囲のアルゴンと衝突を繰り返し，さらに新たな電子やアルゴンイオンを生成する．これが

連続的に起こることでアルゴン原子が急激にイオン化され，プラズマ状態が生成して定常的に維持される(図10.5 b)．その温度は5000～10000 Kに達する．このプラズマの特徴は，プラズマの中心付近が周囲よりも低温であり，炎の中心部が暗いドーナツ構造をとることである．

### 10.2.2 ICP発光分析装置の構成

（ⅰ）ICP部：石英管は三重になっており，最も外側のアルゴンガス流は冷却に用いられる．フレーム原子吸光法の場合と同様に，試料溶液を噴霧し，粒径の小さなものだけが最も内側の石英管を通じてプラズマに導入される(図10.5 b)．高温部分で熱的励起による発光が観測されるが，イオン化エネルギーの低い元素に関してはイオン化が起こり，原子の発光スペクトルとともにイオンの最外殻電子の状態変化に伴う発光スペクトル(イオン線)が観測されるのが特徴である．

プラズマはドーナツ状の構造をもち，その中心部に効率よく試料が導入される．さらに，プラズマの周辺部のほうが高温であるため，高温部での発光が低温部で吸収されることがない．ICP発光分析ではppb以下からppm濃度領域まで検量線が直線になり，定量可能濃度領域が広い．

**例題10.4** ある元素の原子密度が等しい高温域と低温域があるとき，高温域から放出される電磁波が低温域を通過する際に観測される現象について説明せよ．

**解** 低温域では基底状態にある原子が多いため，高温域から放出された原子スペクトルを吸収して原子が励起状態へ変化する．したがって，低温域が存在しない状態よりも発光強度が小さくなる．

（ⅱ）分光器：ICPからの光を分光するために回折格子が用いられる．原子吸光法などと比べて非常に多数のスペクトル線があるので，分解能の高い分光器が必要となる．

（ⅲ）検出器：分光した光を検出するのに光電子増倍管(PM)あるいは半導体検出器が用いられる．発光分析法の特徴は，原子吸光法と異なり，多元素を同時に分析できることである．単一のPMを用いる場合には，回折格子を回転させてある波長から次の波長に順次動かす(シーケンシャル型)．波長走査に時間がかかることや，目的波長のピークを再現性よく選定するのが困難，分析時間が長いために試料の消費量が多くなるなどの欠点がある．しかし，検出器が一つですむので安価であり，分析線が自由に選択でき融通性に富むために広く使われている．マルチ型では，分析対象元素の分析線に応じて多数のPMや半導体検出器が設置され，検出された元素の発光強度を同時に測定することができる．検出器が多数になるのでそれだけ高価になるが，同時分析を行うので分析時間も短く，分析試料の消費量もわずかですむ．分析対象元素が決まった多数の試料の分析を日常的に行う場合に効果的である．

### 10.2.3 ICP発光分析法による定量分析

ICP発光分析法は，ICPが高温であるため，フレーム原子吸光法で見られるような化学干渉はほとんどない．しかし，とくに分光干渉に注意を払う必要がある．原子スペクトル線の数は元素によって異なるが，数十本から数千本の線が観測される．とくに，遷移元素は多数のスペクトル線をもつ．種々の元素が共存する場合にはスペクトル線の重なりの可能性を考慮する必要がある．ただし，目的元素の分析線波長において共存元素の発光線の影響の程度をあらかじめ知ることで，補正が可能である．

検出限界を表10.2に示した．表には示していないが，C, N, P, Sなどの非金属元素が定量できる特徴がある．

## 10.3 ICP質量分析法

原子分光分析法ではないが，無機元素の超微量成分分析法として発展しつつあるのがICPをイオン化源とするICP質量分析法である．質量分析を行う際には，目的成分を必ずイオン化しなければならない．ICPに導入された試料中の原子の90%以上がイオン化されるため，ICPはほとんどの元素のイオン化源として優れている．1980年に開発されたICP質量分析法は，いまでは無機元素の超微量成分分析を必要とする半導体関連産業をはじめとして，いろいろな分野に急速に広がっている．環境関連分野の各種公定法の改定によって環境基準値，排水基準値が引き下げられたこともあり，環境試料中の有害金属の微量成分分析へのニーズが高まっている．

### 10.3.1 ICP質量分析装置の構成

装置は，ICP部，インターフェイス部，質量分析部に大別できる．ICP内で生成したイオンは，微細孔を経て質量分析部へ導かれる．大気圧下にあるプラズマを，最終的に数百Pa程度の真空領域にまで送り込むことになる．質量分離には通常四重極質量分析計が用いられる．原理などについては，第13章質量分析の章を参照すること．

### 10.3.2 干 渉

目的イオンの質量/電荷比と同じ値をもつイオンはすべて干渉する（分光干渉）．アルゴンガスと溶媒である水に起因する分子イオン（$ArO^+$, $ArOH^+$, $Ar_2^+$ など）に加え，試料中の主成分元素や酸が原因となる分子イオン（$CaO^+$, $CaOH^+$, $NaO^+$, $NaOH^+$, $ClO^+$ など）が干渉を及ぼす．

### 10.3.3 ICP質量分析による定量分析

検出限界を表10.2に示した．原子吸光法，ICP発光分光法に比べてさらに低濃度まで定量できるが，分光干渉の大きな元素に関してはほかの方法よりも感度が低くなる場合がある．

表 10.2　主要元素の検出限界の比較（単位：ng cm$^{-3}$）

| 元素 | FLAAS | GFAAS | ICP-AES | ICP-MS | 元素 | FLAAS | GFAAS | ICP-AES | ICP-MS |
|---|---|---|---|---|---|---|---|---|---|
| Al | 10[a] | 0.08 | 5 | 0.02 | Na | 5 | 0.001 | 2 | 0.1 |
| Ba | 50[a] | 0.08 | 0.2[b] | 0.006 | Ni | 5 | 0.4 | 3[b] | 0.01 |
| Ca | 2[a] | 0.02 | 0.1[b] | 0.7 | Pb | 10 | 0.08 | 20[b] | 0.01 |
| Cd | 5 | 0.004 | 1 | 0.005 | Si | 100[a] | 0.01 | 5 | – |
| Cu | 5 | 0.08 | 0.5 | 0.04 | Sn | 60 | 0.08 | 10[b] | 0.01 |
| Fe | 5 | 0.06 | 0.8[b] | 0.6 | Sr | 10[a] | 0.04 | 0.1[b] | 0.003 |
| Hg | 500 | 0.8 | 5[b] | 0.02 | Th | – | – | 15[b] | 0.001 |
| K | 5 | 0.002 | 50 | – | U | – | 20 | 50[b] | 0.001 |
| Mg | 0.5 | 0.001 | 0.1[b] | 0.02 | Zn | 2 | 0.006 | 1 | 0.04 |

FLAAS：フレーム原子吸光法，a) 一酸化二窒素-アセチレンフレーム，そのほかは空気-アセチレンフレーム；GFAAS：グラファイト炉原子吸光法，測定に用いた溶液量 50 mm$^3$ のときの値；ICP-AES：ICP 発光分光法，b) イオン線，そのほかは中性原子線；ICP-MS：ICP 質量分析法．

**例題 10.5**　塩化物を含む水溶液を ICP 質量分析装置に導入したとき，ClO$^+$ 分子イオンにより大きく干渉を受ける元素の質量数について説明せよ．

**解**　O と Cl の同位体比はそれぞれ $^{16}$O：$^{17}$O：$^{18}$O ＝ 99.76：0.04：0.20，$^{35}$Cl：$^{37}$Cl ＝ 75.77：24.22 である．したがって，質量数 51, 52, 53, 54, 55 の比が 75.59：0.03：24.32：0.01：0.05 となるため，質量数 51（V）と 53（Cr）が大きく干渉を受けることになる．

## 章 末 問 題

**問題 10.1**　Zn の分析波長は 214 nm である．この電磁波により 1 mol の Zn を励起するのに必要なエネルギーを求めよ．

**問題 10.2**　原子吸光法と ICP 発光分光法の測定原理の違いについて簡単に説明せよ．

**問題 10.3**　原子吸光法における干渉について，原因別に説明せよ．

**問題 10.4**　フレーム原子吸光法により Cd の定量を行った．次の表のデータを用いて検量線を作成し，それを用いて濃度未知試料中の Cd 濃度を求めよ．

| Cd 濃度（ppm） | 0.00 | 1.00 | 2.00 | 3.00 | 濃度未知試料 |
|---|---|---|---|---|---|
| 吸光度 | 0.001 | 0.099 | 0.195 | 0.290 | 0.132 |

低温フレーム使用；分析線波長：228.8 nm

## 参 考 文 献

1) 原口紘炁，『ICP 発光分析の基礎と応用』，講談社サイエンティフィク（1986）．
2) 〈日本分光学会測定法シリーズ 28〉『プラズマイオン源質量分析』，河口広司，中原武利 編，学会出版センター（1994）．
3) 『機器分析入門 改訂第 3 版』，分析化学会九州支部 編，南江堂（1996）．

# 第11章 X線構造解析

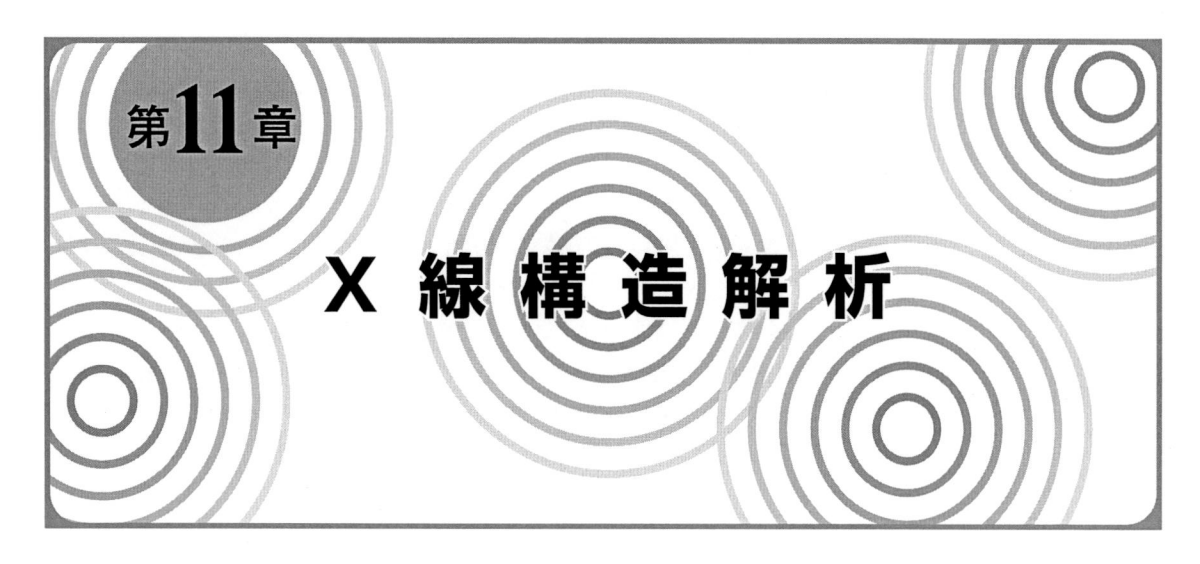

## 11.1 X線解析の基礎

### 11.1.1 電磁波

　電界と磁界が互いに相互作用しながら伝播する現象を電磁波という．電磁波は波長(あるいは周波数)によって多くの種類が存在している．光(可視光)，電波，X線，$\gamma$(ガンマ)線，紫外線，赤外線などいずれも電磁波である．電磁波の波長と周波数，そして慣用的に用いられている呼び方を図11.1に示す．

　図11.1にある電波は，波長が長くエネルギーの低い電磁波である．波長が短いほど直進する性質が強くなる．電波はテレビ，ラジオ，通信などに多く用いられている．近年では普及が著しい携帯電話に800 MHz帯が利用されている．しかし，加入電話数の爆発的な増加とともに，周波数の逼迫状態が現れはじめ，周波数の有効利用や，より高い周波数帯域への利用の拡大といった技術的な課題も見られる．マイクロ波はいわゆる電子レンジに利用されていて，2.45 GHzが割り当てられている．マイクロ波には分子に作用して電気双極子をつくりだし，これを高い周波数で振動・回転させる作用がある．食品中の水分子との相互作用がとくに強いので，水分子の運動によって周囲の分子との間で摩擦熱を起こさせ，その熱で"もの"を加熱する仕組みである．

　赤外線は赤色光(可視光)よりも波長が長く，電波よりも波長が短い電磁波である．波長は約$0.7\,\mu m \sim 1\,mm$程度である．赤外線は波長によって，近赤外線，

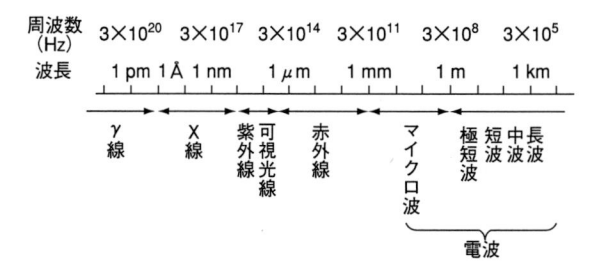

図11.1　電磁波の名称および周波数と波長の関係

中赤外線，遠赤外線に分類されている．近赤外線はおもに家電製品のリモコンなどに使われている．遠赤外線はおもに熱源として暖房器具などに使われている．

可視光線は人間の目に見える範囲の波長の電磁波のことである．波長の範囲はおよそ350〜800 nm 程度である．通常，可視光線はさまざまな波長の可視光線が混ざった状態であり，この場合白に近い色となる．可視光線をその波長によって分離してみると，それぞれの波長の可視光線が，人間の目には異なった色をもった光として認識される．各波長の可視光線の色は，波長の短い側から順に，紫，藍，青，緑，黄，橙，赤で，これらは連続的に移り変わる．

紫外線は可視光線よりも波長が短く，エネルギーの高い電磁波である．波長は約10〜400 nm 程度である．紫外線は目には見えないが，化学作用が強いという性質がある．太陽からの紫外線が日焼けの原因になったりする．また，その強い殺菌作用から医療器具の殺菌に使われている．

X線も電磁波の中に含まれる．X線と$\gamma$線は，図11.1のように一応波長の範囲が示されているものの，明確に区別されるものではない．核外電子のエネルギー準位の変動に伴って吸収あるいは放出されるのがX線であり，原子核のエネルギー準位の変動に伴うのが$\gamma$線である．X線や$\gamma$線は強い透過力をもっているため，各種機器の非破壊検査などに利用されている．

このように，科学の発展とともに発見され，命名されてきたものが，統一的に理解されるようになってきた．電磁波はわれわれの日常生活の中にどんどん入ってきているが，このような電磁波が人体にどのような影響を与えるかが今後の検討課題である．

### 11.1.2 X線の散乱と干渉

X線が物質に入射されると，そのまま透過するもののほかに，X線との相互作用によって多くの現象が生じる．入射されたX線は物質中の原子の殻外電子によって散乱される．このとき散乱X線の波長が入射X線と同じ場合（トムソン散乱）と異なる場合（コンプトン散乱）がある．物質中には多くの電子が存在しているため，X線が入射されるとそれぞれが散乱X線を生じ，この散乱X線は重なり合うことで干渉を起こし強め合ったり弱め合ったりする．このように入射X線と干渉を起こす散乱のことを干渉性散乱（コヒーレント散乱）という．トムソン散乱は干渉性散乱だが，コンプトン散乱は入射X線と波長が異なるために非干渉性散乱（インコヒーレント散乱）である．このうちX線回折に重要なのはトムソン散乱である．

## 11.2　X線の発生

### 11.2.1　実験室のX線源

実験室でのX線の発生は通常図11.2(a)に示す封入式管球や図11.2(b)に示す回転式対陰極を用いて行われている．フィラメント（陰極）から発生した熱電子は，陰極と陽極（対陰極）との間に印加された電圧によって加速され，ターゲットに衝

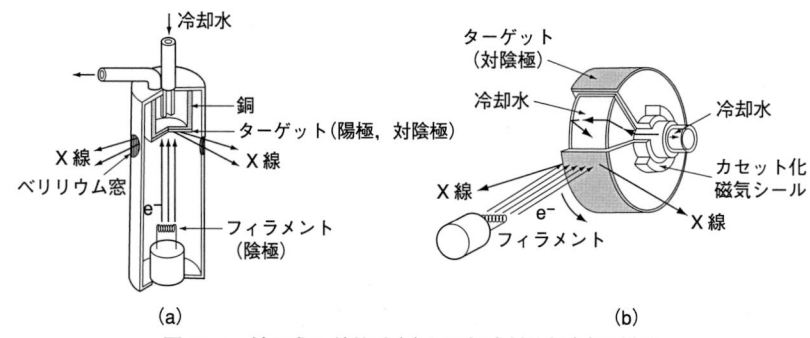

**図11.2 封入式X線管球(a)と回転式対陰極(b)の構造**
〔『入門機器分析化学』，庄野利之，脇田久伸 編，三共出版(1988), p.99, p.103 より〕

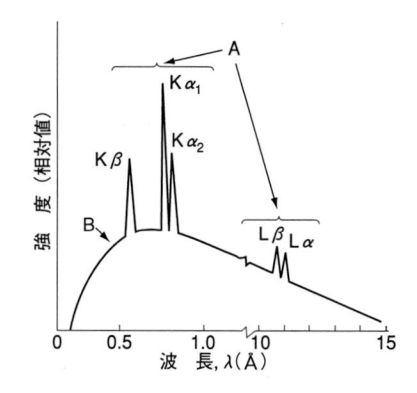

**図11.3 X線スペクトル**

突する．すると図11.3に示す波長分布をもつX線が発生する．このX線を一次X線という．一次X線は，発生のメカニズムが異なる固有X線(characteristic X-rays) A と連続X線(continuous X-rays) B とからなる．

熱電子の衝突で金属原子の内殻電子がたたきだされ，できた空孔にエネルギーの高い軌道の電子が遷移するとき，余分のエネルギーとして放出されるのが特性X線である．したがって特性X線は，その金属元素固有の波長をもつ．特性X線はK系列，L系列というように分類する．K系列は，1s電子が飛びでた不安定状態が電子遷移の始状態になる．2p軌道から1s軌道へ電子が移るとK$\alpha$線が，3pから1sへ移動するとK$\beta$線がでる．K$\alpha$線，K$\beta$線は，それぞれさらに，波長がわずかに違うK$\alpha_1$, K$\alpha_2$およびK$\beta_1$, K$\beta_2$などに区別される．X線回折測定では，管球からでたX線をモノクロメーターで分光し，試料結晶に当てる．

X線の波長は，K$\alpha$線が十分に分離できない場合，K$\alpha_1$とK$\alpha_2$の荷重平均値を使う．表11.1にいくつかの対陰極物質の固有X線波長を示す．

### 11.2.2 放射光

荷電粒子が加速運動すると，それに伴って電磁波が放出される．これが広い意味での放射光(シンクロトロン光)である．英語で synchrotron orbit radiation, また略して synchrotron radiation (SR) という．電子または陽電子を円形の軌道内で運動させる必要がある．そのために磁石は軌道に沿って置かなければならない．

表 11.1　よく使用される固有 X 線波長

| ターゲット | $K\alpha_1$ (Å) | $K\alpha_2$ (Å) | $K\alpha$ (Å)[a] | $K\beta_1$ (Å) | K 吸収端 (Å) |
|---|---|---|---|---|---|
| W | 0.20901 | 0.21383 | 0.21062 | 0.18437 | 0.1784 |
| Ag | 0.55941 | 0.56380 | 0.56084 | 0.49707 | 0.4859 |
| Mo | 0.70930 | 0.71359 | 0.71073 | 0.63229 | 0.6198 |
| Cu | 1.54056 | 1.54439 | 1.54184 | 1.39222 | 1.3806 |
| Ni | 1.65791 | 1.66175 | 1.65919 | 1.50014 | 1.4881 |
| Co | 1.78897 | 1.79285 | 1.79026 | 1.62079 | 1.6082 |
| Fe | 1.93604 | 1.93998 | 1.93735 | 1.75661 | 1.7435 |
| Cr | 2.28970 | 2.29361 | 2.29100 | 2.08487 | 2.0702 |

a) 分離されない場合，$K\alpha = (2K\alpha_1 + K\alpha_2)/3$

　放射光とは，光速近くまで加速された非常に高いエネルギーをもった電子の軌道を電磁石によって曲げた際に，軌道の接線方向に発生する強い光のことである．また，電磁石を使用した光より質の高い光を得るために挿入光源が使われる．挿入光源は，磁場の強さや磁極の間隔，またそれによってもたらされる電子がつくる波の波長などによって，いろいろな効果がもたらされる．挿入光源には大別してウィグラーとアンジュレーターとよばれる二つの種類がある．ウィグラーはリングの短い直線部に入れることで放射光のエネルギーを短波長側（高エネルギー側）へ変化させると同時に強度を増加させる．アンジュレーターは磁極の間隔を狭くしてたくさん並べることで発生する放射光の干渉効果によって，一定の波長の光だけが強くなる．したがって，ほかの成分は打ち消し合うことになり，単色光に近い光が得られる．

　つくば市にある高エネルギー加速器研究機構の Photon Factory (PF) は 2.5 GeV で周囲 187 m の蓄積リングである．また，播磨科学公園都市の Super Photon ring 8 (SPring-8) は文字どおり 8 GeV で，周囲は 1400 m である．これらのような専用施設では電子ビームを細く絞り，高輝度の放射光が生みだされるように最適化されている．高エネルギー物理実験用のリングを利用した 1960～70 年代のものを第一世代，2～3 GeV の Photon Factory などの施設を第二世代，European Synchrotron Radiation Facility (ESRF, 6 GeV), Advanced Photon Source (APS, 7 GeV), SPring-8 (8 GeV) などを第三世代という．

### 11.2.3　検 出 器

**(a) イオン電離箱（イオンチャンバー），比例計数管，ガイガー-ミュラー計数管**

　これらはいずれも気体検出器であり，図 11.4 のように金属性の円筒の陰極と，その中心軸に張られた細い線の陽極とからなり，その内部に気体（窒素，アルゴンなどの不活性気体）を充填し，電極間に高電圧を印加する構造を有している．X 線光量子が気体中を通過すると気体を電離し，電子と陽イオンとのイオン対が生成する．電子は陽極に，陽イオンは陰極に集まり，電離電流として外部回路の抵抗を通して流れ，抵抗の両端に発生する電位差を増幅する．比例計数管やガイガー-ミュラー計数管は，次に述べるシンチレーション計数管ほど感度はよくない．

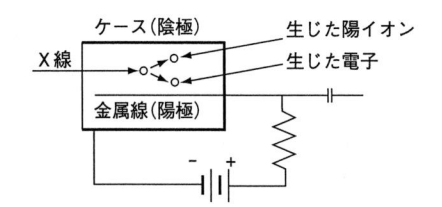

図 11.4 比例計数管の原理図

#### (b) シンチレーション計数管

放射線が当たると蛍光をだす物質のことをシンチレーターとよぶ．シンチレーターに放射線が入ると放射線のエネルギーを吸収して励起され，再び安定状態に戻るときに蛍光パルス(シンチレーション)を放射する．シンチレーション計数管は，この蛍光パルスをシンチレーターに取り付けた光電子増倍管で電気パルスとして計数するものである．電気パルスは比例増幅器でさらに増幅し，大出力パルスにする(図 11.5)．シンチレーターにはヨウ化タリウム(TlI)を約 10 % 添加したヨウ化ナトリウム(NaI)結晶やアントラセンなどの単結晶が使われている．

#### (c) 半導体検出器(solid state detector; SSD)

X 線が半導体に入射すると固体中に束縛されていた電子が励起され，電子と電子のなくなった空孔(これは正電荷をもった粒子の働きをする)が生じる．この電子と空孔の対は電離箱のイオン対に似ている．図 11.6 に Si(Li)型 SSD の概略を示す．検出器本体は純粋なシリコン(Si)のブロックでできており，このブロックの一端に高温(673 K)でリチウム(Li)金属の薄い膜を取り付ける．このシリコンブロック中の自由電子の密度が低い場合は p 型半導体として作用する．いま液体窒素温度まで下げると Li は溶解するので，ブロックに電圧を加えると Li が p 型のシリコン中に拡散し，空孔を埋め(空乏層)，シリコンブロックはもはや半導体ではなくなり，電流は流れない．この空乏層に X 線が入射すると電子と正孔が生じ，電子は正極に，正孔は負極へ移動し，電流パルスが得られる．生じた電流パルスを数えることにより，X 線の強度を測定する．検出器の両端にいろいろのバイアス電圧を加えることにより，電極に移動するリチウムのエネルギー分布，すなわち X 線のエネルギー分布がわかる．このバイアス電圧を 100～1000 チャンネルの幅で変化させれば，それに応じてより高いエネルギー分解能が得られる．

また SSD の場合，電子と正孔をつくるのに要するエネルギーは約 3 eV でよく，

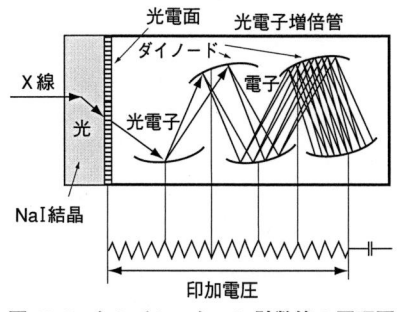

図 11.5 シンチレーション計数管の原理図 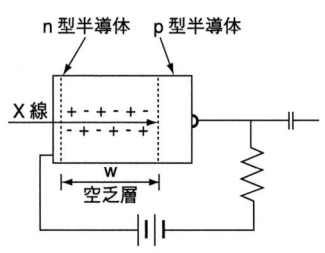　　図 11.6 半導体検出器の原理図

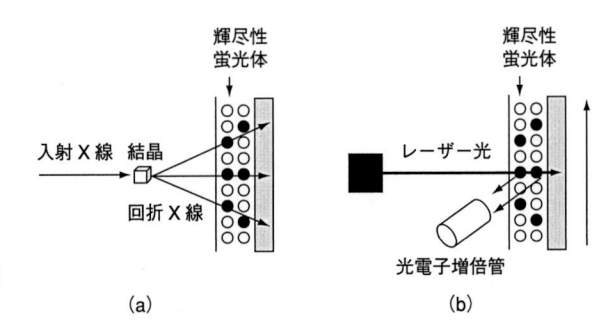

**図 11.7 イメージングプレートの測定原理**

比例計数管に用いた空気の電離エネルギーの約 1/10 である．したがって，同じエネルギーの X 線によってできる電子・正孔対 (SSD) はイオン対の数 (比例計数管) の約 10 倍になる．また固体の密度は気体の約 1000 倍であるため，SSD では X 線のエネルギーが基本的にすべて電子・正孔対に変換される．これらの理由から SSD では X 線エネルギーに比例した高い波高の電流パルスが得られ，入射 X 線を高いエネルギー分解能で検出できる．拡散するリチウムが沈殿しないように，検出器を液体窒素温度に冷却して使用しなければならない．

**(d) イメージングプレート (imaging plate；IP) 検出器**

### 輝尽性蛍光体
X 線などの放射線を照射したあとで，レーザー光などを励起光としてその物質に照射したときに，レーザー光よりも波長が短く，かつ最初に照射した X 線に対応した光を発する特殊な蛍光体のことである．

輝尽性蛍光体 ($BaFBr:Eu^{2+}$) の微結晶をプラスチックフィルムに塗布したものである．イメージングプレートを用いた測定の原理図を図 11.7 に示す．このイメージングプレートに X 線が入射されると，輝尽性蛍光体 (○) は電子を陰イオン ($Br^-$，$F^-$) の空孔に捕獲する (●．図 11.7 a)．これにレーザー光 (一般に He-Ne レーザー 633 nm) を照射すると脱励起 ($Eu^{2+}$ の $5d \rightarrow 4f$ 遷移) に伴い，青色の光 (波長〜400 nm) が発光する．この光の強度は X 線強度に比例しているため，この光を計測することで X 線の強度を知ることができる (図 11.7 b)．イメージングプレートは二次元で X 線強度を測定できるため，ほかの一次元検出器と比較して短時間での測定が可能である．また読み取り後の IP は，強度の強い可視光を当て初期化させることで何度でも繰り返し使用することができる．

## 11.3 X 線回折法

### 11.3.1 X 線の回折

結晶は原子やイオンまたは分子がそれぞれ一定の法則に従って三次元的に規則正しく配列したもので，この配列の繰り返しの最小単位を単位格子 (unit cell) という．またこの単位格子の三つの軸 ($a$, $b$, $c$) および軸のなす角度 ($\alpha$, $\beta$, $\gamma$) を合わせて格子定数 (lattice constant) という．結晶は七つの結晶系に分類することができる．一つの格子面群の中で原点を通る格子面に最も近い面が，三つの軸を $a/h$, $b/k$, $c/l$ 位置で切るとき，この格子面をミラー指数 ($h$, $k$, $l$) で表す (図 11.8)．X 線をこの結晶に当てると X 線は各層から散乱される (図 11.9)．X 線は電磁波であり，波の性質を有している．結晶から散乱された X 線は一般に任意の方向では位相が少しずつ異なる．このため散乱された X 線は互いに打ち消し

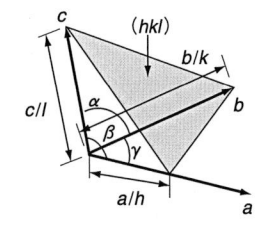

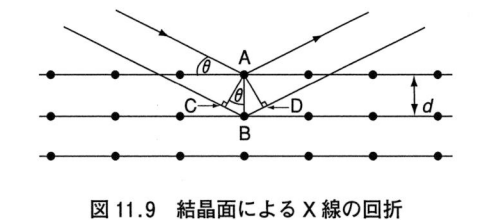

**図11.8 ミラー指数と結晶格子との関係**

**図11.9 結晶面によるX線の回折**

合い，結晶全体からの寄与はなくなる．しかし，ある特定の方向では各格子点からの散乱波がすべて強め合い，強い回折X線が観測される．いま平行な入射X線がA点およびB点で散乱されると，強い回折X線が観測されるのは，X線の位相差が

$$CB + BD = n\lambda$$

の場合である．つまり

$$CB + BD = 2CB = 2AB\sin\theta = 2d\sin\theta$$

となる．これを前式に代入すると

$$n\lambda = 2d\sin\theta$$

となる．この式をブラッグ(Bragg)の式といい，$\lambda$を入射X線の波長，$\theta$をブラッグ角，$n$を反射の次数，$d$を面間隔という．このようにX線を結晶に当てると，X線は各層から散乱され，ブラッグの式を満足する場合のみ強い散乱X線波が観測される．

実際に用いられるX線回折装置には，粉末X線回折装置と単結晶四軸回折装置がある．粉末X線回折装置は二軸方向($2\theta, \omega$)の回転軸がある．一方，単結晶四軸回折装置は結晶の三次元に広がる斑点を測定するために，四方向($2\theta, \omega, \phi, \chi$)の回転軸をもっている．いずれの場合でも，試料の角度を$\theta$(または$\omega$)回転し，カウンターを$2\theta$回転させることにより，ブラッグ条件を満足するローランド円上を動くように作製されている．最近の単結晶回折装置は検出器にIPやCCD検出器を使用したものがある．これらは単結晶四軸回折装置と比較して小さな結晶(0.1 mm以下)で測定が可能であり，また非常に短時間で精度のよい測定が可能となっている．

### 11.3.2 応 用

**(a) 粉末X線回折**

粉末試料のX線回折測定を行い得られた回折パターンの各ピークの位置($2\theta$)からブラッグの式を用いて$d$の値を計算する．次に，各ピークの高さから回折強度を測定し，最も高いピークの高さ$I_1$を100として，各ピークの高さ($I$)の相対

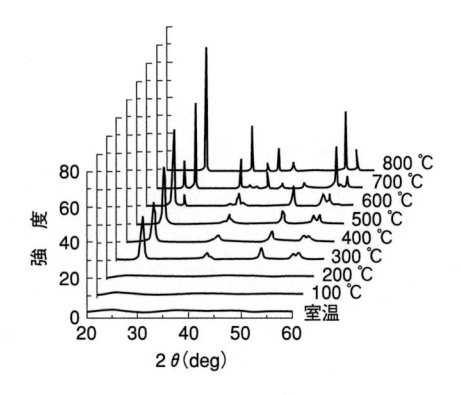

図 11.10　種々の温度で焼成した $TiO_2$ 粉末の X 線回折パターン

強度($I/I_1$)を算出する．未知試料の場合，得られた $d$ および $I/I_1$ を既知試料のものと比較することで試料の同定を行うことができる．

図 11.10 は合成した $TiO_2$ 粉末をいろいろな温度で1時間焼成し測定した X 線回折パターン（CuKα 線を使用）である．ピーク強度の大きな順番に回折パターンの $2\theta$（横軸）の値を読み取り，$d$ に変換する．ASTM (American standard for testing materials) カードの $d$ 値から一致するカードを探しだすことにより同定を行うことができる．

室温および100℃，200℃で焼成した $TiO_2$ 粉末の X 線回折パターンは回折ピークを示していない．これは用いた粉末が，明瞭な結晶構造を有しておらず，非晶質状態で存在していることを示している．300℃で焼成した $TiO_2$ 粉末の回折パターンは ASTM カードからアナターゼ型であることがわかる．焼成温度が500℃まではアナターゼ型に帰属されるピークが焼成温度の上昇に伴い徐々にシャープになっており，アナターゼ型の構造が徐々に成長していることがわかる．600℃になると新たなピークが観測され，これはルチル型に帰属される．さらに焼成温度が上昇するとこのピークは徐々に成長し，アナターゼ型に帰属されるピークは減少していく．焼成温度が800℃ではルチル型のみが生成しているのがわかる．新しく合成された化合物は，当然構造は未知であり，ASTM カードにも記載されていない．このような場合は結晶構造解析を行う．通常，結晶構造解析は次に述べる単結晶を用いて行う．

粉末試料においても回折線の指数付け（軸を決める），格子定数，空間群，化合物の属する晶系を決定することができる．また，構造がわかっている化合物と同形の粉末試料の場合は，観測された回折ピークのプロファイルと構造モデルにより計算したプロファイルが最もよく合うようにコンピュータを用いた最小二乗法で構造を決定できる〔リートベルト（Rietvelt）法〕．

粉末 X 線回折による定量分析は，標準試料（添加法，内標準法など）を用いて作成された検量線を用いて行われている．しかしながら，X 線回折パターンは物質の規則的な原子配列の均一性に依存するので，実際の試料と標準試料との間で，結晶格子の大きさ，および選択配向性・結晶性・非晶質相の量などに差があるため，定量分析の精度が制限される．現在得られる定量分析の最良の結果は，定量

下限で 0.005 %(または 0.5 μg/cm$^{-2}$)であり,通常の測定の定量下限は一桁程度大きい.

### (b) 単結晶構造解析

目的の化合物の単結晶(0.2 mm 程度の大きさ)が得られたならば,その構造解析を行う.単結晶構造解析の詳細は複雑であるので,専門書を読んでほしい.化合物の晶系,空間群,格子定数などの結晶データを知りたい場合は,プリセッションカメラやワイセンベルグカメラを用いて比較的簡単に求められる.近年,コンピュータの発達と計算プログラムの整備が進み,構造解析の自動化が可能になりつつある.

図 11.11 は銅(Ⅱ)ポリアミン錯体の結晶構造の ORTEP 図(各原子の位置と熱振動の程度を示す図)である.単結晶(0.44 × 0.44 × 0.16 mm)を選び,MoK$\alpha$ 線を用いて四軸回折計により約 2000 の回折点をシンチレーションカウンターにより測定した.結晶は $a$ = 12.22,$b$ = 12.41,$c$ = 9.35,$\alpha$ = 93.01,$\beta$ = 106.96,$\gamma$ = 112.85 の三斜晶系に属することがわかった.

### (c) 非晶質,液体の構造解析

X 線回折パターン上に鋭いピークが現れず,ハローのみが見られる場合は,その化合物中のイオンや分子は三次元状に規則的な配列をとらず無秩序に並んでいる.しかしながら,アモルファス物質や液体の回折パターン(ハロー)は,ブロードなピークが観測され,短範囲構造が存在することを示している.この回折パターンの解析には動径分布関数法とよばれる方法がある.動径分布関数は原子の一次元の確率密度分布を表す関数である(図 11.12).この関数上に現れるピークは,ある任意の原子のまわりに存在する原子の確率密度を表しており,このピークの位置と面積から,結合距離,原子の種類,原子の数,結合の強さなどがわかる.しかしながら,三次元の構造を一次元に投影したものであるので,複雑な化合物の解析は困難なことが多い.この手法は,アモルファス,液体半導体,ガラスなどの非晶質物質の短範囲構造の決定に利用されている.また,化学工業や生体系などの化学反応の多くは溶液中で起こる.したがって,溶液中の溶存化学種の構造解析,溶媒自身の構造の決定にもこの手法が有効である.

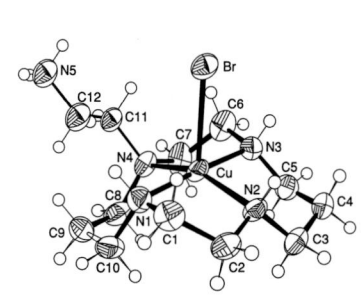

**図 11.11** 銅(Ⅱ)ポリアミン錯体の ORTEP 図

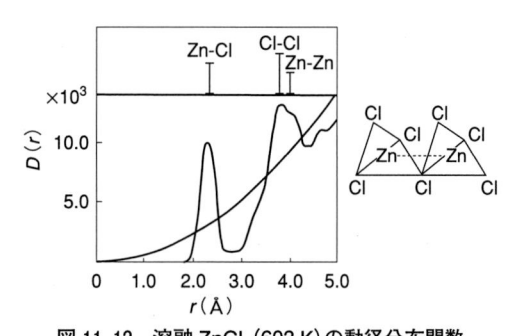

**図 11.12** 溶融 ZnCl$_2$(603 K)の動径分布関数
[『入門機器分析化学』,庄野利之,脇田久伸 編,三共出版(1988),p.119 より]

図11.12はMoKα線を用いて測定した溶融ZnCl$_2$(603 K)の動径分布関数である．第一ピークはZn-Cl結合に基づくもので，その位置からZn原子のまわりには2.29 Å離れてCl原子が存在している．またピークの面積からCl原子の数は約4個であることがわかる．第二ピークはCl-Cl相互作用により，その距離は3.70 Åである．また，Zn-ClおよびCl-Cl原子間距離の比は約$\sqrt{8/3}$であるので，Cl原子は四面体の配置で並んでいることがわかる．

## 11.4 蛍光X線分析法

### 11.4.1 蛍光X線

特性X線は電子線を対陰極物質に衝突させることにより発生するが，図11.13に示すように，電子線の代わりにX線(一次X線)を照射することによっても，照射された物質から特性X線を発生させることができる．この特性X線を二次X線あるいは蛍光X線(fluorescent X-rays)という．蛍光X線を利用して行う分析法を蛍光X線分析法という．

### 11.4.2 原　理

蛍光X線分析法には，波長分散方式とエネルギー分散方式の二種類の方式がある．いずれの方式においても，X線管球より発生した一次X線を試料に照射し蛍光X線を発生させる．蛍光X線の強度は入射X線の強度に比例するので，X線源は強力なものほどよい．また，入射X線の波長は試料中に含まれる測定元素の励起波長より短い(エネルギーが高い)必要があるので，試料に応じて対陰極を選ばなければならない．一般に用いられているのは重元素で短い励起波長をもつタングステン(W)対陰極である．このほか，金(Au)，白金(Pt)，モリブデン(Mo)，クロム(Cr)，ロジウム(Rh)なども使われている．

発生した蛍光X線は波長分散またはエネルギー分散の方式により各元素の蛍光X線を選びだして測定する．波長分散方式では，既知の面間隔 $d$ をもつ分光結晶に蛍光X線を当てる．蛍光X線の波長 $\lambda$ は，入射角を $\theta$ とするとブラッグの条件より

$$n\lambda = 2d\sin\theta$$

で与えられるので，分光結晶を回転させることにより，いろいろの波長を分離することができる．この方式を波長分散方式という．分光結晶は平板型と湾曲型が

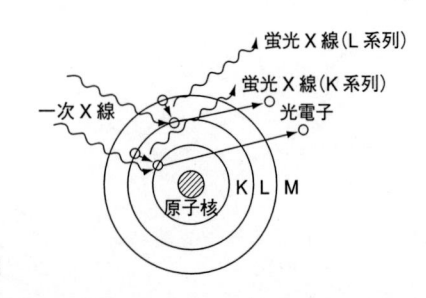

図11.13　蛍光X線の発生原理

あるが，後者のほうが反射強度が大きく，検出感度が高い．分光可能な波長範囲は分光結晶の面間隔 $d$ に依存し，$d$ が大きいほどその範囲は大きくなる．したがって，分析したい元素によって分光結晶を選択する必要がある(表11.1)．

エネルギー分散方式では，試料から発生した蛍光X線を半導体検出器(SSD)で検出する．このSSDのエネルギー分解能はきわめて高いので，マルチチャンネル波高分析器により蛍光X線のエネルギーを分離する．この方式をエネルギー分散方式という．試料は固体でも液体でも測定できる．試料ホルダーはX線を透過させる材質，たとえばポリエチレンなどのポリマーが用いられる．アルミニウムでできたホルダーも使用されている．

液体試料の場合はX線の吸収を少なくするため軽元素からなる溶媒(たとえば，水や炭化水素など)を用いる．固体試料の場合は細かく砕いて粉末にし，ボロン塩と混ぜてペレット状に成形して測定する(ガラスビード法)．そのほかの固体は表面をよく研磨して平坦にして測定してもよい．このような方法では試料の表面から$100 \sim 1\,\mu m$の層に存在する元素からの蛍光X線を測定している．

原子番号が12から92までの元素は空気中でも測定できる．原子番号5から11の元素の蛍光X線は長波長(低エネルギー)であるため，空気により吸収されてしまう．したがって，このグループの元素の分析には真空下かヘリウム雰囲気下で行う必要がある．近年，全反射蛍光X線分析方式が開発されている．この方式では，試料表面に対してきわめて小さい角度 $\theta(0.01 \sim 0.05°)$ でX線を入射し，散乱X線を全反射させることにより，バックグラウンドを軽減し，試料表面の元素からの蛍光X線を高いS/N比で検出することができる．この方法を用いると，極微量の試料($0.05\,ng$)，薄膜試料(数Å $\sim 50$ Å)，極低濃度($5\,ppb$)の試料の定量定性分析ができる．また，大気中でNaからUまでの原子について測定が可能である．

最近，シンクロトン放射光源を一次X線に利用した蛍光X線分析も開発されている．この光源を波長分散方式に利用した場合，検出下限は試料濃度で数十 $ppb$，絶対量では $pg(10^{-12}\,g)$ 以下である．また，全反射方式に使用した場合の検出下限は，試料濃度で $0.5\,ppb$，絶対量では約 $1\,pg$ である．

### 11.4.3 応　用
#### (a) 定性分析

分光された蛍光X線に対する分光結晶の角度 $\theta$ を読み取り，ブラッグの式からX線の波長を求めれば，その特性波長をもつ元素が帰属できるので定性分析ができる．実際は分光結晶ごとに $2\theta$-元素，元素-$2\theta$ の対照表がつくられている．定性分析は最も強いピークから $2\theta$-元素表で元素を推定した後，元素-$2\theta$ 表でその元素のほかの系列線や高次反射線を調べ，推定した元素の確認をするのが手順である．いくつかの元素が共存し，かつそれらのスペクトルが接近している次の場合は，上述の手順を慎重に行う必要がある．

(1) 原子番号が近い元素，とくに希土類元素の隣り合った元素同士．

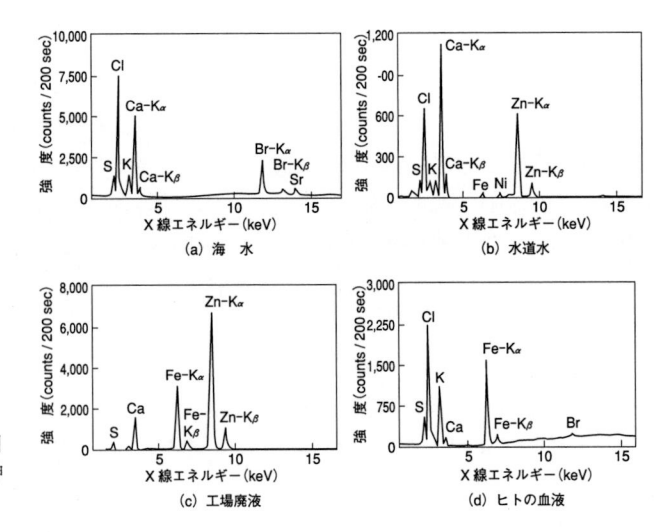

**図11.14 蛍光X線スペクトルの測定例**
〔『入門機器分析化学』，庄野利之，脇田久伸編，三共出版(1988), p.124 より〕

(2) 原子番号が小さい元素のK系列と原子番号が大きい元素のL系列．

(3) ある元素のK系列の高次反射と原子番号の小さい元素のK系列やL系列．

など．

図11.14は海水，水道水，工場廃液中，ヒトの血液の微量金属の分析例である．試料はいずれも$10\mu L$をパイレックスガラス製ミラー上に滴下し，自然乾燥させた後測定した．X線励起電圧は20 kV，励起電流は30 mA，X線入射角は0.03°であり，一試料当たりの測定時間は200秒である．(a)の海水中にはCl, S, Ca, K, Br, Srが含まれていることがわかる．なお，Na, Mgは軽原子のため装置上の制約で検出されない．(b)の水道水中にはCa, Zn, Clが主要元素と認められ，K, S, Fe, Niも少量成分として含まれていることがわかる．(c)では排水中にZnが主成分として含まれており，Fe, Ca, Sも検出された．この工場は亜鉛メッキをしていることが推定される．(d)はヒト静脈より採取した血液を脱イオン水で薄めたものである．

### (b) 定量分析

各元素による蛍光X線の強度を測定することにより定量分析を行うことができる．蛍光X線の絶対強度は測定できないので，標準試料を用いて検量線をつくり元素の濃度を定量する．標準試料はマトリックス効果による誤差を少なくするため，未知試料に近い成分比のものをつくる．分析対象元素に近い元素を既知量入れて測定し，この標準元素とのX線強度比から定量する方法（内部標準法）と，分析対象元素と同じ元素を既知量添加してX線強度比の増加から定量する方法（添加法）がある．検出下限は波長分散方式で数十ppm，エネルギー分散方式で数ppm程度である．

## 11.5 X線吸収分析

### 11.5.1 X線の吸収

X線が物質を通過すると，物質との相互作用によりX線のエネルギーは減少する．この関係は，いま入射X線の強さを$I_0$，透過後のX線の強さを$I$，吸収体の厚さを$x$とすれば

$$I = I_0 \exp(-\mu x)$$

と表される．ここで，$\mu = \rho_0 \sum g_i (\mu/\rho)_i$である．$\rho_0$は試料の密度，$g_i$は原子iの重量分率，$(\mu/\rho)_i$はX線吸収係数である．

X線の波長を連続的に短く（エネルギーを大きく）していくと，吸収係数$\mu$はだんだん減少していき，ある波長で急激に増加する（図 11.15）．この波長は，K殻軌道，L殻軌道…の電子をたたきだすエネルギーに対応しており，それぞれK吸収端，L吸収端…とよばれている．

### 11.5.2 EXAFS と XANES

内殻軌道からたたきだされた光電子の波は，もし吸収原子のまわりに原子があるとその原子によって散乱される波との干渉によって，吸収端から50 eV〜1 keVのエネルギー領域に微細構造 EXAFS（extended X-ray absorption fine structure, 広域X線吸収微細構造）が生じる（図 11.16）．吸収端から十分離れた領域（> 50 eV）では光電子の運動エネルギーが大きいために散乱は弱くなる．直接波と散乱波の干渉は光電子の波数について正弦的な振動を与えるが，その周期から中心原子と散乱原子の間の距離が，また振幅の大きさや形から原子の種類や個数を推定できる．

これに対して，吸収端付近では光電子のエネルギーが小さいために，光電子波はまわりの原子により強い散乱を受けるので，多重散乱波の干渉も重要になる．多重散乱波の光路差は散乱原子の配置に依存するために，この領域 XANES（X-ray absorption near-edge structure, X線吸収端構造）は配位の対称性にも敏感である．また，この領域には内殻準位から空いた束縛状態や分子軌道への直接遷移が観測されるため，結合の電子状態に関する情報も含まれる．

光電子は非弾性散乱によって急速に減衰するため，EXAFSから得られる情報

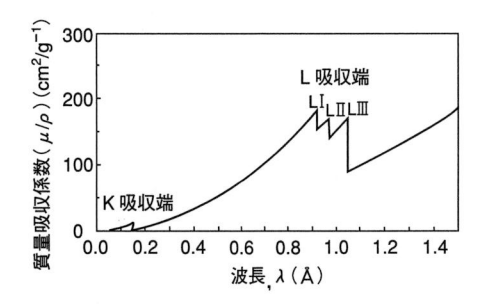

図 11.15 X線の吸収

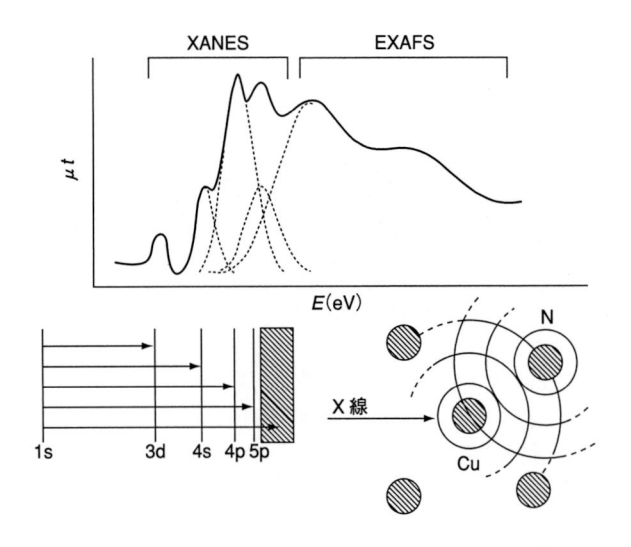

図 11.16　XANES と EXAFS の原理図

は 4～5 Å の範囲に限られるが，直接波と散乱波の干渉を中心原子でみていることになるので，結晶のような長距離秩序を必要としない．EXAFS では光電子はいわば"点光源"として特定の原子のまわりの原子配列を探るプローブとしての役割を演じており，後述する種々の方法もこの性質を巧みに利用しているのである．

### 11.5.3　応用
#### (a) XANES による溶液中の銅(II)錯体の配位数決定

図 11.17 は異なった pH で測定した水溶液中の大環状ポリアミンの銅(II)錯体の XANES スペクトルである．配位子の大環状ポリアミンはテトラアザ環にペンダント基としてアミノエチル基を 1 個有している．ペンダント基のアミノエチル基はその高い塩基性のため，低 pH 領域で容易にプロトン化する．このため，アミノエチル基は水溶液中で pH によって銅(II)イオンと配位したりしなかったりする．図からわかるように，低 pH では 8987 eV 付近に肩が観測されるが，高 pH ではその肩が減少している．異なった配位数をもつモデルを作製しその結果得られた理論スペクトルと実測スペクトルの比較から，低 pH では銅(II)イオン

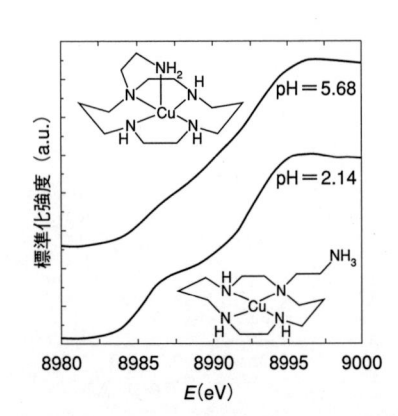

図 11.17　大環状ポリアミン銅(II)錯体の XANES スペクトル

は4配位でアミノエチル基は配位に関与しておらず,高pHではアミノエチル基が銅(Ⅱ)イオンに配位した5配位であることが明らかになった.

### (b) EXAFS による銅(Ⅱ)錯体溶液の構造決定

図11.18 はトリアザ環誘導体を用いた銅(Ⅱ)錯体の固体および溶液中のEXAFS スペクトル測定を行い,フーリエ変換をしたものである.固体の銅(Ⅱ)錯体の構造は,結晶解析より中心の銅(Ⅱ)イオンはトリアザ環の3個の窒素原子と2個の塩化物イオンが配位した5配位四角錐構造をとっている.またこの銅(Ⅱ)錯体は2個の塩化物イオンが銅(Ⅱ)イオンを架橋した2核錯体構造を有していることが明らかにされている.固体状態の図には,1.8 Å 付近に Cu-N, Cl 結合に帰属されるピークが,また 3.0 Å 付近に Cu-Cu 間に帰属されるピークが現れている.一方,溶液中では 1.6 Å 付近に Cu-N, Cl 結合に帰属されるピークが現れているが,3.0 Å 付近には観測されていない.この結果から,固体状態ではこの銅(Ⅱ)錯体は2核錯体構造を有しているが,溶液中では単核錯体で存在していることが明らかとなった.

化学工業や自然界中での多くの化学反応は溶液中でその反応が行われているため,溶液中の化学種の構造解析は化学種の物性や反応機構を研究するうえで非常に重要である.そのため,近年溶液中の化学種の構造を直接的に決定できるXANES や EXAFS 法を用いた多くの研究がなされている.

X線が身近に使われている例として,医療用機器としてのレントゲン写真やCTがある.レントゲン写真はX線源とフィルムの間に体を置いて撮影する.照射されたX線は体を通過しフィルムを感光させる.このとき,体を構成する成分によってX線を吸収する量が異なる.X線をあまり吸収しない場合は黒く写り,X線を吸収した場合には白く写る.一般に骨や腫瘍などはX線の吸収量が多くフィルムには白く写る.しかし,脂肪や皮膚などはX線の吸収量が少なくフィルムには黒く写る.最近ではフィルムの代わりにセンサーを用いて画像を得る装置も普及してきている.

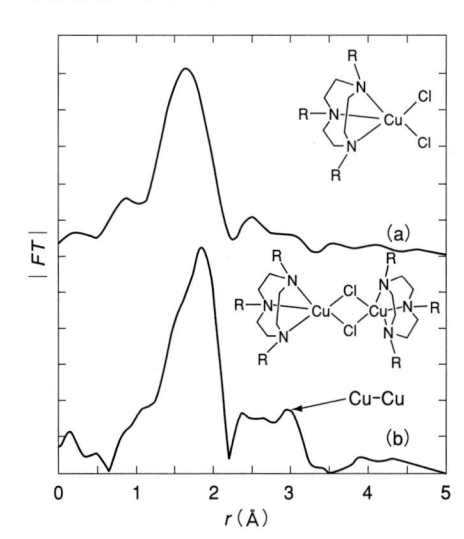

**図 11.18 トリアザ環誘導体銅(Ⅱ)錯体のEXAFSスペクトルのフーリエ変換**
(a) エタノール溶液中,(b) 固体.

CT(computed tomography, コンピュータ断層撮影)はレントゲン写真が二次元の平面の情報しか得られないのと異なり，体の断層写真などの三次元の情報が得られる．しかし，CTもX線を用いて写真を撮るということではレントゲン写真と同様である．CTはX線源と検出器が体を挟んで配置されており，これが体を中心に回転しながらさまざまな方向からレントゲン写真を撮影する．体の内部はさまざまな部位ごとにX線の吸収率が異なっている．そこで各部分の吸収率を未知数として連立方程式を組みコンピュータを用いて計算し，各部位の吸収率に応じて白から黒までの色を段階的に塗り分けることでCTの画像が得られる．

## 章末問題

**問題11.1** 銅 $K\alpha$ 線 ($\lambda = 154.18$ pm) を用いて酸化チタン粉末の回折パターンを測定したところ $2\theta = 27.44$, 36.08, 54.32 にピークがそれぞれ相対強度 100 : 50 : 60 で観測された．ブラッグの式を用いて $d$ を計算し，その結果と表1を用いて試料構造を明らかにせよ．

表1

| アナターゼ | | | | ルチル | | | |
|---|---|---|---|---|---|---|---|
| $d$ | 3.52 | 1.89 | 2.38 | $d$ | 3.25 | 1.69 | 2.49 |
| $I/I_1$ | 100 | 35 | 20 | $I/I_1$ | 100 | 60 | 50 |

**問題11.2** 単結晶，粉末，非晶質の各試料のX線回折測定を行ったときに現れる回折パターンの特徴を記述せよ．

**問題11.3** 封入式管球から得られるX線は図のような波長分布をもつ．Aの鋭いピーク部分と，Bの連続的な部分からなっている．AとBはなんとよばれているか．また，これらの発生の原理を記述せよ．

**問題11.4** 蛍光X線分析の方法は二種類に分類することができる．これらの違いについて記述せよ．

**問題11.5** XANESとEXAFSとは何か．また，これらから何がわかるのか記述せよ．

## 参考文献

1) 安岡則武，『これならわかるX線結晶構造解析』，化学同人(2000).
2) 『入門機器分析化学』，庄野利之，脇田久伸 編，三共出版(1988).
3) 宇田川康夫，『X線吸収微細構造』，学会出版センター(1993).

# 第12章 磁気を用いる分析法

　磁気は導体に電流が流れるときに発生するが，永久磁石のように物質の特性としてもっている場合もある．この物質のもつ磁気的性質を測定することは，いろいろな意味をもっている．しかし，磁気天秤などで測定される磁化率は，常磁性・反磁性といった物理的な測定の意味合いが強く，化学の分野では一般的に使われているわけではない．しかし，ここに述べる，核磁気共鳴法(nuclear magnetic resonance；NMR)や電子スピン共鳴法(electron spin resonance；ESR, electron paramagnetic resonance；EPR)は，測定データによって分子の構造や，その分子が置かれている環境などがわかるため，物理化学のみならず有機化学などの多くの分野で利用されている．また，NMRの一種である磁気共鳴画像法(magnetic resonance imaging；MRI)は医療の面では欠かせないものとなっている．

## 12.1　電子スピン共鳴法

　永久磁石のもつ磁気を原子のレベルで見ると，原子を構成している電子のもつ性質である．電子は負の電荷をもった粒子であり，自転している．これを電子スピンという．たとえば，左回りに自転しているとき，電流としては右回りに流れる電磁石と思えばよい(電流は負の電荷をもつ電子の流れの逆方向に定義される)．この回転の方向を規定する量子数をスピン量子数とよび，$1/2$と$-1/2$の値をもつ(なぜ，$1/2$なのかはここでは触れない)．したがって，自転軸に対して下向きに磁界が発生するので，上がS極，下がN極の小さな磁石ができる(図12.1)．普通の分子では，結合軌道に2個の電子が自転の向きを互いに逆にして配置されているので磁石としての性質は示さないが，奇数個の電子をもつ分子などは上記の磁性を示す．永久磁石は，この小さな磁石が多く集まって，その方向がそろっているものである．

　この微小な磁石である電子を強い磁界の中に置くと，磁石の方向が磁界に平行な場合(安定な状態)と逆平行の場合(準安定な状態)の二つの配置をとることがで

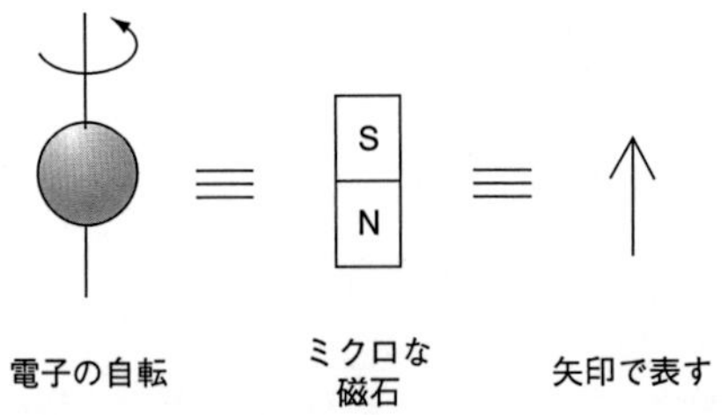

**図 12.1　電子のスピン**

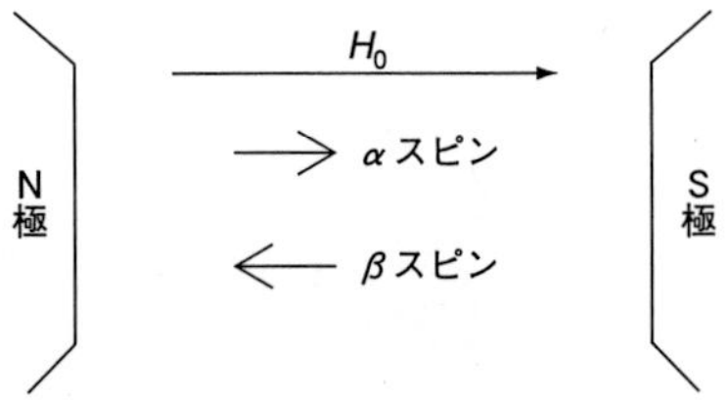

**図 12.2　磁場中に置かれた電子スピンの配向**
外部磁場によって二つの配向（$\alpha$ スピン，$\beta$ スピン）をとる．電子の場合は $\beta$ スピンのほうが少し安定である．

きる（図 12.2）．この安定な状態と準安定な状態のエネルギー差（$\Delta E$）は加えた磁場の強さに比例し，このエネルギーに相当する電磁波（$\Delta E = h\nu$）を照射すると吸収が起こる．これが，電子スピン共鳴といわれるものである．

　磁界の強さが 0.3 T（3000 Gauss）のとき，普通の試料では 9.2 GHz 付近の電磁波で共鳴が起こる．0.3 T というのは磁気ネックレスの磁場の 4 倍くらいの強さである．また，9.2 GHz という電磁波は X-Band とよばれるマイクロ波で，レーダーに使われているものである．したがって，ESR のマイクロ波に関する部品は，多くはレーダーに使われるものを使うことができる（1 GHz は $10^9$ Hz で，携帯電話には 2.4 GHz あたりの電波が使われている）．

### 12.1.1　装　置

　ESR の装置は基本的には，マイクロ波を発生させる発振器，試料に磁場を加えるための電磁石，試料にマイクロ波を照射するキャビティ，マイクロ波を検出する検出器から構成される（図 12.3）．

　電磁石は磁場を試料に均一に当てる必要から，かなり大きく，磁極（ポールピースとよばれる）の大きさは 20 cm 程度である．よく使われる ESR 装置は，マイクロ波の周波数が 9.2 GHz 前後なので，磁場強度は 100 mT から 3500 mT の範囲で掃引できるものが使われている．この電磁石は，おおよそ 1 m$^3$ 程度の大きさで，数トンの重量がある．磁場の掃引幅が広く，磁場強度も大きくないので，NMR のような超伝導電磁石は用いない．実際の装置を図 12.4 に示しておく．

　一般に ESR シグナルの検出法は，感度向上のため，磁場を数 kHz の周期でわずかに振動させて測定する．したがって，スペクトルは微分形で検出される．吸収スペクトルの形にするには積分する必要があるが，普通は微分形のままで用いる．

### 12.1.2　試　料

　試料の状態はさまざまなものが可能で，液体，溶液，固体などの測定ができる．通常は，直径 5 mm の薄肉石英ガラス製試料管に試料を詰めて用いる．普通のガラス管には，微量の重金属などが不純物として混入していて，バックグラウンド

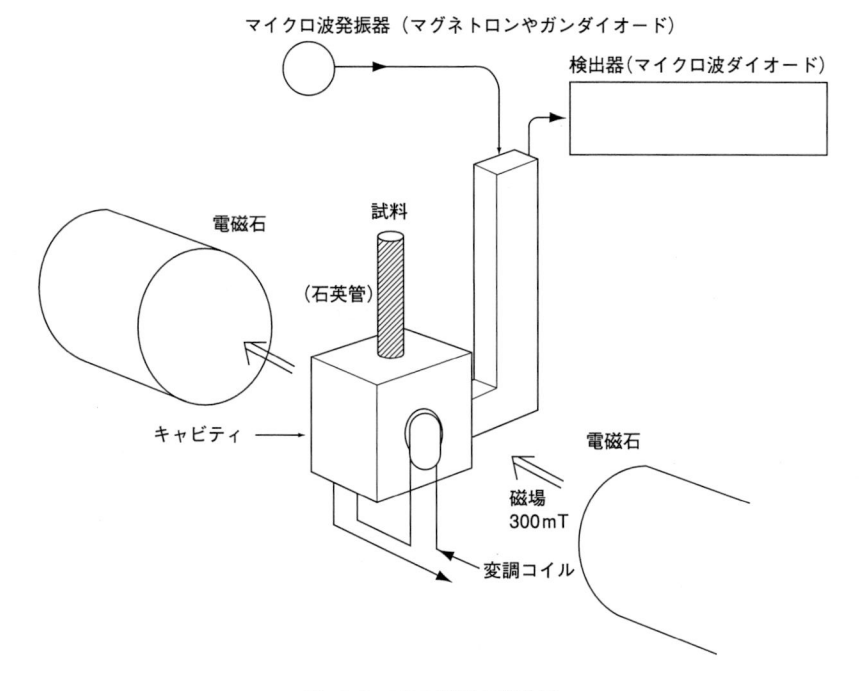

**図 12.3　ESR 装置の概念図**

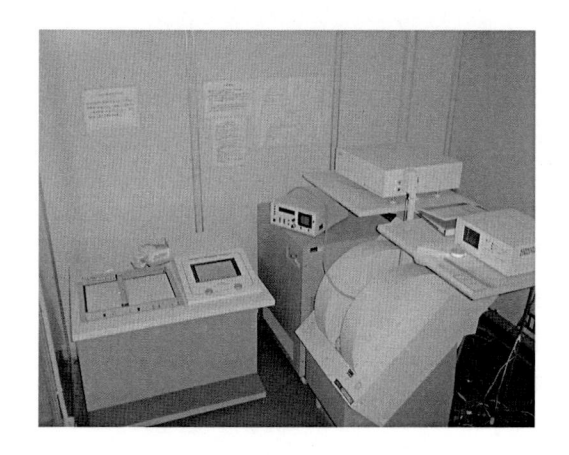

**図 12.4　実際の ESR 測定装置**
右が電磁石で中心にキャビティがある．左はコントロール装置と記録計．

信号がでるので用いられない．また，誘電率の高い物質は，誘電損失により 9.2 GHz 付近の電磁波を吸収してしまうので，特殊な測定方法が必要である．たとえば，水溶液やアセトニトリル溶液は，水やアセトニトリルが電磁波を吸収してしまって測定ができないが，液体窒素(77 K)温度まで冷却して固化させると，誘電損失がなくなり測定可能となる．したがって溶液状態で測定したいときは，ベンゼンなどの誘電率の小さい溶媒を用いる必要がある．

また，図12.2に示す二つの配置のうち安定な配置の分子数と不安定な配置の分子数の差が多いほど感度がよくなるので，液体窒素(77 K)や液体ヘリウム(4.5 K)で冷却して測定されることが多い．

### 12.1.3 測定対象

12.1.1項に述べたように，普通の有機物では，その結合軌道や非結合軌道に存在する電子が，互いに逆向きのスピンの2個が対となって存在している．これを，それぞれ結合電子対，非結合電子対(lone pair)とよんでいる．この場合，外部に対しては磁気的性質を示さない．したがって，ESRで測定できる物質は，一部の例外を除いて，原子軌道や分子軌道などに電子が奇数個存在しているものでなければならない．これは不対電子とよばれているが，いわゆるラジカル分子や，Cu(Ⅱ)やCo(Ⅱ)イオンのように全電子数が奇数個であるイオンが該当する．一般に，有機のラジカル分子は不安定であるが，図12.5に示すTEMPOL(4-hydroxy-2,2,5,5-tetramethylpiperidine-1-oxyl)のように安定に存在できる構造をもつ物質もある．

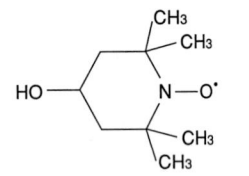

図 12.5 安定なフリーラジカルであるTEMPOLの構造式

ESRは，上述のように不対電子をもっているものしか測定できない．したがって，単に特定の物質の「検出」という目的で利用されることはほとんどない．ラジカル分子の構造の解析や，TEMPOLなどをプローブ分子としてミセルや二分子膜に担持させその状態を調べるときなどに使われる．

### 12.1.4 得られるデータ

強さ $H_0$ の磁場に置かれているラジカル中の不対電子は，次式で表される共鳴条件で電磁波を吸収する．

$$h\nu = g\beta H_0 \tag{12.1}$$

ただし，$h$ はプランクの定数，$\nu$ はマイクロ波の周波数，$\beta$ はボーア磁子である．$\nu$ と $H_0$ は設定値であるので，測定データは対象としている不対電子の固有のパラメータであるランデの $g$ 因子とよばれる数値である．この数値の実測値は約2であるが，不対電子の存在する軌道や，分子構造とそのまわりの環境によって微妙に変化する．したがって，この $g$ 値を求めることがESRスペクトル測定の一つの目的である(図12.6)．

次に，分子の中にはNMRの項で説明する核スピンをもつ原子が多く存在する．たとえば，$^1H(I = 1/2)$ や $^{14}N(I = 1)$ などがあげられる．これらの原子核はラジカル電子の近くに存在すると相互作用を起こし，スペクトルの分裂を引き起こす．$^1H$ は1個につき2本に，$^{14}N$ は3本に分裂させる．図12.6は $^{14}N$ を含む分子で，3本に分裂している．この分裂幅を超微細構造定数(hyperfine copupling constant; hfc)とよぶ．一般には $a$ で表す．この値は当該原子上への不対電子の存在割合に比例しているので，$a$ の値によって芳香族炭化水素などでは不対電子の分子内分布を推定することができる．

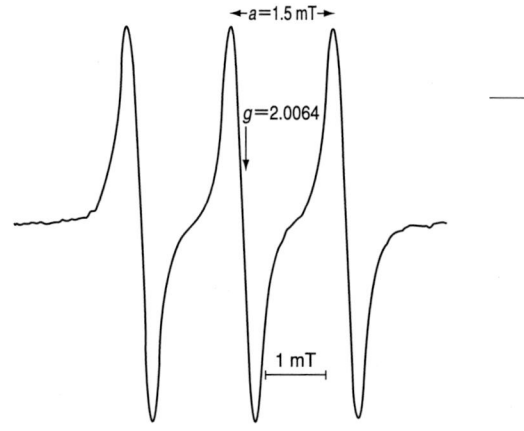

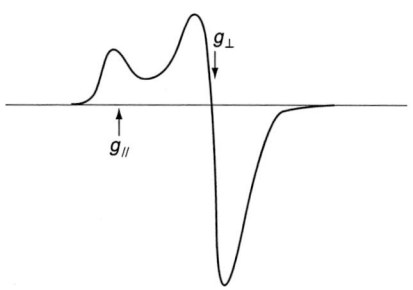

**図 12.7 固体の ESR スペクトル**
g 値の異方性のため複雑な形となる.

**図 12.6 溶液(TEMPOL)の ESR スペクトルの例**

一方,固体の場合は,分子が磁場に対していろいろな方向を向いている.分子の方向によって $g$ 値や超微細構造定数が異なる(異方性とよぶ)ため,複雑な形となる(図 12.7).逆に,この形から分子の動きやすさを評価することができる.

スペクトルの形は微分形が一般的であり,図上のピークの高さは,スペクトルの強度には直接比例しないので注意が必要である.また,観測しているスピンは NMR のように分子中に多くあるわけではなく,分子中の不対電子 1 個だけであることも留意すべきである(三重項分子のように 2 個以上の場合もまれにある).

**例題 12.1** ESR では,NMR ほど磁場の均一性は要求されない.これはなぜか.

**解** ESR で観測する不対電子の線幅は電子の性質として最小で数 100 kHz 程度であり,これは磁場強度に換算すると 0.01 mT に相当する.したがって,0.3 T の磁石では 1/30,000 以上の均一度はほとんど意味がなくなる.

## 12.2 核磁気共鳴法

電子が自転することにより磁石として働くのと同様に,原子核も自転しており,スピンをもっているものもある.これを核スピンとよぶ.たとえば,水素原子の原子核($^1$H)は陽子(プロトン)とよばれているが,正の電荷が回転するので,電子とは逆の方向に磁化ができる.原子核 1 個の磁石としての強さは,一番強いプロトンの場合でも電子に比べて 1/660 程度であるが,電磁波との相互作用は電子と同様に考えてよい.

一方,水素($^1$H)以外の原子核は陽子と中性子から構成されているので,スピン量子数が 1/2 以上の値をとる原子核も存在する.つまり,磁場に対して平行・逆平行以外の配置も取りうる.中性子は電荷はゼロであるがスピンをもっており,陽子と同様に磁化ができる.つまり,原子核のもつ全磁化は,陽子と中性子のス

ピンの組合せで決まるが，単純な足し算とはならない(たとえば $^{14}$N は核スピンは 1 である)．取りうる最大のスピン量子数をその原子核の核スピンとよんでいる．ただし，すべての原子核がスピンをもっているわけではなく，構成している陽子の数が奇数あるいは中性子の数が奇数の原子核だけがスピンをもっている(たとえば $^{15}$N は 1/2 の核スピンをもつ)．陽子と中性子の数がどちらも偶数である原子核は核スピンをもたない．

以上のような核スピンをもつ原子核(たとえばプロトン)は，電子と同様に，小さな永久磁石と考えることができ，これを均一で強力な磁場中に置くと，磁場に平行な場合と逆平行な場合の二つの微妙にエネルギーが違う配向をとることになる．このエネルギー差は $^1$H の場合，9.4 T の磁場において 0.15 J mol$^{-1}$ 程度であり，電子の場合の 660 分の 1 程度で，室温の熱エネルギーの 1 万分の 1 程度にすぎない．このエネルギーに相当する電磁波(約 400 MHz)を照射すると共鳴が起こり，吸収が観測される．これが核磁気共鳴(nuclear magnetic resonance)であり，一般に NMR とよばれている．また，$^1$H の共鳴周波数をもって，装置の機能を表すのが通例である．たとえば，9.4 T の装置は，$^1$H の共鳴周波数が 400 MHz なので，「400 MHz の NMR」とよんでいる．$^1$H 以外の原子核では，このエネルギー差はさらに小さいので，同じ磁場強度でも共鳴周波数は低くなる．たとえば，この機器で $^{13}$C を測定するときは約 100 MHz の電磁波を使うことになる．

### 12.2.1 測定対象

多くの有機物は C，H，N，O などの原子から構成されているが，同位体によって観測可能なものと不可能なものがある．たとえば水素原子は 99.9 % が $^1$H であり，NMR で容易に観測可能である．一方，炭素原子はそのほとんどが $^{12}$C であり，スピンをもたないので NMR では観測されない．酸素も $^{16}$O がほとんどで観測対象にはならない．しかし炭素中には核スピン($I = 1/2$)をもつ $^{13}$C が 1.5 % 程度含まれるので，この核については観測可能である．窒素は，そのほとんどが核スピン($I = 1$)をもつ $^{14}$N であるが，感度が悪いので，特殊な場合を除いて観測対象とはなっていない．

クロロホルムなどの溶媒に溶けている有機物の $^1$H や $^{13}$C の共鳴スペクトルは，一般的にシャープで，ピーク幅は 0.5 Hz 以下である．これは溶媒中で高速に分子運動(回転)しているためであり，高分解能のスペクトルが観測できる．粘度が高くなって運動が抑制されると線幅が広がって観測が困難となり，固体状態となると普通の装置では観測できない．したがって，一般的には試料を溶液として測定する．

最近では高分子などの固体状の試料を測定する技術も発展し，試料を磁場の方向から約 54.5° 傾けた方向に高速で回転させる方法(magic angle spinning)を使うと，固体でもシャープなスペクトルが得られる(MAS‐NMR とよぶ)．

## 12.2.2 装 置

測定装置は，電磁石，電磁波を発生しスペクトルを測定する分光器，およびプローブとで構成されている(図12.8).

実際の400 MHz の NMR 装置を図12.9に示す．中央の超伝導磁石は人の背丈より少し高い(約2 m).

### (a) 電 磁 石

電磁石は強力で均一な磁場をもつ必要がある．この磁場に比例して観測周波数が上がるが，観測周波数が高いほど測定感度が上がるので，いかに強力な磁石をつくるかが課題となっている．

プロトン($^1$H)を観測する場合，100 MHz の共鳴周波数で観測するには 2.35 T の磁場が必要である．鉄心を用いる電磁石では，この磁場強度が鉄の透磁率から限界である．それ以上の強度の電磁石は，鉄心のない超伝導コイルを用いてつくられる．2006年現在，最高で 21 T の超伝導磁石を用いた NMR 装置(900 MHz)が市販されている．

超伝導コイルは 4.5 K 程度の低温に保たないと超伝導とならないため，液体ヘリウム中に沈めて用いられる．このため液体ヘリウムを定期的(4か月に1回程度)に補充しなければならないが，一度励磁すると永久電流のため後の電力は必要としない．

この電磁石の均一度はスペクトルの善し悪しに大きく影響する．一般的には 400 MHz の装置で 0.2 Hz 程度の精度が要求されるので，約20億分の1の均一度が必要となる．このために，シムコイルという補正用のコイルに電流を流して均一な磁場となるようにしている．このコイルは，機種にもよるが10種以上用いられていて，この調整がスペクトルの精度に直接響いてくる．最近ではコンピュータが自動的に調整する機種もある．

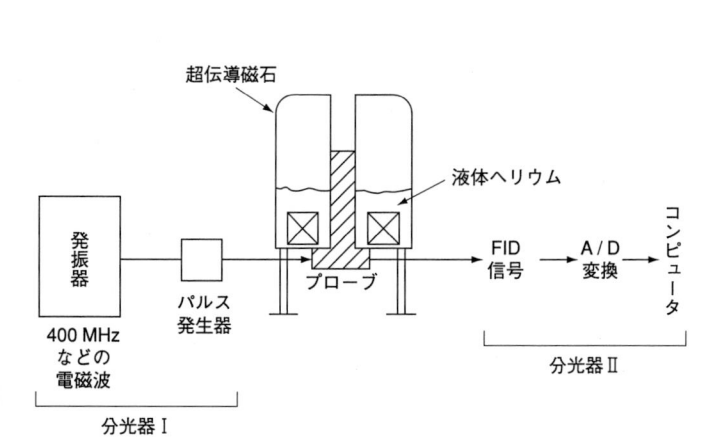

**図 12.8　FT-NMR の測定装置の概念図**

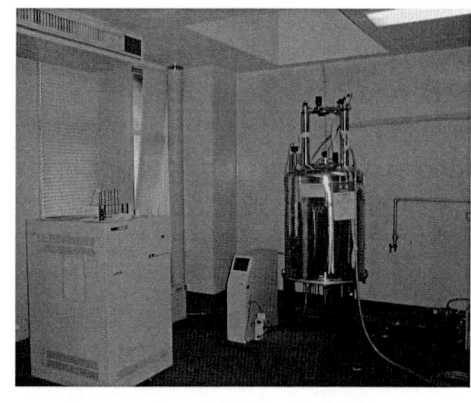

**図 12.9　実際の FT-NMR 装置(400 MHz)**
中央右は超伝導磁石で，中心に測定プローブがある．左は電磁波の発生などのコントロールをする分光器．全体のコントロールはパーソナルコンピュータで行っている．

### (b) 分光器

測定装置は大きく分けると CW(continuous wave)法と，パルス FT(pulse Fourier transform)法がある．CW 法は，一定の周波数の電磁波を試料に照射しながら，磁場を掃引して共鳴が起こると吸収が起こり，この吸収強度をチャート上に記録していくものである．初期の機械は，この CW 法による装置が主流であった．しかし，1 回の掃引に 5 分程度かかり，積算ができないので感度を上げるためには試料が多く必要であった．このため，以下に述べるパルス FT 法に移行しており，昭和 50 年代後半以降の新しい機械は，ほとんどがパルス FT–NMR となった．

パルス FT 法を簡単に説明すると，試料のすぐ横からコイルを用いて，まず強い電磁波を，10 マイクロ秒程度の短い時間照射(パルス)すると，その直後からコイルには，試料中のスピンによって交流の電流が誘導電流として流れはじめる．この電流は時間とともに減衰する信号(free induction decay ; FID)であり，この中に含まれる交流の周波数が原子核の共鳴周波数に，その強度が吸収強度に相当する．この誘導電流をデジタル化し，フーリエ変換を行うことによって，これを周波数と強度の関係に変換すると，CW 法と同様なスペクトルが得られる(図 12.10)．フーリエ変換とは，時間によって変化する信号の中に「いろいろな周波数の信号がどのくらい含まれるか」という形に変換する操作である．

### (c) プローブ

試料に電磁波を当ててスペクトルを測定する中心部分がプローブとよばれるもので，この中に試料溶液の入った直径 5 mm の一方を閉じたガラス管を鉛直方向に入れて測定する．普通は磁場の不均一度をさらに減らすため，回転させる．

固体の NMR を測定するには特殊なプローブが必要であり，この中に磁場に対して約 54.5°傾けて超高速(30 万 rpm)で回転させる．こうすると磁場に対して分

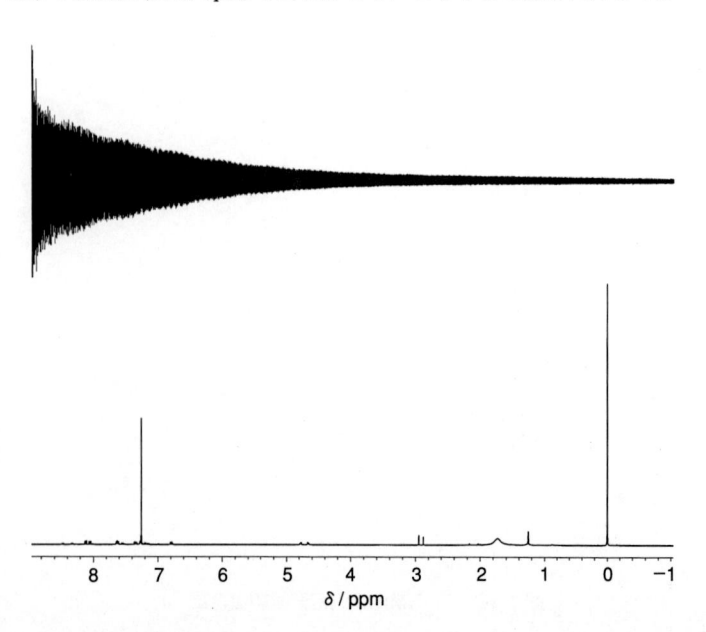

図 12.10 FID 信号(上)，フーリエ変換後のスペクトル(下)

子の配向によるスペクトルの広がりが解消され，シャープな信号となる．

### 12.2.3 測定目的

NMRはESRと同様，原子吸光法などとは違って，特定の物質の量や検出を行うものではなく，分子の構造を解析するための機器である．元素分析ではCHNOの原子数程度はわかるが，それがどのように結合しているかなどの構造上の情報は得られない．NMRでは，この結合の情報を得ることや，原子の立体的な配置に関する情報を得ることが主たる目的である．

　測定するための試料の状態は，溶液が標準的である．純物質や非常に濃い溶液は通常は測定できない．溶媒として用いられるものは，$^2$Hの測定の場合を除いて，クロロホルムやアセトンなどの水素原子を，重水素原子($^2$H，Dとも書く)に置き換えたものが用いられる．とくに$^1$H NMRの場合は，普通のクロロホルムなどでは溶媒の$^1$H信号が大きくて，肝心の試料の信号が検出されなくなるので，用いることはできない．

### 12.2.4 得られるデータ

　NMR測定によってスペクトルから読み取るおもなものはケミカルシフトとカップリング定数であり，これを求めて分子構造の解析を行う(図12.11)．

#### (a) $^1$H NMRの場合
#### (1) ケミカルシフト

　磁場強度一定での，ある原子の共鳴周波数は，分子中での立体的な配置やまわりの環境によって微妙に異なる．この違いの範囲はごくわずかであり，水素原子($^1$H)の場合，共鳴周波数の約10 ppm程度である．たとえば，400 MHzの共鳴周波数の場合は4000 Hz程度の範囲内に収まる．この違いは，水素原子核のまわりを回っている1s電子の反磁性効果によるものである．つまり，原子軌道上の電子は超伝導コイルと同じで，外部磁場はその中を透過しにくくなり，原子核にか

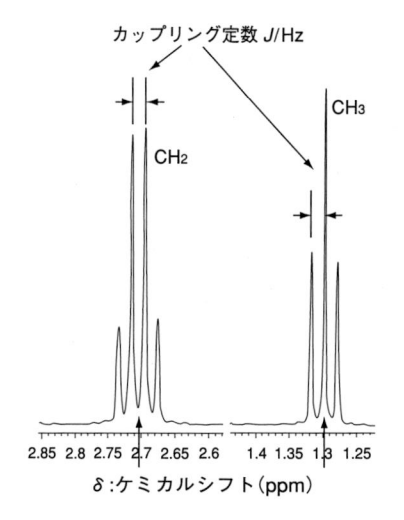

**図12.11　NMRの基本となるデータ**

かる有効磁場を減少させる．このことによって，共鳴周波数がその分若干低くなる．この量は，$^1H$ のまわりの電子密度に比例する．これをケミカルシフトといい，一般的にはこの量を，共鳴周波数で割った値を用い $δ(ppm)$ で表す(式 12.2)．

$$δ(ppm) = \frac{ν - ν_{ref}}{ν_{ref}} × 1,000,000 \qquad (12.2)$$

この $δ$ の値は，ppm 単位で表すと共鳴周波数によらない値となり，機種依存性がなく，ほかの研究者のデータとの比較が可能となる．

ケミカルシフトの値は，通常，テトラメチルシラン(TMS)の共鳴点($ν_{ref}$)を 0 ppm として，それからの差を用いる．また，ほかのスペクトルとは違って，右側から左側に向かって増大するようにスペクトルを表示する習慣となっている．また，CW 法の場合は，共鳴周波数を一定として磁場を掃引していたので，$δ$ の値が大きい左側のピークはより低磁場で，また右側のピークがより高磁場で共鳴することになっていた．パルス FT 法が主流となった現在でも習慣として，左側を低磁場，右側を高磁場とよんでいる．ほとんどの有機化合物のケミカルシフトは，TMS を基準とすると正の値であり，最大でも 15 ppm 程度である．

$^1H$ のケミカルシフトは上述のように $^1H$ のまわりの電子密度で決まるが，これは水素原子がどのような官能基の原子(炭素や窒素)に結合しているかという情報を与える．また，それ以外にも，ほかの官能基からの磁気的な効果で変化する．たとえば芳香族炭化水素の場合は，ベンゼン環上の $π$ 電子の反磁性の効果が，$^1H$ に対しては逆に働いて，より低磁場にピークが現れることが知られている．

上記のように，いろいろな要因でケミカルシフトの値が変化するので，有機化合物では対称・等価な水素原子でなければ，ほとんどの場合異なった数値をとり，チャートの上では区別することが可能である．

**(2) カップリング定数**

有機化合物中の $^1H$ NMR のピークは，近くにある別の水素原子のスピン状態によって分裂を起こす．一般的には，隣の炭素原子に結合している水素原子 1 個につき二つに分裂する．この分裂の幅をカップリング定数といい，$J$ で表す．この幅は相手の水素原子との相互関係で決まり，互いに同じ間隔で分裂するが，Hz 単位で表すと観測磁場の大きさには関係しない．このカップリングを観測することにより，分子中の隣り合っている水素原子を特定することができる．

以上のように $^1H$ NMR では，ケミカルシフト($δ$)とカップリング定数($J$)の値からスペクトル中のピークを分子のどの水素原子に帰属できるかを(つじつまが合うように)決めることによって，分子の構造を決定することができる．現在では，単結晶の X 線回折によって分子の構造は結合距離・角度を正確にできるようになっているが，多くの有機物は単結晶が得られず，溶液中の構造に至っては X 線回折法は無力である．したがって，$^1H$ NMR は，次の $^{13}C$ NMR とともに用いることによって分子の構造を決める有力な手段となっている．

### (b) $^{13}C$ の場合

$^1H$ 以外の原子核の場合は，価電子が 2s や 2p，3d といった軌道にあるので，ケミカルシフトは単純に電子密度だけでは決まらず，その範囲も広い（$^{13}C$ で 250 ppm 程度）．しかし，$^1H$ と同様に $\delta$ の値に機種依存性はない．$^{13}C$ の場合は，多くの研究データからかなりの精度でケミカルシフトの予測ができるようになってきている．したがって，元素分析で C と N の比率(数)が決まっていれば，かなりの部分まで構造が解析できる．

$^1H$ と違って，$^{13}C$ 同士が隣り合う確率は非常に低い（1万分の1）ので，炭素同士のカップリングは特別な場合を除いて観測されない．むしろ，$^{13}C$ に結合している $^1H$ とのカップリングが，何級炭素（メチル $CH_3$，メチレン $CH_2$，メチン CH）かを見積もるうえで重要である．

### 12.2.5 二次元 NMR

普通の多くの測定は，横軸にケミカルシフト，縦軸に信号強度をプロットする．これを一次元 NMR とよぶが，このチャートからは上記のようにケミカルシフトとカップリング定数しか読み取ることはできない．したがって，カップリング定数が似た値の場合，ピーク間の相関（どのプロトンが隣り合っているのか）を判別するのは難しくなってくる．また，いろいろなピークが重なっている場合は，ピークの分裂パターンすら判別できなくなってしまう．しかし，パルス FT-NMR では，いろいろなパルスの組合せにより，$^1H$ のピークの間に相関があるかないかがすぐわかるような測定が可能である．その結果を二次元の図に表したのが二次元 NMR (2D NMR) である．詳しいことは専門書に譲り，代表的な方法に

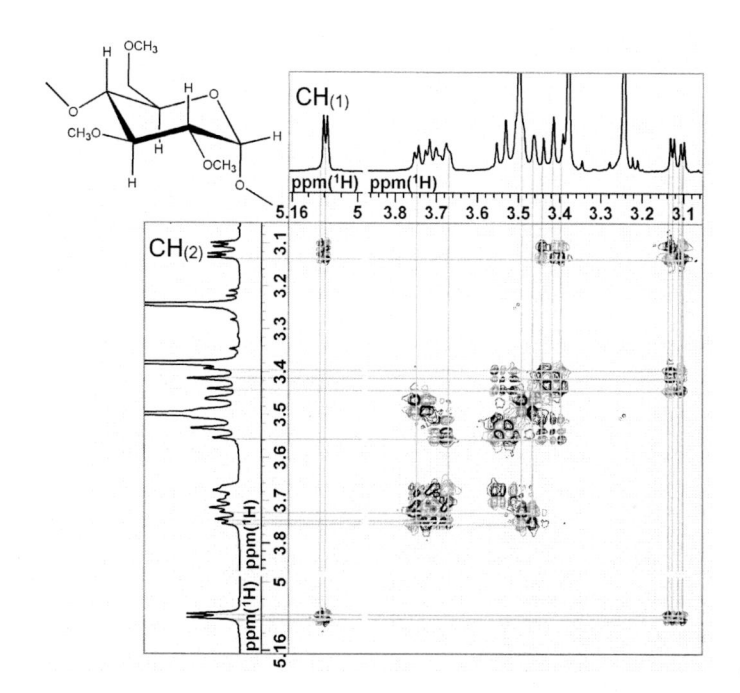

**図 12.12　二次元 NMR (COSY) スペクトルの例**

左上にグルコースの1位と2位のプロトンのカップリングによる相関ピークが観測される．

### (a) H-H COSY スペクトル

例を図 12.12 に示す．対角線上に普通の吸収スペクトルに相当するピークがあり，クロスピークとよばれる非対角位置にピークがある場合は，カップリングによる相互作用があることを示していて，すぐ隣りに水素原子が存在していることがわかる．$J$ の値が似ていても，一目瞭然にカップリングしている相手を見つけることができる．図 12.12 の場合はグルコースの 1 位と 2 位のプロトンの相関ピークが明瞭に示されている．

### (b) NOESY スペクトル

チャートとしては COSY に似ているが，相互作用がカップリングではなく，NOE(核オーバーハウザー効果)により，空間的に近くに存在する水素原子の組合せを見いだすことができるものである．

### (c) H-C COSY スペクトル

現在は，HMQC などの他の方法が実際には使われているが，基本的には $^1$H と $^{13}$C とのカップリングによる相関関係を見つけるものである．$^1$H のスペクトル中のピークと $^{13}$C スペクトル中のピークとの相関関係(どの炭素原子に，どの水素原子が結合しているか)が一目で見いだせるものである．

現在，数多くの目的の 2D NMR 法が考案され，利用されている．いまや 2D NMR は生化学や有機化学において非常に有力な武器として使われている．

---

**例題 12.2** 次の核を，NMR で観測可能なものと，観測できないものとに分類せよ．

$^{16}$O　$^{31}$P　$^{28}$Si　$^{29}$Si　$^{32}$S　$^{39}$K

**解** 観測可能：$^{31}$P　$^{29}$Si　$^{39}$K

不 可 能：$^{16}$O　$^{28}$Si　$^{32}$S

陽子，中性子の個数がどちらも偶数の原子核はスピンをもたないので NMR では観測できない．

---

### 章末問題

**問題 12.1** ESR で測定した試料は，そのまま NMR で測定できるか．
**問題 12.2** FT NMR 法では試料のすべてのピークが観測範囲内に入っている必要がある．これはなぜか．
**問題 12.3** FT NMR 法と CW NMR 法のそれぞれの長所・短所を記せ．

### 参考文献

1) 大矢博明，山内　淳，『電子スピン共鳴——素材のミクロキャラクタリゼーション』，講談社(1989)．
2) A. E. Derome 著，竹内敬人，野坂篤子 訳，『化学者のための最新 NMR 概説』，化学同人(1991)；R. J. Abraham, J. Fisher, P. Loftus 著，竹内敬人 訳，『第 2 版 $^1$H および $^{13}$C NMR 概説』，化学同人(1993)；ラーマン 著，通　元夫，廣田　洋 訳，『最新 NMR　基礎理論から 2 次元 NMR まで』，シュプリンガー・フェアラーク東京(1988)．

# 第13章

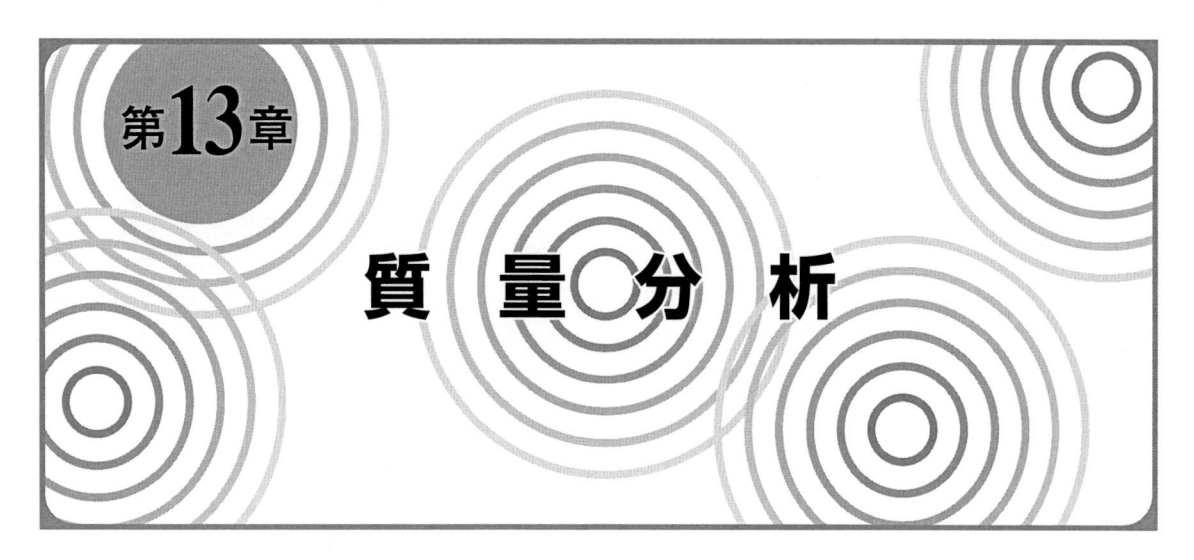

# 質 量 分 析

　質量分析(mass spectrometry；MS)は，いろいろな方法でイオン化した化合物を質量/電荷($m/z$)数に応じて分離したのち検出・記録し，化合物の分子量および構造に関する情報を得る分析法である．MSは，試料から生成するイオン種の質量分析により化合物の同定や定性に利用でき，さらにイオン強度(イオン量)の測定により化合物の特異的な定量手段としても活用される．測定の対象は原子から無機・有機の低分子や高分子，タンパク質・DNAなどの生体高分子まで広範にわたる．

## 13.1 装 置

　質量分析計(mass spectrometer)は，イオン(荷電粒子)が分離される原理とイオン化の方法により分類される．いずれも，試料導入部，イオン化とイオンの加速を行うイオン源，イオンの分離を行う分離器(分析部ともいう)およびイオンの検出器から構成されている．また，質量分析計は高真空($10^{-4}$〜$10^{-8}$ Torr，Torr＝mmHg)状態でイオンを分離検出するので，回転ポンプ，油拡散ポンプ，ターボ分子ポンプなどの排気装置を必要とする．

### 13.1.1 試料導入部
　気体，液体，固体の試料が用いられる．しかし，イオン化の方法により試料導入法が異なるので，イオン化法の13.2節で説明する．

### 13.1.2 イオン源
　イオン源(ion source)は，試料化合物をイオン化し，それを分離器へ電界加速させ，かつイオン流を静電フォーカスレンズにより収束させる装置から構成されている．イオン化した化合物，$M^{z+}$ は式(13.1)の運動エネルギーを受け，分離器へ飛行する．

$$\frac{1}{2}mv^2 = zqV \quad (13.1)$$

($m$ イオン粒子の質量，$v$ 速度，$z$ 粒子の電荷数，$q$ 一電子の電荷量，$V$ 加速電圧)

磁場内で運動エネルギーをもつ荷電粒子は，次の式を満たすものだけが分離器を通過する．

$$\frac{mv}{R} = zqB \quad (13.2)$$

（$R$ 磁場内の軌道半径，$B$ 磁場の強さ）

また，式(13.1)と式(13.2)から，

$$\frac{m}{z} = \frac{qR^2B^2}{2V} \quad (13.3)$$

となり，$R$ および $V$ を一定にしたとき，$B$ を変化させることによって，$m/z$ の異なるイオンを順次同一軌道に偏向し，分離することができる．

一方，扇形の電場中を通過できる荷電粒子は，電場の軌道半径を $r$ とすると次の式を満たす．

$$\frac{mv^2}{r} = zqE \quad (13.4)$$

したがって，二重収束質量分析計の電場は，$mv^2$ の違いで荷電粒子を分離するエネルギー収束の働きをする．

### 13.1.3 分 離 器

#### (a) 磁場型質量分析計

荷電粒子は，磁場の中で偏向を受け円軌道を描き，この偏向の度合いによって質量分離される．質量分離する装置を分離器(analyzer)という．扇形磁場一つからなるものを単収束質量分析計(single-focus mass spectrometer)とよぶが，扇形電場と扇形磁場を組み合わせた二重収束質量分析計(double-focus mass spectrometer，図 13.1)は，高い分解能が得られる．二重収束質量分析計には，磁場の前に電場を置いた正配置型(Mattauch-Herzog 型，Nier-Johnson 型など)と磁場のあとに電場を置いた逆配置型がある．

**例題 13.1** 磁場型質量分析計において，$m/z$ 値が $B^2$ の強さに比例することを証明せよ．

**解** $(1/2)mv^2 = zqV$ より，$v^2 = 2zqV/m$ である．$mv/R = zqB$ より，$v^2 = (zqRB/m)^2$ である．よって，$2zqV/m = z^2 \cdot q^2R^2B^2/m^2$ から $2V = zqR^2B^2/m$ が導かれ，$m/z = qR^2B^2/2V$ となる．$q$，$R$ および $V$ が一定であるので，$m/z$ は $B^2$ に比例する．

#### (b) 飛行時間型質量分析計

飛行時間型質量分析計(time of flight mass spectrometer；TOFMS)では，イオン源を短時間作動させ，全イオンをパルス状に飛行させ，一定距離に離れた検出器に到達する時間のずれにより，$m/z$ を分離する(図 13.2)．一定電圧で加速した荷電粒子の飛行速度は，式(13.1)より $\sqrt{m/z}$ に反比例する．したがって高分子化合物に対して高い分解能が得られる．イオンの飛行距離を長くするために，リフレクトロンとよばれるイオン反射電場が設置されているのが一般的である．また，イオンが検出器まで到達するマイクロ〜ナノ秒時間を識別し，データ処理できる時間回路系も必要とする．

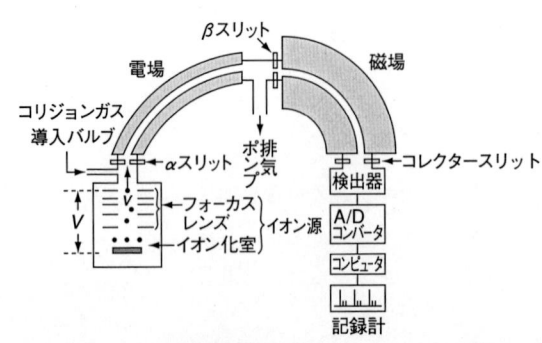

**図 13.1** 二重収束質量分析計（Nier-Johnson 型）

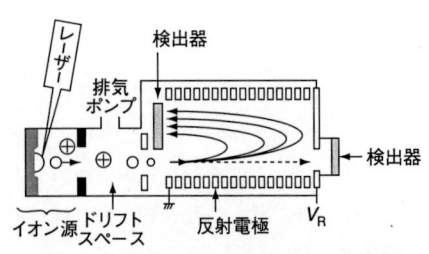

**図 13.2** リフレクトロン型 TOF 質量分析計
〔(株)島津製作所のパンフレットより〕

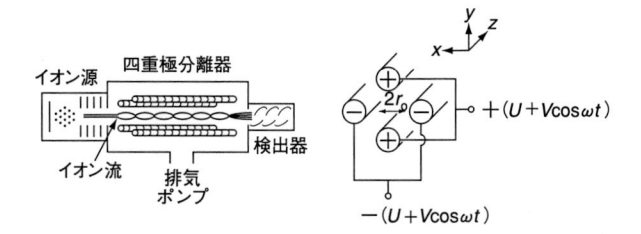

図 13.3 四重極質量分析計と電極電圧

**例題 13.2** TOFMSによって，荷電粒子 $m/z$ が，加速電圧 $V$ のイオン源から $v$ の速度で $L$ の距離を飛行して検出器に到達する場合，飛行する時間 $T$ を $m/z$ 値を入れて求めよ．

**解** $1/2 mv^2 = zqV$ より，$v = \sqrt{2qVz/m}$ である．$T = L/v$ であるので，$T = L/\sqrt{2qVz/m} = (L/\sqrt{2qV})\cdot\sqrt{m/z}$ となる．

### (c) 四重極質量分析計

四重極質量分析計(quadrupole mass spectrometer；QMS)では，イオン源から加速されたイオンは電極棒に沿った方向に一定速度で動くとともに，電極にかけられた相反する直流電圧($U$)および高周波電圧($V\cos\omega t$；$\omega$ 角周波数)により，$x$ および $y$ 方向にも振動する(図13.3)．

このタイプの分離器はマスフィルターともよばれ，磁場型よりも分解能は低いが，小型で安価である．また，生成したイオンに加速電圧を与えず，原理に基づきリング状の高周波電界内に特定イオンを一時的に蓄積させるイオントラップ型装置としても利用される．

相対する極間距離を $2r_0$ とすると，四重極内を通過する $m/z$ は，次式のように $U$ 電圧と $V$ 電圧にそれぞれ比例する($\alpha$，$\beta$ は比例定数)ので，$m/z$ の異なるものを順次通過させるには，周波数を一定にした場合，$U$ 電圧および $V$ 電圧の比を一定にして走査させる．

$$\frac{m}{z} = \alpha \frac{U}{\omega^2 r_0^2} = \beta \frac{V}{\omega^2 r_0^2} \quad (13.5)$$

## 13.1.4 検出器

分離器を通過してきたイオンを検出し，イオンの質量と強度(イオン量)を図示し，数値化するものである．以下に記す検出器によって得られた電気信号は，A/Dコンバータを介してコンピュータ処理される．

### (a) 二次電子増倍管

二次電子増倍管は最も一般的な検出器である(図13.4)．イオンが合金でつくられた増倍管電極(ダイノード)表面に衝突すると，金属面から二次電子が放出され，電子は各段で繰り返し増倍されていく．生成する電子を加速するために各段の電極に電圧がかけられる．20段形の増倍管によれば，イオン電流は $10^7$ 程度に増幅される．

### (b) チャンネルトロン

湾曲したガラス管の内面を半導体で被覆し，その表面に2kV程度の電圧を印加する．電子は内壁と衝突を繰り返すごとに二次電子を放出し増幅されることになる．二次電子増倍管と同程度の増幅率，応答性が得られる．

**図13.4 二次電子増倍管検出器**

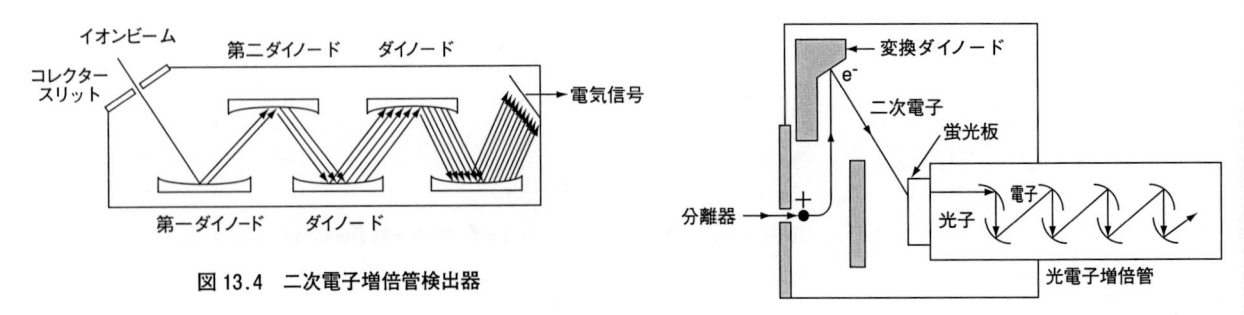

**図13.5 光電子増倍管検出器**

### (c) 光電子増倍管

分離されたイオンを変換ダイノードに加速，衝突させ，生成した二次電子をさらに蛍光板に衝突させ，発生する光子を光電子増倍管で増幅する検出方法である（図13.5）．光電子増倍管のダイノードは密閉され，大気にさらされることがないので，表面酸化による劣化が少ない．

## 13.2 イオン化法

質量分析では，化合物のイオン化した粒子を生成させる必要がある．一般に，気化しやすい化合物はイオン化されやすい．一方，極性官能基を有するペプチド，糖などの化合物は，揮発しにくく熱に対して不安定であるので，通常イオン化しにくい．しかし最近，これらの高極性物質に対して優れたイオン化法も開発されている．高極性化合物が分解されないで，分子イオンまたは擬分子イオンにイオン化することをソフトイオン化という．

### 13.2.1 電子衝撃イオン化

イオン源に設置しているフィラメントから放出される熱電子を，気化した試料に衝突させて行うイオン化を電子衝撃イオン化（electron impact ionization；EI）という（図13.6）．最も普及しているイオン化法で，分子から1個の電子を放出したラジカル陽イオン $M^{+\cdot}$ が生成しやすい．衝撃に用いる熱電子のエネルギーは，イオン化電圧を変化させて調節する．通常，50〜100 eVの電圧でイオン化する．

気体試料は，試料容器から一定容積のガス溜めに貯えたのち，一定流速でイオ

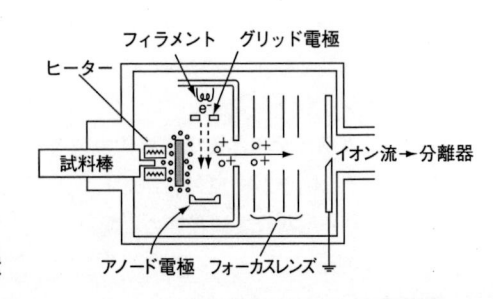

**図13.6 電子衝撃イオン化装置**

ン源に導かれる．気化しにくい液体や固体は，揮発性溶媒に溶かして，試料棒の先端の部分に試料を付着させ，直接イオン源に導入する．この場合，イオン源内のサンプルヒーターまたはチャンバーヒーターで加熱する場合が多い．

### 13.2.2 化学イオン化

試薬ガス（reagent gas, 反応ガスともいう）によってイオン化室の圧力を0.2～1 Torr前後にし，試料とともに電子衝撃すると，試薬ガスがまずイオン化されて一次イオンを生成し，ついでこの一次イオンと試薬ガス分子との間で反応を起こして，試薬ガス由来のいろいろな二次イオンが生成する．このうち生成量の多い二次イオンが反応イオンとなり，試料分子と反応してイオンを生成する．ここで生成したイオンは，すべて偶数個の電子からなっているので，EIにおける奇数電子の$M^{+\cdot}$と異なり一般に安定である．このイオン化を化学イオン化（chemical ionization；CI）という．分子量は試薬ガスに固有の反応イオンが付加したイオンを指標にして測定できる．またフラグメントイオンはEI法よりもかなり少なくなる（図13.7）．

試薬ガスとしては，メタン，イソブタン，アンモニア，モノメチルアミン，ジメチルアミン，トリメチルアミン，テトラメチルシラン，水，メタノールなどがある．

### 13.2.3 フィールドイオン化およびフィールドデソープション

タングステン線にカーボンまたはシリコンのウイスカ（針状の微結晶）を生成させたエミッター（emitter）に高電場（8～12 kV）をかけておき，この付近に気化した試料を導入すると，いわゆる"トンネル効果"によって試料分子の外殻電子が1個引き抜かれて容易にイオン化される．このイオン化をフィールドイオン化（field ionization；FI）という．FI法では，EI法よりも過剰のエネルギーの授受が少なく，フラグメントイオンの少ないマススペクトルが得られる．

エミッターに固体試料を溶かした溶液（溶媒は水，メタノール，アセトンなど）をつけ，溶媒を除去ののち，FIと同程度の高電場をかけ，そのままあるいは場合によりエミッターを加熱すると，エミッター上の固体分子は直接イオン化さ

メタンを試薬ガスとして用いたとき，一次イオンが次式で示されるように生成する．

$$CH_4 + e \longrightarrow$$
$$CH_4^+, CH_3^+, CH_2^+, C_2H_3^+$$

ついでこれらの一次イオンがメタン分子として反応して二次イオンを生成する．

$$CH_4^+ + CH_4 \longrightarrow CH_5^+ + CH_3$$
$$CH_3^+ + CH_4 \longrightarrow C_2H_5^+ + H_2$$
$$CH_2^+ + CH_4 \longrightarrow C_2H_4^+ + H_2$$
$$C_2H_3^+ + CH_4 \longrightarrow C_3H_5^+ + H_2$$

これらのうち$CH_5^+$と$C_2H_5^+$などが試料分子と反応し，擬分子イオンを生成する．

$$M + CH_5^+ \longrightarrow$$
$$[M + H]^+ + CH_4$$
$$M + C_2H_5^+ \longrightarrow$$
$$[M + C_2H_5]^+$$
$$M + C_2H_5^+ \longrightarrow$$
$$[M - H]^- + C_2H_6$$

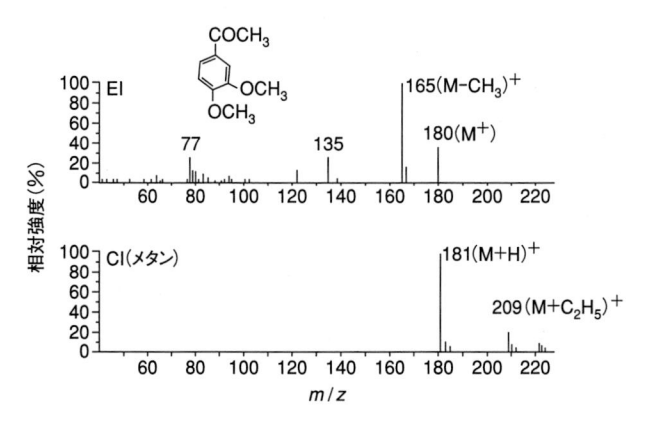

図13.7 3,4-ジメトキシアセトフェノンのEIおよびCIマススペクトル

れ，エミッターから放出(脱離)される．このイオン化をフィールドデソープション(field desorption；FD)イオン化といい，糖やペプチドなどの熱に不安定な高極性有機化合物がイオン化される．しかし，FDでは試料のイオン化および脱離の過程が瞬間的であり，得られるスペクトルの再現性が比較的乏しい．また，使用するエミッターの耐久性が低く，試料の付着操作も面倒である．

### 13.2.4 二次イオン化と高速原子衝撃イオン化

二次イオン質量分析(secondary ionization mass spectrometry；SIMS)では$Ar^+$，$Xe^+$，$Cs^+$などの重原子イオン(一次イオン)で分析対象の金属や半導体表面を衝撃し，表面から発生する二次的なイオンを質量分析して表面分析に利用する．

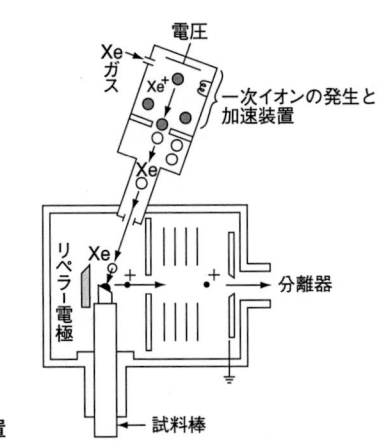

**図 13.8　FAB イオン化装置**

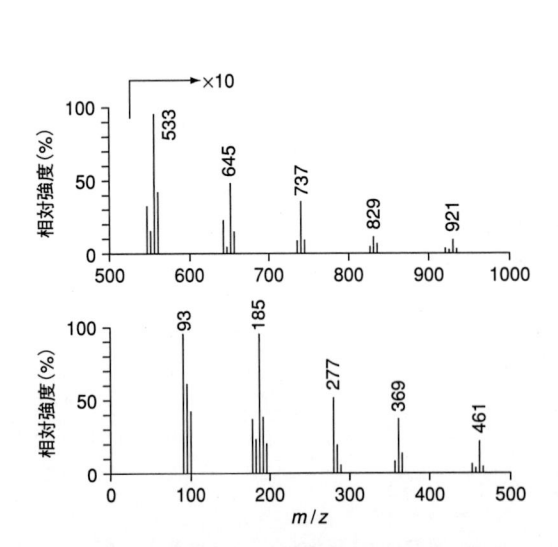

**図 13.9　グリセリンの FAB マススペクトル**

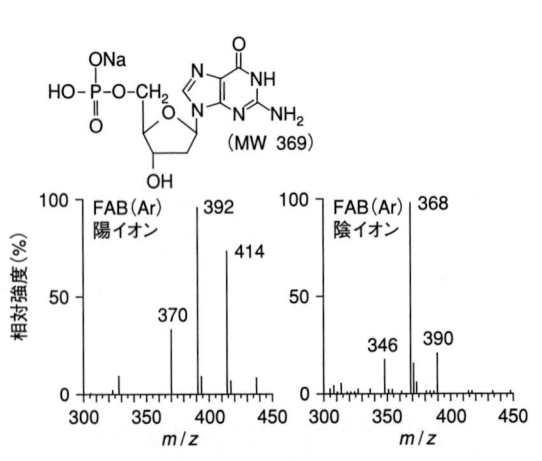

**図 13.10　5′-デオキシグアノシンモノリン酸塩の FAB マススペクトル**

陽イオン検出では表示構造に$Na^+$が1個結合したイオンが基準ピークとして観察され，陰イオン検出では表示構造からプロトン($H^+$)が解離したイオンが基準ピークとなる．

〔W. Aberth, *et al., Anal. Chem.,* **54**, 2031(1982)〕

SIMSでは高エネルギーの重原子イオンを一次イオンとして試料に衝突させるが，この一次イオンをさらに中性の重原子と衝突させて高エネルギーの中性重原子粒子(Ar*，Xe*など)の高速ビームを，SIMSと同様に，金属板上の試料に衝突させてソフトイオン化する方法を高速原子衝撃(fast atom bombardment；FAB)イオン化法(図13.8)という．これによって$[M + H]^+$，$[M - H]^-$などの擬分子イオンが生成する．FABイオン化では，グリセリン，チオグリセリン，ニトロベンジルアルコールなどのマトリックス溶媒を用いることが必須であり，その溶媒を除くと，擬分子イオンは生成しない．しかし，バックグラウンドピークとして，マトリックス溶剤のクラスターイオン(図13.9)も検出されるので，試料のピークと区別する必要がある．

このイオン化は，FDのようにイオン化が瞬間的でなく数分から数十分間持続し，難揮発性で熱不安定な極性物質に対して再現性のよいマススペクトル(図13.10)を与える．

### 13.2.5 マトリックス支援レーザー脱離イオン化

金属板上の窪みに固体試料を置き，それにパルス幅およびビーム径を絞ったパルス発信するレーザー光を照射してイオン化させる方法を，レーザー脱離イオン化(laser desorption ionization；LDI)とよぶ．LDIにおける分子イオンの脱離は，レーザー照射を直接受けた部分(試料の熱分解も起こる)と隣接部位との間の極端な温度差に基づく衝撃によるものと考えられている．レーザー光を吸収し，かつプロトンドナーとなりうる物質(マトリックス)と試料の混合物をイオン化させることをマトリックス支援レーザー脱離イオン化(matrix assisted laser desorption

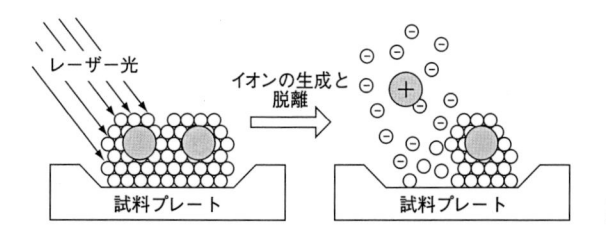

図13.11 MALDIの概念

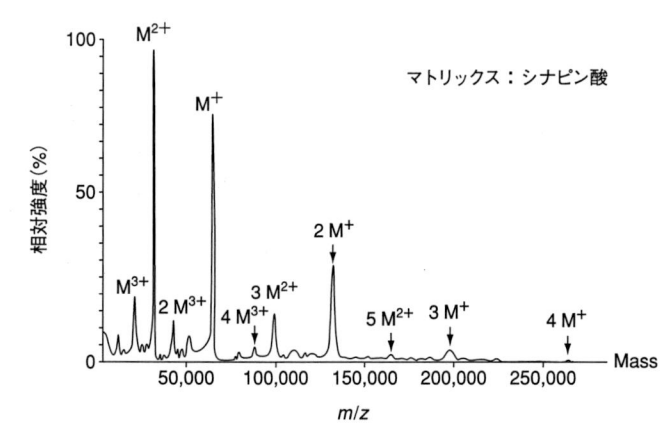

図13.12 ウシ血清アルブミン(66.5 KDa)のMALDI/TOFMSによるマススペクトル
〔(株)島津製作所のデータより〕

ionization ; MALDI)(図 13.11)とよび,タンパク質など高分子に対して高いイオン化効率が得られる.MALDI によって生成するイオン種は FAB イオン化と類似している(図 13.12).MALDI に用いられるレーザーとしては,$N_2$,$CO_2$,Nd-YAG,Ar イオンレーザーなどがある.

## 13.3 マススペクトルの解析

有機化合物をイオン化したのち,質量走査をすると,通常イオン源で生じた全イオンのマススペクトルが得られる.普通,縦軸にイオン強度,横軸に $m/z$ を目盛る.横軸の $m/z$ 値の較正には,広い質量範囲にわたって既知のピークを与える標準物質(マスマーカーまたはキャリブレーション物質)が必要であり,この場合,$m$ の数字は質量数で表す.マスマーカーとして,電子衝撃イオン化法ではペルフルオロケロセン(PFK),化学イオン化法ではポリエチレングリコール,二次イオンや高速原子衝撃イオン化法ではヨウ化セシウム,ヨウ化ナトリウムおよびヨウ化ルビジウムの混合物などがおもに用いられる.

マススペクトル(図 13.13)のピークの中で,最も強度の大きいものを基準ピーク(base peak)とよび,これを 100 として表した各ピークの強さを相対強度(relative intensity または relative abundance)あるいはパターン係数(pattern coefficient)という.

通常のマススペクトルは陽イオンのみを検出したものであるが,質量分析計の静電場を逆転すると陰イオンのみが分離,検出されたスペクトルが得られる.これを陰(負)イオンマススペクトル(negative ion mass spectrum)という.これに対し,陽イオンを検出したスペクトルを陽(正)イオンマススペクトル(positive ion mass spectrum)とよぶ.

### 13.3.1 分子イオンピーク

電子衝撃イオン化 MS で観察される分子の質量数と同じ $M^{•+}$ や $M^{•-}$ のようなイオンのピークを分子イオンピーク(molecular ion peak)という.イオン化方法によっては,分子イオンのかわりに $(M+H)^+$,$(M+NH_4)^+$,$(M-H)^-$ などのピークが現れる.これらのイオンを擬分子イオン(quasi-molecular ion あるいは pseudo-molecular ion)という.

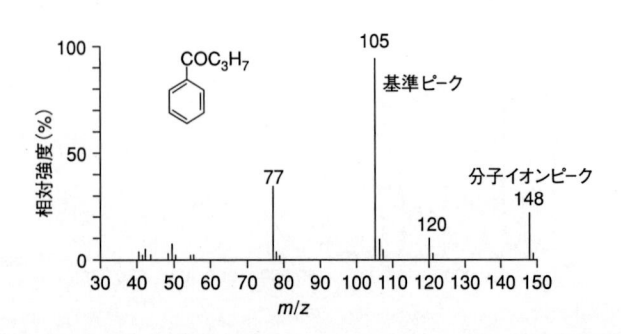

図 13.13 $n$-ブチロフェノンの EI マススペクトル

## 13.3.2 同位体ピーク

有機化合物を構成する天然の元素の多くは，各元素に固有の安定同位体が存在する（表13.1）．したがって，分子イオンは，通常天然の存在比が最も多い原子で成り立つ分子量に相当する．

表 13.1 同位体の存在比と原子量

| 原子 | 存在比(%) | 質量数 | 原子 | 存在比(%) | 質量数 |
|---|---|---|---|---|---|
| $^1$H | 99.985 | 1.007825 | $^{29}$Si | 4.71 | 28.976495 |
| $^2$H | 0.015 | 2.014102 | $^{30}$Si | 3.21 | 29.973763 |
| $^{12}$C | 98.892 | 12.000000 | $^{31}$P | 100.00 | 30.973764 |
| $^{13}$C | 1.108 | 13.003355 | $^{32}$S | 95.00 | 31.972073 |
| $^{14}$N | 99.635 | 14.003074 | $^{33}$S | 0.76 | 32.971462 |
| $^{15}$N | 0.365 | 15.000107 | $^{34}$S | 4.22 | 33.967864 |
| $^{16}$O | 99.759 | 15.994915 | $^{36}$S | 0.014 | 35.96708 |
| $^{17}$O | 0.037 | 16.999133 | $^{35}$Cl | 75.53 | 34.968851 |
| $^{18}$O | 0.204 | 17.999160 | $^{37}$Cl | 24.47 | 36.965898 |
| $^{19}$F | 100.00 | 18.998415 | $^{79}$Br | 50.52 | 78.918329 |
| $^{28}$Si | 92.18 | 27.976929 | $^{81}$Br | 49.48 | 80.91629 |

表 13.2 Cl または Br を含む化合物の同位体ピークの強度比

|  | $n$ | $P_M$ | $P_{M+2}$ | $P_{M+4}$ | $P_{M+5}$ |
|---|---|---|---|---|---|
| Cl | 1 | 3 | 1 | | |
| | 2 | 9 | 6 | 1 | |
| | 3 | 27 | 27 | 9 | 1 |
| Br | 1 | 1 | 1 | | |
| | 2 | 1 | 2 | 1 | |
| | 3 | 1 | 3 | 3 | 1 |

**例題 13.3** $C_8H_{10}NO_2$ からなる有機化合物の $M^{\cdot+}$ のピーク高さ $P_M$ を 100 とした場合，同位体ピーク[M + 1]および[M + 2]の高さ $P_{M+1}$ および $P_{M+2}$ の高さを，それぞれ推測せよ．

**解** 式(13.6)より $P_{M+1}/P_M \times 100 \fallingdotseq 1.1 \times 8 + 0.4 \times 1 \fallingdotseq 9.2$, $P_{M+2}/P_M \times 100 \fallingdotseq 0.006 \times 8^2 + 0.2 \times 2 \fallingdotseq 0.78$ となる．

## 13.3.3 フラグメントイオンピーク

イオン化の際，過剰のエネルギーを得た分子が開裂して生じる破片イオンをフラグメントイオン（fragment ion）という．一部のフラグメントイオンはさらに開裂して，より小さいフラグメントイオンを生成する場合があり，それらの開裂過程をフラグメンテーション（fragmentation）とよぶ．電子衝撃イオン化MSでは，さまざまなフラグメンテーションが観察される．

## 13.3.4 多価イオンピーク

イオン化において，一価のイオンのほかにも二価や三価などのイオン $M^{z+}$ が生成する場合がある．マススペクトル上の多価イオンピーク（multiply charged ion peak）の $m/z$ 値は，実際のイオン粒子の質量数を電荷数 $z$ で割った値に相当する $m$ の位置に現れる．

## 13.3.5 メタステーブルイオンピーク

イオン源の加速電圧により一定エネルギーを得た $M_0^+$ イオンが，磁場内に入る前に分解し，質量数の小さい $M_1^+$ イオンを生成した場合，$M_1^+$ イオンのピー

$C_wH_xN_yO_z$ の分子式からなる化合物の分子イオンのピーク強度を $P_M$，第一同位体[M + 1]のピーク強度を $P_{M+1}$ および第二同位体[M + 2]のピーク強度を $P_{M+2}$ とすると，分子イオンのピークに対する同位体ピークの強度比は，式(13.6)および式(13.7)で近似される．ただし，$P_C$, $P_H$, $P_N$, $P_O$ はそれぞれ対応する元素およびその同位体の存在比を表す．表 13.1 より，低分子の場合は，$^2$H および $^{17}$O の存在比は無視できる程度であるので，$^{13}$C, $^{15}$N と $^{18}$O の存在比だけを考慮して概算できる．

$$\frac{P_{M+1}}{P_M} \times 100(\%)$$
$$\fallingdotseq \left(\frac{P^{13}C}{P^{12}C}w + \frac{P^{15}N}{P^{14}N}y\right) \times 100$$
$$\fallingdotseq 1.1w + 0.4y \quad (13.6)$$

$$\frac{P_{M+2}}{P_M} \times 100(\%)$$
$$\fallingdotseq \left\{\left(\frac{P^{13}C}{P^{12}C}\right)^2 \frac{w(w-1)}{2}\right.$$
$$+ \left(\frac{P^{15}N}{P^{14}N}\right)^2 \frac{y(y-1)}{2}$$
$$+ \left(\frac{P^{13}C}{P^{12}C}\right)\left(\frac{P^{15}N}{P^{14}N}\right)wy$$
$$\left. + \frac{P^{18}O}{P^{16}O}z\right\} \times 100$$
$$\fallingdotseq 0.006w^2 + 0.2z \quad (13.7)$$

なお，塩素，臭素，硫黄などの元素を含む分子の場合は，同位体の存在が大きいので，同位体ピークの相対強度は次式で概算される．

$$(a+b)^n = a^n + n \cdot a^{n-1} \cdot b + {}_nC_2 \cdot a^{n-2} \cdot b^2 + {}_nC_3 \cdot a^{n-3} \cdot b^3 + \cdots \quad (13.8)$$

ここで $a$ は[M]の相対強度，$b$ は[M+2]の相対強度である．$n$ は分子が含有する元素の数である．$C$ は組合せを表す記号である．たとえば，塩素または臭素を1～3個含む場合の強度比を表13.2に示す．

$M_0^+$ の質量数を $m_0$，$M_1^+$ の質量数を $m_1$，スペクトル上に観察されるメタステーブルイオンの $m/z$ 値を $m^*$ とすると，次式の関係が成り立つ．

$$m^* = \frac{m_1^2}{m_0} \quad (13.9)$$

質量分析計のイオンを分離する能力を示す指標として分解能 (resolution, $R$) が用いられ，次式のように定義される．

$$R = \frac{M_1}{|M_1 - M_2|} \quad (13.10)$$

ここで，$M_1$ と $M_2$ は隣り合ったイオンであって完全に分離（普通，重なりが10 %以下の分離をいう）されており，$M_1$ は測定する小さいほうのイオンの質量数，$M_2$ は大きいほうのイオンの質量数である．

クは真の $m/z$ 値より小さいところに，また隣接のピークよりも幅の広いピークとなって現れる．このピークをメタステーブル（準安定）イオンピーク (metastable ion peak) という．

### 13.3.6 分子イオンの同定

EIMSでは，分子イオン $M^{·+}$ を確認することは必ずしも容易ではなく，化合物によってはまったく出現しないこともある．$M^{·+}$ ピークが大きく現れる化合物は，ラジカルである $M^{·+}$ がもっている過剰エネルギーを分子内で分配し，安定化する構造を有している．たとえば，$\pi$ 電子が共役する芳香族または複素環式化合物の分子イオンピークは強く現れる．しかし，分岐脂肪族化合物や極性官能基を有する脂肪族化合物では，$M^{·+}$ は出現しにくい．この場合は，FABなどのほかのイオン化法によるスペクトルの測定も行うとよい．なお，それらのソフトイオン化によって陽イオンが出現しにくい場合は，一般に陰イオンのほうが出現しやすい．

また，$M^{·+}$ の同定に当たって窒素ルール (nitrogen rule) を考えるとよい．有機化合物（C，H，O，N，S，ハロゲンを含む分子）の分子量は，奇数個の窒素原子を含む場合，奇数であるという規則である．窒素ルールはリンおよびヒ素にも適用される．

同位体ピークの相対強度も，分子の組成元素の解析において重要な情報を提供する．たとえば，C，H，Oからなる未知化合物 $M^{·+}$ ($m/z = 288$) に対して，その第一同位体ピーク[M+1] ($m/z = 289$) の相対強度が約20 %であれば，この化合物の炭素数は18個であることが推定される．

### 13.3.7 高分解能マススペクトルと分子式

原子量は $^{12}C = 12.00000$ を基準としており，ほかの元素の原子量は表13.1に示すようにすべて小数値をもつ．したがって，有機化合物の質量数も端数を示す．通常のマススペクトル（低分解能マススペクトル）では，小数値の違いを区別しないが，高分解能マススペクトル (high resolution mass spectrum，ミリマスともよばれる) では，通常，千分の一のマスユニット (mass unit) まで正確に質量数を求める．その精密質量数の測定結果から，検出されるイオンの元素組成が推定できる．その元素組成を推定するのに現在ではコンピュータが用いられる．

### 13.3.8 電子衝撃イオン化におけるフラグメンテーション

EIMSによって観察されるフラグメンテーションは，分解する前の分子中に存在する不対電子または正電荷と開裂を受ける結合との間に一定の規則性がある．したがって，既知化合物では，そのマススペクトルを比較することによって同定ができる．また，未知化合物の場合では，類似化合物のフラグメンテーションを調べることによって，フラグメントイオンの構造ならびに試料分子の構造解析が可能となる．

EIMSでは，有機分子から電子が奪われた $M^{·+}$ の分子イオンはラジカルである

ので，溶液中で起こる有機反応とは異なる開裂を起こす．共有結合の A–B の間が切断されるとき，1 個の電子の移動による開裂をラジカル開裂（homolysis または homolytic fission）とよび，片矢印（⌒）で示し，2 個の電子とも同じ方向へ移動して起こるイオン開裂（heterolysis あるいは heterolytic fission）を両矢印（⌒）で示す．

代表的な開裂の様式には，共有結合が単に切断される単純開裂と，水素原子の移動を伴い結合と開裂が同時に起こる転位反応とがある．転位反応によって生じるイオンを，転位イオンまたは再配列（rearrangement）イオンという．

### (a) 不対電子による単純開裂

この開裂は一電子の移動によって起こる単純開裂である．

(例)　$R'-\overset{+\bullet}{O}-CH_2-R \longrightarrow (R'-O=CH_2)^+ + \overset{\bullet}{R}$

(例)　$R'-\overset{\frown}{O}-\underset{\underset{+\overset{\bullet}{O}}{\|}}{C}-R \longrightarrow R'-\overset{\bullet}{O} + (O\equiv C-R)^+$

### (b) 不対電子による転位反応

この開裂では，転位する元素はおもに水素原子であり，この水素が不対電子の局在する X 原子から 1 個の電子を受け X 原子へ転位する．この転位反応のうち，六員環遷移状態を通って水素が転位するものはとくに McLafferty 転位とよばれ，非常に起こりやすい．

(例)　[六員環遷移状態を経る McLafferty 転位の反応式：ケトンから $HO^+=C(CH_3)$ と $H_2C=CH_2$ が生成する過程]

### (c) 正電荷による単純開裂

この開裂は二電子の移動が正電荷に引かれた形で起こる単純開裂である．ハロゲン原子を含むときによく起こる．

(例)　$R-\overset{+\bullet}{Br} \longrightarrow R^+ + \overset{\bullet}{Br}$

### (d) 正電荷による転位反応

この転位反応では四員環遷移状態を経て水素の転位が起こる．

(例)　$CH_3-CH_2-\underset{H}{\overset{+\bullet}{N}}-CH_2-CH_3 \longrightarrow H\overset{+}{\underset{\underset{H_2C-CH_2}{|}}{N}}H=CH_2 + \overset{\bullet}{CH_3}$

　　　　　　　　　　　　　　　$\longrightarrow H_2C=CH_2 + H_2N^+=CH_2$

### 13.3.9 衝突活性化によるフラグメントイオンの生成と検出法

FAB, MALDI などのソフトイオン化法によって生じる $[M+H]^+$ などの擬分子イオンは，偶数の電子を有し，安定なイオンであるので，一般にフラグメントイオンは EI 法に比べてきわめて少ない．そこで，イオン源で生成した親イオン (parent ion) または前駆体イオン (precursor ion) を加速したのち，ヘリウム，アルゴンなどの中性原子 (衝突ガス，collision gas) と衝突させると，そのイオンの運動エネルギーが内部エネルギーに変換されてフラグメントイオン (娘イオン，daughter ion) が生成する．このようなフラグメントイオンの生成法を衝突活性化 (collisionally activated dissociation ; CAD) という．CAD によって生じる娘イオンの測定法として，次の方法がある．

#### (a) リンク走査質量分析

正配置型二重収束質量分析計を用いた場合，イオン源と電場との間で衝突活性化を行い，まず親イオン $m_0$ のみを捕捉する電場の電圧 $E_0$ と磁場の強さ $B_0$ とを設定し，次に娘イオン $m_d$ のみを検出するために，電場の電圧 $E_d$ および磁場の強さ $B_d$ の比にして，$E_0$, $B_0$ を同時に小さい方向へ走査する．

この走査方式を $B/E$ リンク走査 (linked scan) という．ここで得られるマススペクトルの例を図 13.14 に示す．

#### (b) タンデム質量分析

これは，2 台以上の質量分析計を連結することによって，イオン源で生成する前駆体イオンや衝突活性化により生成する娘イオンなどを高選択的に質量分離し

この場合，磁場の強さとイオンの質量数との間には次式が成立する．

$$\frac{m_d}{m_0} = \frac{B_d}{B_0} = \frac{E_d}{E_0}$$

$$\frac{B_d}{E_d} = \frac{B_0}{E_0} = 一定$$

(13.11)

これらの式から，磁場と電場の比 $B/E$ を一定に保ちつつ両者の強さがともに減少するほうへ走査すると，$m_0$ から生成したいろいろな娘イオンを観測できる．

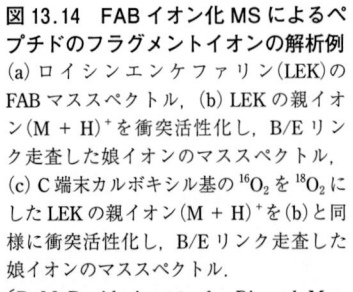

**図 13.14** FAB イオン化 MS によるペプチドのフラグメントイオンの解析例
(a) ロイシンエンケファリン (LEK) の FAB マススペクトル，(b) LEK の親イオン $(M+H)^+$ を衝突活性化し，B/E リンク走査した娘イオンのマススペクトル，(c) C 端末カルボキシル基の $^{16}O_2$ を $^{18}O_2$ にした LEK の親イオン $(M+H)^+$ を (b) と同様に衝突活性化し，B/E リンク走査した娘イオンのマススペクトル．
〔D. M. Desiderio, *et al.*, *Biomed. Mass Spectrom.*, **10**, 471 (1983); *Int. J. Mass Spectrom. Ion Phy.*, **54**, 1 (1983)〕

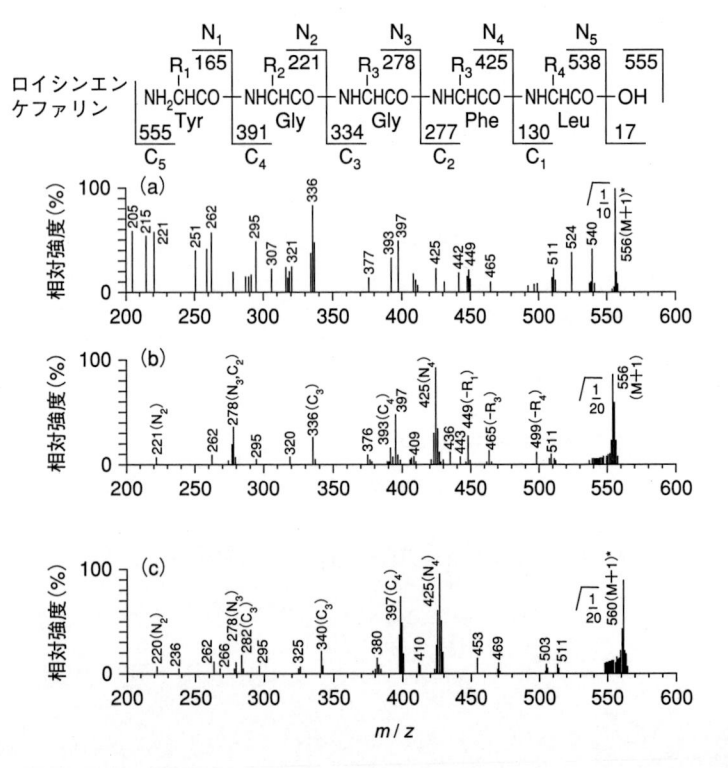

観測する方法である．タンデム質量分析(tandem mass spectrometry)は，装置の感度および製造コストを考慮して通常2台の質量分析計を用いて行うことから，MS/MS(mass spectrometry/mass spectrometry または mass separation/mass spectral qualification の略)ともよばれる．

このMS/MS法は，混合試料の分離分析にも応用できる．すなわち，複数の化合物を同時にイオン化して，まず目的化合物のイオン(通常分子イオンまたは擬分子イオン)の質量に相当するイオンをはじめの分析計で捕捉し，それに衝突活性化して娘イオンを生成させ，目的化合物に固有な娘イオンを選択的に検出する方法である．これは選択反応検出(selected reaction monitoring)ともよばれ，特異性の高い検出法の一つである．

MS/MS法を行う装置として，二重収束質量分析計を2台連結したもの，1台の二重収束質量分析計に1台の磁場偏向装置，電場偏向装置あるいは四重極型質量分析計を接続したもの，四重極型質量分析計を3台連結したもの(Q1/Q2/Q3, triple stage quadrupole；TSQ)などがある．TSQの場合，衝突活性化はQ2の場で行う．

## 13.4 クロマトグラフィーと質量分析

通常，質量分析は単離された純粋の有機化合物の定性分析に用いられているが，クロマトグラフィーにおける高選択的な検出手段としても利用できる．ガスクロマトグラフィー/質量分析法(gas chromatography/mass spectrometry；GC/MS)は揮発性の混合試料の定性・定量分析に広く用いられている．一方，難揮発性の混合試料の定性・定量分析に有力な方法である液体クロマトグラフィー/質量分析法(liquid chromatography/mass spectrometry；LC/MS)では，分析目的に応じて，LCとMSを直結させるインターフェースの特徴を理解することが重要である．

### 13.4.1 マスフラグメントグラフィーとマスクロマトグラフィー

クロマトグラフィーから分離してくる化合物をMSによって検出するとき，その目的物質に固有なフラグメントイオンあるいは分子イオンを選び，MSの装置をこのイオンの$m/z$に固定して検出する手法をマスフラグメントグラフィー(mass fragmentography；MF)または選択イオン検出(selected ion monitoring；SIM)とよぶ．この方法では，特定$m/z$のイオンのみを選択的かつ連続的に検出して記録するので，一定時間に$m/z$を走査する通常の検出より飛躍的に高感度となり，GC/MSでは$10^{-12}$ g レベルの定量が可能となる．標準的な装置では，同時に複数$m/z$を設定できる多重イオン検出器(multiple ion detector；MID)を有しており，この装置を利用して，クロマトグラフィーで分離不能の成分も，それぞれに固有な$m/z$を選んで検出同定し，定量できる．このようにあらかじめ特定の$m/z$を選定して選択的に検出して得られるクロマトグラムをマスフラグメントグラム(mass fragmentogram)という．なお，イオン源で生成したすべて

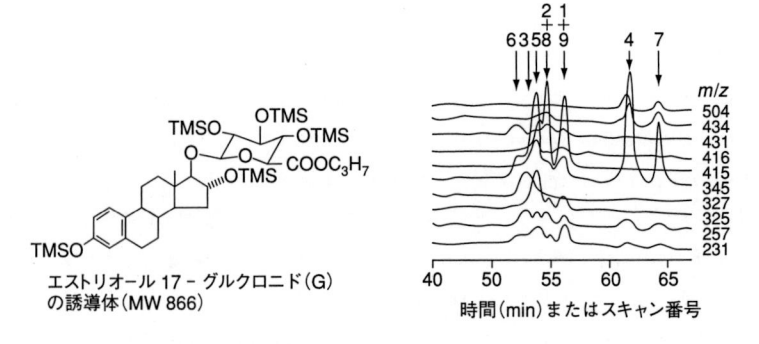

**図13.15** エストロゲングルクロニドの n-プロピルエステル-O-トリメチル
シリルエーテル誘導体の GC/MS におけるマスクロマトグラム

1. エストロン-G, 2. エストラジオール 3-G, 3. エストラジオール 17-G,
4. エリトリオール 3-G, 5. エストリオール 16-G, 6. エストリオール 17-G,
8. 16-エピエストリオール 16-G, 9. 16-エピエストリオール 17-G

〔H. Miyazaki, *et al.*, *Biomed. Mass Spectrom.*, **3**, 55(1976)〕

のイオンの合計量を検出することを全イオン検出(total ion monitoring; TIM)という.

一方,任意の質量範囲を数秒間隔で繰り返し高速で走査し,得られるすべてのデータをいったんコンピュータ内に記憶しておき,分析終了後に特定の $m/z$ を選定し,クロマトグラムを得る手法をマスクロマトグラフィー(mass chromatography; MC)という. 得られるマスクロマトグラム(または reconstructed ion chromatogram)は横軸にスキャン番号(または保持時間),縦軸には指定した $m/z$ のイオン強度をとったクロマトグラムである(図13.15). MC は MF に比べて検出感度は劣るが,分析終了後に自由に任意の $m/z$ を選択でき,クロマトグラフィーにより分離された各成分の同定に都合がよい.

### 13.4.2 GC/MS 用インターフェース

ガスクロマトグラフから流出するガス(試料成分とキャリヤーガスの混合ガス)はほぼ大気圧であるが,MS の装置内部は高真空であるので,GC/MS では,GC から多量に流出するキャリヤーガス(GC/MS では通常ヘリウムを使用する)の大部分を除去して減圧し,濃縮された試料成分ガスを MS の装置に送り込む必要がある. このため GC の装置と MS の装置の間のインターフェースとして,キャリヤーガスのセパレーター(separator)あるいは濃縮器(enricher)が必要である. セパレーターの役割はきわめて重要であり,GC/MS 装置の性能を左右する.

GC/MS のセパレーター(図13.16)として汎用されているジェット型セパレーターでは,GC から溶出したキャリヤーガスおよび試料分子を二つのオリフィス(細孔)からジェット流として噴射する. 分子量が小さく拡散速度の大きいキャリヤーガスは,噴射後,垂直方向へ拡散し排気され,濃縮された試料が MS 装置へ導入される.

そのほか,内管が多孔質半溶融ガラス性で,拡散速度の高いキャリヤーガスが

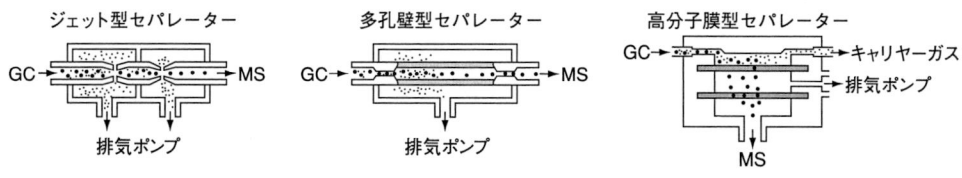

13.4 クロマトグラフィーと質量分析 ◆ *183*

図 13.16 GC/MS 用インターフェース

壁の小孔を通じて排気される多孔壁型セパレーター，高分子膜に対する有機化合物の透過度がキャリヤーガス(ヘリウム)のそれより大きいことを利用した高分子膜型セパレーターなどがある．

### 13.4.3 LC/MS 用インターフェース

GC/MS では，試料が気化しているので，イオン化法は既存の EI, CI などが利用できる．しかし，LC/MS では，難揮発性の高極性物質を試料とすることが多いので，ソフトイオン化が必要である．LC/MS 用のインターフェースには，LC(通常，HPLC が用いられる)の溶出液の溶媒除去，溶質の濃縮およびソフトイオン化を兼ね備えたものが要求される．実用化されている LC/MS 用のインターフェースでは，LC における溶離液の流速に制限があり，溶離液に用いる電解質は揮発性のものを用いる必要がある．

#### (a) サーモスプレーイオン化インターフェース

このインターフェースでは，酢酸アンモニウムなどの揮発性電解質を含む溶離液(〜2 mL/min)を一定温度(150〜400 ℃)に加熱しながら，金属ノズル(内径 0.1 mm)から減圧下噴出し，脱溶媒させる過程で CI などのソフトイオン化を行う(図 13.17)．逆相 HPLC との結合に適しており，水を多く含む移動相のときは，放電イオン化も利用できる．

#### (b) 大気圧化学イオン化インターフェース

この方法は，LC からの溶出液(〜2 mL/min)を大気圧下で，脱溶媒し，イオン化するところに特徴がある．大気圧化学イオン化(atmospheric pressure chemical ionization ; APCI)インターフェースは霧化器，脱溶媒室，放電室，ドリフト室より構成される(図 13.18)．まず，大気圧のもとで，LC からの溶出液を，

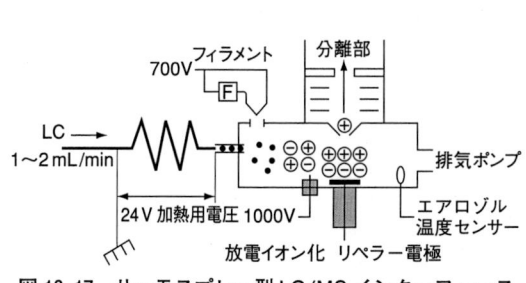

図 13.17 サーモスプレー型 LC/MS インターフェース
〔Finigan Mat 社の TSP レポートより〕

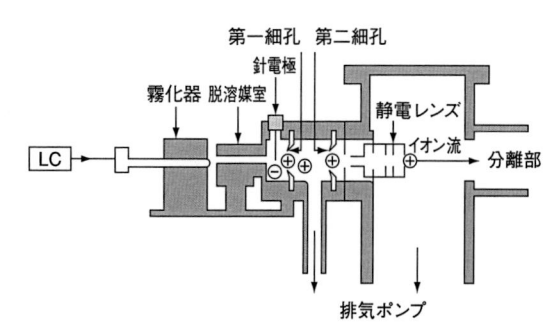

図 13.18 大気圧化学イオン化型 LC/MS インターフェース
〔(株)日立製作所の APCIMS パンフレットより〕

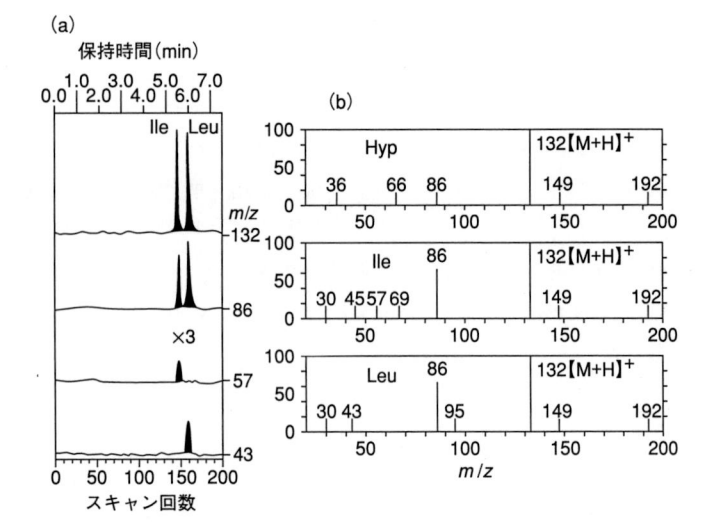

**図13.19　LC/APCIMSによるアミノ酸の分析例**
(a) イソロイソンおよびロイシンのLC/MSにおけるマスクロマトグラム，(b) ヒドロキシプロリン，イソロイシンおよびロイシンのAPCIマススペクトル．
〔Y. Kato, *et al.*, *Biomed. Environ. Mass Spectrom.*, **16**, 331 (1988)〕

サーモスプレーと同様に加熱した霧化器により，脱溶媒室へ噴霧し，気化した溶質および溶媒を針電極(10 kV)からのコロナ放電によりCIイオン化する．生成したクラスターイオンを減圧(25 Torr)したスキマー内に導入し，ここにドリフト電圧をかけてクラスターイオンを解離させる．アミノ酸のマスクロマトグラムとAPCIマススペクトルの例を図13.19に示す．

(c) エレクトロスプレーイオン化インターフェース

LCからの溶出液(～100 μL/min)の噴霧部に高電圧(数kV)をかけると，大気圧下で，多量に荷電した微粒子状のイオンが生じる(図13.20)．エレクトロスプレーイオン化(electrospray ionization；ESI)において，噴霧の際，補助的なガス(窒素)を用いた場合はイオンスプレー法ともいう．ESIによるイオン化法は高極性物質に有効であり，タンパク質などの高分子化合物のイオン化も可能である．

極性官能基を多く有するタンパク質や核酸は，多価イオンが生成され，質量の小さい範囲の走査でも，それらのイオンが検出される(図13.21)．多価イオンを検出したマススペクトルは，現在コンピュータによって，分子量に相当する$m/z$を自動計算し，それのマススペクトルを描くことができる．この処理のことをデコンボリューション(deconvolution)という．

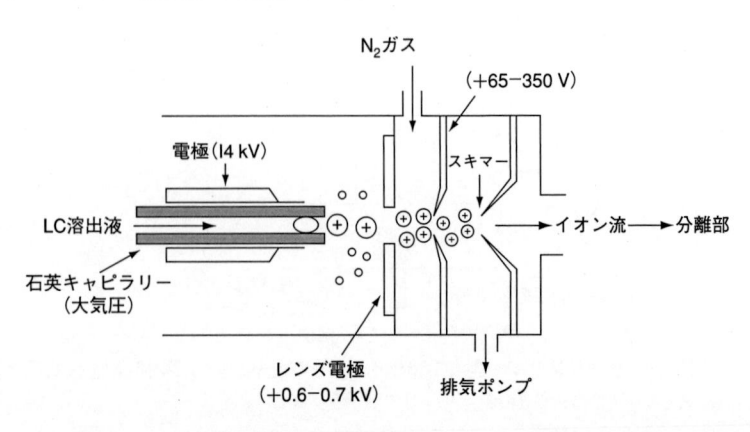

**図13.20　エレクトロスプレーイオン化LC/MSインターフェース**
〔R. D. Smith, *et al.*, *J. Am. Soc. Mass Spectrom.*, **1**, 53 (1990)〕

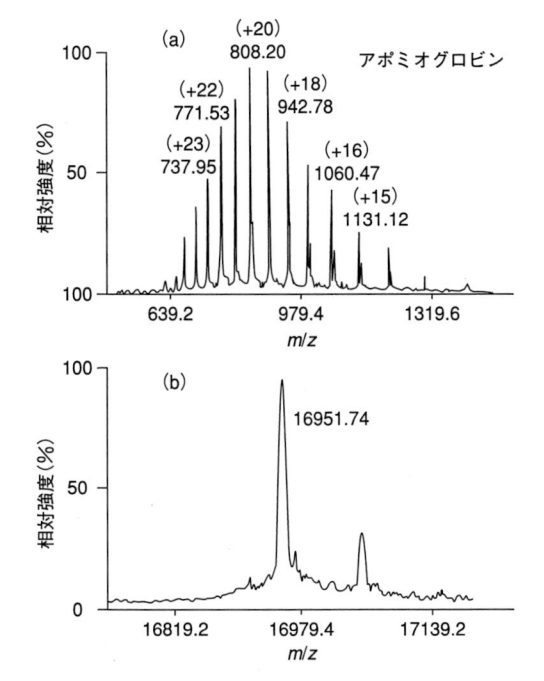

図 13.21 タンパク質の ESI による質量分析例
(a) アポミオグロビンの ESI マススペクトル，(b) (a)をデコンボリューションしたマススペクトル．
〔Applied Biosystems 社のデータ集より〕

**例題 13.4** 分子量が 16952 であるタンパク質の 18 価イオン $(M + 18H)^{18+}$ の $m/z$ はいくらか．

**解** $(16952 + 18) \div 18 = 942.78$

## 章末問題

**問題 13.1** (a) 磁場型 MS，(b) TOFMS および (c) QMS によって得られる各マススペクトルの $m/z$ 値は，装置における何のシグナルに相当するか．

**問題 13.2** 代表的なソフトイオン化法を四つあげて説明せよ．

**問題 13.3** $CH_2=C(OH)-(CH_2)_2-CH_3$ の EIMS において，McLafferty 転位によって生じるフラグメントの分子構造を求めよ．

**問題 13.4** あるタンパク質を衝突活性化させ，生じるペプチドの各フラグメントを MS/MS で検出する場合の方法を述べよ．

**問題 13.5** マスフラグメントグラフィーとマスクロマトグラフィーの違いを述べよ．

## 参考文献

1) 立松 晃，宮崎 浩，鈴木真言，『医学と薬学のためのマススペクトロメトリー』，講談社(1977)．
2) 〈現代化学増刊 15〉『質量分析法の新展開』，土屋正彦，大橋 守，上野民夫 編，東京化学同人(1990)．
3) 〈現代化学増刊 31〉『バイオロジカルマススペクトロメトリー』，上野民夫，平山和雄，原田健一 編，東京化学同人(1997)．
4) 〈化学増刊 88〉『GC-MS の医学・生化学への応用』，立松 晃，土屋利一，山川民夫，山科都男，山村雄一 共編，化学同人(1980)．
5) D. M. Desiderio, "Analysis of Neuropeptides by Liquid Chromatography and Mass Spectrometry," Elsevier, Amsterdam (1984).

# 第14章 顕微鏡

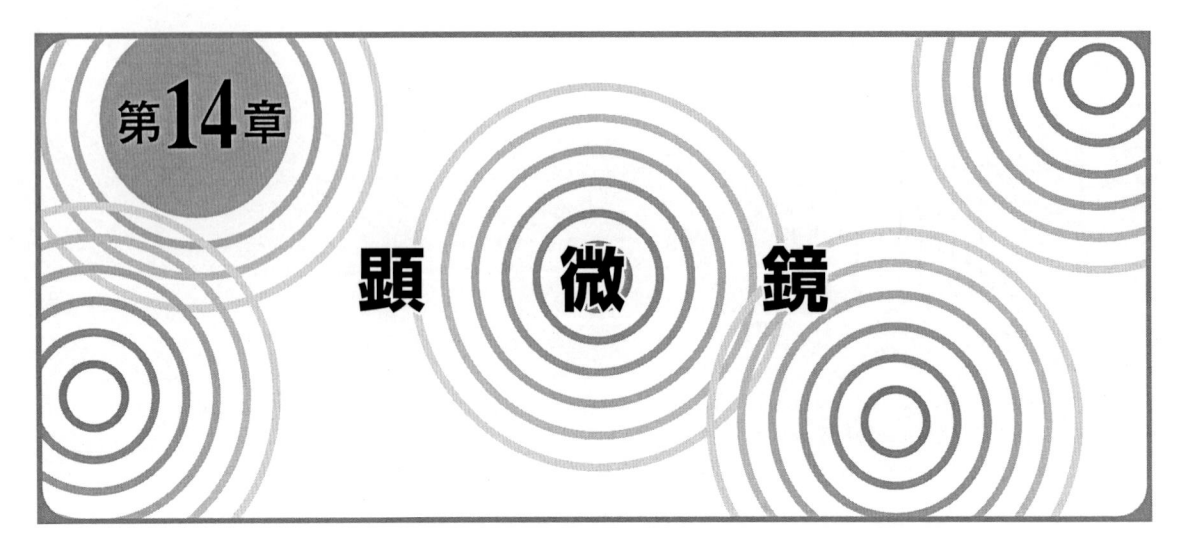

　粉体や微生物などの形および固体材料の表面形状やその組成などは，それらの特性に関連するため，大変重要な分析・観察対象である．たとえば，液晶表示に使われている球形の酸化ケイ素は，その球形度が重要であり，シリコン素子でも，配線の良否が特性に影響する．これらを観察あるいは解析する装置として，顕微鏡が用いられる．顕微鏡には多くの種類があり，調べる特性により，用いる顕微鏡が異なる．本章では，代表的な顕微鏡を取りあげ，動作原理や装置の特徴について説明する．

## 14.1　顕微鏡の種類

　顕微鏡は，光学顕微鏡，電子顕微鏡，走査型プローブ顕微鏡などに分類できる．これらは観察原理により分類され，それぞれ試料に対して光(可視光やレーザー光など)，電子または原子を作用させて得られる情報を解析し観察するものである．まず，これらの顕微鏡の相違点を説明したあとに，個々の顕微鏡について解説する．

### 14.1.1　光学顕微鏡

　はじめに光学顕微鏡を例に，顕微鏡の基礎用語について説明する．

　われわれは暗闇では物体を見ることはできないが，光を当てるかまたは物体が光る場合には見ることができる．人間が見ることのできる光は可視光とよばれ，その波長は 380 nm(紫色)〜780 nm(赤色)の範囲にある．光源として可視光を用いる装置が光学顕微鏡である．

　また，人が識別できる二点間の最小距離は 75 μm 程度といわれている．これは髪の毛の太さ程度であり，これ以上離れていないと二つの物体は接触しているように見える．このように"離れている"とわかる最小間隔を分解能という．わかりやすくいえば，分解能とは画像として見える最小物体の大きさのことである．凸レンズを用いた虫メガネで物体を見ると拡大することができ，分解能は上がる．

---

**nm について**
"nm"は"ナノメートル"とよばれ，1 nm は $10^{-9}$ m のことである．

光学顕微鏡では2個の凸レンズ(試料側：対物レンズ，目視側：接眼レンズ)を通して見るため物体はさらに拡大される．このように凸レンズを組み合わせると何倍にでも拡大できると思われるが，ベルリン大学のアッベ教授は，どのように凸レンズを組み合わせても分解能は式(14.1)で求められる値以下にはできないことを示した．

$$d = \frac{\lambda}{2 \times \mathrm{NA}} \qquad (14.1)$$

ここで，$d$：分解能，$\lambda$：試料に照射する可視光の波長，NA：対物レンズの開口数(numerical aperture)とよばれる値で，可視光の場合には最大1.4である．たとえば500 nmの光を用いると，分解能は，$500 \div (2 \times 1.4) \fallingdotseq 180$ nmとなる．短い波長の紫色(380 nm)で観察した場合でも，140 nm以下の大きさの試料を観察することはできない．実際はこのように単色光で観察することはないため，光学顕微鏡の分解能は200 nm程度となる．

また，肉眼で画像を見た場合に認識できる最小の大きさは，200 $\mu$m程度である．そこで，顕微鏡の最大拡大倍率は(認識できる像の最小値) ÷ (顕微鏡の分解能)で求められ，光学顕微鏡では200 $\mu$m ÷ 200 nm = 1000で，約1000倍が拡大限度となる．

われわれが凹凸のある物体を見るときに物体全体を明瞭に見ることはできず，注目している部分だけをはっきりと認識しているのである．具体例を示す．両手の親指を並べ，これを同時に見る．両手の親指が並んでいる場合には両方ともはっきり見える．しかし，これから右手の親指だけを手前に移動させる．少し移動させただけでは両方の指ははっきり見えるが，ある程度離れると注目して見ていない指がぼやけて見えるようになる．これと同じことが試料表面の凹凸を見る場合に起こる．顕微鏡の焦点をある高さに合わせたときに，その上下方向の特定範囲にのみ焦点が合う．このように焦点が合って見える上下の距離を焦点深度(depth of focus)という．この焦点深度は対物レンズの倍率により変化し，10倍のときに約4.4 $\mu$m，40倍では約0.65 $\mu$mとなり，高倍率ほど小さくなる．

光学顕微鏡には，一般顕微鏡(生物顕微鏡と金属顕微鏡)，実体顕微鏡，蛍光顕微鏡，偏光顕微鏡などがあり，これらについては14.2節で説明する．

**開口数**
対物レンズの明るさまたは解像度を表す数値である．

### 14.1.2 電子顕微鏡

可視光を用いて物体を拡大観察するには約1000倍が限界であることがわかった．そこで，可視光より短い波長をもつ波として電子が利用されるようになった．電子の波長は0.001〜0.01 nmと非常に短い．電子の場合にはガラスレンズの代わりに電子レンズが用いられており，理論分解能は式(14.2)で求めることができる．

$$d = \frac{(0.61 \times \lambda)}{\alpha} \qquad (14.2)$$

**電子の二重性**
電子は粒子としての性質(粒子性)と同時に光と同様な波としての性質(波動性)をもつ．

**電子(磁気)レンズ**
電子は電磁石がつくる磁場の力で集める．このとき，磁場は電子線に対してあたかもレンズのように作用するため電子(磁気)レンズとよばれる．レンズの焦点距離は電磁石の電流により調節される．

ここで，$\alpha$ はレンズ絞りに対する半角(ラジアン単位)である．$\lambda$(電子の波長) = 0.005 nm，$\alpha = 0.1$ ラジアンと置くと，分解能は 0.03 nm となる．ただし，装置の機械的精度により，実際の分解能は 0.3 nm 程度となる．これから拡大倍率を計算すると $200\,\mu m \div 0.3\,nm = 700000$ となるので，約 70 万倍まで拡大できることがわかる．

さらに，電子は負の電荷をもつため電磁石により移動できる利点がある．このように，電子を利用して物体を観察する装置が電子顕微鏡であり，10 万倍程度まで拡大して観察できる．電子顕微鏡には，透過型電子顕微鏡(transmission electron microscope；TEM)と走査型電子顕微鏡(scanning electron microscope；SEM)がある．

### 14.1.3 走査型プローブ顕微鏡

これまで光や電子を用いた観察装置について説明したが，さらに微細なもの，すなわち原子や分子などを観察することはかなり困難である．一方，最新の加工技術により先端を原子サイズにまで細くした針(プローブという)を作製し，これを試料表面に 1 nm 程度まで近づけると表面原子との相互作用が生じる．この現象を利用して表面を観察する装置が走査型プローブ顕微鏡(scanning probe microscope；SPM)で，プローブにより試料表面を走査して表面の凹凸や状態を調べることができる．走査型プローブ顕微鏡には，走査型トンネル顕微鏡(scanning tunneling microscope；STM)と原子間力顕微鏡(atomic force microscope；AFM)がある．

---

**例題 14.1** 各種顕微鏡の特徴について下記の表の空欄を記入せよ．

| 装置名 | 作用源 | 検 出 | 最高倍率または検出サイズ | 焦点深度 |
| --- | --- | --- | --- | --- |
| 光学顕微鏡 | | | | |
| 電子顕微鏡 | | | | |
| 走査型プローブ顕微鏡 | | | | |

**解**

| 装置名 | 作用源 | 検 出 | 最高倍率または検出サイズ | 焦点深度 |
| --- | --- | --- | --- | --- |
| 光学顕微鏡 | 光 | 透過光 反射光 | 1000 倍 | $0.6 \sim 250\,\mu m$ |
| 電子顕微鏡 | 電子 | 透過電子 二次電子 | 約 10 万倍 | —(透過) $0.1 \sim 1$ mm |
| 走査型プローブ顕微鏡 | 微小針 | トンネル電流 反発力 | 原子サイズ (約 0.1 nm) | — |

## 14.2 光学顕微鏡

### 14.2.1 一般顕微鏡

一般顕微鏡では凸レンズを2枚利用して物体を拡大観察する．まず試料を対物レンズにより虚像に拡大し，これを接眼レンズを通して見るためさらに拡大される．そこで，

$$\text{光学顕微鏡の倍率} = \text{対物レンズの倍率} \times \text{接眼レンズの倍率} \quad (14.3)$$

となる．一般に，対物レンズは5倍～100倍のものが，接眼レンズは5倍～20倍のものが使われる．

観察する試料の性質により，光を透過するものとそうでないものがある．そこで，光学顕微鏡において観察する光としては試料を透過する光と試料から反射される光の二つがある．前者の観察装置を生物顕微鏡，後者を金属顕微鏡という．

以下にこれらの装置について説明する．

### (1) 生物顕微鏡

生物顕微鏡の外観写真を図14.1に示す．この装置は試料の透過光を観察するもので，微生物は光を通すものが多く，また光を通さないものでも容易に薄く切断し観察できるため，このようによばれている．光は光源フィルターを通り，試料を透過したあと，対物レンズおよび接眼レンズを通り目に入る．

観察用試料について，光を通すものはそのまま，通さないものは樹脂に埋め込み，鋭利なガラスの角を利用して薄く切断するミクロトーム装置により，厚さ：約2～20 μmの薄片試料としてスライドガラス板上に載せ，その上にカバーガラスをかぶせる．これを図14.1の試料ステージ上に固定し，観察する．

図14.2に生物顕微鏡で拡大撮影したケイソウの写真を示す．このケイソウは細長い筒の形状をしていることがわかる．この写真では筒の壁の部分が光の通過

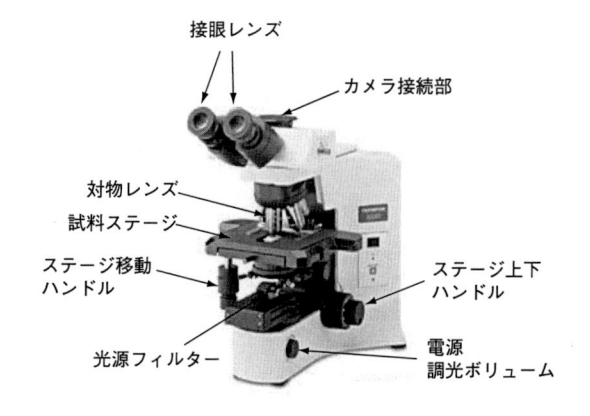

**図14.1 生物顕微鏡の概観**
写真はオリンパスシステム生物顕微鏡BX41．
オリンパス(株)HPより．

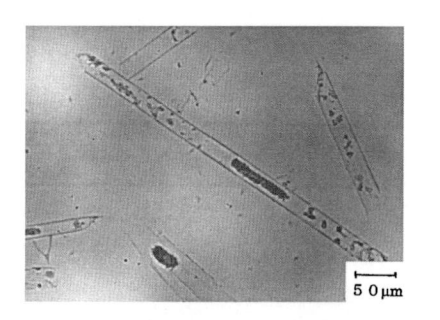

**図14.2 生物顕微鏡による写真例(ケイソウ)**

図 14.3　金属顕微鏡による写真例（金属-セラミックス複合材料）

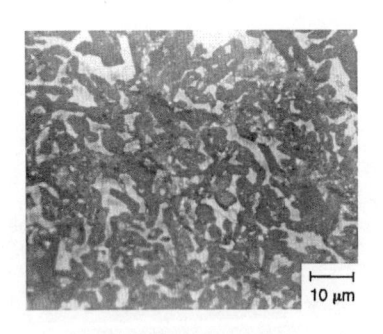

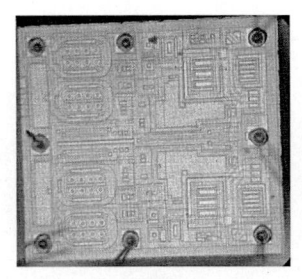

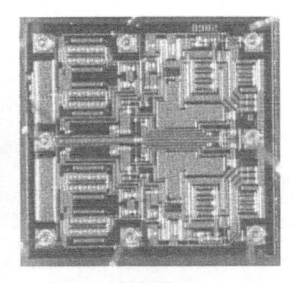

図 14.4　金属顕微鏡と実体顕微鏡の見え方の違い

方向に厚いため光を通しにくくなり黒い直線に見える．また，筒の内部にも光を透過しにくい物があることがわかる．このように生物顕微鏡は，光の透過度の違いにより明暗を生じ，像を観察することができる．

**コントラスト**
このような像の明暗を"コントラスト"という．

### (2) 金属顕微鏡

金属やセラミックスは光を通さないため生物顕微鏡では観察できない．そこで，光源の位置を変化させ，光を接眼レンズと対物レンズの間から試料に照射し，その反射光により試料表面が拡大観察できる．この装置は金属顕微鏡とよばれる．像のコントラストは光の反射率の違いにより生じるため，試料の前処理として，表面を鏡面研磨するか，または研磨面の酸腐食が行われる．

図 14.3 に金属顕微鏡で観察した金属-セラミックス複合材料の研磨面を示す．金属はセラミックスより光の反射率が大きいため明るく見え，セラミックスは灰色に見えている．この違いより像にコントラストが生じ，金属とセラミックスの混合状態がわかる．

### 14.2.2　実体顕微鏡

実体顕微鏡とは試料を立体的に観察する装置である．たとえば，われわれが景色を見るときに両目で見る場合は遠近感がはっきりしているが，片方の目を閉じると距離感がつかみにくくなる．このように両目で少し異なる方向から見ることにより立体感が生まれる．生物顕微鏡と実体顕微鏡の装置ではともに両目で観察しているが，実際は光路が異なる．すなわち，生物顕微鏡は試料からの一つの光路を両目で見ているのに対し，実体顕微鏡では左目の光路と右目の光路が異なり，われわれが景色を見ている場合と同じようになっている．そのため実体顕微鏡では試料を立体的に観察できる．図 14.4 に電子回路を観察した場合の比較を示す．金属顕微鏡では組織の境界ははっきりわかるが平面的に見えるのに対し，実体顕微鏡では配線などが立体的に見えている．ただし，実体顕微鏡の観察倍率は 5〜100 倍程度とそれほど高くない．

**蛍光顕微鏡**
生物試料に紫外線や短波長の可視光を当てると組織に含まれる有機化合物の違いにより異なる色の光が発生する．このように，物質に紫外線や X 線などを当てたときに発する特定の波長の光を蛍光という．また，蛍光を発生しない組織でも蛍光色素を付けることにより光を発するようになる．これを観察する装置が蛍光顕微鏡である．この装置により，生物試料の各組織がどのような有機分子でできているかがわかる．

### 14.2.3　偏光顕微鏡

岩石中の鉱物組織を解析するときに用いられる装置である．岩石はそのままで

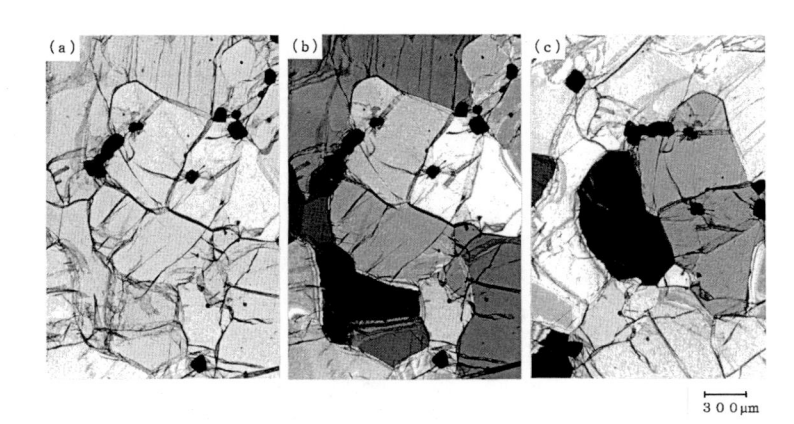

**図 14.5 カンラン石の偏光顕微鏡写真**
(a) ポラライザーのみ，(b) ポラライザー＋アナライザー（試料の回転角：0°），(c) ポラライザー＋アナライザー（試料の回転角：45°）．

は光を通さないが，10 μm ほどに薄くすると光が透過するようになる．たとえば，この試料を生物顕微鏡で観察した場合には有色鉱物は色付いて見えるが，これは鉱物に含まれる不純物などによっても生じるもので，これだけから鉱物を特定することはできない．一方，偏光顕微鏡は，光源からの光（白色）を偏光ニコル（ポラライザー）とよばれるプリズムによりある一つの方向に振動する光（偏光）のみとし，試料を通過したあとに，この偏光に垂直な振動方向の偏光のみを通す偏光ニコル（アナライザー）を通し観察するものである．

図 14.5 に偏光顕微鏡で観察したカンラン石の写真を示す．図 14.5(a) はアナライザーを外してポラライザーのみで観察したものであるが，若干の色の違いがわかる程度である．しかし，図 14.5(b) に示すように，アナライザーを入れた場合にははっきりと色の違いがわかるようになる．この色は鉱物自身の光学的特性（屈折率）により生じるもので，この色により鉱物を推定することができる．偏光顕微鏡では試料ステージが回転するようになっており，ステージを回転させると鉱物の色と明るさが変化し，ある角度で黒くなる．この角度は消光角とよばれ，鉱物により異なるため，これにより鉱物の特定がより正確に行える．実際に図 14.5(b) の状態から 45° 回転させたときの観察像を図 14.5(c) に示すが，色および濃淡が変化し，青く見えていた鉱物が黒く変化し，また黒く見えていた部分が着色している．偏光による観察とはいえ，もともとここで用いる偏光自体いろいろな波長の光からなる白色光である．結晶が色づいて見えるのは屈折率の差や光の干渉が原因であり，詳しい説明については専門書を参照してほしい．

**ニコル**
2個の方解石を貼り合わせて一つの偏光しか通過しないようにしたもの．

**例題 14.2** 光学顕微鏡の特徴について下記の表の空欄を記入せよ．

| 装置名 | 観察目的 | 観察光 | 観察原理 |
| --- | --- | --- | --- |
| 生物顕微鏡 | | | |
| 金属顕微鏡 | | | |
| 実体顕微鏡 | | | |
| 偏光顕微鏡 | | | |

| 装置名 | 観察目的 | 観察光 | 観察原理 |
|---|---|---|---|
| 生物顕微鏡 | 形状 | 透過光 | 透過光の強弱により明暗が生じるため |
| 金属顕微鏡 | 組織 | 反射光 | 反射光の強弱により明暗が生じるため |
| 実体顕微鏡 | 形状 | 反射光 | 反射光の強弱により明暗が生じるため。ただし，これが両眼で異なるため立体的に見える。 |
| 偏光顕微鏡 | 組織，鉱物名 | 透過偏光 | 光を回転させる性質が鉱物により異なるため，明暗および色が変化して見える。 |

## 14.3 電子顕微鏡

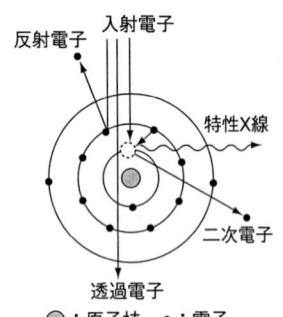

電子顕微鏡では試料に電子を当てたときに発生する情報を検出し，拡大観察，結晶解析や成分分析などが行える．このとき電子1個を当てるのではなく，多数の電子が"流星群"のように照射される．これを電子線という．電子線を試料に照射したときの試料からの情報として，二次電子，反射電子，特性X線，透過電子などがある．これらの情報のうち透過電子を蛍光板上で拡大画像とする装置が透過型電子顕微鏡で，二次電子を検出し画面上で拡大画像とする装置が走査型電子顕微鏡である．なお，これらの情報は空気中では発生しないため，電子線照射は高真空下で行われる．

以下にこれらの装置について説明する．

### 14.3.1 透過型電子顕微鏡（TEM）

TEM装置の外観写真とその構成の概略をそれぞれ図14.6と図14.7に示す．鏡筒内部を $10^{-5}$ Pa 程度の高真空にし，電子銃のタングステンフィラメントに電

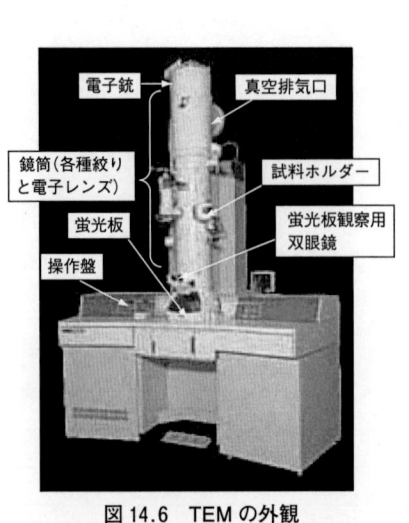

原子への電子線の作用

図14.6 TEMの外観
（JEOLの電子顕微鏡 JEM-3010より）

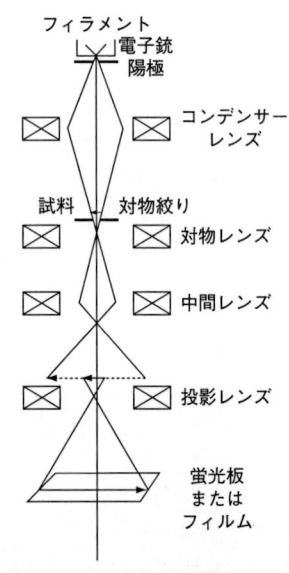

図14.7 TEMによる像拡大の原理

流を流すと，フィラメントが加熱され熱電子が放出される．この電子は陽極との間の電圧(加速電圧とよばれ，一般に50～200 kV程度)によって加速され，さらにコンデンサーレンズにより0.1～5 μm程度まで細く絞られ試料に照射される．試料を通過した電子は対物レンズ，中間レンズ，投影レンズを通って，蛍光板またはフィルム上に拡大像を写す．像は各レンズにより次つぎに拡大される．また，各レンズの間に絞りがある．レンズの焦点距離や絞りの孔の大きさを調節することにより像が明瞭に見えるようになる．

TEMで像にコントラストが生じる理由を以下に説明する．

### (1) 散乱コントラスト

生物試料を観察したときにコントラストが生じるおもな理由である．観察試料の作製法は生物顕微鏡と同じであるが，試料の厚さは30～80 nm程度と非常に薄い．そのため照射電子線の大部分が通過し，生物顕微鏡のような吸収によるコントラストは生じにくく，散乱によりコントラストが生じる．図14.8に示すように，厚さおよび成分が異なる部分に電子線が当たると，一部の電子は電子線の入射方向とは異なる方向に散乱されてしまい，試料の下の対物絞りに吸収される．この残りの電子が透過電子となり，蛍光板に当たり像を写しだす．そこで，試料内部で散乱が起こりやすい部分は透過電子が少なくなるため，暗く見える．逆に散乱が起こりにくい部分は明るく見える．このようにして像にコントラストができる．具体的には，試料の厚い部分や密な組織は薄い部分や粗い組織より強く散乱し，また原子番号の大きい元素(重元素)を多く含む部分は少ない部分より散乱量が多いため暗く見える．

生物の構成元素は軽元素が多く組成もほぼ同じであるため，散乱コントラストを強くするために重元素を組織に付けることもある．

実際の生物の組織観察写真を図14.9に示す．これは植物の寄生虫の切断組織を観察したものであるが，密度の違いにより像にコントラストが生じ，多層構造の角皮や筋肉の筋繊維を見ることができる．

### (2) 回折コントラスト

単一結晶で同じ厚さの固体薄片では散乱コントラストは生じない．しかし，実

**電子の波長と加速電圧の関係**

(波長) = $\sqrt{(1.5/V)}$

ここで，波長の単位はnm，Vはボルトで表した加速電圧である．たとえば，加速電圧が50 kV(50,000 V)のときに波長は0.0054 nmとなる．この式より加速電圧が大きいほど波長が短くなり，分解能が高くなることがわかる．

**蛍光板**

電子線やX線などが当たると可視光を発生する蛍光物質を薄く塗布した板のこと．

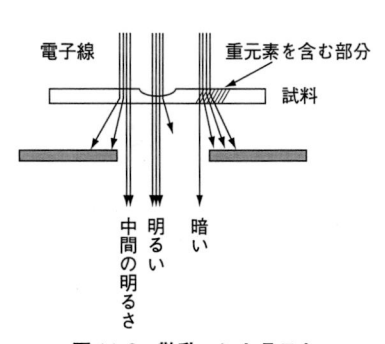

**図14.8 散乱コントラスト**

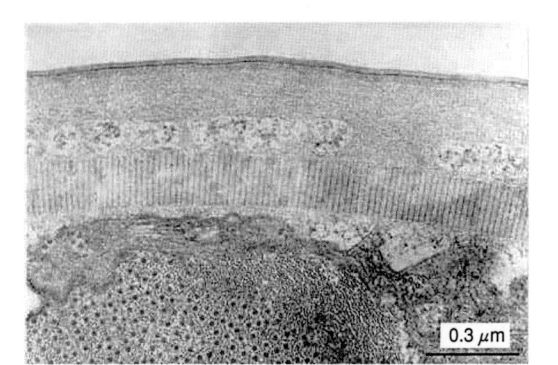

**図14.9 生物試料のTEM観察例**
植物の寄生虫．

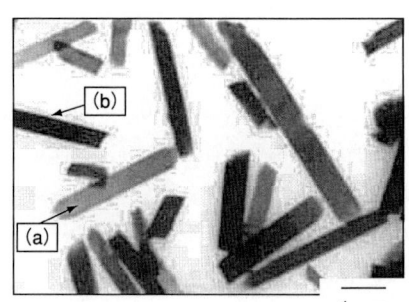

図14.10　針状セラミックス結晶のTEM写真

際の観察像では明暗が認められる．これは回折コントラストとよばれる．詳しい内容は省略するが，このコントラストは電子が波の性質をもつために起こるものである．波は結晶により回折され進行方向が変化する．試料中で大きく回折する部分は，対物絞りにより透過電子が少なくなり暗く見える．しかし，そうでない部分は明るく見える．このため像にコントラストが生じる．図14.10に針状セラミックス結晶のTEM写真を示す．図中の(a)で示した針は(b)より大きいが明るく見えている．これは(b)の針のほうが電子線をより多く回折したためである．

### 14.3.2　走査型電子顕微鏡（SEM）

　試料から発生する二次電子を検出し，試料表面の凹凸を観察する装置が走査型電子顕微鏡である．装置の外観写真を図14.11に示す．TEMと比較すると鏡筒が短く，加速電圧も10～30 kVと低い．鏡筒には電子レンズのほかに電子線を移動させる電磁石が装備されている．SEMでは試料表面の明暗を点で求め，電子線を横および縦方向に移動させながら表面の明暗を測定し画像化する．たとえば，貼り絵のように白，灰色，黒などの小さな紙で絵を描くことと同じである．

　SEMでは電子線が透過せず試料内部で止まるため，電気絶縁性試料を観察する場合には試料表面に導電性の金属（一般に金）薄膜をつけて入射電子を導出する

**走査と画像**
電子線を試料表面上で横方向に直線的に移動させ，各測定位置（点）での二次電子量を画面上で明暗の点として表示する．たとえば，試料の $1, n, m, f$ の各点を画面の $1', n', m', f'$ 点に明暗をつけて表す．まず，1本の横移動が終わると少し下がり，その位置で2本目の横移動を行う．これにより2本目の明暗線ができる．これを数秒で $l$ 本目の線まで繰り返し行うことにより，画像が得られる．

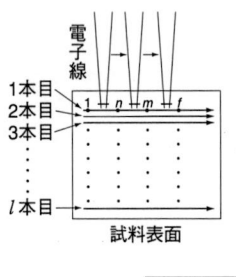

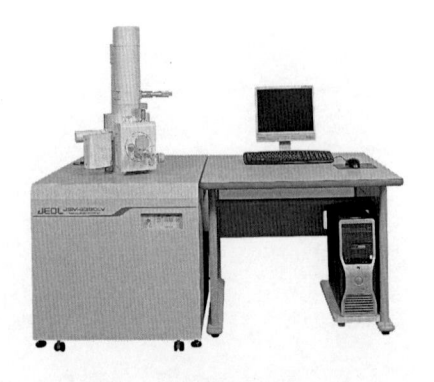

図14.11　走査型電子顕微鏡の外観
（JEOLの走査型電子顕微鏡　JSM-6390LVより）

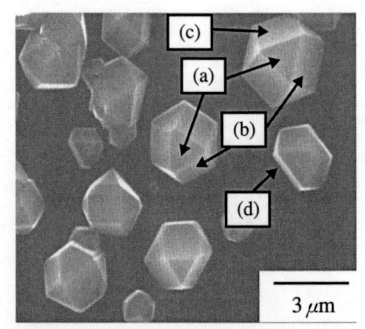

図14.12　ダイヤモンドのSEM写真

必要がある．これにはスパッター装置が用いられ，金原子などを"雪が降り積もる"ように試料表面に沈着させ，厚さ約 10 nm の導電性膜が作製できる．数万倍以上で観察しない限り，導電性膜による表面形態の変化はほとんど認められない．

二次電子の発生量はシンチレーションカウンター(シンチレーション計数管)により測定される．この検出器は試料から離れた箇所に取り付けられるので，発生した二次電子を集めるために検出器の前面の金網に＋200～500 V，検出素子表面には＋10 kV の電位がかけられている．

SEM で像にコントラストが生じる理由をダイヤモンド粒子の写真(図 14.12)を例にあげて以下に説明する．

(1) 傾斜角効果

電子線の入射方向に対して，観察面がどのような角度で傾斜しているかにより，発生する二次電子量が異なり，コントラストが生じる効果のことである．その説明図を図 14.13 に示す．電子線は試料内部に進入し，原子との衝突により深さ 5～50 nm の部分から二次電子が発生する．当然ながら浅い領域からの発生量が多くなる(深部で発生した電子は表面まで移動できない)．そこで，入射方向に対して試料面が傾いていると図 14.13(b)のように電子線は試料表面の浅い部分($d_2 < d_1$)にしか入り込まず，この部分から放出される二次電子量が多いため明るく見える．図 14.12 のダイヤモンド粒子を見ると正面を向いている(a)面は，傾斜している(b)面や(c)面より暗く見えている．SEM 像の場合にはこの傾斜角効果によるコントラストが表面の凹凸を表す．

(2) エッジ効果

試料の端や角の部分が明るく見える効果のことで，図 14.12 の(d)で示した帯状部分が白く見えているのはこの効果のためである．ただし，明るく見えるのは凸部であり，凹部の角は暗く見える．

(3) 検出器の方向による効果

検出器に正の電圧をかけていても，検出器と反対方向を向いている面からの二次電子は捕捉量が少なく，検出器に向いている面からはより多くの二次電子が捕捉できる．そのため，前者は暗く，後者は明るく見える．図 14.12(c)面は(b)面と同じ傾斜をしているにもかかわらずより明るく見えているのは，この効果のためである．

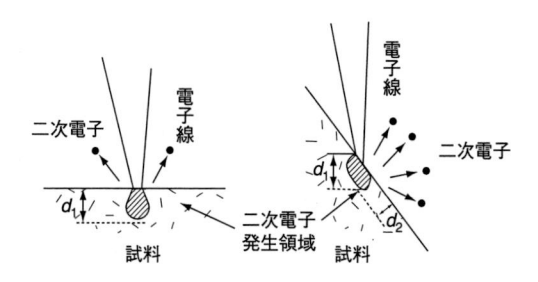

(a) 垂直面　　(b) 傾斜面　　図 14.13　試料面の傾斜による効果

## 例題 14.3 電子顕微鏡の特徴について下記の表の空欄を記入しなさい．

| 装置名 | 略記 | 観察目的 | 観察電子 | 観察原理 |
|---|---|---|---|---|
| 透過型電子顕微鏡 | | | | |
| 走査型電子顕微鏡 | | | | |

**解**

| 装置名 | 略記 | 観察目的 | 観察電子 | 観察原理 |
|---|---|---|---|---|
| 透過型電子顕微鏡 | TEM | ・微粒子の外形観察や大きさの測定<br>・薄膜の組織観察や結晶同定 | 透過電子 | ・厚さや密度の違いによる透過電子量の違い<br>・結晶による電子線の回折 |
| 走査型電子顕微鏡 | SEM | ・固体の表面形状観察<br>・固体の表面組織の大きさの測定 | 二次電子 | ・試料面の傾斜による二次電子発生量の違い<br>・試料の端部による二次電子発生量の違い |

## 14.4 走査型プローブ顕微鏡(SPM)

### 14.4.1 走査型トンネル顕微鏡(STM)

STM では，試料が真空中，空気中，水中などにあっても，その表面を構成している原子や分子を観察できる．STM の装置概略を図 14.14 に示す．タングステンなどの導電性をもつ針(探針という)を試料表面から約 1 nm まで近づけ，探針と試料の間に数 V の電圧をかける．このとき，1 nA 程度の電流が流れる．この電流はトンネル電流といわれる．探針を走査し，この電流値が同じになるように探針を上下させることにより表面原子の凹凸がわかる．そのため観察試料は電気伝導性でないといけない．

詳しい観察原理を図 14.15 に示す．探針と表面原子が(a)の位置にあるとき，電圧に応じたトンネル電流が流れている．ここで，探針を原子半分だけ右へ移動させると，(b)のように探針の先端原子は試料表面原子の谷間に対面するようになり，探針と試料表面の間隔が広くなる．このためトンネル電流が小さくなり，これを元に戻すために(c)のように探針を試料に近づける．この探針の上下方向への移動量が凹凸に対応する．このように試料表面を探針で走査することにより，表面の凹凸が観察できる．

**トンネル電流**
絶縁体(空気など)は通常電気を通さないが，絶縁体が非常に薄いとき量子力学的な効果(トンネル効果)によってわずかに電流が流れる．

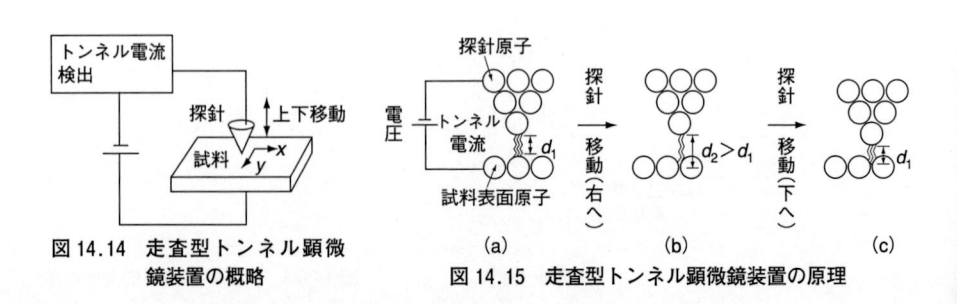

図 14.14 走査型トンネル顕微鏡装置の概略

図 14.15 走査型トンネル顕微鏡装置の原理

### 14.4.2 原子間力顕微鏡(AFM)

AFMとは，探針を試料表面に近づけるときに生じる探針と表面原子との引力または反発力により，試料表面の原子や分子レベルの形状を観察する装置である．STMと異なり電流を流さないため，探針には強度のある絶縁性セラミックスも用いることができ，測定試料もプラスチックやセラミックスなどの電気絶縁性のものでもよい．AFMの装置概略および観察原理を図14.16に示す．探針は薄い板バネに固定され，その板バネが装置に固定されている．これはカンチレバーとよばれている．カンチレバーの長さは$100\,\mu m$程度，幅は$30\,\mu m$程度，厚さは数$\mu m$以下で，探針は窒化ケイ素またはケイ素で作製される．

探針を試料に近づけていくとはじめは引力が作用し，極端に近くなると反発力が働くようになる．AFMではこのような力が一定になるように，つまり感知レバーの探針と表面原子との距離が一定になるように試料台を上下させる．探針の位置の測定は図に示すようにカンチレバーの背面で反射したレーザー光を四分割光検出器（光ダイオード）で測定し，それが一定になるように試料高さを調節する．この調節量が表面の凹凸の変化に対応する．このように試料表面を探針で走査することにより表面の凹凸が観察できる．

観察法として，①探針をかなり近づけ反発力で測定する接触法，②探針と試料をある程度離し引力が作用する位置で測定する非接触法がある．前者は最も精密に試料表面形状を測定できるが，測定により試料が損傷する可能性がある．後者は試料の破損のおそれはないが，現在のところ液体中では測定できない．

図14.17に雲母表面を接触法により測定した結果を示す．参考のため，雲母結晶において酸素の位置を白丸で表したモデル図を(b)に示す．AFM像で白く見えている領域は凸の部分であり，この白丸間の距離は約$0.5\,nm$である．一方，雲母の酸素原子3個からなる三角形〔図(b)中に白線で丸く記入〕の中心間距離は$0.52\,nm$であり，この値はAFM像の白丸間の距離にほぼ等しく，これよりAFM像の凸部は(b)の酸素原子3個を示していることがわかる．

**レーザー光**
自然には存在しない人工的な光で，①単一の波長，②同じ位相，③光が集中して拡散しない，という性質をもつ．

**光ダイオード**
光を起電力に変換する素子のことで，光検出センサーとして使われる．

**ピエゾ素子**
電圧をかけると変形する素子のこと．位置を決める素子として使われる．ナノメートルから数百マイクロメートルまでの位置を決めることができる．

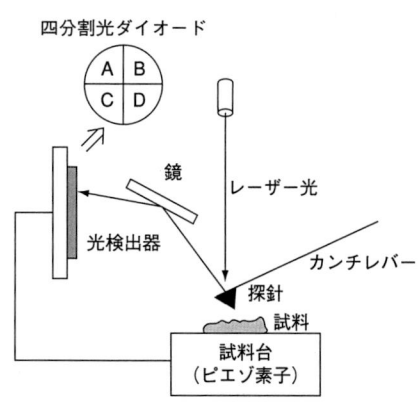

**図14.16** 原子間力顕微鏡装置の概略

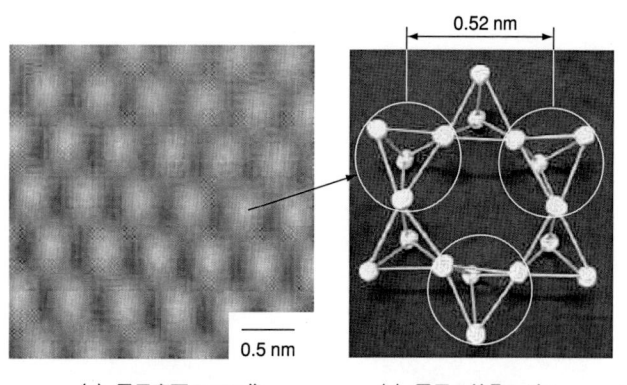

**図14.17** 雲母表面のAFM像とその解釈
(a) 雲母表面のAFM像
(b) 雲母の結晶モデル（酸素のみ白丸表示）

**例題 14.4** 走査型プローブ顕微鏡について下記の表の空欄を記入せよ．

| 装置名 | 略記 | 観察目的 | 観察源 | 観察原理 |
|---|---|---|---|---|
| 走査型トンネル顕微鏡 | | | | |
| 原子間力顕微鏡 | | | | |

**解**

| 装置名 | 略記 | 観察目的 | 観察源 | 観察原理 |
|---|---|---|---|---|
| 走査型トンネル顕微鏡 | STM | 原子レベルでの表面の凹凸 | トンネル電流 | 試料表面に探針を近づけ，探針を走査したときに探針と試料間のトンネル電流が一定になるように探針を上下させる．探針の位置と上下移動距離により表面の凹凸が観察できる． |
| 原子間力顕微鏡 | AFM | 原子レベルでの表面の凹凸 | 原子間相互作用 | 試料表面に探針を近づけ，探針を走査したときに探針と試料間の相互作用が一定になるように試料を上下させる．探針の位置と上下移動距離により表面の凹凸が観察できる． |

## 14.5 特殊な顕微鏡

### 14.5.1 共焦点レーザー走査顕微鏡

　共焦点レーザー走査顕微鏡(confocal laser scanning microscope；CLSM)は，レーザー光で試料表面または内部を走査し，焦点部から発生する蛍光または反射光を測定し，走査面を画像化する装置である．蛍光顕微鏡と比較すると，光源にレーザー光を使用するため，① 立体像が得られる，② 試料内部の分析ができる，③ 高画質である，などの利点がある．CLSM 装置の外観写真を図 14.18 に，その原理図を図 14.19 に示す．

　レーザー光は走査ミラーを通り，対物レンズにより観察面(試料の内部でもよい)のある一点に集光される．このレーザー光により，観察点から蛍光が発生し，鏡筒の内部を通り，レンズにより集光され絞りを通過し，受光器で検出される．レーザー光の焦点とは異なる場所から発生した蛍光は，絞りの孔に集光されないため遮断され，受光器へは届かない．共焦点とは，光学系の構成において観察面上の焦点と対称的な光学位置にある(受光器側の)焦点のことで，ここにピンホール絞りを置くことにより焦点以外からの光を遮断できる．レーザー光は点で照射されるため，観察像を得るためには SEM と同様に目的とする試料面についてレーザー光を走査する必要がある．

### 14.5.2 X線顕微鏡

　X線は波長領域，0.001～10 nm の波であり，とくに 0.1～10 nm のものを軟X

**蛍　光**
ある波長の光が物質に照射されたとき，この光より長い波長の光が発生することがある．この現象または発生する光を蛍光という．

**蛍光顕微鏡**
蛍光色素で染色した試料に光を当て，色素から発生する光(蛍光)を観察する顕微鏡のこと．

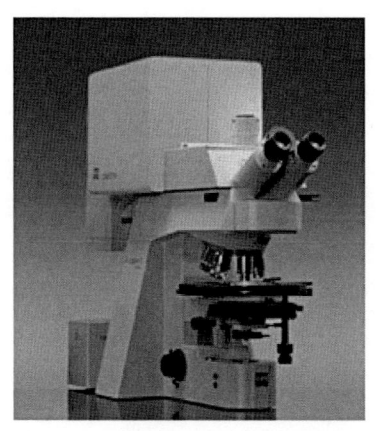

**図14.18 共焦点レーザー走査顕微鏡装置の外観**
カールツアイス社のHP(www.zeiss.co.jp)より.

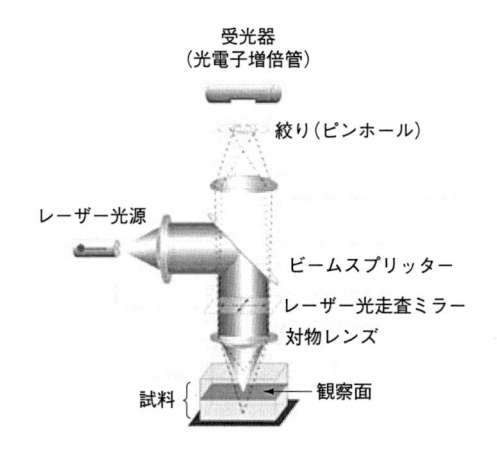

**図14.19 共焦点レーザー走査顕微鏡装置の原理図**
カールツアイス社のHP(www.zeiss.co.jp)より.

線という.この軟X線は透過力が大きいため比較的厚い試料の観察に有効であり,X線顕微鏡の光源として利用されている.材料を壊さずに内部を観察できる特徴がある.X線管から発生したX線を試料に照射し,透過してくるX線をフィルム上に撮影したり,蛍光板上に写し出した像をテレビカメラで観察したりするものがある.

最近,内臓の検査などにX線CT(computed tomography)法が利用されている.これは,人体またはX線検出器を1回転させて透過X線を測定し,コンピュータ計算により人体の断層像を得るものである.

### 14.5.3 X線マイクロアナライザー(X-ray microanalyser;XMA)

電子線プローブX線マイクロアナライザー(electron probe X-ray microanalyser;EPMA)ともいう.試料に電子線を照射すると特性X線が発生することは前述したが,SEM装置に特性X線の波長またはエネルギーを測定する機器を装備することにより,試料に含まれる元素の種類とその分布や量を測定することができる.電子線は自由に移動できるため,解析したい場所を選択して分析を行えるのが特徴である.特性X線の検出法として,特定結晶による回折現象を利用して波長を測定する方法(波長分散型)と半導体検出器を用いてエネルギーを測定する方法(エネルギー分散型)とがあるが,現在は後者が主流になってきている.

電子線を走査し,これに合わせて試料面から発生する特性X線を検出することにより,元素の分布(マッピング)がわかる.図14.20に酸化アルミニウムと酸化チタンの混合試料のマッピング例を示す.(a)は組織を観察したもので,1〜10μmの粒子が見える.これをアルミニウムで分析すると(b)のようになる.これは無数の点から描かれているが,黒い点の多い部分にアルミニウムが多く存在していることを示している.ここで,点の量が少ない白い領域には(c)でわかるようにチタンが存在している.(a),(b),(c)を比較するとアルミニウムのみの

**X線管**
銅やタングステンなどの金属板に,電子線(30 keV程度)を照射すると,金属特有の波長の電磁波が強く放出される.この電磁波は特性X線とよばれ,この装置をX線管という.

**波長分散型**
特性X線を分光結晶により回折させ,ブラッグ式を満足する条件から特性X線の波長を測定したり,特定波長のX線のみを分離検出する方法.

**エネルギー分散型**
特性X線を半導体検出器に照射し,電気信号に変えて波長測定する方法.入射した特性X線のエネルギーに比例したパルス電流値から波長が求まる.

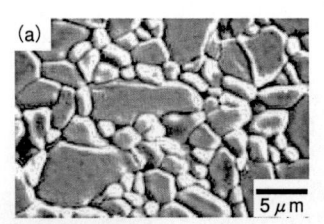

**図 14.20** XMA 装置による元素分布状態の解析例(酸化アルミニウムと酸化チタン)
(a) 組織, (b) アルミニウム分析, (c) チタン分析.

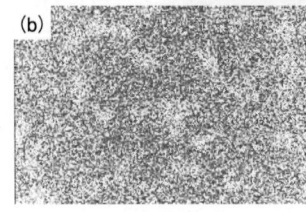

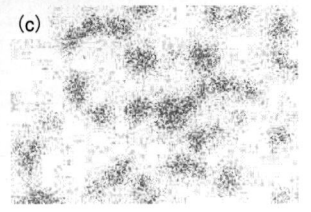

粒子とアルミニウムとチタンが混在している粒子があることがわかる.

## 14.6 まとめ

これまで代表的な顕微鏡についてその原理と特徴を説明した．しかしここではおもに基礎的な内容を説明しており，実際の操作や試料作製法などはそれぞれの装置の専門書を参照してほしい．なお，光学顕微鏡とレーザー共焦点顕微鏡については，第15章においてやや異なる立場から解説しているのでそれも参照してほしい．

### 章末問題

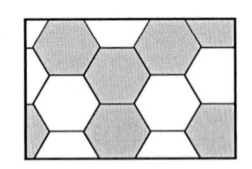

**問題 14.1** 左図のように目視で白と灰色に見える二種類のセラミックス粒子から構成される平板を走査型電子顕微鏡で観察した．次の設問に答えよ．
(1) セラミックスが絶縁体の場合にはどのような前処理をすればよいか．
(2) 板の表面を鏡面に磨いて観察したところ，粒子の形はまったく認められなかった．この理由を述べよ．
(3) (2)で粒子を観察するためにはどうすればよいか．

**問題 14.2** 透過型電子顕微鏡では試料の内部を観察する場合と外形を観察する場合がある．その例を示せ．

### 参考文献

1) 朝倉健太郎, 『顕微鏡のおはなし』, 日本規格協会(1997).
2) 井上 勤, 〈新版顕微鏡観察シリーズ 1〉『顕微鏡観察の基本』, 地人書館(1998).
3) 『顕微鏡の使い方ノート』, 野島 博 編, 羊土社(2003).
4) 新津常良, 平本幸男, 〈実験生物学講座 2〉『光学・電子顕微鏡実験法』, 丸善(1983).
5) 黒田吉益, 諏訪兼位, 『偏光顕微鏡と岩石鉱物』, 共立出版(1983).
6) 田中克己, 『顕微鏡の使い方』, 裳華房(1974).
7) 『電子顕微鏡観察法』, 日本電子顕微鏡学会関東支部 編, 丸善(1982).
8) P. J. Goodhew 著, 菊田惺志, 大隅正子 訳, 〈モダンサイエンスシリーズ〉『電子顕微鏡使用法』, 共立出版(1981).
9) 『走査電子顕微鏡』, 日本電子顕微鏡学会関東支部 編, 共立出版(1976).
10) 小宮宗治, 田中彰博, 大岩 烈, 『ナノテクノロジー・表面分析の科学』, 講談社(1992).
11) 森田清三, 『走査型プローブ顕微鏡』, 丸善(2000).

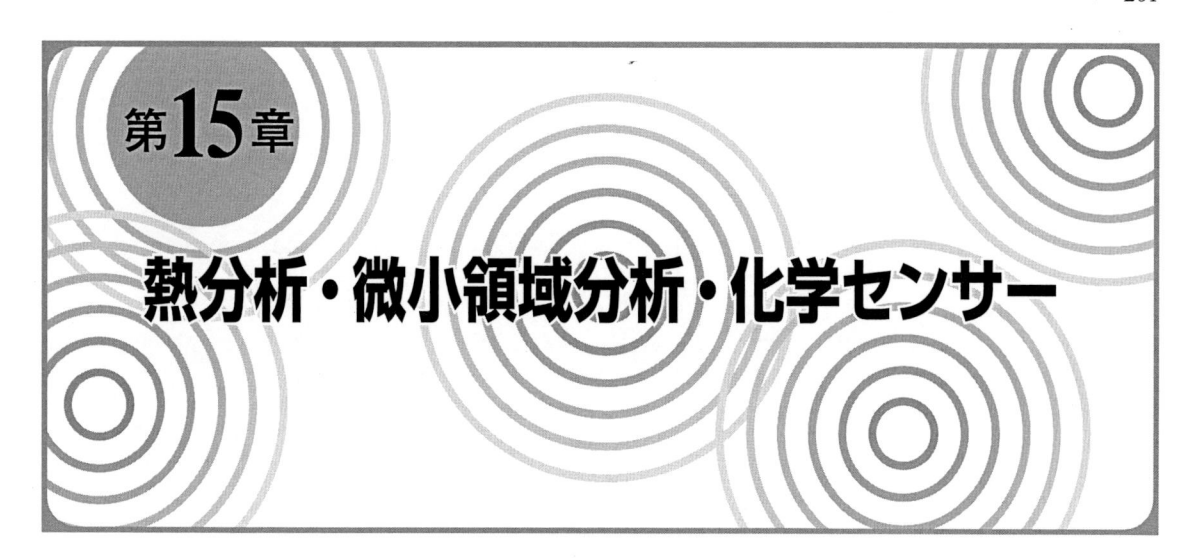

# 第15章 熱分析・微小領域分析・化学センサー

物質にいろいろな種類(電気,熱,光,濃度変化など)の刺激を与えると,いろいろな応答が発生する.その応答を最終的に電気信号に変換して測ることで,多くの機器分析法が考案されている.電気については第6章に,光については第9章に述べられているので,ここではそのほかのいろいろなアプローチによる機器分析法を紹介する.

## 15.1 熱を利用する分析

物質に熱を加えると状態が変化する.氷が融けたり,水が水蒸気になったりなど,融解,蒸発,昇華,凝縮や凝固などの現象が起こる.この物質の形態変化は目視で観察することもできるが,機器を使って測定することもできる.熱を加えることにより,物質の化学組成や化学構造変化も起こる.逆に物質が変化すると,熱の吸収や放出が起こる.この熱量を測定することで,エンタルピーやエントロピー変化といった物質固有の熱力学的な性質を知ることができる.

### 15.1.1 熱重量分析法(thermogravimetry ; TG)

物質を加熱したり冷却したりするときの重量変化を測定するものである.

試料を入れるバスケット,試料を加熱する電気炉,質量を測る天秤から構成されている.図15.1に概略を示す.ガラスなどの無機材料などでは,室温から高温(600〜1000℃)までの変化を測定するが,プラスチック,生体試料など有機化合物では,室温以下(−100℃)から高温(200℃)までを測定する.天秤部分には,mg以下の量まで測定できるような高性能な電子天秤が使われる.

例　シュウ酸カルシウムの場合

$CaC_2O_4 \cdot H_2O \longrightarrow CaC_2O_4 + H_2O \uparrow$　(150℃付近)

$CaC_2O_4 \longrightarrow CaCO_3 + CO \uparrow$　(500℃付近)

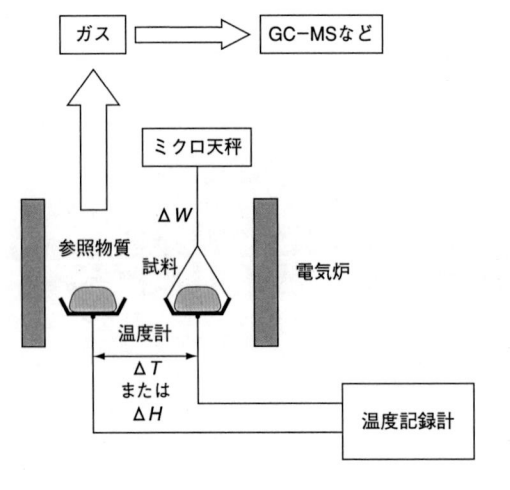

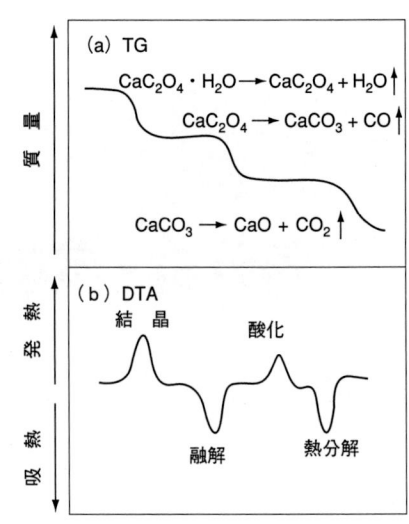

**図 15.1** TG と DTA 装置の概念図

**図 15.2** (a) TG 曲線，(b) DTA 曲線の概念

$$CaCO_3 \longrightarrow CaO + CO_2 \uparrow \quad (850℃付近)$$

図 15.2(a) に TG の模式的な測定データを示す．温度上昇に伴う質量減少がわかる．一般的には，100℃までの減少分は，試料に吸着している水分の蒸発によるものである．有機化合物などでは，その温度までに分解するものもあるので注意が必要である．その後，さまざまな変化に対応した質量減少を示す．

重量減少の際にはガスの発生を伴うので，どのようなガスが発生したかは，FT-IR や GC または GC-MS などでガス成分の同定と定量を同時に行えば，詳細な化学変化と反応式を知ることができる．

### 15.1.2 示差熱分析法 (differential thermal analysis；DTA) と示差走査熱量測定法 (differential scanning calorimetry；DSC)

物質の加熱や冷却過程における熱量の出入り（エンタルピー変化）を連続的に測定するもので，ある状態変化が吸熱反応か発熱反応かといった，物質の熱的性質の違いを測定することができる．熱を加えると物質の温度は上昇するが，そのときに状態変化が起こり，吸熱的なときは温度が上がらず，発熱的なときは大きな温度上昇が起こる．測定方法の違いにより示差熱分析法と示差走査熱量測定法があるが，いずれの方法も参照物質を用いる．参照物質には熱を加えても化学変化を起こさず，吸熱や発熱反応を示さないことが要求される．

測定試料と参照物質を同時に加熱すると，両者は同じ速さで温度が上昇するが，測定試料に吸熱反応が始まると，参照物質の温度が高くなっても試料物質の温度は低くとどまる．逆に発熱反応のときは，参照物質の温度が相対的に低く，試料物質の温度は高くなる．この温度差を測定すれば，吸熱や発熱反応かがわかり，標準物質と比較すれば熱量もわかる．この方法が示差熱分析法である．

---

**光熱変換分光法**

励起分子の緩和過程で媒質に放出される光無輻射失活の熱（第 8 章参照）を分析して，試料中の微量分子が検出できる．とくに無蛍光性分子を吸光法よりも高感度に分析できる．熱を温度として直接測る方法や，発熱とともに発生する赤外線を計測する方法がある．また，光が照射された所だけに熱が発生するので，まわりとの間に温度差ができ，屈折率の分布ができる（一種のカゲロウのようなもの）．この屈折率の分布を光を使って計測する方法もある．発生した熱は，試料近傍の気体を膨張収縮させ，それが音波となり，その音波を測る方法もある．

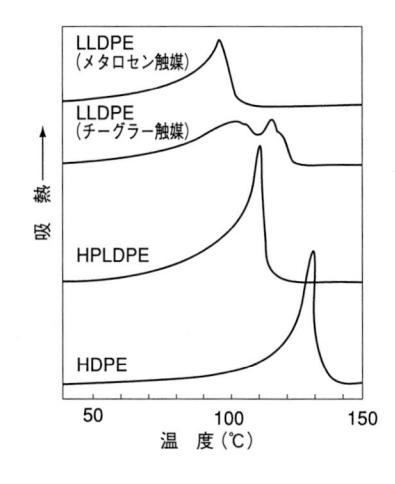

**図 15.3 プラスチックの DSC 曲線**
重合条件が異なる四種のポリエチレン(PE)試料．グラフの下段にある HDPE の重合度が高い．日本分析化学会高分子分析研究懇談会 編，『新版 高分子分析ハンドブック』，紀伊國屋書店(1995)，p.592．

一方，示差走査熱量測定法は，加えた熱量を精密に測定する方法である．吸熱・発熱反応が進行するとき，試料と参照物質との間に温度差が生じる．参照物質と同じ温度になるように，反応による熱量変化を補正しながら試料物質の加熱を行えばよい．その補正熱量を温度の関数として測定する手法である．

図 15.2(b) に DTA の模式的な測定データを示す．DSC でも同様な結果が得られる．縦軸は熱量を示しているため，吸熱か発熱反応かは直感的にわかる．試料の加熱速度は一定に保たれているため，ピークの面積から，エンタルピー変化が求まる．

図 15.3 にプラスチックの DSC の結果を示す．一見同じように見えるプラスチックでもその構造によって熱的性質が違い，重合度の差などを知ることができる．

## 15.2 微小領域の分析

機器分析の基本は，分析対象物質(試料)とプローブ(電磁波などのエネルギー)との相互作用の結果を精度よく，かつ感度高く測定することである．プローブを小さく絞り，相互作用の起こる場所を小さくすると，微小領域の分析が可能となる．たとえば，細胞の中や，水溶液の表面や水と油の界面など，バルクとは異なった性質をもつ局所領域の情報がわかる．また，X 線やイオンビームを小さく絞った局所分析は，固体表面分析で威力を発揮している(第 11 章，第 14 章)．ここでは，最も基本的な光学顕微鏡とそれに関連する微小領域分析機器を紹介する．

### 15.2.1 光学顕微鏡

光学顕微鏡は，図 15.4 に示すように，測定対象の微小部分に光(可視光線)を照射し，光の透過性の差を利用し，その部分を陰影として捕らえ，対物レンズで拡大して見る方法である．光には波動性があり，回折現象のために無限に小さな点に集光できない．そのため分解能 $d$ は，次式で決まる．

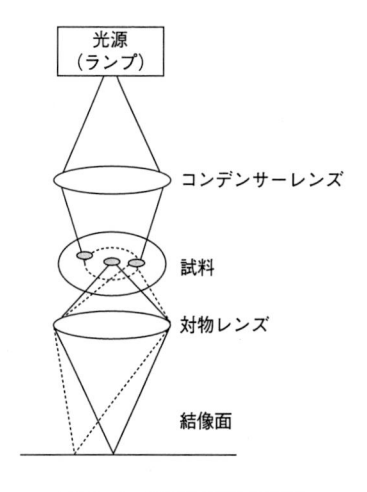

**図 15.4 光学顕微鏡の原理**

### CCDカメラ

光を電気信号に変換する半導体光センサー(フォトダイオード)を面内で配列したもの(縦横1000個で100万画素数になる). 個々のフォトダイオードから電気信号を順番に送りだし,再構築して画像として表示する. デジタルカメラや携帯電話にも組み込まれている. そのほかに特殊なものとして, 液体窒素やペルチェ素子で冷却して, 電気的なノイズを減らし, 人の目には見えない微弱な光を像として捕らえるものもある.

### DNAチップ

DNAには核酸塩基A(アデニン), T(チミン), G(グアニン)とC(シトシン)があり, AとTの間, GとCの間には相補性があり, 一本鎖DNAが集まり二本鎖DNAを形成する. この性質を利用して遺伝子を調べることができる. DNA試料中に探したい遺伝子と相補するようなDNA断片(DNAプローブという)を基板の上に固定化して置き, DNA試料溶液を加え, 加熱・冷却・洗浄すれば, DNAプローブに結合した目的の遺伝子だけが残るので, これを適当な方法で高感度に検出する. DNAには非常に多くの遺伝子情報が含まれているので, DNAプローブも多く準備する必要がある. 1 cm² の基板に, 数万のDNAプローブを規則正しく配列させることも可能であり, DNAチップとよばれている. あらかじめDNA試料を蛍光色素で標識しておき, 基板に残ったものをレーザー共焦点蛍光法で, 高感度にかつ高速に, 位置情報を確定しながら測定し, 遺伝子解析を行うことができる.

$$d = 1.22 \times \frac{\lambda}{2\text{NA}}$$

$\lambda$ は波長で, NAは対物レンズで決まるパラメータであり, 倍率が高く明るい(口径の大きい)レンズのほうがNA値は高く, $d$ の値が小さくなり, 分解能が高くなる. NA = 1.3, $\lambda$ = 488 nm とすると, $d$ = 0.23 μm となる. 細胞や生体組織を見る場合には十分ではあるが, ミトコンドリアといった細胞内の微細な構造を見るには分解能が不足している. しかし細胞などを生きたまま(*in vivo* という)見ることができ, また非常に薄い膜のような物質では光がよく透過し焦点も定めやすいので鮮明な画像を得ることができる. 画像はカメラかCCDカメラによる写真として保存して, コントラストを調整したり, 色加工などの画像処理で, より鮮明なインパクトのある画像データとすることができる. 光学顕微鏡については第14章でより詳しく述べている.

#### 15.2.2 共焦点顕微鏡と蛍光顕微鏡

通常の光学顕微鏡では, 深さの方向の情報に対しては正確なことはわからない. ある平面に焦点を合わせても, それよりも深いところと浅いところ(対物レンズから遠いか近いかの距離)の前後の像は, ボケて不鮮明な像として観測される. そこで, この顕微鏡を共焦点にすることで, 深さ方向の解像度を飛躍的に向上させることができる. 図15.5にその原理を示す. 試料を照らす光源には, 理想的に点光源が望ましく, そのためには, 普通のランプに代わりレーザー光線を用いる. レーザーは輝度も高く, 点光源に近い. 試料からの反射光は, 対物レンズで結像面に像を形成するが, その位置に小さい穴のあいたピンホールを配置する. ある試料の平面(点)からの光はすべてピンホールを通過するが, それよりも深い所や浅い所の光は, ピンホールを少ししか通らない. すなわちある平面(点)からの情報のみを検出できるので, 高いコントラストの像を得ることができる.

図15.4の方法では結像面をすべて観察するが, 図15.5のような点光源を使うと, 試料の特定の部分のみを照射し, その場所からの信号が検出器に入る. 電子

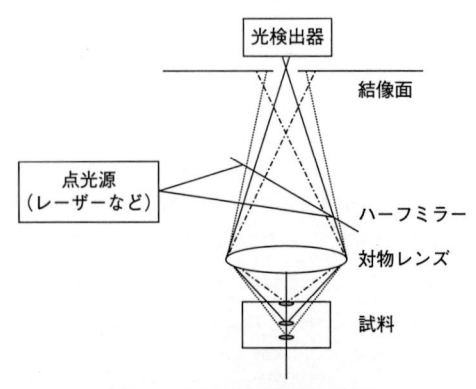

**図15.5 共焦点顕微鏡の原理**

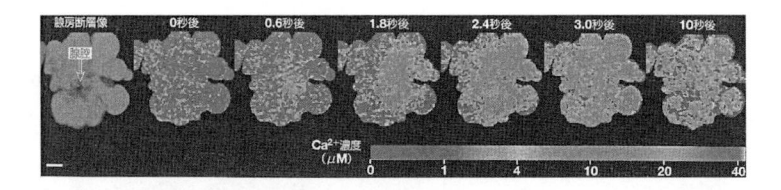

**図15.6 アセチルコリン刺激による膵臓外分泌腺房のCaイオン濃度の変化**
稲澤譲治ほか 監修,〈細胞工学別冊：目で見る実験ノートシリーズ〉「顕微鏡フル活用術イラストレイテッド：基礎から応用まで」, 秀潤社(2000), p.141 より.

顕微鏡のようにレーザー光で試料面を走査し，その信号をコンピューターで再構築すれば，鮮明な二次元像を得ることができる．

実際には，蛍光測定と組み合わせたレーザー共焦点蛍光顕微鏡としての使用が有効である．通常の光学顕微鏡では試料の明暗のわずかな違いを見るのに対して，蛍光顕微鏡では，暗い像の中で明るく光る蛍光像を観察でき，原理的に高いコントラストの像を得ることができる(第9章の吸収法と蛍光法の特徴に相当する)．共焦点法と蛍光法の組合せにより，分解能が高く，鮮明な画像を得ることができる．これについては第14章で述べた．図15.6に細胞中のCaイオンを蛍光物質でラベル化したときの蛍光写真を示す．

### 15.2.3 分光顕微鏡

光学顕微鏡は，光の反射や透過のわずかな違いを像として捕らえるものであり，光強度の減少を反映したものである．試料に光を照射しているので，蛍光やラマン散乱などの現象も起こる．観測する光をフィルターや分光器で選ぶことによって，赤外分光顕微鏡やラマン分光顕微鏡ができる．

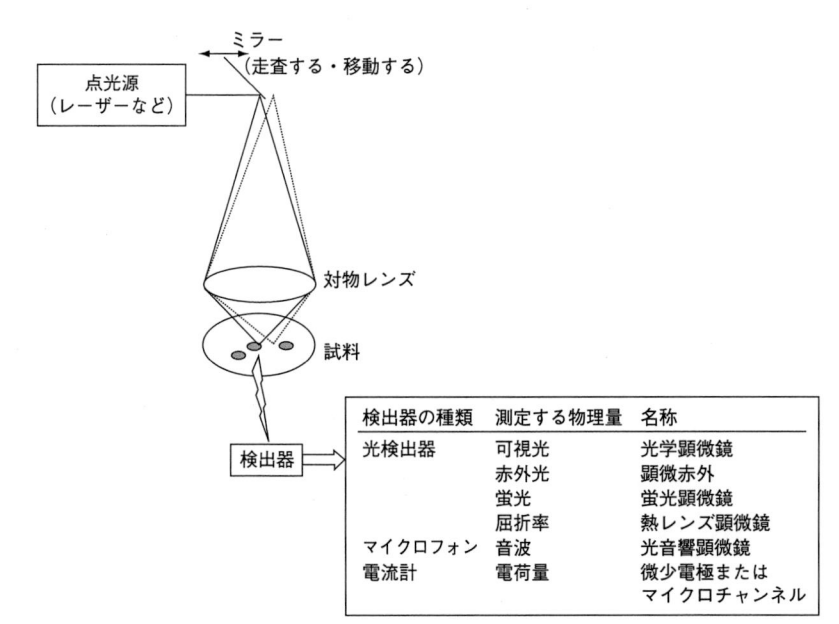

| 検出器の種類 | 測定する物理量 | 名称 |
| --- | --- | --- |
| 光検出器 | 可視光 | 光学顕微鏡 |
| | 赤外光 | 顕微赤外 |
| | 蛍光 | 蛍光顕微鏡 |
| | 屈折率 | 熱レンズ顕微鏡 |
| マイクロフォン | 音波 | 光音響顕微鏡 |
| 電流計 | 電荷量 | 微少電極または マイクロチャンネル |

**図15.7 さまざまな走査型顕微鏡の概念図**

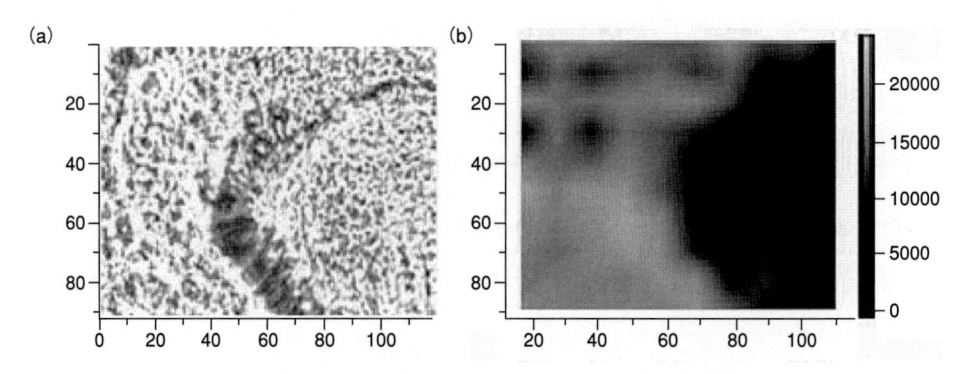

図 15.8 大動脈の内腔側の光学顕微鏡写真(a),ラマン顕微鏡写真(b)
脂質の多い部分とタンパク質の多い部分が写っている.対応するラマンマップは
タンパク質を白で,脂質を黒で示す. http://www.jyhoriba.jp/product_j/raman/
raman_news/news200404/news_02.htm より.

照射装置としてランプまたはレーザー光線を使い,使用する光の波長などの種類で,さらに発生する現象に,光吸収,赤外吸収,光散乱,蛍光,ラマン散乱,熱発生や音波発生を使うことで,さまざまな顕微鏡ができる.その組合せを図15.7に示す.図15.8に光学顕微鏡写真とラマン顕微鏡の写真を対照させて示す.

## 15.3　化学センサー

物理的な現象(温度や圧力など)に応答し,電気的な信号を発するデバイスを物理センサーという.このセンサーは化学物質やその量に依存しない普遍的な性質を示す.人間の5感の中で視覚・聴覚・触覚の代わりになるセンサーは物理センサーである.一方,化学センサーは,特定の化学物質に特異的・選択的に応答し,その量に比例した信号を発する.家庭にあるガス漏れ警報機は半導体ガスセンサーという化学センサーの一例である.人間の五感では,味覚,臭覚に相当する.

化学センサーの最も重要な点は,化学構造に特異的に応答することであり,そのために,測定対象に触れる部分に分子認識機能が必要である.

### 15.3.1　半導体ガスセンサー

図15.9に半導体ガスセンサーの典型的な構造図を示す.$SnO_2$の半導体を200℃程度に加熱しておく.これに可燃性ガスが接すると,表面に吸着している酸素イオンと反応し吸着酸素量が変化する.このとき表面の電気抵抗が変化するので,これによって気体に含まれる可燃性ガス濃度を知ることができる.半導体$SnO_2$にPtなどの貴金属やほかの金属酸化物を加えることで,さまざまなガスに対する選択性をもたせることができる.プロパンガスなどの可燃性ガスや,$H_2$ガス,アルコール性ガス,CO,$CO_2$,$NH_3$,$SO_3$ガスなどが,ppmの濃度で検出できる.

## 15.3.2 イオンセンサー

ある特定のイオンのみを透過させる膜を，そのイオン濃度が異なる溶液の間に置くと，その膜の両側の溶液に電位差が生じる（第5章ネルンスト式を参照）．その膜を通してイオン濃度を同じにしようとする力が働くからである．その構造を模式的に図15.10に示す．このイオンセンサーの代表的なものはpHセンサーである．イオン選択膜にガラス電極といわれる薄いガラス膜（100 μm）が使われ，イオン選択電極の内外の水素イオン濃度の差に比例した電位が生じる．

$H^+$以外にも特定のイオンと対を形成する分子（イオン交換体や難溶性塩）を膜に含ませておくと，さまざまなイオンセンサーになる．表15.1にその例を示す．難溶性無機塩は$LaF_3$のような単結晶膜で，結晶内を$F^-$が移動できるので，測定溶液の$F^-$濃度差に応じて，電位差が生じる．そのほかにも，$Ag_2S$膜を用いると$Ag^+$が測定できる．イオン交換液膜型では，目的とするイオンと特異的に反応するイオン交換体を高分子膜に含浸させて，応答膜としている．ニュートラルキャリヤー型は，ニュートラルキャリヤーやイオノフォアとよばれるイオン輸送担体を用いたものである．代表的なものにクラウンエーテルなどの大環状化合物がある．分子の中心には空孔があり，そこにイオンが取り込まれる．空孔の大きさによってイオンの選択性をもたせている．

## 15.3.3 バイオセンサー

生物のもつ分子認識能を利用し，化学物質を選択的に定量分析することが可能である．生物では，酵素-基質，酵素-補酵素や抗原-抗体など，互いに親和性の強い物質が存在し，多くの混合物の中から目的物だけを選択して反応を行っている．たとえば，ある酵素は特定の基質だけと反応するので，その反応の生成物を

**微生物センサー**

バイオセンサーと原理は少し異なるが，分子認識部位に微生物を固定化すれば，その微生物が消費する酸素の量をモニターすることも可能である．河川水の水質汚濁の指標である生物化学的酸素要求量（biochemical oxygen demand; BOD）は，含まれる有機物を微生物が分解するのに必要な酸素量であり，環境分析の重要な項目である．BODセンサーの典型例は酵母菌を多孔性のアセチルセルローズ膜上に固定化し，これを酸素電極の感応部にかぶせたものである．これを試料水中に置くと酵母菌が活動して水中の有機物を分解するとともに溶存酸素を消費する．結果として電極表面の酸素濃度は有機物含量に応じて変化し，電極応答も変わる．これを用いてBODを測定する．

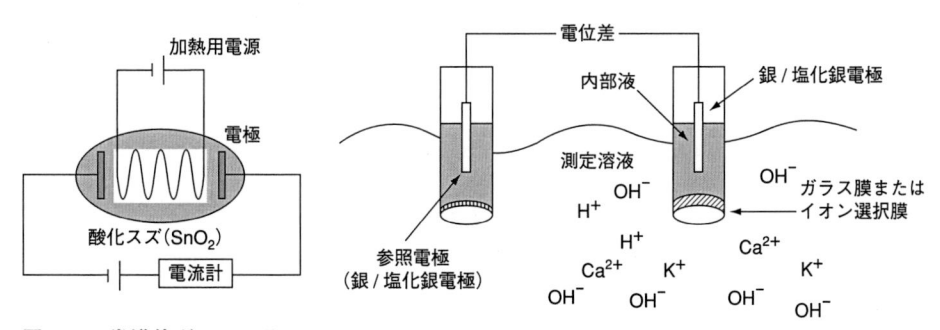

**図15.9** 半導体ガスセンサーの構造図

**図15.10** イオンセンサーの原理

**表15.1 イオンセンサーの膜の形態による分類と測定対象イオン**

| 膜の種類 | | 対象イオン |
|---|---|---|
| 固体膜型 | ガラス膜型 | $H^+$, $Na^+$ |
| 〃 | 難溶性無機塩型 | $F^-$, $Cl^-$, $Br^-$, $I^-$, $CN^-$, $Ag^+$, $Cu^+$ |
| 液膜型 | イオン交換液膜型 | $Ca^{2+}$, $NO_3^-$, $ClO_4^-$, $BF_4^-$ |
| 〃 | ニュートラルキャリヤー型 | $K^+$, $Na^+$, $Ca^{2+}$, $NH_4^+$ |

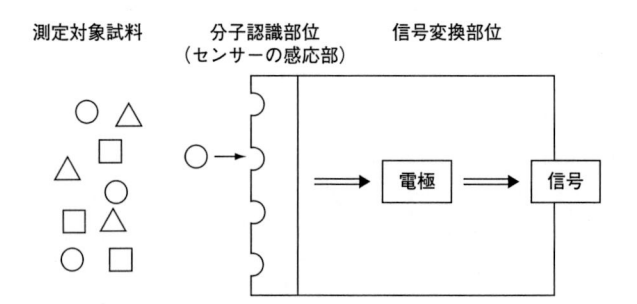

**図 15.11** バイオセンサーの構成原理

**表 15.2** バイオセンサーの例

| 測定対象 | 酵素 | 検出する分子 |
|---|---|---|
| グルコース | グルコースオキシダーゼ | $O_2$, $H_2O_2$ |
| コレステロール | コレステロールオキシダーゼ | $O_2$, $H_2O_2$ |
| 尿素 | ウレアーゼ | $NH_3$, $CO_2$ |
| アルコール | アルコールオキシダーゼ | $O_2$, $H_2O_2$ |

検出すれば基質濃度を知ることができる．図 15.11 にバイオセンサーの構成原理を示す．分子認識部位があり，そこに目的物質が結合し，反応する．反応生成物を検出し電気信号に変える信号変換部位として電極がある．

グルコース，コレステロールや尿素などを測定対象とした場合には，それぞれを選択的に化学変換させる酵素が存在する．たとえばグルコースオキシダーゼは，グルコースを酸化して過酸化水素を発生させる．この過酸化水素を白金電極で酸化して流れる電流を検出することによりグルコースの定量分析が可能である．

$$\text{グルコース} + O_2 \xrightarrow{\text{グルコースオキシダーゼ}} \text{グルコノラクトン} + H_2O_2$$

表 15.2 に示すような酵素を高分子などのマトリックスを用いてセンサーの感応部に固定化する．感応部に接して，センサーの内側には酸素電極や pH 電極を

---

**イオン輸送担体** 疎水性の高分子膜は水やイオンを透過させることはできないが，ニュートラルキャリヤーやイオノフォアは透過させることができる．金属イオンや有機イオン分子を取り込み安定な錯体を形成して，有機溶媒に可溶にしたり，生体膜や人工膜を通れるようにした分子である．天然化合物のバリノマイシン，人工化合物のクラウンエーテルやカリックスアーレンなど数多くの分子があるが，代表的な例として，下図に(a) Li イオンセンサー用，(b) カルシウムイオンセンサー用ニュートラルキャリヤーを示す．

(a) 2,2,3,3-tetramethyl-9-tetradecyl-1,4,8,11-tetraoxacyclotetradecane

(b) 4,16-bis[(*N*-octadecylcarbamoyl)-3-oxabutyryl]-1,7,10,13,19-pentaoxa-4,16-diazacycloheneicosane

配置し，消費した $O_2$ の量や発生した $H_2O_2$，$NH_3$，$CO_2$ などの量を検出する．

## 章末問題

**問題 15.1** 左図は硫酸銅・5 水和物の TG 曲線を示しており，三段階の過程を経て無水塩になる．各段階の反応式を書き，予想される質量減少の割合を求めよ．

**問題 15.2** グルコースをグルコースオキシダーゼの酵素で酸化させ，発生する過酸化水素水をさらに酸化させた場合の一連の反応式を述べ，1 mmol のグルコースから得られる電荷量を求めよ．

**問題 15.3** 蛍光顕微鏡測定における Ca イオン検出や，イオン選択電極におけるイオノフォアなど，優れた分子認識の方法が考えられているが，どのような化学的原理に基づき，どのような分子が使われているか調べてみよう．

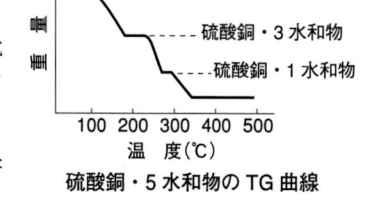

硫酸銅・5 水和物の TG 曲線

## 参考文献

1) 桜井　弘 編著，『薬学のための分析化学』，化学同人(2004).
2) 『機器分析入門』，日本分析化学会九州支部 編，南江堂(1998).
3) 庄野利之ほか 編著，『入門機器分析化学』，三共出版(2000).
4) 稲澤譲治ほか監修，〈細胞工学別冊：目で見る実験ノートシリーズ〉『顕微鏡フル活用術イラストレイテッド：基礎から応用まで』，秀潤社(2000).

# 第16章 タンパク質と核酸の標識

## 16.1 はじめに

　タンパク質や核酸の標識は，プロテオミクス研究やゲノム研究において，必要不可欠なものである．タンパク質の標識は，病因や生命現象の解明，イムノアッセイによる微量物質の検出などに応用されており，核酸の標識は，DNAプローブとして，DNAの塩基配列決定，遺伝病の診断，ウイルスや病原菌の検出，親子鑑定など，多くの分析手法に活用されている．これらタンパク質や核酸を標識する物質としては，さまざまなものが使用されているが，検出法の原理において，直接標識物質と間接標識物質に大別することができる．

　直接標識物質は，それ自体が，検出シグナルを与える活性をもっており，直接，標識した分子を検出できるもので，蛍光物質や放射性同位元素，酵素などがある．これに対して，ビオチンやタグタンパク質(16.2.3項参照)などは，検出シグナルを与えないので直接検出することはできないが，これらに，直接標識されたアビジンや抗体を特異的に結合させることによって，間接的に目的タンパク質や核酸を検出できる．このようなビオチンやタグタンパク質などの物質を間接標識物質という．

## 16.2 タンパク質の標識

　タンパク質の標識には，標識物質に蛍光物質を用いた蛍光標識，酵素と架橋剤を用いた酵素標識，遺伝子組換え法によるタグタンパク質の標識または安定同位体の標識などがあり，標識されたタンパク質は，イムノアッセイ(immunoassay)，タンパク質の構造解析，機能解析，動力学解析などに用いられる．

### 16.2.1 蛍光物質による標識

　タンパク質の蛍光物質による標識は，標識したタンパク質の生体内や細胞内の局在を蛍光顕微鏡下で直接観察できるなどの利点があり，細胞レベルの研究にお

**イムノアッセイ**
抗原(分析対象物)に対する特異的な抗体を用いて，分析対象物と抗体間の抗原抗体反応を利用した測定法．

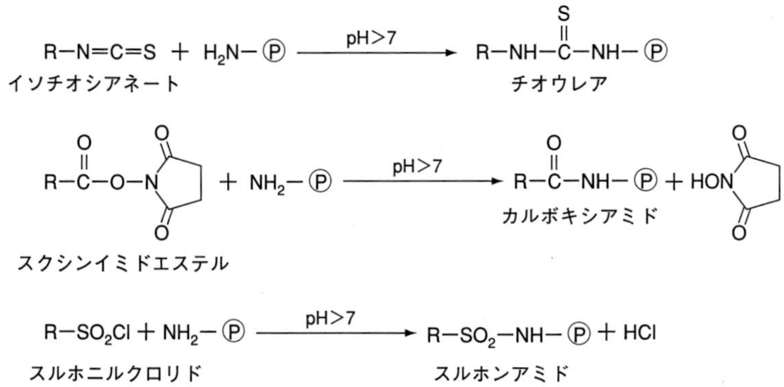


Ⓟ：タンパク質

R：

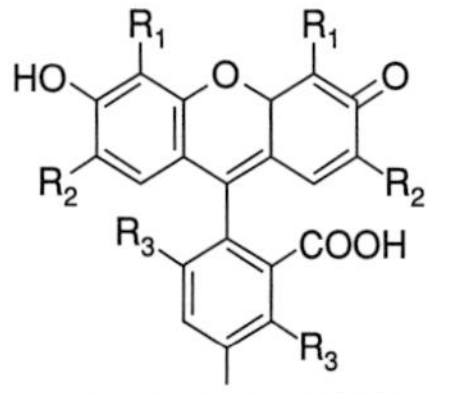


フルオレセイン誘導体

| | $R_1$ | $R_2$ | $R_3$ |
|---|---|---|---|
| フルオレセイン | H | H | H |
| TET | H | Cl | Cl |
| HEX | Cl | Cl | Cl |
| JOE | Cl | $OCH_3$ | H |

TET：テトラクロロフルオレセイン
HEX：ヘキサクロロフルオレセイン
JOE：ジクロロジメトキシフルオレセイン

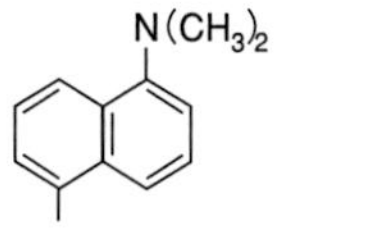


ジメチルアミノナフタレン

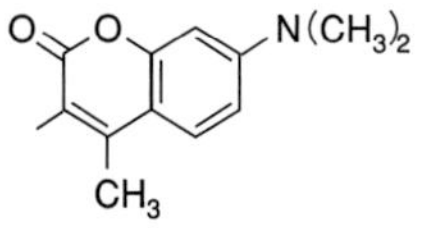


*N*-7-ジメチルアミノ-4-メチルクマリン

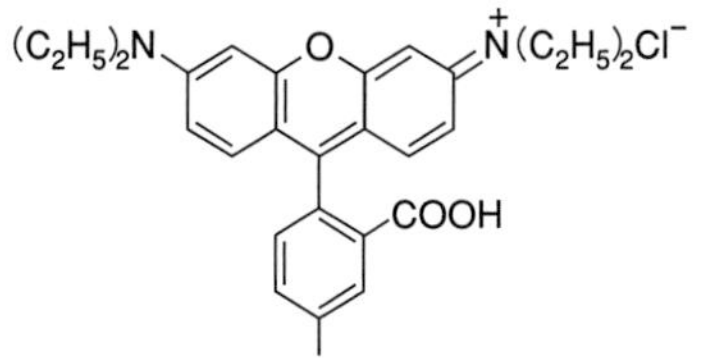


ローダミン B

**図 16.1　アミノ基の蛍光標識反応と蛍光団**

いて広く利用される．代表的な標識物質としては，タンパク質のアミノ基と反応するイソチオシアネート，スクシンイミドエステル，スルホニルクロリド(図 16.1)など，またはチオール基と反応するハロゲン化アルキル，マレイミド(図 16.2 a)などがあり，それらの蛍光団として，フルオレセイン誘導体，ローダミン誘導体，クマリン誘導体などが使用されている．また，チオール基と結合する水銀原子を導入した蛍光物質(図 16.2 b)もタンパク質の標識物質として用いることができ，酵素の反応機構の研究などに利用されている．

### 16.2.2　酵素による標識

酵素の中には，その酵素反応により，発色性または発光性の生成物を与えるも

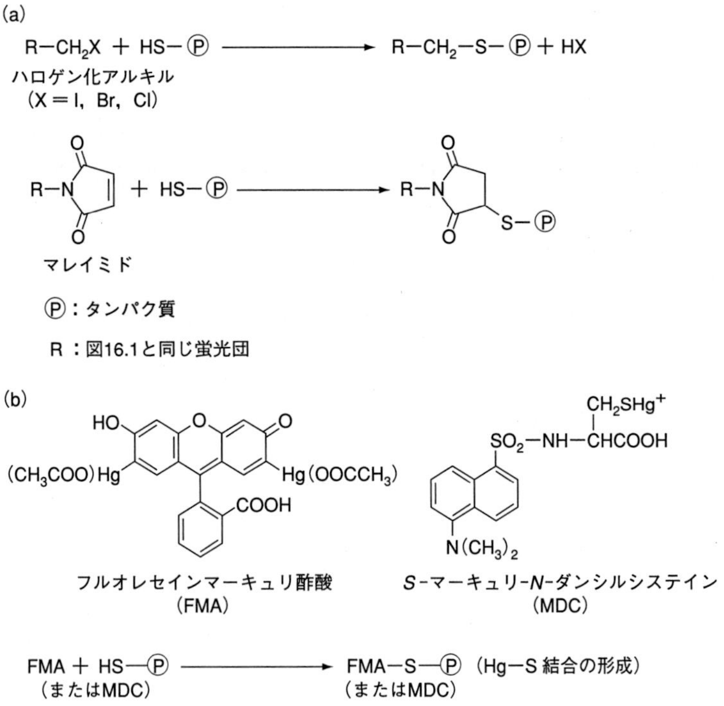
(a)
R−CH2X ＋ HS−Ⓟ → R−CH2−S−Ⓟ＋HX
ハロゲン化アルキル
(X＝I, Br, Cl)
R−N ＋ HS−Ⓟ → R−N S−Ⓟ
マレイミド
Ⓟ：タンパク質
R ：図16.1と同じ蛍光団
(b)
HO
(CH3COO)Hg
Hg(OOCCH3)
COOH
CH2SHg+
SO2−NH−CHCOOH
N(CH3)2
フルオレセインマーキュリ酢酸
(FMA)
S-マーキュリ-N-ダンシルシステイン
(MDC)
FMA ＋ HS−Ⓟ → FMA−S−Ⓟ (Hg−S 結合の形成)
(またはMDC)
(またはMDC)

図 16.2　(a) チオール基の蛍光標識反応，(b) 水銀含有蛍光物質

表 16.1　酵素標識に用いられる酵素と発色基質

| 標識酵素 | 基質 | 吸光波長(nm) |
|---|---|---|
| ペルオキシダーゼ | 5-aminosalitylic acid | 450 |
| | *o*-phenylenediamine(OPD) | 492 |
| | tetramethyl benzidine(TMB) | 450 |
| アルカリホスファターゼ | *p*-nitrophenylphosphate | 410 |
| β-ガラクトシダーゼ | *o*-nitrophenyl-β-D-galactoside | 420 |
| グルコースオキシダーゼ | β-D-glucose ＋ POD ＋ TMB(OPD) | 450(492) |

のがある．この性質を検出法に利用するために，酵素が標識物質として用いられる．このような酵素としては，ペルオキシダーゼ，アルカリホスファターゼ，β-ガラクトシダーゼ，グルコースオキシダーゼなどがあり，被標識物質とアッセイ原理により，標識用の酵素と基質が選択される(表 16.1)．酵素による標識では，蛍光物質の場合と同様に，被標識分子内のアミノ基やチオール基に架橋剤を用いて酵素を結合させる．

架橋剤は，一般に 2 個の官能基(A，B)をもつ試薬 A-R-B で，R を介して二分子間を連結する(図 16.3)．架橋剤には，タンパク質と標識物質のアミノ基同士を結合させるものとしてグルタルアルデヒド，チオール基とアミノ基を結合させるものには活性エステル，アミノ基とカルボキシル基を結合させるものとしてカルボジイミドなどがよく用いられる．架橋剤を用いて酵素などの分子量の大きい

図 16.3 架橋剤によるタンパク質の標識反応

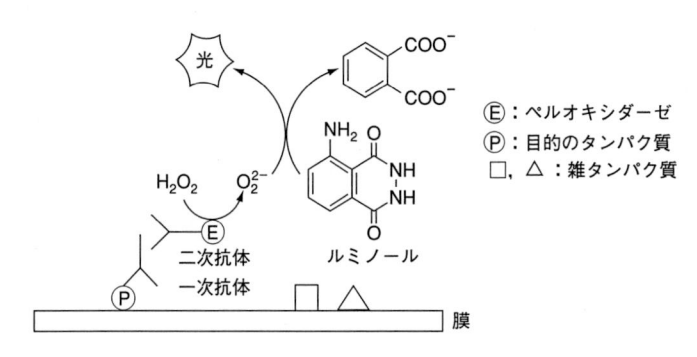

図 16.4 イムノアッセイにおける酵素標識抗体の利用

物質により標識する場合，標識されるタンパク質の本来の機能を損うことがあるので注意を要する．

架橋剤による標識は，抗体を酵素で標識するのに広く用いられており，酵素免疫測定法 (enzyme linked immuno sorbent assay; ELISA) や組織染色などのイムノアッセイに広く応用される．図 16.4 は，目的とするタンパク質の検出に酵素標識抗体を利用したものを示したものである．まず，膜上に目的のタンパク質を固定化した後，一次抗体，二次抗体と順に反応させ，ペルオキシダーゼの酵素活性によりルミノールを化学発光させ，目的のタンパク質を検出する．

### 16.2.3 遺伝子を組換え標識

大腸菌や無細胞発現系により，組換えタンパク質をつくることができる．このとき，$^{13}C$ や $^{15}N$ を発現系に加えることで，安定同位体で標識したタンパク質を得ることができる．このような安定同位体標識タンパク質は，NMR による構造解析などに利用される．

また，緑色蛍光タンパク質 (green fluorescence protein; GFP) のような蛍光タ

---

一次抗体は目的タンパク質を認識する抗体であり，二次抗体は一次抗体を認識する抗体で，酵素 (ペルオキシダーゼ) で標識している．この化学発光検出系では，過酸化水素存在下，ペルオキシダーゼの触媒作用によってルミノール自体が酸化されて励起状態になる．そこから基底状態に戻る際にエネルギーを光として放出する．これを化学発光という．これに対して，基底状態にある物質が光のエネルギーを吸収して励起状態になり，その後，励起状態から基底状態に戻る際に，エネルギーを光として放出する場合がある．この光を蛍光またはりん光という．

NMR では，天然に多く存在する $^{12}C$ や $^{14}N$ が観測し難いため (第 12 章参照)，核スピンを有する $^{13}C$ や $^{15}N$ を用いる．

ンパク質を対象とするタンパク質に遺伝子レベルで融合することで，蛍光タンパク質と融合したタンパク質を作製することができる．これは，蛍光顕微鏡と組み合わせることで，細胞内における対象タンパク質の動態が直接観察でき，その局在検出や機能解析に利用される．GFPのような目印となるタンパク質をタグタンパク質(tag protein)といい，目的タンパク質の検出や精製に用いられる．

GFPのほかに，タグタンパク質として適応されているタンパク質としては，グルタチオン-S-転移酵素，マルトース結合タンパク質，ポリヒスチジン，ヘマグルチニンなどがある．一般的に，融合タンパク質は，本来のタンパク質の機能を保持していることが多いが，まれに機能が消失または変化している場合があり，注意を要する．

**例題 16.1** タンパク質の標識において，注意する点について述べよ．
**解** 標識反応の反応条件や，標識部位によっては，タンパク質が変性し，その機能が失われることがある．

## 16.3 標識タンパク質を用いる分析法

### 16.3.1 タンパク質のアミノ酸配列決定

タンパク質の一次構造であるアミノ酸配列を決定することは，そのタンパク質の機能を調べるうえで欠かせないものである．エドマン(P. Edman)は一度に1個のアミノ酸残基を連続的に取り除く方法を開発し，これによりタンパク質のアミノ酸配列が決定できるようになった．このエドマン分解法とよばれる方法は，エドマン試薬として知られるフェニルイソチオシアネートを用いる．この方法により，最終的に生成したN末端アミノ酸のPTH誘導体は，紫外線を吸収するので，HPLCにより分離・同定できる．

### 16.3.2 タンパク質の構造変化の検出

細胞内におけるタンパク質は，つねに一定の構造をしているのではなく，低分子リガンドの結合やリン酸化などの刺激に応じて構造を変化させ，その機能を調節している．この構造変化を検出する方法として，蛍光共鳴エネルギー移動(fluorescence resonance energy transfer；FRET)や蛍光物質の環境に応じたスペクトル変化を利用した方法がある．前者はタンパク質を二種類の蛍光物質で標識し，この間で起こるFRETによるスペクトルの変化により構造変化を検出する(図16.5a)．これに対して後者は，一種類の蛍光物質でタンパク質を標識する．タンパク質の構造変化が起これば，蛍光物質の環境(溶媒との相互作用，偏光などの物理化学的性質)が変化し，これがスペクトルの変化として検出される(図16.5b)．これらの方法は，細胞の受容体やチャンネルのような膜タンパク質の機能解析に有効である．

蛍光共鳴エネルギー移動(fluorescence resonance energy transfer；FRET)は，ある蛍光物質(ドナー：D)が励起され，蛍光を発して基底状態に戻る際に，近傍に別の蛍光物質(アクセプター：A)が存在する場合，AにDの励起エネルギーが移動して，Aが蛍光を発するという現象である．ただしこれが起こるにはDの蛍光とAの吸収に波長の重なりがあることが必要である．

(a) 二つの蛍光物質(○と□)間のFRET

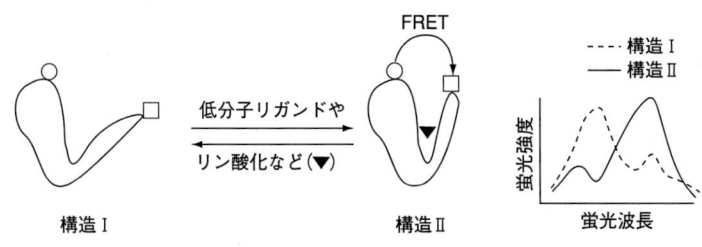

構造Ⅰ　　低分子リガンドや　　構造Ⅱ
　　　　　リン酸化など(▼)

（右側グラフ：蛍光波長 vs 蛍光強度、構造Ⅰ（破線）、構造Ⅱ（実線））

(b) 蛍光物質(○)の環境変化によるスペクトル変化

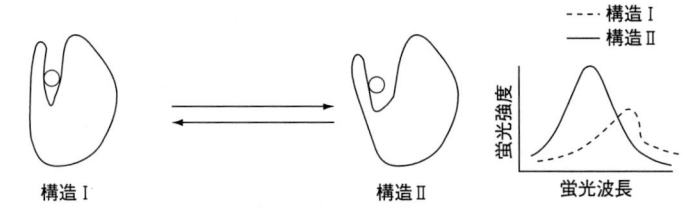

構造Ⅰ　　　　　　　　　　　構造Ⅱ

（右側グラフ：蛍光波長 vs 蛍光強度、構造Ⅰ（破線）、構造Ⅱ（実線））

**図 16.5　タンパク質の構造変化の検出**

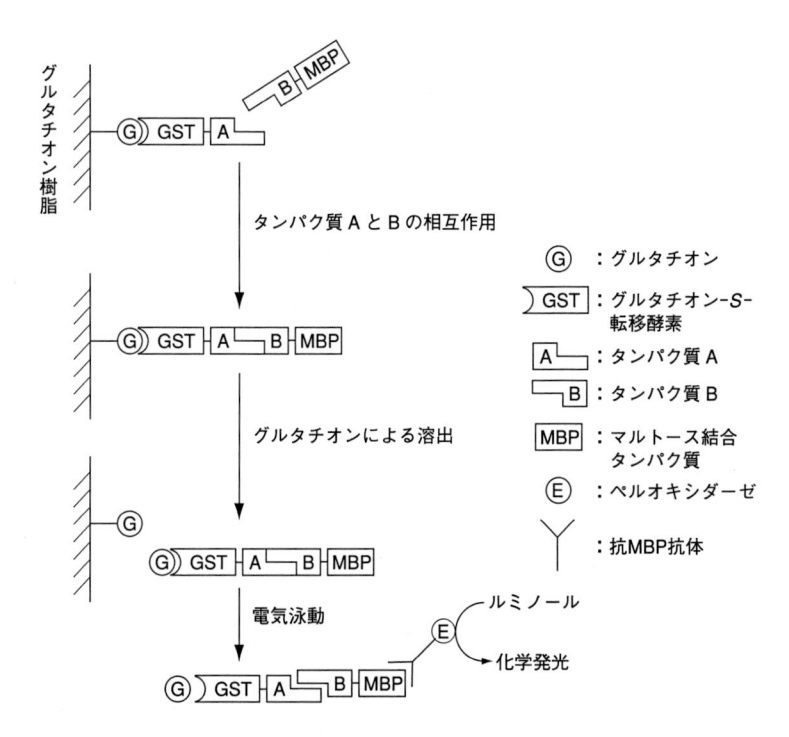

（融合タンパク質実験の模式図）

グルタチオン樹脂 — ⒼGST–A　　B–MBP

↓ タンパク質AとBの相互作用

ⒼGST–A–B–MBP

↓ グルタチオンによる溶出

Ⓖ　　ⒼGST–A–B–MBP

↓ 電気泳動

ⒼGST–A–B–MBP — Ⓔ — ルミノール → 化学発光

凡例：
- Ⓖ：グルタチオン
- GST：グルタチオン-S-転移酵素
- A：タンパク質A
- B：タンパク質B
- MBP：マルトース結合タンパク質
- Ⓔ：ペルオキシダーゼ
- Y：抗MBP抗体

**図 16.6　融合タンパク質を用いたタンパク質間相互作用による MBP タンパク質の化学発光検出**

### 16.3.3 タンパク質間相互作用の評価

受容体，細胞内情報伝達，転写に関与するタンパク質などは，複数のタンパク質からなる複合体として機能していることが多い．このタンパク質間の相互作用（結合）を検出する方法として，融合タンパク質と標識抗体を利用したプルダウンアッセイ(pull down assay)がある．図 16.6 に示す方法では，タンパク質 A と B の間で，特異的なタンパク質間相互作用が起これば，あとから加えた融合タンパク質のタグタンパク質(MBP)を特異的に認識できる酵素標識抗体と結合させることによって，タンパク質 A および B との相互作用やタンパク質 A の生成量を測定できる．

**プルダウンアッセイ**
タンパク質 A に対する抗体を用い，A と相互作用するタンパク質を分離，同定する方法である．遺伝子発現実験などと組み合わせることで，未知のタンパク質の単離や新規のタンパク質間相互作用の有無を検出することができる．

## 16.4 核酸の標識

核酸の標識物質としては，$^{32}P$，$^{35}S$ などの放射性同位元素が従来，一般的に用いられていたが，その使用や廃棄が厳しく制限されるので，現在，これにかわるものとしてフルオレセイン誘導体(FITC，FAM)，シアニン色素(Cy3，Cy5)，クマリン誘導体などの蛍光性の有機化合物を標識したヌクレオチドが開発されている（図 16.7）．これらの標識ヌクレオチドは，DNA の塩基配列決定やハイブリダイゼーションに用いられる標識 DNA(RNA またはオリゴヌクレオチド)プローブの作製などに用いられる．

標識ヌクレオチドを用いた標識 DNA の作製法としては，大きく分けて二つの方法がある．一つは，標識したい DNA の 5' または 3' 末端を標識する末端標識(エンドラベル，end labeling)法であり，もう一つは，DNA 中に，標識ヌクレオチドを取り込ませる鎖内標識(インターナルラベル，internal labeling)法である．末端標識法によって DNA の末端を標識する場合，DNA 一分子に取り込まれる標識物質が一分子であるので，鎖内標識法に比べて感度は低い．しかし，一本鎖 DNA，RNA，短い DNA 断片，あるいは合成オリゴヌクレオチドの標識に，本法が多く適用される．鎖内標識法は，さまざまな方法が開発されており，なかでも，ニックトランスレーション(nick translation)法およびランダムプライマー伸長(random primer extension)法は，広く用いられている．

### 16.4.1 5' 末端標識法(図 16.8)

5' 末端を標識する場合，T4 ポリヌクレオチドキナーゼが必要である．この酵素は，DNA や RNA の 5' 末端にリン酸基を転移するので，$^{32}P$ で標識した ATP などを加えれば，5' 末端を標識することができる．通常，アルカリホスファターゼで脱リン酸化した DNA に，T4 ポリヌクレオチドキナーゼによるリン酸化反応で，$[\gamma-^{32}P]$dATP の $\gamma$ 位の $^{32}P$ を取り込ませる．したがって，この方法では，放射性同位元素($^{32}P$)でしか標識できない．

### 16.4.2 3' 末端標識法

3' 末端の標識には，ターミナルデオキシヌクレオチジルトランスフェラーゼ

16.4 核酸の標識 ◆ 217

クマリン標識 dATP

TAMRA標識 dUTP

フルオレセイン標識 dGTP

シアニン色素標識 dCTP
$n=1$, Cy3
$n=2$, Cy5

図 16.7 蛍光標識ヌクレオチド

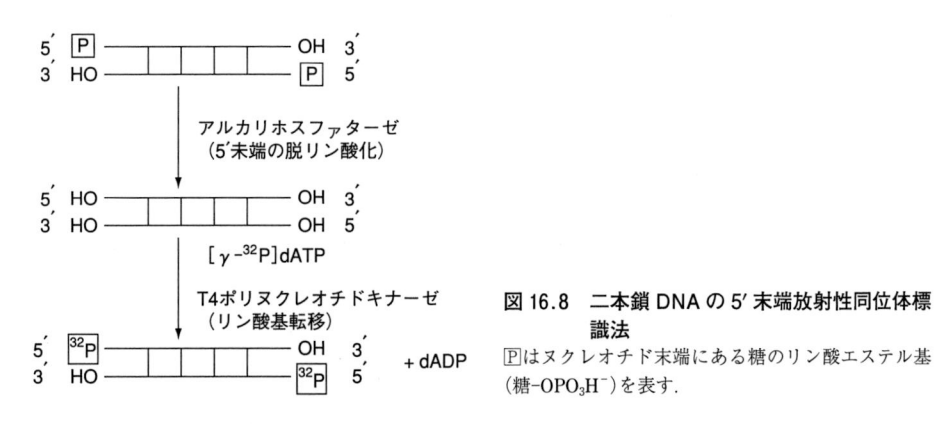

図 16.8 二本鎖 DNA の 5′ 末端放射性同位体標識法
⬚Pはヌクレオチド末端にある糖のリン酸エステル基（糖-$OPO_3H^-$）を表す．

(TdT) が用いられる．TdT は，3′ 末端のヒドロキシル基にヌクレオチドを添加していく酵素で，反応時に蛍光標識ヌクレオチドを加えることで，3′ 末端に蛍光標識ヌクレオチドが付加される．このとき，被標識 DNA の 3′ 末端の形状（一本鎖，二本鎖など）により効率が異なる．

### 16.4.3 ニックトランスレーション法（図16.9）

二本鎖DNAの最も一般的な標識法として知られている．この方法は，二本鎖DNAの一方の鎖に，任意の箇所にDNase Iによって切れ目（nick：ニックとよばれる）を入れると，DNAポリメラーゼ I は，ニックを認識して，そのエキソヌクレアーゼ活性により，ニックの5'端のヌクレオチドを除去すると同時に，本来のポリメラーゼ活性により，3'端から相補鎖DNAを鋳型に修復する．この際に，蛍光標識したヌクレオチドを加えておくと，修復する部位に蛍光標識ヌクレオチドが取り込まれ，蛍光標識DNAを得ることができる．

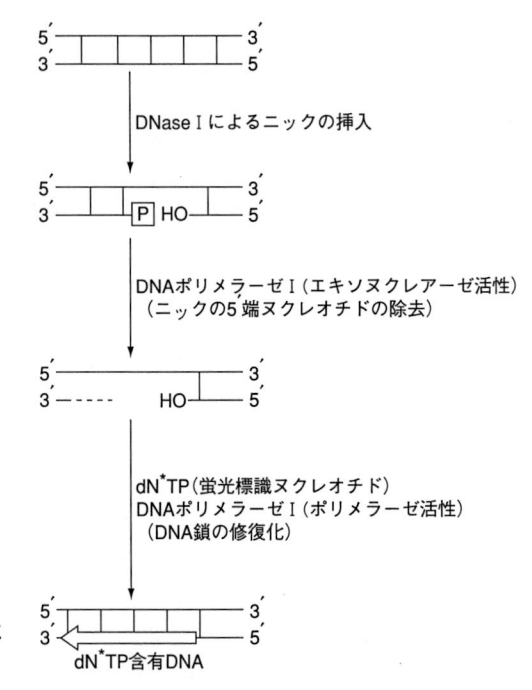

図16.9 ニックトランスレーション法による二本鎖DNAの蛍光標識法

### 16.4.4 ランダムプライマー伸長法（図16.10）

本法は，ニックトランスレーション法に代わる標識DNAの作製法として多用される．標識したいDNAを加熱して一本鎖にした後，ランダムな配列をもつオリゴヌクレオチドを加えると，その一部がDNAと結合（アニーリング）する．これをプライマーとして，Klenowフラグメント（ポリメラーゼ活性のみをもつ酵素）を作用させると，その伸長反応により，相補鎖DNAを合成する．このときに，蛍光標識ヌクレオチドを加えておくと，蛍光標識された相補鎖DNAが合成される．合成された標識DNAは，元のDNAよりサイズが短く，長さも不均一となる．標識効率は，ニックトランスレーション法より高い．

### 16.4.5 微粒子によるDNAの標識

ナノテクノロジーの発展に伴い，ナノメートルサイズの微粒子（ナノ粒子）をDNAの標識に利用する方法が開発されている．DNA標識用のナノ粒子としては，

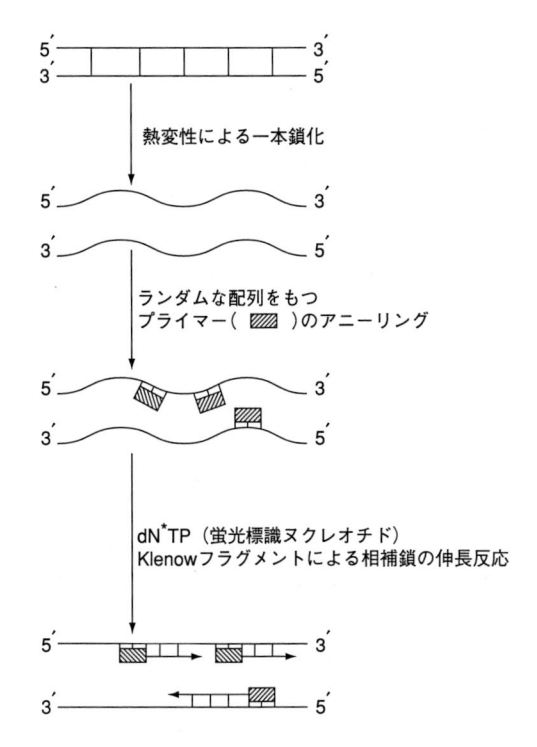

**図 16.10** ラムダムプライマー伸長法によるDNAの蛍光標識法

量子ドットや金微粒子が利用されており，一塩基多型の検出などに応用されている(16.5.4参照)．量子ドットは，直径数nmの半導体素材からなるナノクリスタルで，粒径のサイズにより蛍光波長が異なり，従来の蛍光色素と比較して，光安定性がよい(退色が遅い)，蛍光が強い，すべての色を一つの光源で励起できる，などの利点がある．核酸だけでなく，タンパク質の標識物質としても使用されており，細胞の蛍光染色などにも利用される．

### 16.4.6 そのほかのDNA標識方法

DNAの標識としては，上記の方法以外にも，反応性の高い官能基を利用して，化学的に標識する方法も開発されている．官能基として，ソラーレン(psoralen)，ヒドラジド基などをもつビオチン誘導体などが合成され，核酸の標識に利用されている．

---

**例題 16.2** DNAの末端標識法とインターナルラベリング法の特徴について述べよ．

**解** 末端標識法は，短いDNAや一本鎖DNA，RNAの標識に適しているが，インターナルラベリング法は，比較的長いDNAにしか適用できない．標識効率に関しては，インターナルラベリング法が末端標識法より高い．

## 16.5 標識核酸を用いる分析法

### 16.5.1 DNA の塩基配列決定

DNA の塩基配列決定法としては，ジデオキシヌクレオチドを用いるジデオキシ法(サンガー法)と化学反応を利用して決定するマキサム・ギルバート法が考案されているが，簡易性や結果の解釈の容易さから，現在ではジデオキシ法が広く普及している．ジデオキシ法は，当初，ラジオアイソトープを使用して行われていたが，さまざまな蛍光ヌクレオチドが開発され，検出感度の上昇とともに，現在では蛍光検出法が主流となっている．ポリメラーゼ連鎖反応(polymerase chain reaction ; PCR)やキャピラリー電気泳動と組み合わせることで，多くの試料を短時間に一度に処理できるようになり，生物のゲノム解析に利用されるなど，さまざまな分野で広く使用されている．

### 16.5.2 DNA とタンパク質の結合性の評価

転写調節や DNA の複製・修復にかかわるタンパク質は，DNA と結合し，その役割を果たしている．これらの中で，転写因子のような特定の塩基配列に結合するタンパク質は，疾病と深くかかわっており，これらの機能解析が盛んに行われている．これらタンパク質の DNA 結合能を調べる方法として，標識 DNA を用いたゲルシフトアッセイがある．図 16.11 に示すように，蛍光標識 DNA とタンパク質の複合体が形成されると分子量が大きくなり，これを未変性条件下でのゲル電気泳動の蛍光バンドのシフトとして検出する方法である．この方法は，あるタンパク質が，どのような配列をもつ DNA と結合できるか，また逆に，ある特定の配列をもつ DNA にどのようなタンパク質が結合するかを調べるのに用いる．

> タンパク質や DNA は，SDS(ドデシル硫酸ナトリウム)や尿素などにより変性する．このため，複合体が解離しないように，SDS や尿素などの変性剤を含まない条件(未変性条件下)でゲル電気泳動を行う必要がある．

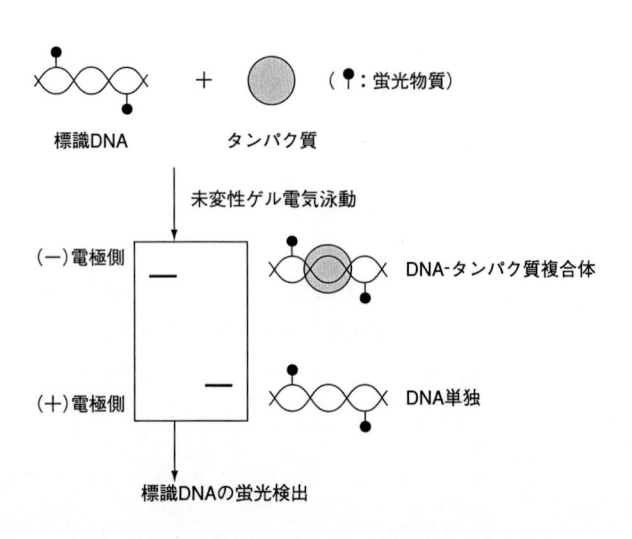

図 16.11 蛍光標識 DNA を用いた DNA とタンパク質の結合性の評価法

### 16.5.3 リアルタイム PCR

PCR は，容易に DNA を増幅できるので，試料中に含まれる微量 DNA の検出などに用いられている．この PCR を試料中の DNA の定量に応用したものがリアルタイム PCR(real-time PCR)である．リアルタイム PCR には，いくつかの方法があるが，図 16.12 には，両末端に蛍光団と蛍光消去剤(クエンチャー)が標識されている DNA プローブ(TaqMan プローブとよぶ)を用いた方法を示している．PCR のアニーリングステップ中に，標識プローブと PCR プライマーは標的配列にアニールするが，蛍光団とクエンチャーが接近しているため，蛍光は発しない(図 16.12 a)．次の PCR の伸長反応では，Taq DNA ポリメラーゼのエキソヌクレアーゼ活性により蛍光団が結合したヌクレオチドは分解され，蛍光団とクエンチャーは分離されるので，遊離した蛍光団のシグナルが測定される(図 16.12 b)．この結果，PCR 産物の蓄積量に比例した蛍光シグナルが検出される．定量操作としては，濃度既知の DNA を用いて PCR を行い，一定の PCR 産物に達するサイクル数を調べ，これとの比較により未知 DNA の濃度を求める．リアルタイム PCR は，遺伝子発現解析，ウイルスの定量，対立遺伝子の判別解析などにも利用される．

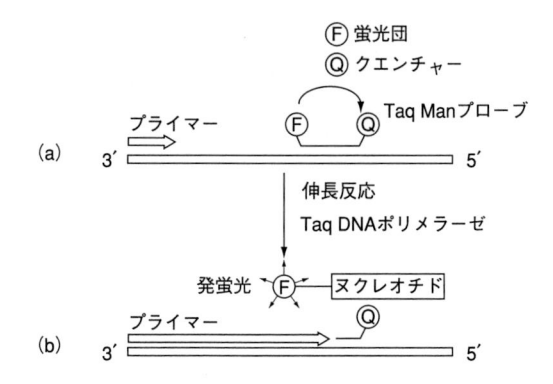

図 16.12 蛍光プローブ(Taq Man プローブ)によるリアルタイム PCR

### 16.5.4 一塩基多型の検出

一塩基多型(single nucleotide polymorphisms；SNPs)とは，遺伝子の塩基配列における個人差のことで，一つの塩基が別の塩基に変異していることを指し，ヒトでは数百万個存在すると推定されている．SNPs には，病気や薬効，副作用と密接に関連している場合が多い．この分析手法としてハイブリダイゼーションを利用したものがある(図 16.13 a)．この方法は，一本鎖オリゴヌクレオチドを膜に固定化し，これと試料中の蛍光標識 DNA の間で二本鎖を形成(ハイブリダイズ)させる．完全相補と不完全相補の二本鎖では，熱安定性が異なるため，反応温度を設定することで，完全相補の二本鎖のみを蛍光検出できる．この原理は，PCR と組み合わせた DNA チップ検出に適応されている．

このほかに，ナノ粒子による標識 DNA の応用が試みられている．金微粒子は，溶液中に分散している場合，溶液の色は赤色であるが，これらが凝集すると溶液の色は青色に変化する．金微粒子の表面に一本鎖オリゴヌクレオチドを結合させ，

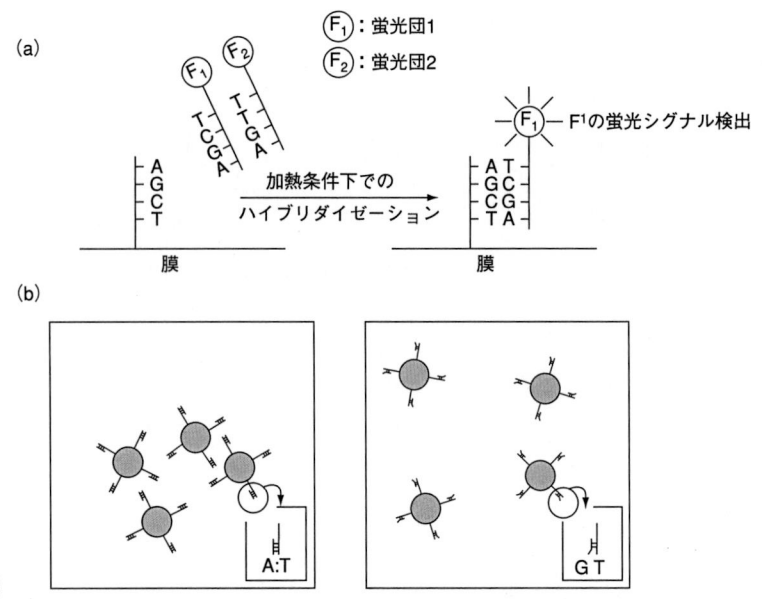

図 16.13 (a) 蛍光団，(b) 金微粒子標識 DNA による SNPs の検出

これに完全な相補鎖をもつ試料を加えると，金微粒子-オリゴヌクレオチド複合体は凝集し，溶液の色は青色になる．しかし，末端が一塩基異なる試料を加えた場合，凝集は起こらず，溶液の色は赤色のままである（図 16.13 b）．この方法は，測定器具を必要とせず，比色検出が目視できるため，SNPs の検出に有望と考えられている．

### 章末問題

**問題 16.1** 蛍光，酵素，放射性同位体標識の長所と短所について，それぞれ述べよ．
**問題 16.2** 標識タンパク質を用いた実験例をあげよ．
**問題 16.3** 標識核酸を用いた実験例をあげよ．

### 参考文献

1) 高橋豊三, 『DNA プローブの開発技術』, シーエムシー(2000).
2) 大野素徳, 金岡祐一, 崎山文夫, 前田 浩, 〈生物化学実験法 12〉『蛋白質の化学修飾(上)』, 学会出版センター(1981).
3) 大野素徳, 金岡祐一, 崎山文夫, 前田 浩, 〈生物化学実験法 13〉『蛋白質の化学修飾(下)』, 学会出版センター(1981).
4) 『細胞機能研究のための低分子プローブ』, 別府輝彦 編, 共立出版(1993).

# 第17章

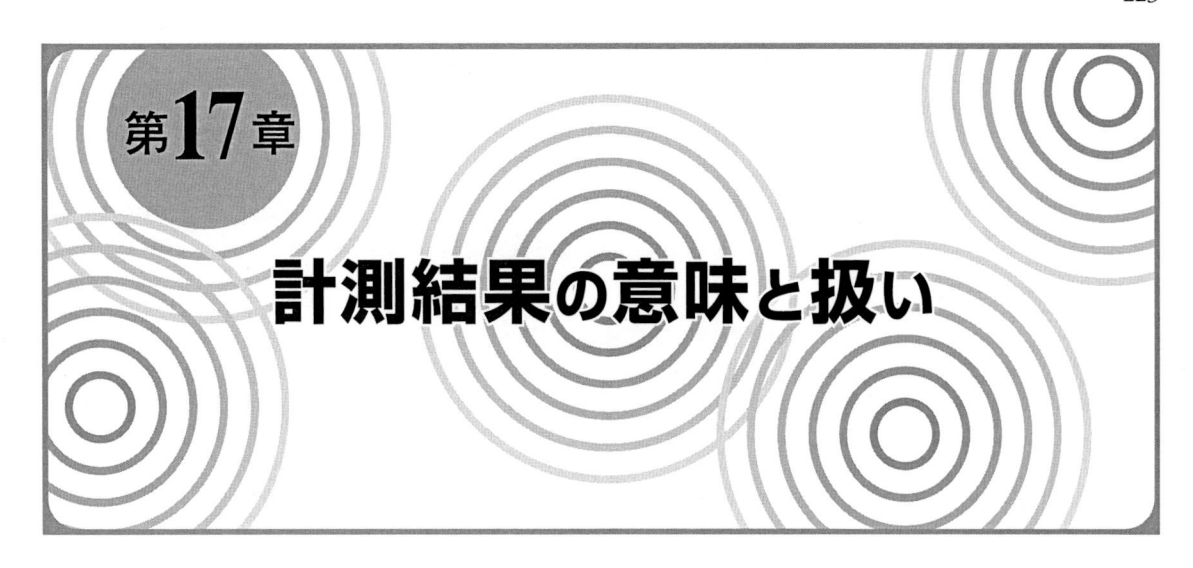

# 計測結果の意味と扱い

## 17.1 数値とは —— 分析化学における数値

### 17.1.1 数値って何語？

誰でも学校に入ると数字を習う．文字は第二の遺伝子とよばれるくらいに知識を一気に増加させる．1や2などはアラビア数字であり，最初に習う外国の文字でもある．もちろん，一や二などの漢字も習うが，算数の授業ではもっぱらアラビア数字を使う．そのものは順番や大小を意味するが，数字が並ぶと多くの情報を伝達するための数値となる．数値は身のまわりに溢れており，数値を使いこなさずには生活もままならない．

### 17.1.2 見たり聞いたりする数値

そこで，具体的にどのような数値が世の中にあるのか検証してみよう．

光化学スモッグ注意報という言葉がある．光化学スモッグは，大気汚染の一つで，オキシダント〔オゾンやペルオキシアセチルニトラート(PAN)など〕という化学物質の大気中の濃度が環境基準を超えると注意報や警報が発令される．オキシダントは，ヒトの健康に悪影響を及ぼす物質で，のどや目の粘膜を刺激する．軽い症状では，のどのイガイガや目がチカチカし，重症になると全身がしびれ，痙攣を起こすことがある．そのために環境基準値が定められている（大気汚染防止法）．環境基準値は光化学オキシダント(oxidant；Ox)の1時間値が 0.06 ppm 以下であり，1時間値が 0.12 ppm 以上になる可能性のあるとき注意報が，0.24 ppm 以上になったときに警報が発令される（発令は知事の権限）．

また，日ごろ口にする清涼飲料水にも成分規格があり，摂取する可能性のある有害物質の量を制限することによって，健康への影響を最低限に押さえている．実際の商品のラベルには記載されていないが，検査した計測値は報告書として役所や監視機関に提出され，許可を受けている．たとえば，清涼飲料水の成分規格（食品衛生法）の重金属などの規定では，ヒ素(As)，鉛(Pb)およびカドミウム

(Cd)を検出するものであってはならないこととされ，スズ(Sn)に関する規定については，容器包装に由来する場合に限らず150.0 ppm以下とされている．食品衛生法では，すべての食品製品に消費期限(年月日や何日以内など)を明記することになっている．含有量の数値は，ヒトへの健康影響を配慮した閾値(いきち：ヒトへ影響がでる可能性のある境界の数値)という概念から決められている．閾値を決めるためには，多くの調査や犠牲(動物など)が費やされる．

**閾値(いきち)**
〔threshold(dose)〕
生物あるいはその組織に化学物質などが刺激として作用すると生体から反応が起こる．しかし，これは刺激の大きさとしての物質の濃度や摂取量などがある値より大きくなってはじめて起こるもので，その限界の値を閾値とよぶ．

### 17.1.3 数値には意味がある

　数値といっても，社会で使用されている数値はすでに意味をもっているので，何々はいくらということにさまざまな説明がなければ意味不明のことになってしまう．その説明や前提などのことを規定や規格という．

　世の中は，多くの法律(国が決める規定)や条令(地方自治体が決める規定)によって守られているので，意味をもった数値というものは日本という社会を成立させているといっても過言ではないくらい大切である．

　数値に意味をもたせると単位が付き，数値が束になるとデータになる．データに意味をもたせると規定や規格ができる．データを解釈するための手法として，

---

**コラム　　　　　　大気汚染と測定単位**

　大気とは広範囲の地域に使い，空気は個人周辺の比較的狭い範囲で用いられる．たとえば，都市大気(汚染)や室内空気などとよぶ．大気汚染には，法律(大気汚染防止法)で環境基準が定められている大気汚染物質(10種類)がある．それぞれに定められた値と単位を考えてみると，多くの情報がそこにあることがわかる．

　① 二酸化硫黄($SO_2$; sulfur dioxide)：1時間値の1日平均値が0.04 ppm以下であり，かつ1時間値が0.1 ppm以下であること．② 一酸化炭素(CO; carbon monoxide)：1時間値の1日平均値が10 ppm以下であり，かつ1時間値の8時間平均値が20 ppm以下であること．③ 浮遊粒子状物質(SPM; suspended particulate matter)：1時間値の1日平均値が0.10 mg/$m^3$以下であり，かつ1時間値が0.20 mg/$m^3$以下であること．④ 二酸化窒素($NO_2$; nitrogen dioxide)：1時間値の1日平均値が0.04 ppmから0.06 ppmまでのゾーン内またはそれ以下であること．⑤ 光化学オキシダント(Ox; oxidant)：1時間値が0.06 ppm以下であること．⑥ ベンゼン：1年平均値が0.003 mg/$m^3$以下であること．⑦ トリクロロエチレン：1年平均値が0.2 mg/$m^3$以下であること．⑧ テトラクロロエチレン：1年平均値が0.2 mg/$m^3$以下であること．⑨ ジクロロメタン：1年平均値が0.15 mg/$m^3$以下であること．⑩ ダイオキシン類：1年平均値が0.6 pg-TEQ/$m^3$以下であること．(基準値は，2,3,7,8-四塩化ジベンゾ-*p*-ジオキシンの毒性に換算した値) (大気汚染防止法およびダイオキシン類対策特別措置法より)

　1時間値とは，1時間に1回計測した値，または，1時間連続して計測した値の平均値のことである．1日平均値とは，1時間値24個平均値のことである．1年平均値とは，月1回計測した値(24時間値や1週間平均値など)12個の平均値である．

　単位のppm(part per million)は，百万分の1を示す容積比(v/v; volume/volume)である．正確には，ppmv/vとすべきであるが，ppmと省略されることのほうが多い．

　それぞれの数値は，閾値(いきち)から算出されたものであるが，ベンゼン以降の五種類の有害化学物質は閾値がなく，リスクを最も軽減できる数値として決められている．

統計などの解析が必要になってくる．

## 17.2 意味のある数値——数値の丸めと有効数字

### 17.2.1 数値の桁数の意味

最近の計測値には，パソコンやワークステーションの端末により管理されている．そのため，計測した数値の桁数は，16桁まで計算表示が可能である．しかし，そのような桁数までの数値が意味をもつかということ考えると，下位の数字は計測値に対して意味がないことが多い．たとえば，ある物質の濃度を計測した結果，10.001111 ppm と表記された場合の下位の数字 1111 は，10 ppm に対してどのくらいの影響があるかというと，0.001111/10 × 100 = 0.01111 % の割合の影響であり，10 ppm に対して意味のある数値ではない．このため，意味のある数値の桁数を規定することが重要である．

日本では，工業標準化法により日本工業規格（Japanese Industrial Standards; JIS）が工業製品に規定されており，その中に数値を丸めるという概念が JIS で規定されている．数値の丸め方（JIS Z 8401-1999）では，丸めるとは，与えられた数値を，ある一定の丸め幅の整数倍がつくる系列の中から選んだ数値に置き換えることである．この置き換えた数値を丸めた数値と規定している．丸めの幅は，$10^n$（$n$ は整数）で表される．たとえば，丸めの幅が $10^{-1}$（= 0.1）なら 12.1，12.2，12.3，12.4 …などの値を採用し，丸めの幅が 10 なら 1210，1220，1230，1240 …などの値を採用することになる．与えられた数値に最も近い「丸め幅の整数倍がつくる系列の数値」（以下，整数倍数値とよぶ）が一つしかない場合には，それを丸めた数値とする．たとえば，丸めの幅が $10^{-1}$ のとき 12.223 は 12.2 に，12.251 や 12.275 は 12.3 とし，丸めの幅が 10 のとき 1222.3 は 1220 に，1225.1 や 1227.5 は 1230 とする．

与えられた数値に等しく近い，二つの隣り合う整数倍数値がある場合には，次の規則 A あるいは規則 B が用いられる．

規則 A 丸めた数値として偶数の数のほうを選ぶ（丸める桁の数値が奇数の場合は四捨五入し，偶数の場合は五捨六入する）．たとえば，丸めの幅が $10^{-1}$（= 0.1）のとき 12.05 は 12.0 に，12.15 は 12.2 とし，丸めの幅が 10 のとき 1205.0 は 1200 に，1215.0 は 1220 とする．規則 A は，一連の計測値（時系列など）をこの方法で処理すると，丸めによる誤差が最小になる利点がある．

規則 B 丸めた数値として大きい整数倍数値のほうを選ぶ（丸める桁の数値を四捨五入する）．たとえば，丸めの幅が $10^{-1}$（= 0.1）のとき 12.05 は 12.1 に，12.15 は 12.2 とし，丸めの幅が 10 のとき 1205.0 は 1210 に，1215.0 は 1220 とする．規則 B は，電子卓上計算機（電卓）による処理において用いられていることがある．そのため，電卓で計算する場合は注意を要する．

規則 A，B ともに 1 段階で行わなければならない（最終結果だけに適応する）．規則 B は，何の考慮する基準がない場合にだけ適用し，規則 A は，安全性の要求や一定の制限を考慮しなければならないとき，つねに一定方向へ丸めるほうが

よい場合に適用する．閾値(いきち)や環境基準などを決める場合が該当する．

### 17.2.2 四捨五入と JIS の丸めの違い

四捨五入と JIS の丸めによる違いは，たとえば有効数字 2 桁の 10 という値に 0.5 を加算と減算を繰り返した場合(誤差が 5% あることに相当)に表れる．計算ごとに小数点第一位で丸めると，四捨五入の場合，加算したとき，10 + 0.5 = 10.5 → 11，次に減算したとき，11 − 0.5 = 10.5 → 11，さらに加算すると，11 + 0.5 = 11.5 → 12，また減算すると，12 − 0.5 = 11.5 → 12 となり 3 桁目により影響され増加していくことがわかる．つまり，10 + 0.5 − 0.5 + 0.5 − 0.5 と繰り返すごとに四捨五入すると誤差の影響を受けてしまうことがわかる．

これに対して，JIS の丸めでは，まず加算したとき，10 + 0.5 = 10.5 → 10，次に減算すると，10 − 0.5 = 9.5 → 10，となり，さらに加算，減算しても，10 + 0.5 = 10.5 → 10，10 − 0.5 = 9.5 → 10，となるため影響がないことがわかる(基本は規則 A によるもので，操作する一つ上の位の数値が奇数なら四捨五入し，偶数なら五捨六入する)．誤差を 6% にすると，10 + 0.6 = 10.6 → 11，11 − 0.6 = 10.4 → 10 となり，どちらの操作でも同じになるので，差はでない．誤差を 4% では，10 + 0.4 = 10.4 → 10，10 − 0.4 = 9.6 → 10 となり，誤差の影響はどちらの方法でも差はでない．このことから，JIS の丸め(規則 A)は，誤差の影響を最小限にするように工夫されていることがわかる．

### 17.2.3 有効数字とは

有効数字とは，計測値で意味のある桁数までの数値のことを示す．たとえば，12.3 g であれば，有効数字 3 桁ということになる．有効数字を決めるために，上記の数値の丸めという操作が必要になる．また，大きな数値や小さな数値は指数を用いて表す．丸めた数値を $A \times 10^B$ ($B$ は整数，ただし，$1 \leq |A| < 10$)とすると，$10^B$ 以下の位の数字列(数値 $A$)が有効数字であり，数字列の数字の個数が桁数となる．たとえば，$1.23 \times 10^5$ の場合は，有効数字が 3 桁である．

一般に計測値の有効数字は 3 桁もしくは 2 桁とすることが多い．ただし，単位の付け方により意味が異なるので注意を要する．たとえば，1.23 kg と 1.23 × $10^3$ g は同意であるが，1.23 kg と 1230 g では意味が異なる．1.23 kg は有効数字が 3 桁であるが，1230 g は有効数字が 4 桁を意味するためである．また，1.23 kg は 1.226 kg ≦ $d$ < 1.235 kg の範囲の計測値 $d$ を有効数字 3 桁に丸めたこと，または小数点以下 3 桁目を丸めたものを意味する．1230 g は，1229.5 ≦ $d$ < 1230.6 の範囲の計測値 $d$ を有効数字 4 桁に丸めたことまたは小数点以下 1 桁目を丸めたものを意味する(規則 A による)．丸めた数値は，代表値(平均値や中央値)であり，ある幅を考慮した数値である．

## 17.3 計測した数値がもつ幅 ── データの誤差と誤差の伝播

### 17.3.1 見える誤差

　実験で使用するガラス器具に許容誤差が記されているものがある．具体的には，JIS R 3505 のガラス製体積計に記載されている．この規格は，体積計に受け入れられた液体(受用)または体積計から排出した液体(出用)の体積を測定するガラス製の体積計のうち，ビュレット，メスピペット，全量ピペット，全量フラスコ，首太全量フラスコ，メスシリンダーおよび乳脂計について規定されている．メスシリンダーを例にあげると，メスシリンダーの容量は 5(0.1)，10(0.1 または 0.2)，20(0.2)，25(0.2 または 0.5)，50(0.5 または 1)，100(1)，200(2 または 5)，250(2 または 5)，300(2 または 5)，500(5)，1000(10)，2000(20) mL の 12 種類が規定され，( )内は最小目盛(mL)である．体積の許容誤差には，クラス A と B があり，クラス A の許容誤差は，5 ± 0.1，10 ± 0.2，20 ± 0.2，25 ± 0.25，50 ± 0.5，100 ± 0.5，200 ± 1.0，250 ± 1.5，300 ± 1.5，500 ± 2.5，1000 ± 5.0，2000 ± 10 mL であり，クラス B はその 2 倍の許容誤差である．この JIS に沿ってつくられたメスシリンダーには，体積の許容誤差として刻印されている．

　写真のこのメスシリンダーは，クラス A 以上の精度をもつ．表示には，250 mL ± 1.00 mL とある．

　メスシリンダーを使用する場合，計測する容量で，最適な容量のものを選択する必要がある．たとえば，200 mL のメスシリンダーで 100 mL を計測すると 100 ± 1.0 mL であるが，100 mL のメスシリンダーで 100 mL を計測すると 100 ± 0.5 mL となる．そのため，最適な容量のメスシリンダーを使用することによって，誤差を少なくすることができる．

　ただし，メスシリンダーの使用にあっては，容積を計測して移し変えたとき，メスシリンダーの壁面に付着しているものを洗い流してはいけない．一度で移した量だけについての誤差が規定されているからである．また，メスシリンダーの壁面に傷ができたものや誤って乾燥機などに入れてガラスを膨張させて目盛が不正確になった場合はすみやかに取り換えなければならない．

**写真 1　メスシリンダーの表記**

---

### コラム　日本工業規格：JIS について

日本工業規格(Japanese Industrial Standards; JIS)：工業標準化法(日本国の法律)に基づいたすべての工業製品について定められる日本の国の規格．JIS は大きく三種類に分類することができる．

1. 基本規格：用語，記号，単位，標準数などの共通事項を規定
2. 方法規格：試験，分析，検査および測定の方法，作業標準などを規定
3. 製品規格：製品の形状，寸法，材質，品質，性能，機能などを規定

　工業に関すること(日本国内のすべての工業規定があてはまる)は，すべて JIS に規定されている．わからないことは JIS から探すことができる．日本の社会で働くとき，多くのことが JIS に関連していることがわかる．また，JIS を知らないと困ることにもなる．

### 17.3.2 防げる誤差と防げない誤差

　計測する対象を何回計測しても，何人が計測しても，まったく同じ数値を示すならば，誤差は存在しない．しかし，計測という動作や繰り返して行う周囲の状況などまったく同じではないため，わずかなズレが生じる．このズレは，一方的にズレていくわけではなく，真値の周辺にばらついた状態で分布する．なぜならば，真値に近づけようと意識して計測を行うからである．このときのバラツキが誤差である．そのため，計測した値には必ず誤差を含んでいる（1回ではわからないが，複数回繰り返すとわかる．）．

　たとえば，計測値 $x$ の真値を $X$ とすると，その差 $\delta X = (X - x)$ が誤差である（$\delta$ はデルタと読み，差を表す）．誤差は要因によって分類されており，統計誤差と偶発誤差に分けられている．統計誤差には，理論誤差，機器誤差，個人誤差がある．これらの誤差は，計測理論の考え方のミス，計測装置のズレ，計測者の癖などによるものであり，規則的な誤差であることが多い．そのため，原因が解明されれば，修正や補正により取り除くことができる．

　これに対して，偶発誤差には，過失誤差，必然的偶発誤差がある．過失誤差は，規則性はないが，過失を見いだせれば，取り除くことができる．必然的偶発誤差は，偶然に起き，予測不可能で不規則性の高い誤差のことで発見することが困難である．必然的偶発誤差のことを絶対誤差ともいい，計測という行為をするうえで避けることができない．単に"誤差"と表現する場合，絶対誤差を示すことがほとんどである．

### 17.3.3 平均値と標準偏差（計測値の代表）

　計測をして，真値に近づけるための手段として，統計的な処理をして数値を求めることが必要になる．そこで，繰り返し計測による平均値 $\bar{x}$ と標準偏差（$\sigma$：シグマと読む．真値 X が計測値の平均値 $\bar{x}$ ± 標準偏差 $\sigma$ の範囲に収まる確率は68 % である）によって誤差を表現すると，68 % の確率で誤差 $\delta X = (X - x)$ は $|X - x| \leq \sigma$ の範囲に収まる．ちなみに，95 % の確率では，$|X - x| \leq 2\sigma$，99 % の確率では，$|X - x| \leq 3\sigma$ ということになる．ただし，この確率は，計測値の分布が，正規分布となるときに従う．

　同じ計測を $n$ 回繰り返したときの計測値を $x_1, x_2, x_3 \cdots x_n$ とすると，平均値 $\bar{x}$ は，

$$\text{平均値}\ \bar{x} = \frac{(x_1 + x_2 + x_3 + \cdots + x_n)}{n} = \frac{\sum x_i}{n} \qquad \Sigma：シグマの大文字は総和を示す．$$

　平均値と各データとの差を偏差といい，$\bar{x} - x_i (i = 1, 2, 3, \cdots, n)$ で表される．偏差は，正負の値であるため，正規分布になる場合は，$\Sigma(\bar{x} - x_i) = 0$ となるので，その絶対値で評価をするため，偏差の二乗をとり，データのバラツキの大きさを偏差の平方和（二乗和）で示す．偏差の平方和をデータ数で割ったものが分散 $\sigma^2$ である．

$$\text{分散 } \sigma^2 = \frac{\sum(\bar{x} - x_i)^2}{n}$$

標準偏差 $\sigma$ (バラツキの幅, つまり繰り返し誤差の絶対値に相当) は, 分散の正の平方根であり,

$$\text{標準偏差 } \sigma = \sqrt{\left\{\frac{\sum(\bar{x} - x_i)^2}{n}\right\}}$$

で定義される.

分散 $\sigma^2$ は計測値単位の二乗の次元(ディメンジョン), 二次元の単位をもつ尺度であり, 二乗することにより絶対値で議論する場合に用いられる. 標準偏差 $\sigma$ は分散の正の平方根で一次元の単位で, 計測値と同じ次元であり計測値のバラツキ(確率68％の誤差範囲)として計測値のあとに表記される.

すなわち, 繰り返し誤差を含めた計測値 $x$ は,

$$\text{計測値 } x = \bar{x} \pm \sqrt{\left\{\frac{\sum(\bar{x} - x_i)^2}{n}\right\}}$$

と表すことができる(確率68％の場合).

一般に, 繰り返し計測値 $x$ は, 中心極限定理*により, ほぼ正規分布になる.

また, 正規分布(またはガウス分布)のことを誤差分布や誤差関数ということがある. つまり, 誤差の分布は, 正規分布であると考えてよい.

誤差の評価で単位の次元をもたない変動係数(coefficient of variation ; CV)がある.

$$\text{変動係数 } CV = \frac{(\text{標準偏差 } \sigma)}{(\text{平均値 } \bar{x})}$$

で定義される. 変動係数 $CV$ は, 0次元であるため, 単位の異なるデータを評価する場合に用いる. たとえば, 大気汚染物質であるオキシダント(Ox)濃度(ppm)のバラツキと浮遊粒子状物質(SPM)濃度($mg/m^3$)のバラツキを比較する場合などに利用することができる. また, 変動係数の代わりに誤差率の語を用い, $CV$ の値を100倍して％で表すことが多い. 標準偏差(不偏分散の平方根)は平均値と同じ単位をもつので $CV$ は無名数(単位などの意味をもたない数値)になり, 測定単位の影響を受けない. $CV$ は, 相対的なバラツキを表す指標であり, この値が小さいほど計測の精度が高いということになる. 二つ以上のデータの比較において, 標準偏差は単位の影響を受けるため単位が異なる計測法同士では相互に比較ができないが, $CV$ は標準偏差から単位の影響を排除しているため, バラツキの割合が相互に比較できる. 繰り返し計測した値の変動は正規分布をとるので, 平均値と標準偏差から変動係数が算出される.

**中心極限定理**

$x$ が平均値 $\bar{x}$, 標準偏差 $\sigma$ のある分布に従うならば, 大きさ $n$ の無作為標本に基づく標本平均は, $n$ が無限に大きくなるとき, 平均値 $\bar{x}$, 標準偏差 $\sigma/\sqrt{n}$ の正規分布に近づく. 具体的には, 質量分析計(MS)で計測されたマススペクトルや中性子放射化分析(INAA)における $\gamma$ 線スペクトルなどは正規分布となる.

### 17.3.4 まとめ

平均値 $\bar{x}$ は，繰り返し計測値の代表値である．分散 $\sigma^2$ は，バラツキの大きさ（絶対値）で計算上評価する尺度である．標準偏差 $\sigma$ は，計測値の誤差範囲を表す尺度である（確率 68 % で範囲内に計測値があてはまる）．変動係数 $CV$ は，単位の異なるデータ間の相対比較をする尺度である．

#### (a) 具体的に

計測値 $x$：11，12，12，13，13，13，13，14，14，15（10 個の計測値の集まりはデータになる）のとき，

データ数 $n = 10$ だから，

$$\text{平均値}\ \bar{x} = \frac{(11 + 12 \times 2 + 13 \times 4 + 14 \times 2 + 15)}{10} = 13$$

$$\text{分散}\ \sigma^2 = \frac{\sum (\bar{x} - x_i)^2}{n}\ \text{より,}$$

$$\sum (\bar{x} - x_i)^2 = (13-11)^2 + (13-12)^2 \times 2 + (13-13)^2 \times 4 + (13-14)^2 \times 2 + (13-15)^2 = 12\ \text{だから}$$

$$\text{分散}\ \sigma^2 = \frac{12}{10} = 1.20$$

$$\text{標準偏差}\ \sigma = \sqrt{\left\{\frac{\sum (\bar{x} - x_i)^2}{n}\right\}}\ \text{より,}$$

$$\text{標準偏差}\ \sigma = \sqrt{\left\{\frac{12}{10}\right\}} = 1.10$$

$$\text{計測値}\ x = \bar{x} \pm \sqrt{\left\{\frac{\sum (\bar{x} - x_i)^2}{n}\right\}}$$

$$= 13 \pm 1.10$$

$$\fallingdotseq 13 \pm 1\ \text{（1 の位で丸めた場合）}$$

と表すことができる．ここで，もとのデータ（計測値の集まり）をみると，$12 \leq x \leq 14$ に当てはまるデータ数は全体の 80 % となるので，68 % 以上の確率で含まれていることに合致する．

$$\text{変動係数}\ CV = \frac{\sigma}{n} = \frac{1.10}{10} = 0.11\ \text{または 11 %}$$

と表すことができる．また実際の例，中性子放射化分析法で得られるバナジウム(V)の γ 線スペクトルの計測結果を表 17.1 に示す．

また，この結果をグラフにすると，図 17.1 のようになる．

真値は，1434 keV であるが，計測誤差のために，バラついている．

γ 線エネルギーに対するカウント数をデータ数 $n$ として考えると，$n = 11415$ となる．このとき，$n$ が大きいので，中心極限定理により，データの分布が正規分布（平均値に対して左右対称）に近づいたことがわかる．

平均値 $\bar{x}$ を求めると，データは 1434 を中心に ±4 で分布していることから，次式になる．

表 17.1 バナジウム(V)の γ 線スペクトル（放射化分析）

| γ 線エネルギー (keV) | カウント数 |
|---|---|
| 1430 | 138 |
| 1431 | 155 |
| 1432 | 564 |
| 1433 | 2921 |
| 1434 | 4936 |
| 1435 | 2153 |
| 1436 | 316 |
| 1437 | 122 |
| 1438 | 110 |

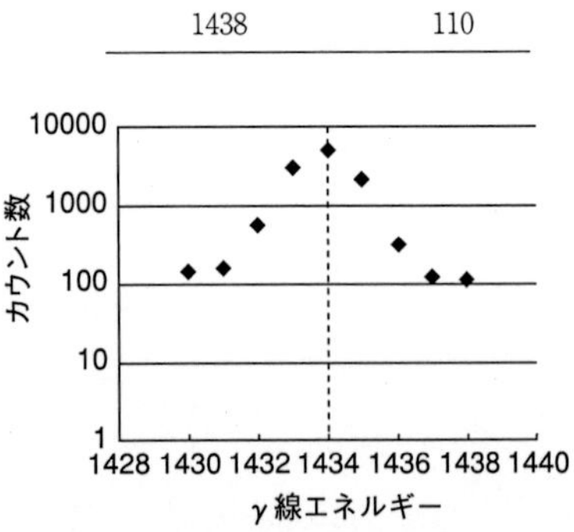

図 17.1 バナジウム(V)の γ（ガンマ）線スペクトル

$$\bar{x} = \frac{\begin{aligned}&1434 + \{(-4\times 138) + (-3\times 155) + (-2\times 564) + (-1\times 2921)\\&+ (0\times 4936) + (1\times 2153) + (2\times 316) + (3\times 122) + (4\times 110)\}\end{aligned}}{11415}$$

$$= 1433.87$$

$$\text{分散}\ \sigma^2 = \frac{\begin{aligned}&\{(1433.87-1430)^2\times 138 + (1433.87-1431)^2\times 155\\&+ (1433.87-1432)^2\times 564 + (1433.87-1433)^2\times 2921\\&+ (1433.87-1434)^2\times 4936 + (1433.87-1435)^2\times 2153\\&+ (1433.87-1436)^2\times 316 + (1433.87-1437)^2\times 122\\&+ (1433.87-1438)^2\times 110\}\end{aligned}}{11415}$$

$$= 1.30$$

標準偏差 $\sigma = \sqrt{(\sigma^2)} = 1.14$

変動係数 $CV(\%) = \dfrac{\sigma}{\bar{x}\times 100} = \dfrac{1.14}{1433.87\times 100} \fallingdotseq 0.08\ \%$

計測値 $x = 1433.87 \pm 1.14$ （$= 1432.73\sim1435.01$）となる．(68 %の確率)

1433，1434，1435 のカウント数の合計は，$2921 + 4936 + 2153 = 10010$ であり，全体の 88 % になるため，平均値 $\pm\ \sigma$ の繰返し計測データ範囲 68 % 以上の確率に含まれていることと合致する．

計算ソフトウェア Excel を用いた場合，以下の関数を用いると計算することができる．

データ数 $n$ ＝ COUNT(データカラムの範囲を指定)
平均値 $\bar{x}$ ＝ AVERAGE(データカラムの範囲を指定)
分散 $\sigma^2$ ＝ VARP(データカラムの範囲を指定)
標準偏差 $\sigma$ ＝ STDEV(データカラムの範囲を指定)

なお，Excel は通常 65536 行 × 256 列のデータ数まで取扱うことができる．

### (b) 計測による誤差（絶対誤差）

直接的な計測における誤差は，真値 $X$ に対する計測値 $x$ の誤差 $\delta X(=X-x)$ を生じる．このとき，$\delta X$ の最大値は，$|X-x|$ で示され，絶対誤差 $\delta X$ の範囲は，$\delta X \leq |X-x|$ または $-|X-x| \leq \delta X \leq |X-x|$ で表される．誤差と標準偏差との関係は，$|\delta X| \leq |\sigma|$ は 68 %，$|\delta X| \leq |2\sigma|$ は 95 %，$|\delta X| \leq |3\sigma|$ は 99 % の確率で成立する．

### (c) 誤差は伝播する

間接的な計測における誤差は，直接的な計測で生じた誤差が伝播（誤差が増加する場合が多い）する．たとえば，間接的に計測するものが，$z = ax + by$ または $z = ax - by$（$x, y$ は直接的な計測値，$a, b$ は定数）のとき，$x, y$ に対する絶対誤差をそれぞれ $\delta X, \delta Y$ とすると，間接的な計測値 $z$ の絶対誤差の範囲は $|\delta Z| \leq |a\delta X| + |b\delta Y|$ となる．間接的に計測する式が，$z = x^a \times y^b$ または $z = x^a/y^b$（$x, y$ は直接的な計測値，$a, b$ は定数）のとき，$x, y$ に対する絶対誤差をそれぞれ $\delta X$,

$\delta Y$ とすると,間接計測値 $z$ に対する絶対誤差の比(比率誤差)の範囲は $|\delta Z/z| \leq |a\delta X/x| + |b\delta Y/y|$ となる.

### (d) 間接的な計測における誤差の例

気体の状態方程式:$PV = nRT$ で,$P = 1.0 \pm 0.1$ 気圧(atm),$V = 100 \pm 1$ L,$R = 0.0821$ atm・K$^{-1}$mol$^{-1}$(定数),$T = 300 \pm 3$ K(300 K = 27℃)のとき,$n$(モル数)の誤差率の最大値はいくらになるか?

$n = PV/RT$ より,誤差率 $|\delta n/n| \leq |\delta P/P| + |\delta V/V| + |\delta T/T|$ に数値を代入すると,

$|\delta n/n| \leq |0.1/1.0| + |1/100| + |3/300| = 0.1 + 0.01 + 0.01 = 0.12$

よって,誤差率の最大値は 0.12 となる.(モル数 $n$ の 12 %に相当).

計測値には,必ず誤差があるが,現実の問題として,許容誤差がないと作業が前に進まない.たとえば,ある試薬を 100 mL 量るとすると,許容範囲を考慮しないといくら時間をかけても誤差なく量りとることはできない.また,誤差のない秤りも存在しない.現実の作業は,誤差を考慮して,理解したうえで行うということが重要であり,真値を求めて作業を行っても労は多くても利は少ない.ただし,誤差は最小限にするように努めることが大切である.

## 17.4 データがもつ意味——相関係数,(単回帰)回帰直線

### 17.4.1 データの種類

データには,行列形式データ(クロスセクションデータ)と時系列データがあるが,それぞれは異なった意味をもつデータである.クロスセクションデータの順番に意味はなく,順番を変えても問題はとくにないが,時系列データは,その順番に大きな意味をもつため,順番を変更して解析してはならない.クロスセクショ

---

**コラム　化学実験で容器類を 3 回蒸留水でゆすぐことの理由は?**

分配の法則によって説明することができる.分配の法則とは,液-液抽出のときにでてくる法則である.具体的には,有機相と水相の異なる溶媒間において,溶質がある割合で移動するとき,その割合を 90 %とし,移動(水相→有機相とする)する溶質が 100 g であるとすると,1 回目に移動する量は,100 g のうちの 90 %だから,90 g が移動する.移動した有機相を分離(分液ロートを使用)する.この時点で,水相には,まだ 10 %つまり,10 g の溶質が残っている.そこに新しい有機相を加えて混合し移動させると,10 g のうちの 90 %にあたる 9 g が移動する.同様に分離して,新しい有機相を加え分離すると,1 g のうちの 90 %である 0.9 g が移動する.そして,移動した有機相を足し合わせると,90 g + 9 g + 0.9 g = 99.9 g が移動したことになる.1 回では 90 g であるが,3 回連続すると 99.9 g 抽出できたことになる.分配の法則とは,抽出操作を連続して繰り返すことにより,抽出効率を上げることができるというものである.

これをゆすぎに置き換えると,1 回に汚れが落ちる割合を 90 %とすれば,1 回のゆすぎで汚れが,10 %になり,2 回目で 1 %になり,3 回目で 0.1 %になる.すなわち,元の汚れが 0.1 %になれば,誤差もそれだけ小さくなるということを意味している.

ということから,容器を 3 回連続してゆすぐことは,計測することに使用する器具類の誤差をなるべく小さくするという行為なのである.

ンデータのまとめ方は，各データのバラツキやデータ間の関連を解析することが対象となり，ヒストグラムや散布図などでグラフ化できる．これに対して時系列データのまとめ方は，データの時間軸に沿った変化を解析することが対象となり，折れ線グラフなどでグラフ化できる．

### 17.4.2 データのバラツキを見るための考え方

各データとデータの平均値との差を偏差といい，偏差は正負の値をとり，各データの平均値からのバラツキの方向と大きさを示す．また，偏差の二乗の平均値を分散といい，標準偏差は偏差の平方根である．データの集まりの分散と標準偏差はそのデータのバラツキの大きさを表す指標を示す．

一般に，計測におけるバラツキの大きさは10％以下であると考えられているが，計測値が微小であるときは30％以下まで許されている．

### 17.4.3 相関係数は指標の一つ

相関係数は，1対1で対応する二つのデータの関係指標となる．相関係数は，-1以上1以下の値をとり，0.5以上で正の相関性が強く，-0.5以下で負の相関性が強いことを表す．-0.5より大きく0.5より小さい場合は，相関性が強いとはいえない．とくに相関係数が0のときは相関性がまったくないことを示す．このため，相関係数は線形関係の方向性と強さを示す統計量といわれている（化学の分野では，ある程度関連性があることを前提に相関係数を算出することを考慮しているので，絶対値に対する評価を厳しくした．何も情報がないデータからの推定などでは，もっと緩い評価をすることがある）．

相関係数は，$r$ または $R$ で表すことが多く，その定義は，次式で表される．

$$r = \frac{\{\sum (\bar{x} - x_i)(\bar{y} - y_i)\}}{\sqrt{\{\sum (\bar{x} - x_i)^2 \sum (\bar{y} - y_i)^2\}}}$$

一般に，相関係数は1対1で対応する二つのデータで計算可能であるが，二つのデータ間にもともと関係がないことがわかっている場合には，計算結果は意味をもたないことになるので，注意が必要である．

相関係数の信頼性は，データ数が多いほど信頼性が高まる．とくに，あるデータの傾向を見る場合に当てはまる．つまり，相関係数をどのくらい信用することができるかは，データ数の量にもよる．統計的には，数十から百以上のデータであれば信頼性が増すが，少ない場合でも，傾向などを考慮する場合に利用するが注意を要する．

相関係数の強さに関する具体的な定義はなく，解析した人がそれなりに解釈しているのが現況である．たとえば，相関係数 $r$ が，0以上0.2以下のときほとんど相関性がない，0.2より大きく0.5以下のときやや相関性がある，0.5より大きく0.8以下のときある程度相関性がある，0.8より大きいとき強い相関性がある，という程度に考えればよい．普通は，強い相関性がある場合には，相関があると

明確にいうことができるが，そうでないときは，やむを得ない場合を除き，相関の有無の議論をする場合は注意を要する．

相関係数は，絶対値の大きさにより，相関性の強さを示し，正負がその方向性を表すことができる．相関係数は，1：1の関係にある二つのデータの集まりに対して，直線関係（線形）がどのくらいあるかということを解析するための統計量である．ゆえに，解析するためのデータの集まりが，相関係数で解析するのに適当かどうかを確認する必要がある．データの集まりを直線や曲線で関連づけ，そのデータの集まりを直線や曲線で代表させることを回帰といい，とくに直線で関連づけることを直線回帰という．そのときの直線が回帰直線である．相関係数は，データから計算された回帰直線とデータとの関連性の強さを示す．

相関係数は，データ数によって信頼性が変わる．一般にデータ数は多いほど信頼性が上がる．計測値の集まりがデータであり，そのデータ数を無限に多くすると回帰直線と同様な直線が得られる．データ数を無限に多くした場合を母集団とすると，そうでない場合のデータは母集団から一部を抽出した標本となる．有限の標本のデータから母集団がもつ相関係数を推定するとき，たとえばデータ数が5で相関係数が0.3のとき，95％信頼区間の母集団の相関係数（真の相関係数ともいう）は，−0.7〜0.9の範囲に存在することが示される．しかし，これでは相関の正負さえ不確かといわざるを得ず，統計的な解釈が困難である．これに対して，データ数が50で相関係数が0.3のとき，95％信頼区間の母集団の相関係数は，0.05〜0.55となり，範囲が狭められ少なくとも正の相関を示すことが明らかとなる．この例は，相関の関係があらかじめ予測できない場合のことであり，このような場合はデータ数が50以上必要となることがわかる．直線性の高いことがあらかじめ理論的に予測される検量線などを引く場合には，もっとデータ数が少なくても，信頼性の高い回帰直線を求めることができる．

### 17.4.4 回帰直線を求めてみる

最小二乗法を利用して回帰直線を求める．計測条件を変更しながら，データ $\{(x_1, y_1), (x_2, y_2), (x_3, y_3), (x_4, y_4)\}$ を計測したとき，図17.2(a)のような関係となった．たとえば，検量線作成の場合に濃度を変化させて，それに対する光吸収の強度を調べ直線関係となるところを求める場合などに相当する．

$x$ と $y$ の値の間に一次関数の関係 $y = ax + b$ があるとして直線を引くと図17.2(b)のようになる．引いた直線が回帰直線とすると，図17.2(c)に示すような取扱いをすることができる．ここで，各計測値と直線との $y$ 軸方向の差を $d$ とする．

さて図1(c)において距離 $d$ を最小にすれば，最適な回帰直線を得ることができる．本来は，直線への最短距離とすべきであるが，方向を決めて距離をとれば，最短距離と比例関係となるため，計算の楽なほうを選ぶ．ところで距離 $d$ の和 $d_1 + d_2 + d_3 + d_4$ は直線の上下で正負を伴うため，それぞれの距離を相殺してしまう．そこで $d$ の絶対量を評価するための手法として二乗してその和で評価する

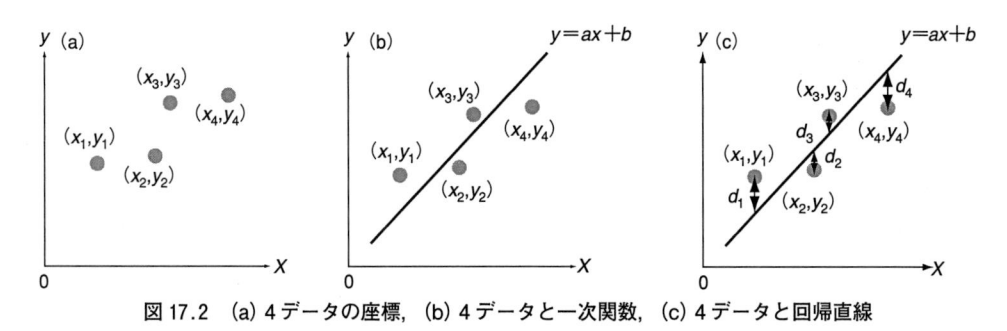

図17.2 (a) 4データの座標, (b) 4データと一次関数, (c) 4データと回帰直線

やり方をとる．その数学的な詳細を参考までに章末に記す．

### 17.4.5 大気汚染データ

東京都内の6地点における2004年8月14日の1時から24時までの光化学オキシダント(Ox)濃度変化を表17.2に示す．この日は，真夏日で光化学スモッグ注意報が山岳地域を除く都内のほぼ全域に発令された．濃い灰色が環境基準値を超えたもの，薄い灰色が光化学スモッグ注意報発令基準値であり，太字がその日の最大値である．

図17.3から，14時から15時にかけてオキシダント濃度が最大になっていることがわかる．この現象は気温の場合と似ている．太陽からの光エネルギーは南中する正午ごろに最大となるが，地上の物体が温まるには時間がかかるため気温が最高になるのは少し遅れて14時ごろである．これと似て，Oxが生成するにはその前駆体の蓄積などに時間を要し，Oxが最大に達する時刻は光エネルギーが最大になる時刻からやや遅れるものと推察される．

各地点のOxの変化が類似していることを数値的に示すために，相関係数を算出すると，表17.3のようになる．

相関係数は，前述の $r = \{\sum (x_i - \bar{x})(y_i - \bar{y})\}/\sqrt{\{\sum (x_i - \bar{x})^2 \sum (y_i - \bar{y})^2\}}$ から，求めることができる．パソコンでは，Excelの関数を利用して，データ1とデー

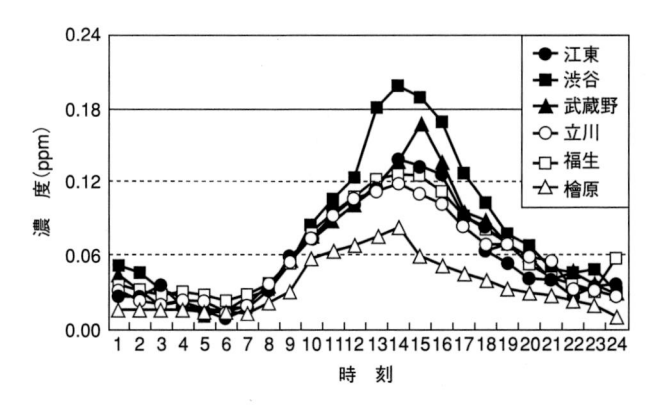

図17.3 オキシダント(Ox)の時刻変化

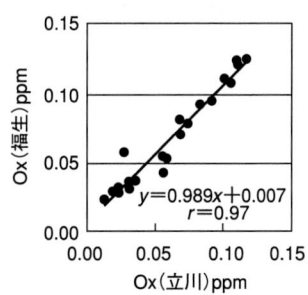

図17.4 立川と福生のOx濃度の関係

表17.2 東京都内のオキシダント(Ox)濃度(ppm)の時間変化

| 時刻＼地点 | 江東 | 渋谷 | 武蔵野 | 立川 | 福生 | 檜原 |
|---|---|---|---|---|---|---|
| 1 | 0.028 | 0.052 | 0.044 | 0.031 | 0.036 | 0.016 |
| 2 | 0.026 | 0.045 | 0.031 | 0.023 | 0.032 | 0.016 |
| 3 | 0.035 | 0.031 | 0.016 | 0.020 | 0.029 | 0.016 |
| 4 | 0.027 | 0.018 | 0.017 | 0.023 | 0.030 | 0.016 |
| 5 | 0.015 | 0.011 | 0.016 | 0.023 | 0.028 | 0.014 |
| 6 | 0.010 | 0.018 | 0.015 | 0.013 | 0.023 | 0.014 |
| 7 | 0.020 | 0.026 | 0.020 | 0.019 | 0.029 | 0.013 |
| 8 | 0.032 | 0.035 | 0.035 | 0.036 | 0.037 | 0.022 |
| 9 | 0.058 | 0.057 | 0.058 | 0.055 | 0.054 | 0.031 |
| 10 | 0.075 | 0.084 | 0.075 | 0.074 | 0.078 | 0.057 |
| 11 | 0.098 | 0.105 | 0.088 | 0.092 | 0.095 | 0.063 |
| 12 | 0.101 | 0.123 | 0.101 | 0.106 | 0.107 | 0.068 |
| 13 | 0.115 | 0.180 | 0.119 | 0.111 | 0.121 | 0.075 |
| 14 | **0.138** | **0.197** | 0.135 | **0.118** | **0.125** | **0.083** |
| 15 | 0.132 | 0.188 | **0.168** | 0.110 | 0.124 | 0.060 |
| 16 | 0.125 | 0.168 | 0.136 | 0.101 | 0.111 | 0.052 |
| 17 | 0.084 | 0.127 | 0.094 | 0.083 | 0.092 | 0.045 |
| 18 | 0.064 | 0.103 | 0.087 | 0.068 | 0.081 | 0.039 |
| 19 | 0.053 | 0.077 | 0.073 | 0.069 | 0.070 | 0.033 |
| 20 | 0.041 | 0.068 | 0.062 | 0.058 | 0.053 | 0.030 |
| 21 | 0.040 | 0.051 | 0.047 | 0.056 | 0.043 | 0.028 |
| 22 | 0.026 | 0.046 | 0.047 | 0.033 | 0.036 | 0.023 |
| 23 | 0.034 | 0.048 | 0.036 | 0.031 | 0.031 | 0.020 |
| 24 | 0.036 | 0.034 | 0.030 | 0.027 | 0.057 | 0.011 |

■：環境基準値を超えたもの，■：光化学スモッグ注意報値を超えたもの，太字：最大値．
東京都環境局のホームページより作成(http://www2.kankyo.metro.tokyo.jp/kansi/taiki/download/data_download_top.htm)．それぞれの時刻変化を見やすくするために，表17.2を図にまとめると図17.3のとおりである．

表17.3 各地点間の相関係数

| $r$ | 江東 | 渋谷 | 武蔵野 | 立川 | 福生 |
|---|---|---|---|---|---|
| 江東 | 1 | | | | |
| 渋谷 | 0.97 | 1 | | | |
| 武蔵野 | 0.96 | 0.98 | 1 | | |
| 立川 | 0.97 | 0.95 | 0.95 | 1 | |
| 福生 | 0.98 | 0.97 | 0.96 | 0.97 | 1 |
| 檜原 | 0.94 | 0.91 | 0.89 | 0.96 | 0.94 |

タ2の相関係数 $r$ を求める関数 = CORREL(データ1, データ2)と代入すれば計算してもらえる．データ1とは，データが入力されたカラムの範囲を表し，データ1とデータ2は同数，つまり1:1で対応している場合に使用できる．

表17.3の中で相関係数($r = 0.97$)の大きい，立川と福生の場合について，相関図を示すと，図17.4のとおりである．

立川と福生は地域的に近くに位置するため，時刻変化に対するOx濃度の変化も類似した傾向を示した．回帰直線の傾きが1に近く，$y$切片($x = 0$のときの$y$の値)も0に近いことから，両者のデータはほぼ同じ変化をしている($y ≈ x$)と考

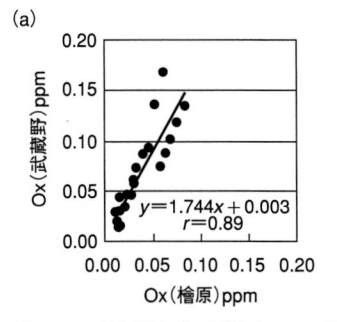

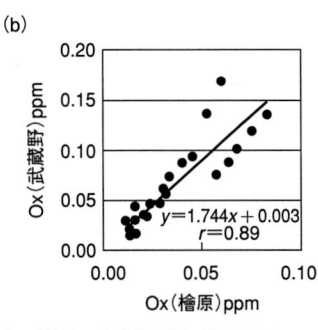

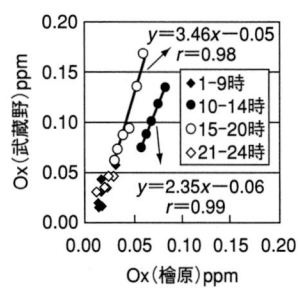

図 17.5 (a) 檜原と武蔵野の Ox 濃度の関係，(b) 檜原と武蔵野の Ox 濃度の関係

図 17.6 檜原と武蔵野の Ox 濃度の関係

えられる．

次に，表 17.3 の中で最も相関係数 ($r = 0.89$) の小さい，檜原と武蔵野の場合について，相関図を示すと，図 17.5(a)，(b) のとおりである．

いうまでもなく，図 17.5(a)，(b) で異なるのは，$x$ 軸方向のスケールだけでありデータは同じものである．図は視覚に訴えるため，データ間の比較で最もよく用いられる方法であるが，書き方によっては見え方に違いがでてくるので，描くときに注意を要する．

図 17.5 から判断すると檜原と武蔵野の Ox 濃度の 1 日変化の相関は，一つの回帰直線で表すことに無理があるように思える．そこで，変化の相関を時刻別にみると，図 17.6 のようになる．ここでは明らかに二つの回帰直線が見いだせる．それぞれの回帰直線を求めると，10-14 時の場合と 15-20 時の場合ともに相関係数が上昇していることがわかる．また，どちらの場合も傾きが 1 より大きいため，檜原より武蔵野のほうが，同時刻で Ox 濃度の変化が大きいことを意味している．15-20 時の場合のほうが傾きが大きい理由として，Ox 濃度が下降する場合の変化が檜原より武蔵野のほうがより大きいためと推定される．実際に，時刻変化に対する Ox 濃度の変化は前述の図から上昇する傾斜よりも下降する傾斜のほうが急勾配となっていることがわかる．その結果，Ox 濃度は，生成よりも消滅や分解のほうが速いと考えることができる．このように，計測したデータを解析する場合は，データの採取地点，時刻変化，Ox 濃度変化などの既知の情報も重要である．

### 17.4.6 時系列データのいろいろ

連続時間時系列：時間と同様にアナログレコーダーで連続的に記録されたデータであり，たとえばインクで記録用紙に隙間なく記録されたもの，地震の記録波形などがある．

離散時間時系列：1 時間ごとに計測して記録されたデータであり，時間ごとに記録されるため不連続となる．大気汚染物質測定データなどがある．測定時刻の立場から等間隔離散時間時系列と不等間隔離散時間時系列がある．

また，測定量について一変量時系列と多変量時系列がある．

データを取り込むという物理的な作業を伴うので厳密にいうとすべての時系列データは不連続となるので，真の連続時間時系列というデータは理論的なものである．しかし，記録計で隙間なく記録されたものは見掛け上，連続データと考えることができる．世の中の多くの測定は，等間隔離散的時間時系列データが一般的である．

## 17.5 多変量解析

回帰分析の目的は，変量(変数)間の関係を推定することである．計測した結果 $x$, $y$ を変数($y$)と変数($x$)の関係式として，ある方程式で示すことが回帰分析の手法である．このとき，$x$ を説明変数(独立変数)，$y$ を目的変数(従属変数)ということがある．たとえば計測した $x$, $y$ の組を散布図に描き，$y = ax + b$ という一次式の関係があると推定できた場合，$x$, $y$ の組にこの一次式が最もよくあてはまるように $a$ と $b$ を決める．このとき，$y = ax + b$ の式が回帰直線(方程式)，$a$, $b$ が回帰係数であり，これを求める手続きは前節に述べた．

回帰分析は説明変数(独立変数)が一変数(変量)の場合($y = ax + b$, $y = ax^2 + bx + c$ など)，単回帰分析とよばれる．説明変数(独立変数)が二変数(変量)以上の場合($u = ax + by + c$, $u = ax + by + cz + d$ など)は重回帰分析とよばれ，とくに二変数(変量)のときの関係式を回帰平面($u = ax + by + c$)という．説明変数(独立変数)が三変数(変量)以上の場合，目的変数($u$)は単純に三次元図ではイメージができない．

多変量解析の手法には，そのほかの主成分分析，因子分析，判別分析などがある．回帰分析では回帰方程式によって独立変数と従属変数とが一義的に関係付けられるが，生物現象のように複雑なデータの場合は，単純な因果関係(方程式)ですべてのデータを関係付けることはできない．たとえばコーヒーの味や香りは商品価値を決める重要な指標であるが，これらは単一の化学成分に基づくものではなく，きわめて多数の化学成分の相対的な含有量によって決まる．したがって豆の生産地に独特な味や香りを化学成分のデータと関連付けるとすれば，回帰方程式のような扱いで取り組めないことは明らかである．このような場合を含め，多数の数値データからわれわれにとって意味のある情報を整理して取りだす工夫が数学的にさまざまに行われている．これらが主成分分析，因子分析，判別分析などであり，詳細については章末の参考書を参照してほしい．

### 17.5.1　最小二乗法による回帰直線と相関係数の求め方

二乗の和を $S$ とすると，

$$S = (d_1)^2 + (d_2)^2 + (d_3)^2 + (d_4)^2$$

$S$ が最小になるように，$a$ と $b$ を決めれば，回帰直線 $y = ax + b$ を求めることができる．この手法は，二乗したものを最小にするということから，最小二乗法といわれている．

ところで距離 $d_1$ は，$(x_1, y_1)$ と $x_1$ のときの回帰直線 $y = ax + b$ 上の点 $(x_1, y)$ との差である．したがって，

$$y = ax_1 + b$$
$$d_1 = y_1 - (ax_1 + b)$$

同様に，ほかの距離は，

$$d_1 = y_1 - ax_1 - b \qquad d_3 = y_3 - ax_3 - b$$
$$d_2 = y_2 - ax_2 - b \qquad d_4 = y_4 - ax_4 - b$$

したがって，

$$\begin{aligned}
S &= (d_1)^2 + (d_2)^2 + (d_3)^2 + (d_4)^2 \\
&= (y_1 - ax_1 - b)^2 + (y_2 - ax_2 - b)^2 + (y_3 - ax_3 - b)^2 + (y_4 - ax_4 - b)^2 \\
&= a^2(x_1^2 + x_2^2 + x_3^2 + x_4^2) - 2a(x_1y_1 + x_2y_2 + x_3y_3 + x_4y_4) + (y_1^2 + y_2^2 \\
&\quad + y_3^2 + y_4^2) + 2ab(x_1 + x_2 + x_3 + x_4) - 2b(y_1 + y_2 + y_3 + y_4) + 4b^2
\end{aligned}$$

$x_1, x_2, x_3, x_4, y_1, y_2, y_3, y_4$ は，計測値であるため，定数と考えることができる．ここで，

$$A = x_1^2 + x_2^2 + x_3^2 + x_4^2 \qquad D = x_1 + x_2 + x_3 + x_4$$
$$B = x_1y_1 + x_2y_2 + x_3y_3 + x_4y_4 \qquad E = y_1 + y_2 + y_3 + y_4$$
$$C = y_1^2 + y_2^2 + y_3^2 + y_4^2$$

とおくと，

$$S = Aa^2 - 2Ba + C + 2Dab - 2Eb + 4b^2$$

となり，$S$ を $a$ と $b$ の関数と考えることができる．
さらに，

$$S = Aa^2 + 2(Db - B)a + C - 2Eb + 4b^2$$

と式を変形して，$b$ を固定すると，$a$ の二次関数とみなすことができる．
ここで，

$A > 0$ であるので，ある $a$ の値に対して最小値（極小値）をとる形のグラフになる（図 17.7 a）．
同様に，

$$S = 4b^2 + 2(Da - E)b + C - 2Ba + Aa^2$$

と書いて，$a$ を固定すると，$b$ の二次関数とみなすことができる．このとき $S$ は，ある $b$ の値に対して最小値（極小値）をとる形のグラフになる（図 17.7 b）．

二次関数で最小値を求める一般的な手法は，その二次関数を最小（極小）としたい変数で1階微分したものを0と置くことである．まず，

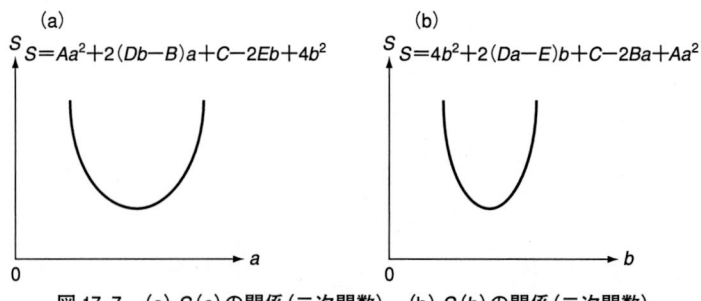

**図17.7** (a) $S(a)$の関係（二次関数），(b) $S(b)$の関係（二次関数）

$$S = Aa^2 + 2(Db - B)a + C - 2Eb + 4b^2$$

を$a$で微分してゼロと置くと，

$$\frac{\delta S}{\delta a} = 2Aa + 2(Db - B) = 0$$

すなわち，

$$Aa + Db - B = 0 \tag{17.1}$$

同様に，

$$S = 4b^2 + 2(Da - E)b + C - 2Ba + Aa^2$$

を$b$で微分してゼロと置くと，

$$\frac{\delta S}{\delta b} = 8b + 2(Da - E) = 0$$

すなわち，

$$4b + Da - E = 0 \tag{17.2}$$

式(17.1)と式(17.2)とを連立させて，$a$と$b$を求めると，

$$a = \frac{(4B - DE)}{(4A - D^2)} \qquad b = \frac{(AE - BD)}{(4A - D^2)}$$

となる．したがって4計測値のデータ$\{(x_1, y_1), (x_2, y_2), (x_3, y_3), (x_4, y_4)\}$の回帰直線は，

$$y = \left\{\frac{(4B - DE)}{(4A - D^2)}\right\}x + \left\{\frac{(AE - BD)}{(4A - D^2)}\right\} \tag{17.3}$$

となる．

　4計測値のデータを，一般的に$n$個のデータとした場合も同様に計算することができる．ここでは，その結果のみ示す．

$$y = \left\{\frac{(nB - DE)}{(nA - D^2)}\right\}x + \left\{\frac{(AE - BD)}{(nA - D^2)}\right\} \tag{17.4}$$

式(17.4)を前式(17.3)と比べると係数 4 が $n$ に置き換わり，さらに，$A$, $B$, $C$, $D$, $E$ は次のようになる．

$$A = x_1^2 + x_2^2 + x_3^2 + \cdots + x_n^2 \qquad D = x_1 + x_2 + x_3 + \cdots + x_n$$
$$B = x_1y_1 + x_2y_2 + x_3y_3 + \cdots + x_ny_n \qquad E = y_1 + y_2 + y_3 + \cdots + y_n$$
$$C = y_1^2 + y_2^2 + y_3^2 + \cdots + y_n^2$$

ここで，$A$ を $x$ の二乗の総和，$B$ を $x$ と $y$ の積の総和，$C$ を $y$ の二乗の総和，$D$ を $x$ の総和，$E$ を $y$ の総和という．これらの二乗の総和，積の総和などの総和は，最小二乗法を利用して回帰直線を求めるときに使用される計算値の一つである．

また，回帰係数 $a$ と相関係数 $r$ には，$a = \dfrac{\sigma_y}{\sigma_x} r$ の関係がある．$\alpha_x$, $\alpha_y$ は，$x$, $y$ の標準偏差である．

### 章末問題

**問題 17.1** 次の計測値を JIS の丸め（規則 A）により，有効数字 3 桁に丸めよ．
(1) 56.75 mL, (2) $1.235 \times 10^3$ m$^3$, (3) 0.8765 ppm, (4) $4.325 \times 10^3$ mol

**問題 17.2** 次の数値から計測値の範囲を推定せよ〔JIS の丸め（規則 A）を使用した場合とする〕．
(1) 0.123 g, (2) 5.5 m, (3) 10.0 ppm

**問題 17.3** 数値の丸めは，一段階で行わなければならないのはなぜか？
次の数値を（ ），｜ ｜ごとに有効数字 2 桁に丸めた場合について考察せよ．
$(1.23 \times 6)$ と $|(1.23 \times 2) \times 3|$

**問題 17.4** 繰返し計測による結果が，左上の表の場合，平均値，分散，標準偏差を求め，真値が計測値の 68 % の確率で収まる範囲を推定せよ．また，そのときの変動係数（%）を求めよ．ただし，すべて有効数字を 3 桁で示すことにする．

**問題 17.5** 球の直径を計測した結果，誤差が計測値の 3 % のとき，表面積と体積の誤差はそれぞれの値に対して最大%となるか（小数点以下は四捨五入せよ）．
ヒント：半径を $r$ とすると，球の表面積 $= 4\pi r^2$, 球の体積 $= (4/3)\pi r^3$ である．

**問題 17.6** 左下のデータセットから，回帰直線と相関係数を求めよ．また，$x$ が 0 および 5 のときの $y$ の値をそれぞれ推定せよ．

| 計測値 | 計測回数 |
|---|---|
| 5.0 | 10 |
| 5.1 | 20 |
| 5.2 | 45 |
| 5.3 | 105 |
| 5.4 | 50 |
| 5.6 | 15 |
| 5.7 | 5 |

| $x$ | $y$ |
|---|---|
| 1 | 1.5 |
| 2.5 | 4 |
| 4 | 7 |
| 6 | 11 |
| 10 | 18 |

### 参 考 文 献

**誤差について：**
1) 一瀬正巳, 『誤差論』, 培風館(1953).
2) 吉澤康和, 『新しい誤差論——実験データ解析法』, 共立出版(1989).
3) John R. Taylor 著, 林 茂雄, 馬場 涼 共訳, 『計測における誤差解析入門』, 東京化学同人(2000).

**時系列データについて：**
1) 北川源四郎, 『時系列解析入門』, 岩波書店(2005).

**多変量解析について：**
1) 大村 平, 『多変量解析のはなし』, 日科技連出版社(1985).
2) 山口和範, 高橋淳一, 竹内光悦, 『図解入門 数学セミナー よくわかる多変量解析の基本と仕組み』, 秀和システム(2004).
3) 村上雅人, 『なるほど回帰分析』, 海鳴社(2004).

# 付　録

## 付　録 1：基本的な測量器

　国王から王冠の金の純度を確かめることを命ぜられたアルキメデスが，共同浴場にでかけてお風呂に浸かったとき，お湯が溢れるのを見て「アルキメデスの原理」を発見した．大気中と水中での王冠の重さの違いが鍵となったが，当時すでに精密な質量測定が可能であったこともうかがい知ることができる．現在よく使われている電子天秤の原理はアルキメデスの時代と変わらない．
　化学分析ではさまざまな操作を天秤を含めて種々の器具を用いて行う．その際，それぞれの操作にもっともふさわしい器具を選ばなければならない．

### 1．秤　量
　化学分析の基本は，物質の質量を正確に量り取るところから始まる．固体や不揮発性の液体の場合には，化学天秤が最も優れている．0.1 mg まで測定できるものがよく用いられる．有効数字にして5桁以上の量り取りも容易にでき，信頼性の最も高い測定法の一つである．精密な量り取りを必要としない場合には，上皿天秤が使われる．
　化学天秤には，サオの片側に試料，もう片側に分銅を載せ，ちょうど釣り合ったときの分銅の値から試料の質量を知る方式が従来用いられてきたが，現在では電子天秤がおもに用いられている．分銅を載せる代わりに，電磁力でサオを釣り合わせる．載せた試料の質量に応じて釣り合わせるのに必要な電流値が変わるので，ちょうど釣り合ったときの電流の大きさを検出し，その値から質量を求める．校正分銅内蔵型の天秤では，その内部に校正用の分銅をもっており，それを内部で載せ降ろしをして表示値の正確さの校正を自動的に行えるようになっている．

### 2．溶液の調製，希釈，滴定
　標準溶液の調製，正確な希釈，滴定などの操作には，次のような測容器を用いる．これらは温度によって容量が変わらないように，熱膨張率の小さい耐熱ガラスでつくられる(図1)．
　ホールピペット：溶液を標線までとり，それを流しだすと，表示された量の溶液を量り取ることができる．先端部が破損しやすいので取扱いに注意を要する．
　メスピペット：最初の液面と溶液を流しだした後の液面の値を読み取ると，その差が量り取った溶液量になる．目盛りが表示された部分の径が大きく信頼性はホールピペットに及ばないが，ホールピペットと異なり，任意の量の溶液を量り取ることができる．
　ビュレット：容量分析の滴定に用いる．目盛りは 0.1 cm$^3$ あるいは 0.05 cm$^3$ ご

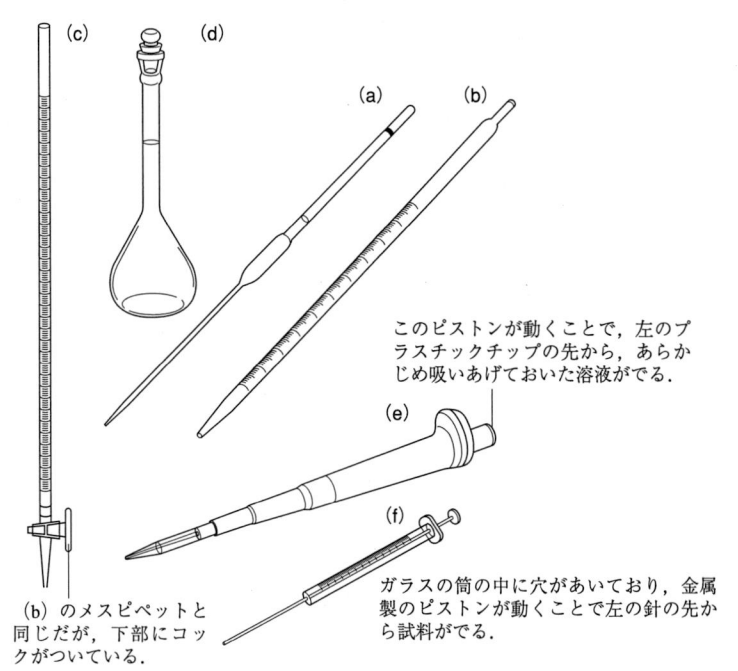

**図1 化学分析に用いる測容器**
(a) ホールピペット，(b) メスピペット，(c) ビュレット，(d) メスフラスコ，
(e) マイクロピペット，(f) マイクロシリンジ

このピストンが動くことで，左のプラスチックチップの先から，あらかじめ吸いあげておいた溶液がでる．

(b) のメスピペットと同じだが，下部にコックがついている．

ガラスの筒の中に穴があいており，金属製のピストンが動くことで左の針の先から試料がでる．

とにつけられており，$0.01\ \mathrm{cm}^3$ までの読み取りを行う．パソコンによりピストンの動きを制御することで，滴定剤溶液を自動的に試料に加えることができる自動ビュレットは，電位差滴定，光度滴定，電導度滴定などに用いることができ，食品，上下水，工場排水の分析に用いられている．

メスフラスコ：既知量の溶質をこの容器の中で溶解し，溶媒を標線まで加えると，濃度既知の溶液をつくることができる．また，溶液の正確な希釈にも用いる．

測容器具には，製造上，表示値に対して表1に示す範囲の誤差が許されている．用いる器具により，容量の正確さの保証範囲が異なる．小容量のものほど相対誤差が大きくなるので，標準溶液の希釈のように正確さを要する操作を行う場合には，できるだけ容量の大きな器具を組み合わせて用いることが望ましい．測容器具は，クレンザーを使って洗浄したり，加熱乾燥を行わない．目盛りが不正確になるからである．

**表1 ガラス製測容器具の許容誤差 ($\mathrm{cm}^3$)**

| 表示体積 ($\mathrm{cm}^3$) | 1 | 10 | 50 | 100 | 1000 |
|---|---|---|---|---|---|
| ホールピペット | 0.01 | 0.02 | 0.05 | | |
| メスピペット | 0.02 | 0.04 | 0.10 | | |
| ビュレット | | 0.02 | 0.05 | | |
| メスフラスコ | | 0.04 | 0.10 | 0.10 | 0.60 |

### 3. 分　取

溶液の分取には，上で述べたガラス器具以外に，円錐形のプラスチックチップを使用する（マイクロ）ピペットが用いられる（図1）．ピストンを押し下げてシリンジ内体積を小さくし，バネでピストンが元の位置まで戻る間に溶液をチップ中に吸いあげる．ついでピストンを押すことで，一定体積の溶液を分取することができる．分取できる体積が固定されたものと，シリンジの体積を変化させて分取する体積を任意に設定できるものがある．また，ピストンの作動を電動で行う半自動ピペット（電動ピペット），分取の操作すべてを自動的に行う全自動ピペットもある．$0.5\,mm^3$ を分取できるものから $10\,cm^3$ を分取できるものまである．操作を手動で行う場合には，吸いあげ速度や排出速度を一定に保つ必要がある．また，分取した水の質量を天秤で測定する操作を繰り返し行うことで，ピペットの表示値のとおりの量を再現性よく分取できているか確認することができる．溶液とピペット本体が接触しないため本体が汚れず，チップを交換することで別の溶液をただちに量りとれるという利点がある．

分注器は，分取用ピペットに弁あるいはバルブが取りつけられたものであり，安全・迅速に正確な体積の試薬などを試薬瓶から直接分けるために用いられる．医薬開発プログラムに伴う多数の試料のスクリーニングやテスト処理の際に，ウェルプレート（マイクロプレート）に一括して試薬を加える場合には，多数の分注器が並列になった自動分注器が使われる．

（マイクロ）シリンジ（注射器型の測容注入器）はガスクロマトグラフィーや高速液体クロマトグラフィーの試料導入に用いる（図1）．ガラス製と金属性がある．ガラスシリンジは中が見えるため，シリンジ内に入り込んだ気泡などの確認が可能である．金属シリンジは耐久性に優れ，精密に加工できるため，より信頼性の高い操作が可能となる．


## 付　録2：機能物質と分析化学

有機，無機，バイオ分野を問わず機能物質の特性，機能の解析には，分析化学，とくに機器分析化学が出番となる．ここでは，合成脂質二分子膜，（化学修飾）フラーレン，（化学修飾）カーボンナノチューブ，DNAチップを例に，研究の現場で機器分析化学がどのように利用されるかを概説する．

細胞膜の模式図を図2に示した．合成脂質を水に分散させると細胞膜と同様の二分子膜構造が形成される．二分子膜構造は，電子顕微鏡を用いて直接観察できる．結晶相から液晶相への転移温度，転移エンタルピー（およびエントロピー）は，示差走査熱分析により容易に行える．また，赤外分光光度法では，二分子膜脂質のアルキル鎖が，トランス構造か，ゴーシュ構造かがわかる．蛍光プローブを微量含んだ二分子膜では，蛍光分光光度法により，二分子膜の流動性，蛍光偏光度，二分子膜内相からの分子のもれ，膜融合挙動などさまざまな特性が解明できる．

**図2 細胞膜の模式図**

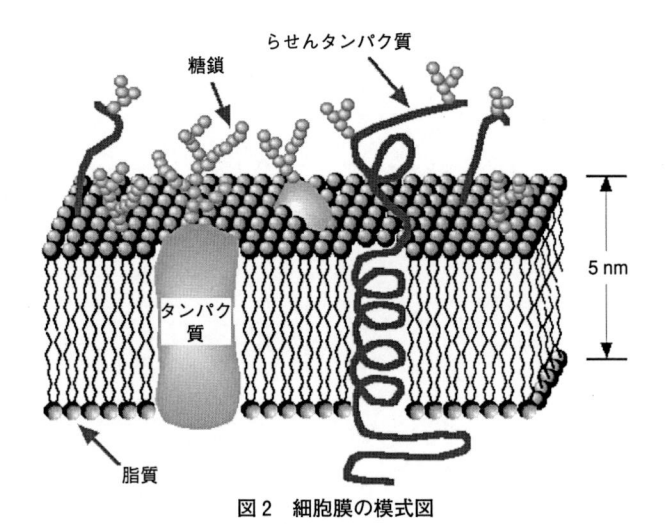

発色団を含む二分子膜に対しては，紫外可視分光光度法により発色団の配向が，蛍光分光光度法によりエネルギー移動挙動が議論できる．

サッカーボール状のナノカーボン $C_{60}$（図3）は1970年に大澤により予言され，1985年に Kroto, Curl, Smalley（1996年度ノーベル化学賞受賞）らの研究により現実の物質となった．そこでは $C_{60}$ の同定に質量分析法が用いられた．$C_{60}$ と同時に $C_{70}$ が単離されたのを皮切りに，これまでに $C_{76}$, $C_{78}$, $C_{82}$, $C_{84}$ などの高次フラーレンおよび La@$C_{82}$ などの金属内包フラーレンが単離された．これらのさまざまなフラーレンの単離には，液体クロマトグラフィーを用いる．構造解析には，核磁気共鳴スペクトルやX線構造解析が用いられる．フラーレンに長鎖アルキル鎖および親水基を導入すればフラーレン脂質が合成できる．これは，超音波照射により水に溶け，細胞膜やリポソーム，人工二分子膜と同様に二分子膜を基本構造とした相転移をもつ超構造を形成する．これらの構造も，X線構造解析，紫外可視分光光度法，赤外分光光度法，示差走査熱分析により解明できる．また，これらから形成されたフラーレン二分子膜フィルム修飾電極の電子機能の解析にはサイクリックボルタンメトリーなどの電気化学的手法を用いる．

カーボンナノチューブ（CNT）（図4）はグラフェン構造をもつ円筒状の物質であり，電子顕微鏡観察により1991年に偶然に発見された．CNTの内部にフラーレンを内包した構造をもつフラーレンピーポッド，円錐状のナノカーボンがダリア状に凝集したカーボンナノホーンはCNTのファミリーである．CNTはナノテ

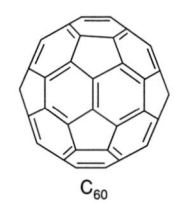

**図3 フラーレン $C_{60}$（直径0.7 nm）**

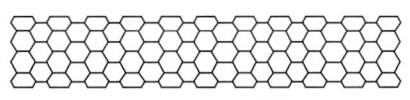

**図4 カーボンナノチューブ（単層の場合，直径1～2 nm，長さは数ミクロン）**

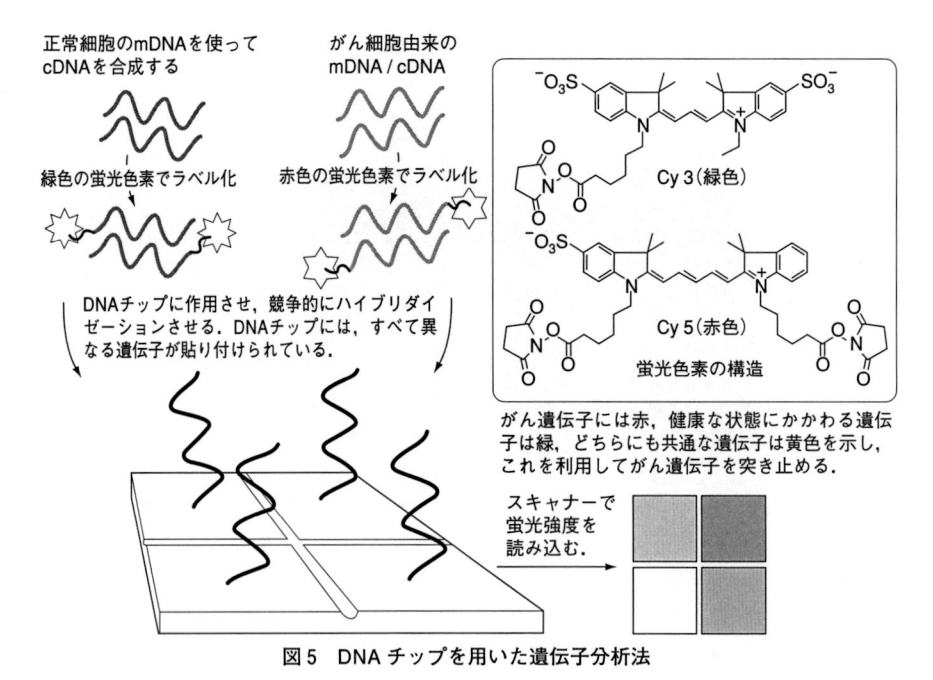

**図5 DNA チップを用いた遺伝子分析法**

クノロジーの中心的素材として大きな注目を集めている．CNT は，銅よりも電気を通す能力が高い「ナノ電線」である，超高温にも耐える，超弾性を示す，電子放出能があるなど，さまざまな極限的な特性・機能を有している．電子放出を利用した表示素子，ナノ電子デバイス，二次電池，燃料電池，エネルギー貯蔵材料などへの応用研究も進展している．CNT の構造解析には，X線構造解析，電子顕微鏡，プローブ顕微鏡(原子間力顕微鏡，トンネル顕微鏡)を用いる．ラマン分光光度法では，CNT 由来の振動モードや欠陥構造に由来する D バンド(disorder バンド)が観測でき，これらから，CNT の直径，CNT の構造，純度がわかるほか，半導体 CNT や金属性 CNT に由来するバンド構造も議論できる．一方，界面活性剤などにより CNT を溶媒に可溶化することができる．可溶化 CNT の近赤外スペクトル測定により，CNT が互いに会合しているか，あるいは会合がほどけているかが推定できる．また可溶化 CNT 溶液の近赤外蛍光スペクトル測定より，CNT の光学特性が解明できるとともに，CNT の微細構造も推定できる．熱分析測定により CNT の熱安定性，純度が解析できる．さらに電気化学的手法により CNT の燃料電池特性が解明できる．

　核酸はあらゆる生物に共通した生命の設計図である．古くは X 線回折法による二重らせん構造の決定に始まり，分子分光分析を用いた生化学的な性質の解明，さらにはキャピラリー電気泳動によるヒトゲノムの全塩基配列決定まで，機器分析法は核酸研究の分野で大活躍している．一方，これからのゲノム研究のためには，数万に及ぶ遺伝子の構造と働きを調べるという大規模なデータ収集が必要になる．このため，一度の測定で多数の試料を高速に分析すること(ハイスループット法)を目的に，DNA チップ(または DNA マイクロアレイ)が考案された．図

5に，DNAチップを用いた遺伝子分析法の模式図を示した．これは，ガラス基板にたくさんの遺伝子DNAを貼り付けたものであり（1 cm² 当たり数千から数万種類），蛍光試薬による試料DNAのラベル化，およびマイクロアレイスキャナーを用いた測定を組み合わせて分析を行う．DNAチップの開発により，どのような遺伝子の違い（塩基配列）ががんに結びつくのかを一つ一つ調べたり，大規模な被験者群について，DNAチップの実験結果をデータベース化して診断や治療に役立てたりする研究が可能になった．遺伝子研究からさらに進んで，タンパク質や抗体をアレイ化したチップも研究が進んでいる．いずれも，ポストゲノム時代の研究を牽引する分析法として期待を集めている．

このように，あらゆる物質の構造，特性，機能解析は，さまざまな機器分析があって，はじめて可能となるのである．

## 付　録3：標準酸化還元電位データ

表2　水溶液中の標準酸化還元電位（$E°$）（25 ℃）[a]

| 酸化還元反応式 | 電位(V) | 酸化還元反応式 | 電位(V) |
|---|---|---|---|
| $Li^+ + e^- \rightleftharpoons Li$ | −3.03 | $Cu^{2+} + e^- \rightleftharpoons Cu^+$ | 0.153 |
| $K^+ + e^- \rightleftharpoons K$ | −2.925 | $AgCl + e^- \rightleftharpoons Ag + Cl^-$ | 0.2223[b] |
| $Na^+ + e^- \rightleftharpoons Na$ | −2.713 | $Hg_2Cl_2 + 2e^- \rightleftharpoons 2Hg + 2Cl^-$ | 0.2680 |
| $Mn^{2+} + 2e^- \rightleftharpoons Mn$ | −1.19 | $Cu^{2+} + 2e^- \rightleftharpoons Cu$ | 0.337 |
| $Cr^{2+} + 2e^- \rightleftharpoons Cr$ | −0.90[b] | $O_2 + 2H_2O + 4e^- \rightleftharpoons 4OH^-$ | 0.401 |
| $2H_2O + 2e^- \rightleftharpoons H_2 + 2OH^-$ | −0.82806 | $Cu^+ + e^- \rightleftharpoons Cu$ | 0.521 |
| $Zn^{2+} + 2e^- \rightleftharpoons Zn$ | −0.7628 | $I_2 + 2e^- \rightleftharpoons 2I^-$ | 0.5355 |
| $Cr^{3+} + e^- \rightleftharpoons Cr^{2+}$ | −0.408 | $I_3^- + 2e^- \rightleftharpoons 3I^-$ | 0.545 |
| $Cd^{2+} + 2e^- \rightleftharpoons Cd$ | −0.402 | $[Fe(CN)_6]^{3-} + e^- \rightleftharpoons [Fe(CN)_6]^{4-}$ in 0.1 mol dm$^{-3}$ HCl<br>in 1.0 mol dm$^{-3}$ HCl | 0.56[b]<br>0.71[b] |
| $Ni^{2+} + 2e^- \rightleftharpoons Ni$ | −0.23 | | |
| $Sn^{2+} + 2e^- \rightleftharpoons Sn$ | −0.140 | $Fe^{3+} + e^- \rightleftharpoons Fe^{2+}$ | 0.771 |
| $Pb^{2+} + 2e^- \rightleftharpoons Pb$ | −0.126 | $Ag^+ + e^- \rightleftharpoons Ag$ | 0.7994 |
| $2H^+ + 2e^- \rightleftharpoons H_2$ | 0.0 | $Br_2(aq) + 2e^- \rightleftharpoons 2Br^-$ | 1.087 |
| $[Ru(NH_3)_6]^{3+} + e^- \rightleftharpoons [Ru(NH_3)_6]^{2+}$ | 0.10[b] | $O_2 + 4H^+ + 4e^- \rightleftharpoons 2H_2O$ | 1.229 |
| $Sn^{4+} + 2e^- \rightleftharpoons Sn^{2+}$ | 0.15 | $Cl_2 + 2e^- \rightleftharpoons 2Cl^-$ | 1.3595 |

a) 6章参照．
b) 6章の参考文献2から引用．無印の電位は，喜多英明，魚崎浩平，『電気化学の基礎』，技報堂（1983），pp. 254〜259 よりの抜粋．

酸化還元反応式に現れるすべての化学種の活量を1としたときの値である．電位の基準はNHEである．順序は，電位の値がネガティブなほうからポジティブなほうへと並べてある．

# 章末問題の解答

## 1章

**1.1** 太陽から冥王星までの距離

**1.2** ① $H_2O$(塩基) + $H_2O$(酸) $\rightleftarrows$
   $H_3O^+$(酸) + $OH^-$(塩基)
   ② $H_2O|$(塩基) + H–OH(酸) $\rightleftarrows$
   $H_2O^+$–H(酸) + $|OH^-$(塩基)

**1.3** カルボキシ基から先に解離する．理由：表1.1に含まれている数種のアンモニウム基($R-NH_3^+$)およびカルボキシ基($R-CO_2H$)の酸解離定数を相互比較すると，$R-CO_2H$ のほうが $R-NH_3^+$ よりも酸として強い．したがって，同じ分子内にある場合でもカルボキシ基のほうが先に解離する．なお解離して生じるHAの構造は $^+H_3NCH_2CO_2^-$ となり，分子内で正負の荷電が分かれて存在する．このような構造を双性イオンとよぶ．アミノ酸ではこのような構造が普通に見られる．

**1.4** 強電解質：過塩素酸ナトリウム，臭化水素酸，ベンゼンスルホン酸，塩化テトラメチルアンモニウム．
弱電解質：水酸化アルミニウム，水酸化鉄，亜硫酸，アニリン，ピリジン，アルコール，炭酸，水．

**1.5** [構造式：H–N(H)(H)⌢H–O–H → H–N⊕(H)(H)(H) ⊖|O–H]

**1.6** [構造式：H–N⊕(H)(H)(H)⌢|O–H → H–N(H)(H) H⊕O–H(H)]

**1.7** [構造式：⊖|S⌢H–O–H → ⊕|S H–O–H⊕]

**1.8** [構造式：$CH_3$–O–H⌢|O–$CH_3$ → $CH_3$–|O⊖ H⊕O–$CH_3$]

**1.9** $\alpha_{AcOH} = 0.36$  [AcOH] $= 1.07 \times 10^{-2}$ M
$\alpha_{HPy^+} = 0.61$  [$HPy^+$] $= 1.82 \times 10^{-2}$ M

**1.10**

|  | pH 6.0 | 6.5 | 7.0 | 7.5 | 8.0 |
|---|---|---|---|---|---|
| $\alpha_{ArOH}$ | 0.91 | 0.76 | 0.5 | 0.24 | 0.09 |
| $\alpha_{ArO^-}$ | 0.09 | 0.24 | 0.5 | 0.76 | 0.91 |
| 色調 | うす黄色 | うす黄色 | 黄橙色 | 黄橙色 | 橙色 |

**1.11** $[H^+] = K_1 = 5.9 \times 10^{-3}$ となるように pH を調整すれば $[H_3PO_4] = [H_2PO_4^-]$ となる．$[H^+] = K_2 = 6.2 \times 10^{-8}$ とすれば $[H_2PO_4^-] = [HPO_4^{2-}]$ となる．

**1.12** $[H^+][OH^-] = 1.0 \times 10^{-14}$ において $[OH^-] = 0.01$ であるから，$[H^+] = 1.0 \times 10^{-12}$．したがって pH $= -\log[H^+] = 12.0$．

**1.13** 硫酸は完全に解離しているから，物質収支式 $C_{H_2SO_4} = [SO_4^{2-}] = 0.000001$
イオン的中性式 $[H^+] = [OH^-] + 2[SO_4^{2-}] = [OH^-] + 0.000002$
水の解離平衡式 $[H^+][OH^-] = 1.0 \times 10^{-14}$ と連立させて解くと，$[H^+] = 2.005 \times 10^{-6}$(M)

**1.14** 0.01 M $C_6H_5NH_3^+Cl^-$ では $[H^+] = 5.0 \times 10^{-4}$(M)，0.01 M $NH_4^+Cl^-$ では $[H^+] = 2.4 \times 10^{-6}$(M)

**1.15** 前半の問いについて，得られた溶液は，互いに等しい物質量の酢酸と酢酸ナトリウムを混合した水溶液である．これは式(1.61)の考え方によれば，$C^\circ_{AcOH} = C^\circ_{AcO^-}$ となるように溶液を調製したことに相当する．したがって pH は $pK_a$ 値に等しくなり 4.76．同様に後半では pH = 9.25．

**1.16** 化学平衡式：1.6.3項の式(1.56)，式(1.57)に同じ．
物質収支式：$C_{HCl} = [Cl^-] = 1/(100 + v)$，
$C_{AcOH} = [AcOH] + [AcO^-] = 1/(100 + v)$
$C_{NaOH} = [Na^+] = 0.1v/(100 + v)$
イオン的中性式：$[H^+] + [Na^+] = [OH^-] + [Cl^-] + [AcO^-]$

**1.17** 前問の物質収支式において，$C_{HCl} = [Cl^-] = 1/(100 + v) = 1/110$，$C_{NaOH} = [Na^+] = 0.1v/(100 + v) = 1/110$ であるから $C_{HCl} = [Cl^-] = C_{NaOH} = [Na^+]$．したがってイオン的中性式は $[H^+] = [OH^-] + [AcO^-]$ となり，単に酢酸水溶液の pH の計算と同じになる．$C_{AcOH} = 1/(100 + 10) = 9.09 \times 10^{-3}$ であるから，式(1.55)を用いて $[H^+] = 4.04 \times 10^{-4}$，pH = 3.39

**1.18** この点では酸のほとんどが中和され，溶液は中性に近い．したがって，問題1.16のイオン的中性式において $[H^+]$ と $[OH^-]$ の両方を省略すると，$[Na^+] = [Cl^-] + [AcO^-]$．これを変形して $[AcO^-] = [Na^+] - [Cl^-] = C_{NaOH} - C_{HCl}$ とし，酢酸の物質収支式と解離平衡式に代入すると，$K_{AcOH} = [H^+](C_{NaOH} - C_{HCl})/\{C_{AcOH} - (C_{NaOH} - C_{HCl})\}$．この関係を用いて，$[H^+] = 2.0 \times 10^{-6}$，pH = 5.70

## 2章

**2.1** 金属イオン(M)と配位子(L)の1:1の錯形成反応は，式(2.8)で示される．溶液中の全金属イオン濃度 $C_M$，全配位子濃度 $C_L$ は，等体積の混合なので，
$C_M = C_L = 0.2/2 = 0.1$ M
安定度定数は十分に大きいため，金属イオンのほとんどは配位子と定量的に錯体が生成していると考えてよい．したがって，錯体を形成していない遊離の金属イオン濃度を $x$ とすると
$[M] = [L] = x$

[ML] = 0.1 − $x$ ≃ 0.1 M
これを式(2.8)に代入すると

$$\frac{0.1}{x^2} = 10^7 \qquad x = \sqrt{10^{-8}} = 1.0 \times 10^{-4} \text{ M}$$

と計算できる.

**2.2** 銀イオンとアンモニアの錯形成反応は，次のように示される.

$$Ag^+ + NH_3 \underset{}{\overset{k_1}{\rightleftharpoons}} Ag(NH_3)^+$$

$$Ag(NH_3)^+ + NH_3 \underset{}{\overset{k_2}{\rightleftharpoons}} Ag(NH_3)_2^+$$

したがって存在する化学種は，$Ag^+$，$Ag(NH_3)^+$，$Ag(NH_3)_2^+$ の三種であり，式(2.15)より，それぞれの化学種の分率は次式で示される.

$$f_{Ag} = \frac{1}{1 + k_1[NH_3] + k_1 k_2[NH_3]^2}$$

$$f_{Ag(NH_3)} = \frac{k_1[NH_3]}{1 + k_1[NH_3] + k_1 k_2[NH_3]^2}$$

$$f_{Ag(NH_3)_2} = \frac{k_1 k_2[NH_3]^2}{1 + k_1[NH_3] + k_1 k_2[NH_3]^2}$$

これに $k_1 = 10^{3.3}$ M$^{-1}$，$k_2 = 10^{4.4}$ M$^{-1}$，および $[NH_3] = 0.2/2$ M $= 0.1$ M の値を代入すると（銀イオンに対してアンモニアは大過剰なので，錯形成で消費されるアンモニアの濃度は無視することができる），$f_{Ag} = 2.0 \times 10^{-6}$，$f_{Ag(NH_3)} = 4.0 \times 10^{-4}$，$f_{Ag(NH_3)_2} = 1.0$ と計算できる.したがってそれぞれの化学種の濃度は，

$$[Ag^+] = \frac{2.0 \times 10^{-4}}{2} \times f_{Ag} = 2.0 \times 10^{-10} \text{ M}$$

$$[Ag(NH_3)^+] = \frac{2.0 \times 10^{-4}}{2} \times f_{Ag(NH_3)} = 4.0 \times 10^{-8} \text{ M}$$

$$[Ag(NH_3)_2^+] = \frac{2.0 \times 10^{-4}}{2} \times f_{Ag(NH_3)_2}$$
$$= 1.0 \times 10^{-4} \text{ M}$$

したがってこの条件では，ほとんどの銀イオンがジアンミン錯体として存在していることがわかる.

**2.3** (1) $Y^{4-}$ の副反応係数は，式(2.23)で示されるので，$K_{a1}$，$K_{a2}$，$K_{a3}$，$K_{a4}$ の値を代入すると，

$$\alpha_Y = 1 + \frac{[H^+]}{10^{-10.3}} + \frac{[H^+]^2}{10^{-16.5}} + \frac{[H^+]^3}{10^{-19.2}} + \frac{[H^+]^4}{10^{-21.2}}$$

pH 8 では,
　$\alpha_Y = 1 + 10^{2.3} + 10^{0.5} + 10^{-4.8} + 10^{-10.8} \simeq 203.7$
pH 10 では,
　$\alpha_Y = 1 + 10^{0.3} + 10^{-3.5} + 10^{-10.8} + 10^{-18.8} \simeq 3.0$
pH 12 では,
　$\alpha_Y = 1 + 10^{-1.7} + 10^{-7.5} + 10^{-16.8} + 10^{-26.8} \simeq 1.0$

(2) 条件安定度定数は，式(2.24)より,
　$K'_{CaY} = K_{CaY}/\alpha_Y$
したがって,

pH 8 では,
　$K'_{CaY} = 5.0 \times 10^{10}/203.7 = 2.5 \times 10^8$ M$^{-1}$
pH 10 では,
　$K'_{CaY} = 5.0 \times 10^{10}/3.0 = 1.7 \times 10^{10}$ M$^{-1}$
pH 12 では,
　$K'_{CaY} = 5.0 \times 10^{10}/1.0 = 5.0 \times 10^{10}$ M$^{-1}$
と計算できる.

## 3章

**3.1** 0.01M $CaCl_2$ 水溶液中の $CaCO_3$ 塩のモル溶解度を $S_{CaCO_3}$ とすると,
　$[Ca^{2+}]_w = 0.01 + S_{CaCO_3}$, $[CO_3^{2-}]_w = S_{CaCO_3}$
となる.ここで $S_{CaCO_3} \ll 0.01$ であるので,
　$K_{sp, CaCO_3} = 0.01 \times S_{CaCO_3} = 4.0 \times 10^{-9}$,
　$S_{CaCO_3} = 4.0 \times 10^{-7}$ M
と計算できる.

**3.2** ・沈殿する AgCl の量：$0.1 \times 99.9$ mmol
・溶液中の未反応の $Cl^-$ イオン量：
　$(10.0 − 9.99)$ mmol
・溶液中の未反応の $Cl^-$ イオン濃度：
　$(10.0 − 9.99)/199.9 = 5.0 \times 10^{-5}$ M

この濃度はかなり低いため，AgCl 塩の沈殿から溶解する $Cl^-$ イオン濃度を考慮する必要がある.沈殿から溶解する $Cl^-$ イオン濃度を $X$ とすると,
　$K_{sp, AgCl} = X(X + 5.0 \times 10^{-5}) = 1.8 \times 10^{-10}$ より,
　$X = 0.3 \times 10^{-5}$ M
したがって溶存する $Cl^-$ イオン濃度は,
　$(X + 5.0 \times 10^{-5}) = 5.3 \times 10^{-5}$ M
と計算できる.

なお，$[Cl^-]_w = (10 − 0.1 v)/(100 + v) + X$ の関係を上式に代入すると，式(3.23)が得られる.

**3.3** ・溶液中に放出された $H^+$ イオン量：
　$0.10 \times 4.1 \times 2 = 0.82$ mmol
・溶液中に残った $Na^+$ イオン量：
　$0.010 \times 100 − 0.82 = 0.18$ mmol
・樹脂中に残った $H^+$ イオン量：
　$4.0 \times 1.0 − 0.82 = 3.18$ mmol
・樹脂中に吸着した $Na^+$ イオン量：0.82 mmol
したがって選択係数は，式(3.32)より

$$K_H^{Na} = \frac{[R\text{-}Na^+]_R[H^+]_w}{[R\text{-}H^+]_R[Na^+]_w} = \frac{0.82 \times 0.82}{3.18 \times 0.18} = 1.17$$

と計算できる.

## 4章

**4.1** 弱酸の分配比は，式(4.6)で示される.題意から $K_D = 10$，pH 5.0 で $D = 1.0$ の値を代入すると,
　$1.0 = 10/(1 + K_a/1.0 \times 10^{-5})$
したがって，$K_a = 9.0 \times 10^{-5}$ M と算出できる.

**4.2** 金属イオン A に対する分配比の式は次式で示される.
　$\log D_A = \log K_{ex, A} + n \log[HL]_o + n$ pH
半抽出 pH は，$\log D_A = 0$ での pH であるから
　$\log D_A = − n$ pH$_{1/2, A} + n$ pH　　　　　(1)
同様に金属イオン B についても
　$\log D_B = − n$ pH$_{1/2, B} + n$ pH　　　　　(2)

金属イオン A，B を完全に分離するには，ある pH において $|\log D_A - \log D_B| = 4.0$ となればよい．したがって (1) − (2) から

$\log D_A - \log D_B = -n\,\mathrm{pH}_{1/2,A} + n\,\mathrm{pH}_{1/2,B} = 4.0$

$\Delta\mathrm{pH}_{1/2} = 4.0/n$ の差が必要である．

**4.3** 題意から式 (4.39) において，$K_D$ の代わりに $K_D(V_B/V_A)$ を入れて計算を行うと，$V_B = 3.0$ mL，$V_A = 2.0$ mL，$K_D = 1.0$ の条件から

$(2/5 + 3/5)^3 = (2/5)^3 + 3(2/5)^2(3/5)$
$\qquad\qquad\qquad + 3(2/5)(3/5)^2 + (3/5)^3$
$\qquad\qquad = 0.064 + 0.288 + 0.432 + 0.216$

したがって，容器 1：6.4 %，容器 2：28.8 %，容器 3：43.2 %，容器 4：21.6 %

**5 章**

**5.1** (1) Fe + 3, O − 2

(2) K + 1, H − 1：電気陰性度 (H 2.1, K 0.8) の大きいほうが共有電子対を 2 個とも奪うと考える．

(3) N + 2, O − 2；N + 4, O − 2；N + 5, O − 2

(4) S + 4, O − 2；H + 1, S + 4, O − 2；S + 6, O − 2；H + 1, S + 6, O − 2

**5.2** (1) 右：$Cu^{2+} + 2e^- = Cu \quad + 0.34$ V
　　　 左：$Zn^{2+} + 2e^- = Zn \quad - 0.76$ V
　　　 電池：Zn|ZnSO$_4$‖CuSO$_4$|Cu　$+ 1.10$ V

(2) 右：$AgCl + e^- = Ag + Cl^- \quad + 0.22$ V
　　 左：$H^+ + e^- = 1/2\,H_2 \quad 0$ V
　　 電池：Pt|H$_2$|H$^+$‖AgCl|Ag　$+ 0.22$ V

(3) 右：$O_2 + 4H^+ + 4e^- = 2H_2O \quad + 1.23$ V
　　 左：$4H^+ + 4e^- = 2H_2 \quad 0$ V
　　 電池：Pt|H$_2$|H$^+$, Cl$^-$|O$_2$|Pt　$+ 1.23$ V

(4) 右：$2H_2O + 2e^- = 2OH^- + H_2 \quad - 0.83$ V
　　 左：$2Na^+ + 2e^- = 2Na \quad - 2.71$ V
　　 電池：Na|Na$^+$, OH$^-$|H$_2$|Pt　$+ 1.88$ V

(5) 右：$I_2 + 2e^- = 2I^- \quad + 0.54$ V
　　 左：$2H^+ + 2e^- = H_2 \quad 0$ V
　　 電池：Pt|H$_2$|H$^+$, I$^-$|I$_2$|Pt　$0.54$ V

**5.3** 反応ギブズエネルギーは状態量なので加成性があることに注意しよう．半反応の式をもとに，式 (5.22) を使って $E°$ の値から $\Delta G$ を求め，電池反応に従って加え合わせる．その後，あらためて式 (5.22) を使って $E°$ に変換する．

まず，それぞれの半反応は次のとおりである．

(1) $Cu^{2+} + 2e^- = Cu \quad E° = +0.340$ V,
$\Delta G = -2(0.340 \text{ V})F$

(2) $Cu^+ + e^- = Cu \quad E° = +0.520$ V,
$\Delta G = -(0.520 \text{ V})F$

求めたい反応は，(1) から (2) を引くことで得られる．

(3) $Cu^{2+} + e^- = Cu^+ \quad E° = -\Delta G/F$
$\quad -\Delta G = -\Delta G_{(1)} - \Delta G_{(2)} = -(0.160 \text{ V}) \times F$

したがって，$E° = +0.160$ V となる．

**5.4** 酸化還元反応式は以下のとおりである．

$Sn^{2+} + 2Ce^{4+} = Sn^{4+} + 2Ce^{3+}$

$E_{Sn^{4+},Sn^{2+}} = 0.14 + 0.0295 \log\dfrac{[Sn^{4+}]}{[Sn^{2+}]}$ （1）

$E_{Ce^{4+},Ce^{3+}} = 1.28 + 0.059 \log\dfrac{[Ce^{4+}]}{[Ce^{3+}]}$ （2）

平衡状態では両方の反応の電位が等しくなるので，

$\log K = \log\dfrac{[Fe^{3+}][Ce^{3+}]^2}{[Fe^{2+}][Ce^{4+}]^2} = \dfrac{(1.28-0.14)}{0.0295} = 38.6$

となり，この反応は定量的に進むと考えられる．以下，例題 5.6 に準じて計算する．

(a) 滴定剤を 4 cm$^3$ 滴下した場合：滴定前の Sn$^{2+}$ の全物質量は $0.02 \times 50 = 1.0$ mmol である．溶液に加えられた Ce$^{4+}$ (0.40 mmol) との反応により Sn$^{4+}$ が 0.20 mmol 生成し Sn$^{2+}$ として 0.80 mmol が残る．これを (1) に代入して，$E = 0.14 + 0.0295 \log(0.20/0.80) = 0.81$ (V)

(b) 滴定剤を 10 cm$^3$ 滴下した場合：同じようにして，$E = 0.14 + 0.0295 \log(0.50/0.50) = 0.14$ (V)

(c) 滴定剤を 20 cm$^3$ 滴下した場合：滴定の当量点になる．当量点では [Sn$^{4+}$] = 2[Ce$^{3+}$]，[Sn$^{2+}$] = 2[Ce$^{4+}$] である．(1) と (2) から次の式を得る．

$2E_{Sn^{4+},Sn^{2+}} + E_{Ce^{4+},Ce^{3+}}$
$= 2 \times 0.14 + 1.28 + 0.059 \log\dfrac{[Sn^{4+}][Ce^{4+}]}{[Sn^{2+}][Ce^{3+}]}$

当量点では対数項はゼロであり，両方の反応の電位 ($E_{eq}$) が等しくなることを考慮すれば，

$2E_{Sn^{4+},Sn^{2+}} + E_{Ce^{4+},Ce^{3+}} = 3E_{eq} = 2 \times 0.14 + 1.28$
$\qquad\qquad\qquad\qquad\qquad = 1.56$

なので，$E_{eq} = 0.52$ (V)

(d) 滴定剤を 40 cm$^3$ 滴下した場合：滴定の二当量点である．(2) において [Ce$^{4+}$] = [Ce$^{3+}$] として，$E = 1.28$ (V)

**5.5** この実験の酸化還元反応式は次のとおりである．

(1) $MnO_4^- + 8H^+ + 5e^- = Mn^{2+} + 4H_2O$

(2) $O_2 + 2H^+ + 2e^- = H_2O_2$

(1) × 2 − (2) × 5 より

$2MnO_4^- + 5H_2O_2 + 6H^+ = 2Mn^{2+} + 5O_2 + 8H_2O$

これより，MnO$_4^-$ の電気化学当量は 5/2 であることがわかる．したがって試料中の H$_2$O$_2$ 濃度として，

$[H_2O_2] = (5/2) \times 0.02 \times 19.5/10 = 0.0975$ M

を得る．

以上より，市販のオキシドール中の H$_2$O$_2$ 濃度は 0.975 M となる．このとき 100 cm$^3$ (100 g) 中に含まれる H$_2$O$_2$ の量は 3.3 g だから，およそ 3 % 水溶液になる．

## 6章

**6.1** 得られた $n = 2$ の場合の曲線を，$n = 1$ の場合（破線：図6.7と同じ）と比較してみよう．

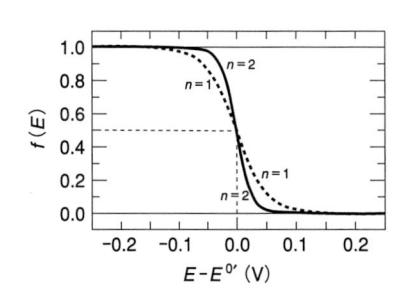

**6.2** (1) $E°' = 0.51$ V vs. $E_{Ag/AgCl/KCl(sat'd)}$．"sat'd" は飽和すなわち "saturated" の略．(2) Ag + Cl⁻ ⇌ e⁻(Ag) + AgCl(Ag + Cl⁻ ⇌ e⁻ + AgCl と書いてもよい)．
(3) 付録3のデータを用いて，
$E = 0.2223$ V $- 0.0257$ V $\times \ln([\mathrm{Cl^-}]/\mathrm{mol\ dm^{-3}})$
$= 0.2223$ V $- 0.0592$ V $\times \log([\mathrm{Cl^-}]/\mathrm{mol\ dm^{-3}})$

**6.3** 式(6.5)のネルンスト式は，$H_2$分圧を1（単位量）とおくと $E = 0.000$ V $+ (RT/F)\ln[\mathrm{H^+}]$ となり，pHの定義から25℃では，$E = -0.0592$ V/pH $\times$ pH となる．

**6.4** 解答例省略．

**6.5** 本書の内容を超える問題であるが，たとえば6章の参考文献4)のp.123を参照．

## 7章

**7.1** 題意より，$t_{R1} = 4.35$ min, $t_{R2} = 6.05$ min, $W_{1/2,1} = 23/60 = 0.383$ min, $W_{1/2,2} = 0.417$ min．したがって，$R_S = 2(6.05 - 4.35)/1.70(0.383 + 0.417) = 2.5$

**7.2** 題意より，$t_{R(\mathrm{ベンゼン})} = 4.61$ min, $t_{R(\mathrm{ナフタレン})} = 6.27$ min, $t_{R(\mathrm{アントラセン})} = 9.92$ min, $W_{1/2(\mathrm{ベンゼン})} = 0.07$ min, $W_{1/2(\mathrm{ナフタレン})} = 0.09$ min, $W_{1/2(\mathrm{アントラセン})} = 0.15$ min. $N_{(\mathrm{ベンゼン})} = 5.545(4.61/0.07)^2 ≒ 24000$, $N_{(\mathrm{ナフタレン})} = 5.545(6.27/0.09)^2 ≒ 27000$, $N_{(\mathrm{アントラセン})} = 5.545(9.92/0.15)^2 ≒ 24000$

**7.3** 検量線のグラフおよび近似直線の方程式より，約36.5キロダルトンとなる．

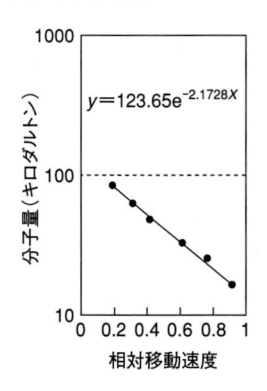

$y = 123.65 e^{-2.1728X}$

## 8章

**8.1** 式(8.1)より
$\lambda = (2.998 \times 10^8)/(2.45 \times 10^9) = 1.22 \times 10^{-1}$ m
$= 122$ mm $= 12.2$ cm
式(8.2)より
$\varepsilon = (6.624 \times 10^{-34}) \times (2.45 \times 10^9)$
$= 1.62 \times 10^{-24}$ J
$\varepsilon = (1.62 \times 10^{-24}) \times (6.02 \times 10^{23})$
$= 9.75 \times 10^{-1}$ J/mol

**8.2** 式(8.2)より
$\varepsilon = (6.624 \times 10^{-34}) \times (2.998 \times 10^8)/(254 \times 10^{-9})$
$= 7.82 \times 10^{-19}$ J
$\varepsilon = (7.82 \times 10^{-19}) \times (6.02 \times 10^{23})$
$= 4.71 \times 10^5$ J/mol

**8.3** 波長を分解能高く精度よく測定するには，できるだけ波長分散の大きな素子（プリズムや回折格子）を使い，単色光を取りだすスリット幅を細くすればよい．具体的には，間隔の短い溝（一般的なもので600〜1200本/mm）をもった回折格子を使うなどがある．また，精度のよい測定を行うには，検出器の応答速度と波長掃引速度との関係にも注意しなければならない．

## 9章

**9.1** 式(9.2)より
$A = -\log(58.2/100) = 0.235$ Abs.
$0.235 = \varepsilon \times (1.00 \times 10^{-5} \mathrm{M}) \times (1\ \mathrm{cm})$
$\varepsilon = 23500\ \mathrm{M^{-1}\ cm^{-1}}$

**9.2** 省略

**9.3** 式(9.3)より
$\tilde{\nu} = 3657\ \mathrm{cm^{-1}} = 1/\lambda$
$\lambda = 2.73 \times 10^{-4}$ cm $= 2.73 \times 10^{-6}$ m $= 2.73\ \mu$m

**9.4** 波長はエネルギーと比例関係にないので，いったん，光子エネルギーや波数に変換して計算する必要がある．
720 nmの光の波数 $= 1/(720 \times 10^{-9}$ m$)$
$= 1.39 \times 10^6\ \mathrm{m^{-1}}$
$= 1.39 \times 10^4\ \mathrm{cm^{-1}}$
ストークス線の波数は，$(1.39 \times 10^4 - 3657)\ \mathrm{cm^{-1}}$ となり，これを波長に変換して，976 nm となる．同様に，アンチストークス線の波長は 569 nm となる．

## 10章

**10.1** 原子1個当たり，$\Delta E = hc/\lambda = 6.626 \times 10^{-34}$(J s) $\times 3.00 \times 10^8$(m s$^{-1}$)$/2.14 \times 10^{-7}$(m) $= 9.29 \times 10^{-19}$(J)．1 mol では，$9.29 \times 10^{-19} \times 6.23 \times 10^{23}$
$= 579$ kJ mol$^{-1}$．

**10.2** 本文参照．

**10.3** 本文参照．

**10.4** 検量線の図省略．未知試料濃度は 1.36 ppm．

## 11章

**11.1** ブラッグの式 $n\lambda = 2d\sin\theta$ に代入し $d$ を求める．
$n = 1$ として計算すると
$154.18 = 2 \times d \times \sin(27.44/2)$

$d = 325.0$ となる．単位を Å に変換すると $d = 3.25$ となる．同様に計算すると，それぞれ $d = 2.49$ と $d = 1.69$ になる．
強度比および $d$ 値を表1と比較することでこの酸化チタンはルチル型であることがわかる．

**11.2** 単結晶のX線回折パターンは斑点状に現れ，粉末の場合はリング上に現れる．
非晶質の場合はハローパターンを与え明確なピークや斑点を生じない．

**11.3** Aは固有X線，Bは連続X線
フィラメントから発生した電子が十分に加速され，その運動エネルギーが対陰極物質の元素の内殻軌道電子の結合エネルギーより大きい場合に電子が内殻軌道電子をたたきだし，このときできた内殻軌道の空位に外殻軌道から電子が遷移する．このとき外殻軌道と内殻軌道のエネルギー差に相当するX線が発生する．これが固有X線である．
フィラメントから発生し加速された電子は対陰極に近づき対陰極物質の電場により減速される．この減速で失われるエネルギーの大部分は熱となり，その一部はX線となる．失われるエネルギーは連続的な値を取るため発生するX線のエネルギー（波長分布）は連続的になる．これが連続X線である．

**11.4** 蛍光X線分析法には，波長分散方式とエネルギー分散方式の二種類の方式がある．波長分散方式では，既知の面間隔 $d$ をもつ分光結晶に蛍光X線を当てる．蛍光X線の波長 $\lambda$ は入射角を $\theta$ とするとブラッグの条件より
$$n\lambda = 2d\sin\theta$$
で与えられるので，分光結晶を回転させることにより，いろいろの波長を分離することができる．この方式を波長分散方式という．
エネルギー分散方式では，試料から発生した蛍光X線を半導体検出器（SSD）で検出する．このSSDのエネルギー分解能はきわめて高いので，マルチチャンネル波高分析器により蛍光X線のエネルギーを分離する．この方式をエネルギー分散方式という．

**11.5** 内殻軌道からたたきだされた光電子の波は，もし吸収原子のまわりに原子があるとその原子によって散乱される波との干渉によって，吸収端から 50 eV 〜 1 keV のエネルギー領域に微細構造 EXAFS (extended X-ray absorption fine structure) が生じる（図 11.15）．吸収端から十分離れた領域（> 50 eV）では光電子の運動エネルギーが大きいために散乱は弱くなる．直接波と散乱波の干渉は光電子の波数について正弦的な振動を与えるが，その周期から中心原子と散乱原子の間の距離が，また振幅の大きさや形から原子の種類や個数を推定できる．
吸収端付近では光電子のエネルギーが小さいために，光電子波はまわりの原子により強い散乱を受けるので，多重散乱波の干渉も重要になる．多重散乱波の光路差は散乱原子の配置に依存するた

めに，この領域 XANES (X-ray absorption near-edge structure) は配位の対称性にも敏感である．また，この領域には内殻準位から空いた束縛状態や分子軌道への直接遷移が観測されるため，結合の電子状態に関する情報も含まれる．

## 12 章

**12.1** ESR の試料は不対電子をもつ常磁性物質を含んでいる．一方，NMR スペクトルは分子中に Cu(Ⅱ) などの常磁性物質が含まれると極端に線幅が広がってしまい観測できなくなる（ただし，シフト試薬のように線幅が広がらないような試薬を加えてケミカルシフトを変化させる特殊な測定法もある）．

**12.2** 観測される信号は，時間変化（FID）であるため観測範囲外の信号も検出されてしまう．これをフーリエ変換すると，「折り返しピーク」としてチャート上に現れるが，このピークが本来のその位置なのか，折り返しなのかは簡単に区別できない．

**12.3** FT NMR：長所　測定時間が短い（数秒），積算ができる（薄い濃度でも測定できる），二次元 NMR のような特殊な測定ができる．
短所　問題12.2のように観測範囲に注意する必要がある．FID 信号が1点でも振り切れる（スケールオーバー）ときれいなスペクトルにならない．
CW NMR：長所　測定範囲やスケールオーバーを気にする必要がない．
短所　測定に時間がかかる（数分から数十分），積算ができない（多量の試料が必要）．

## 13 章

**13.1** (a) 磁場の強さの二乗，(b) 荷電粒子の飛行時間，(c) 高周波電圧

**13.2** FAB イオン化法，MALDI 法，APCI 法，ESI 法がある．
内容は本文 13.2.4，13.2.5，13.4.3(b) および 13.4.3(c) を参照．

**13.3** $CH_3-C(OH)=CH_2$

**13.4** 本文 13.3.9(b) を参照．

**13.5** 本文 13.4.1 参照．

## 14 章

**14.1** (1) 観察試料が絶縁体の場合，照射する電子が試料に蓄積され負に帯電する．すると，電子線がクーロン力により反発され，二次電子ではなく多くの反発電子が検出器に入る．そのため観察面が白く輝いて見え状態が観察できない（この現象をチャージアップという）．電子が蓄積されないように，スパッター装置により金または白金-パラジウムなどの導電性貴金属で表面を薄く被膜する．
(2) 走査型電子顕微鏡は試料に電子線を照射し，試料表面から発生する二次電子を検出し，その発生量の違いによりコントラストをつけて観察する装置である．コントラストは表面の傾斜や凹凸により生じるため，鏡のように磨

いた表面ではコントラストが生じないため(ただし，構成元素の原子量が大きく異なる場合には二次電子の発生量が異なるため弱いコントラストが生じる).
(3) 研磨試料を化学的または熱的に処理して粒子の境界(粒界)を溶解または変形させることにより観察できる.

14.2 透過型顕微鏡では生物試料の内部またはセラミックの結晶構造や粒界を観察する場合があり，このときには試料を薄片化し，電子線の透過度の違いによりコントラストが生じる.一方，セラミック粒子の大きさを測定したり，外形を観察する場合には粒子をエタノールなどの有機溶媒中に分散させ，銅メッシュ(網)に載せて観察する.電子線は粒子を通過しないため粒子の影を観察することになる.

## 15章

**15.1** 第一段階
$CuSO_4 \cdot 5H_2O \rightarrow CuSO_4 \cdot 3H_2O + 2H_2O$
$18.02 \times 2/249.7 \times 100 = 14.43$ %の質量減少.
第二段階
$CuSO_4 \cdot 3H_2O \rightarrow CuSO_4 \cdot H_2O + 2H_2O$
$18.02 \times 2/249.7 \times 100 = 14.43$ %の質量減少.
$CuSO_4 \cdot H_2O \rightarrow CuSO_4 + H_2O$
$18.02 \times 1/249.7 \times 100 = 7.22$ %の質量減少.

**15.2** グルコース　酸素　グルコースオキシダーゼ　グルコノラクトン　過酸化水素
$C_6H_{12}O_6 + O_2 \longrightarrow C_6H_{10}O_6 + H_2O_2$
白金電極, +0.6 V
$H_2O_2 + O_2 \longrightarrow 2H^+ + 2e^-$
1 mmol のグルコースから 2 mmol の電子が得られるので，0.002 F の電気量になるので，電荷量は 193 C となる.

**15.3** 解答省略.

## 16章

**16.1** 蛍光標識(長所) 異なる蛍光物質を用いることで，多重標識が可能.
　　　　(短所) 専用の測定装置が必要.
酵素標識(長所) 短時間で強い発光検出が可能.
　　　　(短所) 標識反応の条件が限られる.
放射性同位体標識(長所) 感度がよい.
　　　　(短所) 使用や廃棄に関する制限が厳しい.

**16.2** タンパク質の構造変化の検出，プルダウンアッセイ，ELISA など.

**16.3** 塩基配列決定，ゲルシフトアッセイ，サザンブロッティングなど.

## 17章

**17.1** (1) 56.8 mL (← 56.75 mL)
有効数字 3 桁目に丸める場合，有効数字 3 桁目が 7 で奇数だから，有効数字 4 桁目の 5 を四捨五入して，有効数字 3 桁目が 8 に繰り上がる.

(2) $1.24 \times 10^3$ m³ (← $1.235 \times 10^3$ m³)
(1) と同様に，有効数字 3 桁目の 3 が繰り上がり 4 となる.

(3) 0.876 ppm (← 0.8765 ppm)
有効数字 3 桁目に丸める場合，有効数字 3 桁目が 6 で偶数だから，有効数字 4 桁目の 5 を五捨六入して，有効数字 3 桁目は 6 でそのまま.

(4) $4.32 \times 10^3$ mol (← $4.325 \times 10^3$ mol)
(3) と同様に，有効数字 3 桁目の 2 はそのまま.

**17.2** (1) 範囲を $x$ で示すと，$0.1226 \leq x < 0.1235$ となる.
有効数字 3 桁目は 3 であるから，3 に繰り上がるためには，有効数字 3 桁目が 2 の場合，偶数であるので，有効数字 4 桁目は五捨六入になるため，6 以上となる.また，有効数字 3 桁目が 3 の奇数であるため，有効数字 4 桁目が 5 以上では繰り上がるので，5 未満となる.

(2) 範囲を $x$ で示すと，$5.46 \leq x < 5.55$ となる.
(1) の場合と同様な考え方(有効数字 2 桁の場合)ができる.

(3) 範囲を $x$ で示すと，$9.95 \leq x < 10.06$ となる.
有効数字 3 桁目は 0 であるから，0 に繰り上がるためには，小数点第 1 位が 9 の奇数であるので，小数点第 2 位は四捨五入になるため，5 以上となるから，9.95 (繰り上がりに注意).また，有効数字 3 桁目は 0 の偶数であるため五捨六入になるので，有効数字 4 桁目が 6 以上で繰り上がるから，6 未満となる.

**17.3** $(1.23 \times 6)$ の計算結果は，7.38 であるから，有効数字 2 桁に丸めると，7.4 が正解となる.1.23 を先に丸めると 1.2 となり，6 を乗ずると 7.2 となり正解にならない.そのため，計算してから，一段階で丸めることが重要である.また，$\{(1.23 \times 2) \times 3\}$ では，1.23 を先に丸めた場合は上述のとおりであるが，( ) 内を計算した結果，2.46 を丸めた 2.5 に 3 を乗ずると 7.5 になり，これも正解にならない.計算の途中での数値の丸めは誤差を大きくするため，計算後に丸める必要がある.

**17.4** 平均値 $\bar{x} = \{(5.0 \times 10) + (5.1 \times 20) + (5.2 \times 45)$
$+ (5.3 \times 105) + (5.4 \times 50) + (5.6 \times 15)$
$+ (5.7 \times 5)\}/(10 + 20 + 45 + 105$
$+ 50 + 15 + 5)$
$= 5.30$

また，少数点以下だけを考えて，あとで 5 を加えると計算がしやすい.

分散 $\sigma^2 = \sum(\bar{x} - x_i)^2/n = \{(-0.3)^2 \times 10 + (-0.2)^2$
$\times 20 + (-0.1)^2 \times 45 + (0)^2 + 105 + (0.1)^2$
$\times 50 + (0.3)^2 \times 15 + (0.4)^2 \times 5\}/$
$(10 + 20 + 45 + 105 + 50 + 15 + 5)$
$= 0.0192$

標準偏差 $\sigma = \sqrt{\{\sum(\bar{x} - x_i)^2/n\}} = \sqrt{\sigma^2}$
$= \sqrt{(0.0192)} = 0.139$

真値が計測値の 68 % の確率で収まる範囲 $X$ は，$(\bar{x} - \sigma) \leq X \leq (\bar{x} + \sigma)$ となるので，$5.16 \leq X \leq 5.44$

となる．
変動計数 $CV(\%) = (標準偏差 \sigma / 平均値 \bar{x}) \times 100 = 0.139/5.30 \times 100 = 2.62\%$

**17.5** 計測した球の直径 $R$ に対して，表面積 $M$ は，$M = 4\pi(R/2)^2$ で表される．
比率誤差は，間接的な計測における比率誤差として考えると，$(\delta M/M) \leq 2(\delta R/R)$ となる．いま，直径 $R$ の計測誤差は，3％，すなわち，$(\delta R/R) = 0.03$ であるから，表面積 $M$ の比率誤差は，$(\delta M/M) \leq 0.06$ となる．
よって，表面積の最大誤差は6％である．
同様に，体積 $V$ は，$V = (4/3)\pi(R/2)^3$ で表されるから，比率誤差は，$(\delta V/V) \leq 3(\delta R/R)$ となる．よって，体積の最大誤差は9％である．

**17.6** 回帰直線は，一般に式(17.4)で示される．
データセットの $x$，$y$ のそれぞれの二乗の総和と積の総和，総和を求めると，
$A$ ($x$の二乗の総和) ＝ 159.25
$B$ ($x$, $y$の積の総和) ＝ 285.5
$C$ ($y$の二乗の総和) ＝ 512.25
$D$ ($x$の総和) ＝ 23.5
$E$ ($y$の総和) ＝ 41.5
回帰直線のそれぞれの係数 $a$ と $b$ で5点の場合を計算すると，
$a = (5 \times 285.5 - 23.5 \times 41.5) / \{5 \times 159.25 - (23.5)^2\}$
$\phantom{a} = 1.85$
$b = (159.25 \times 41.5 - 23.5 \times 285.5) / \{5 \times 159.25 - (23.5)^2\}$
$\phantom{b} = -0.411$
よって，回帰直線は，$y = 1.85x - 0.411$ となる．
また，相関係数 $r$ は，$r = (\sigma x / \sigma y)a$ の関係から，
$\bar{x} = (1 + 2.5 + 4 + 6 + 10)/5 = 4.7$
$\bar{y} = (1.5 + 4 + 7 + 11 + 18)/5 = 8.3$
$\sigma_x = \sqrt{\{\sum(\bar{x} - x_i)^2/n\}}$
$\phantom{\sigma_x} = \sqrt{\{3.7^2 + 2.2^2 + 0.7^2 + (-1.3)^2 + (-5.3)^2\}/5}$
$\phantom{\sigma_x} = 3.12$
$\sigma_y = \sqrt{\{\sum(\bar{y} - y_i)^2/n\}}$
$\phantom{\sigma_y} = \sqrt{\{6.8^2 + 4.3^2 + 0.7^2 + (-2.7)^2 + (-9.7)^2\}/5}$
$\phantom{\sigma_y} = 5.77$
よって，
相関係数 $r = (3.12/5.77) \times 1.85 = 1$
回帰直線より，$x = 0$ のとき，$y = -0.41$
　　　　　　　$x = 5$ のとき，$y = 8.8$
と推定することができる．

# 索 引

## A～Z

| | |
|---|---|
| AFM | 197 |
| ASTM(American standard for testing materials)カード | 148 |
| $^{13}$C | 162, 166 |
| CCD カメラ | 204 |
| CLSM | 198 |
| COSY スペクトル | 167 |
| CT | 155 |
| CW 法 | 164 |
| Cy3 | 216 |
| Cy5 | 216 |
| DNase I | 218 |
| DNA チップ | 204 |
| DSC | 202 |
| DTA | 202 |
| EPMA | 199 |
| EXAFS | 153 |
| ——スペクトル | 155 |
| FAM | 216 |
| FITC | 216 |
| FRET | 214 |
| $g$ 値 | 160, 161 |
| GC/MS | 181, 182 |
| GFP | 213 |
| $^{1}$H | 161, 165 |
| ICP | 137 |
| ——質量分析法 | 139 |
| ——発光分析法 | 136 |
| JIS | 225, 227 |
| K 吸収端 | 153 |
| L 吸収端 | 153 |
| LC/MS | 181 |
| MALDI | 175 |
| MAS-NMR | 162 |
| MS/MS | 181 |
| NHE | 81 |
| NN 指示薬 | 39 |
| NOESY スペクトル | 168 |
| ODS | 104 |
| PCR | 220 |
| pH 緩衝作用 | 26 |
| pH 効果 | 44 |
| pH 指示薬 | 21 |
| QMS | 171 |
| SEM | 194 |
| SHE | 81 |
| SPM | 196 |
| STM | 196 |
| T4 ポリヌクレオチドキナーゼ | 216 |
| TEM | 192 |
| TEMPOL | 160 |
| TG | 201 |
| TMS | 166 |
| TOFMS | 170 |
| XANES | 153 |
| ——スペクトル | 154 |
| XMA | 199 |
| X 線 | 141, 198 |
| ——回折法 | 146 |
| ——吸収分析 | 153 |
| ——顕微鏡 | 198 |
| ——の回折 | 146 |
| ——の吸収 | 153 |
| ——マイクロアナライザー | 199 |

## あ

| | |
|---|---|
| アガロースゲル電気泳動 | 113 |
| アノード | 79 |
| ——電流 | 79 |
| アミノ酸 | 52 |
| アモルファス | 149 |
| アルカリホスファターゼ | 212 |
| 安息香酸 | 54 |
| 安定同位体標識タンパク質 | 213 |
| 安定度定数(stability constant) | 32 |
| アンペロメトリー | 64 |
| イオン | 2 |
| ——解離 | 2 |
| ——化干渉 | 135 |
| ——価数 | 50 |
| ——化法 | 172 |
| ——源 | 169 |
| ——交換クロマトグラフィー(ion-exchange chromatography) | 104 |
| ——交換反応(ion-exchange reaction) | 48 |
| ——交換平衡 | 49 |
| ——線 | 138 |
| ——センサー | 207 |
| ——的中性式 | 21 |
| ——電離箱 | 144 |
| ——半径 | 2 |
| 閾値 | 224 |
| 異種イオン効果(diverse-ion effect) | 43 |
| イソチオシアネート | 211 |
| 一塩基多型 | 221 |
| 一座配位子(unidentate ligand) | 31 |
| 1 時間値 | 224 |

256 ◆ 索　引

| | | | |
|---|---|---|---|
| 1日平均値 | 224 | 化学イオン化 | 173 |
| 1階微分 | 239 | 化学干渉 | 135 |
| 一般顕微鏡 | 189 | 化学結合型充塡剤 | 103 |
| 遺伝子分析法 | 246 | 化学センサー | 206 |
| 移動相(mobile phase) | 98 | 化学的に可逆 | 94 |
| イメージセンサー | 121 | 化学分析に用いる測容器 | 243 |
| イメージングプレート(IP) | | 化学平衡 | 6 |
| 　検出器 | 146 | 　——式 | 21 |
| 陰イオン交換樹脂 | 48 | 　——の計算 | 18 |
| ウエスタンブロッティング | 112 | 化学ポテンシャル | 69 |
| 永久電流 | 163 | 架橋剤 | 212 |
| 液間電位差 | 82 | 架橋度 | 48 |
| エキソヌクレアーゼ活性 | 218 | 核酸 | 113 |
| 液体クロマトグラフィー(liquid | | 拡散 | 92 |
| 　chromatography；LC) | 98 | 　——層 | 92 |
| 液体ヘリウム | 163 | 　——律速 | 92 |
| エチレンジアミン四酢酸(EDTA) | 34 | 核磁気共鳴 | 162 |
| エッジ効果 | 195 | 　——法 | 157, 161 |
| エドマン分解法 | 214 | 核スピン | 161 |
| エネルギー準位 | 118 | 可視光 | 117, 186 |
| エネルギーの授受 | 131 | ガスクロマトグラフィー | |
| エネルギー分散型 | 199 | 　(gas chromatography；GC) | 98 |
| エネルギー分散方式 | 150 | 加速電圧 | 193 |
| エリオクロムブラック T(BT) | | カソード | 80 |
| 　指示薬 | 38 | 　——電流 | 79 |
| エレクトロスプレーイオン化 | 184 | 活性エステル | 212 |
| 塩基 | 9 | カップリング定数 | 165, 166 |
| 　——配列決定 | 220 | 活量 $a$(activity) | 8, 43 |
| 塩橋 | 82 | 活量係数(activity coefficient) | 8, 44 |
| 炎光光度検出器(flame photometric | | 活量効果(activity effect) | 43 |
| 　detector；FPD) | 107 | 過飽和溶液 | 41 |
| 炎色反応 | 130 | 過マンガン酸カリウム | 66 |
| 円二色性 | 125 | $\beta$-ガラクトシダーゼ | 212 |
| オキシダント(Ox)濃度 | 236 | ガラスビーズ法 | 151 |
| オキシン | 56 | カラム(column) | 98, 107 |
| | | 　——クロマトグラフィー | |
| 【か】 | | 　　(column chromatography) | 98 |
| | | カールフィッシャー法 | 95 |
| ガイガー-ミュラー計数管 | 144 | カルボジイミド | 212 |
| 回帰直線 | 234, 238 | 環境基準値 | 223, 236 |
| 　——の傾き | 236 | 還元剤 | 66, 75 |
| 回帰分析 | 238 | 還元体 | 65, 76 |
| 開口数 | 187 | 干渉 | 134 |
| 回折現象 | 203 | 　——性散乱 | 142 |
| 回折格子 | 120, 138 | 緩衝溶液 | 27 |
| 回折コントラスト | 193 | カンチレバー | 197 |
| 回転エネルギー | 119 | 寒天ゲル電気泳動 | 110 |
| 回転式対陰極 | 142 | $\gamma$ 線スペクトル | 230 |
| 界面 | 81 | 基準振動 | 127〜129 |
| | | 基準水素電極 | 68 |
| | | 既知の情報 | 237 |
| | | 基底状態 | 130, 131 |
| | | 起電力 | 70 |
| | | キャピラリー電気泳動 | 110 |
| | | 吸光度 | 132 |
| | | 　——検出器(absorbance detector) | 103 |
| | | 吸収スペクトル | 120 |
| | | 吸着クロマトグラフィー | |
| | | 　(adsorption chromatography) | 104 |
| | | 強塩基 | 10 |
| | | 強酸 | 10 |
| | | 共焦点 | 198 |
| | | 　——顕微鏡 | 204 |
| | | 　——レーザー走査顕微鏡 | 198 |
| | | 共通イオン効果 | |
| | | 　(common-ion effect) | 42 |
| | | 強電解質 | 14 |
| | | 共鳴周波数 | 162 |
| | | 行列形式データ | 232 |
| | | 許容誤差 | 227, 232 |
| | | キレート化合物 | |
| | | 　(chelate compound) | 32 |
| | | キレート効果(chelate effect) | 32 |
| | | キレート試薬(chelating reagent) | 34 |
| | | キレート樹脂 | 49 |
| | | キレート滴定 | |
| | | 　(chelatometric titration) | 36 |
| | | 　——定法 | 34 |
| | | 銀/塩化銀/飽和 KCl 参照電極 | 94 |
| | | 金属オキシンキレート | 57 |
| | | 金属キレート(metal chelate) | 32 |
| | | 金属顕微鏡 | 190 |
| | | 金属指示薬(metallochromic | |
| | | 　indicator) | 38 |
| | | 金微粒子 | 219, 221 |
| | | 偶発誤差 | 228 |
| | | 屈折率 | 191 |
| | | グラファイト(黒鉛)炉法 | 133 |
| | | 繰り返し抽出 | 59 |
| | | グルコースオキシダーゼ | 212 |
| | | グルタルアルデヒド | 212 |
| | | クレイグ(Craig)法 | 60 |
| | | クロマトグラフィー | 98 |
| | | クーロメトリー | 64 |
| | | 蛍光 | 198 |
| | | 　——共鳴エネルギー移動 | 214 |

索引 ◆ 257

――検出器(fluorescence detector) 104
――顕微鏡 204
――寿命 125
――スペクトル 125
――標識 210
――法 125
蛍光X線 150
――分析法 150
計算ソフトウェア Excel 231
形式荷電 16, 17
傾斜角効果 195
計測値 223
結合定数(binding constant) 32
ゲルシフトアッセイ 220
ゲル電気泳動法 110
限界拡散電流 92
原子間力顕微鏡 197
原子吸光 130
――分析法 130
原子発光スペクトル 136
検出器の方向 195
検出限界 129, 136
検量線 124, 234
高温フレーム 133
恒温分析法 108
光化学スモッグ注意報値 236
光学顕微鏡 186, 203
光子 117
格子定数 146
高次反射線 151
高速液体クロマトグラフィー (high-performance liquid chromatography ; HPLC) 102
高速原子衝撃イオン化 174
酵素標識 211
光電効果 116
光電子 153
――増倍管 138, 172
光熱変換分光法 202
勾配溶出法(gradient elution) 105
高分解能マススペクトル 178
向流分配装置 62
誤差 226
――が伝播 231
固相抽出(solid extraction) 53
5'末端標識法 216
固定相(stationary phase) 98
固有X線 143

コールターカウンター 95
混床式 52
コントラスト 190

さ

最外殻電子 16
サイクリックボルタンメトリー 93
最小値(極小値) 239
最小二乗法 238
サイズ排除クロマトグラフィー (size exclusion chromatography ; SEC) 105
錯イオン(complex ion) 29
錯塩(complex salt) 29
錯形成反応 32
錯体(complex) 29
錯滴定(complexation titration) 36
鎖内標識 216
サブマリン型電気泳動装置 113
サーモスプレーイオン化 183
作用極 84
酸 9
――塩基滴定 25
――解離定数 7, 36
――と塩基の解離定数 12
酸化還元対 78
酸化還元電位 68
酸化還元電極 67
酸化還元反応 64, 75
酸化剤 66, 75
酸化数 65
酸化体 65, 76
三極式構成 84
参照極 83
3'末端標識法 216
散乱コントラスト 193
シアニン色素 216
紫外・可視吸光光度法 123
式量電位 80
時系列データ 232
示差屈折率検出器(differential refractive index detector ; RI) 103
示差走査熱量測定法 202
示差熱分析法 202
支持電解質 91
四捨五入 226
四重極質量分析計 171
自然塩 51

実体顕微鏡 190
質量分析 169
質量分布比(capacity factor) 99
ジデオキシ法 220
磁場型質量分析計 170
弱塩基 11
試薬ガス 173
弱酸 11
弱電解質 14
充填剤 103
重量分析法(gravimetric analysis) 40
樹脂の膨潤 50
純水の製造 51
昇温分析法 108
条件安定度定数(conditional stability constant) 35, 36
条件溶解度積 43
消光角 191
状態密度 78
焦点深度 187
衝突活性化 180
食卓塩 51
シンチレーション計数管(シンチレーションカウンター) 145, 195
振動エネルギー 119
水銀電極 90
水素イオン 4
水素炎イオン化検出器(flame ionization detector ; FID) 107
水素結合 1, 4
水溶液の構造 3
水和 1
――イオン 4, 5
――錯体 5
数値 223
――の丸め方 225
スクシンイミドエステル 211
ストップトフロー法 86
スパッター装置 195
スピネル型マンガン酸化物 49
スラブ(平板状)ゲル 110
スルホニルクロリド 211
正規分布(平均値に対して左右対称) 230
生成割合 33
生物顕微鏡 189
ゼオライト 48
赤外吸収分光 127
――法 126

| | | | | | | |
|---|---|---|---|---|---|---|
| 積の総和 | 241 | 段階的溶出法(stepwise elution) | 105 | 電気分解におけるファラデーの法則 | 87 |
| 接眼レンズ | 189 | 単結晶構造解析 | 149 | 電極 | 77 |
| 接触法 | 197 | 探針 | 196 | ——電位 | 80 |
| 絶対検量線法 | 102 | タンデム質量分析 | 180 | ——を用いる電気化学分析の特徴 | 87 |
| 絶対誤差 | 228, 231 | タンパク質 | 52 | 電気量分析 | 87 |
| ——の比(比率誤差) | 232 | ——の標識 | 210 | 電子移動 | 64 |
| セルロース膜電気泳動 | 110 | 段理論 | 62 | 電子顕微鏡 | 187, 192 |
| 全安定度定数(overall stability constant) | 33 | 逐次安定度定数(successive stability constant) | 31, 32 | 電子交換反応 | 66 |
| 全イオン検出 | 182 | チャンネルトロン | 171 | 電子構造 | 15, 17 |
| 遷移確率 | 120 | 中空陰極ランプ | 133 | 電子銃 | 192 |
| 選択係数(selectivity coefficient) | 50 | 抽出(extraction) | 53 | 電子授受反応 | 75 |
| 全多孔性型充填剤 | 103 | ——試薬(extraction reagent) | 56 | 電子衝撃イオン化 | 172 |
| 全濃度 | 21 | ——定数(extraction constant) | 57 | 電子スピン | 157 |
| 全反射蛍光X線分析 | 151 | ——平衡 | 54 | 電子スピン共鳴 | 158 |
| 相関係数 | 233, 237, 238 | ——率(percent extraction) | 56 | ——法 | 157 |
| ——の信頼性 | 233 | 中和滴定 | 25 | 電子線 | 192 |
| ——の強さ | 233 | 超伝導磁石 | 163 | 電子の波長 | 187 |
| 相関図 | 237 | 超微細構造 | 160 | 電磁波 | 141 |
| 双極子 | 3 | 超分子化学(supramolecular chemistry) | 38 | 電子捕捉型検出器(electron capture detector; ECD) | 107 |
| 走査 | 188 | 超分子試薬 | 38 | 電子レンズ | 187 |
| ——型顕微鏡 | 205 | 直線回帰 | 234 | 電池 | 70 |
| ——型電子顕微鏡 | 194 | 沈殿滴定 | 46 | 電離 | 2 |
| ——型トンネル顕微鏡 | 196 | ——法(precipitation analysis) | 45 | 銅(II)アンミン錯体 | 30 |
| ——型プローブ顕微鏡 | 188, 196 | 低温フレーム | 133 | 同位体ピーク | 177 |
| 相対移動距離(ratio of flow, $R_f$) | 106 | ディスク(円筒状)ゲル | 110 | 透過型電子顕微鏡 | 192 |
| 総和 | 241 | 定性分析 | 101 | 透過電子 | 192 |
| 測容器 | 243 | 定量分析 | 101 | 透過度 | 190 |
| 測量器 | 242 | 滴下水銀電極 | 91 | 等吸収点 | 95 |
| ゾーン電気泳動 | 110 | 滴定曲線 | 26, 37, 45 | 統計誤差 | 228 |
| | | データ(計測値の集まり) | 224, 230 | 動径分布関数 | 149 |
| た | | テトラメチルシラン | 166 | 等電点 | 114 |
| 大気圧化学イオン化 | 183 | デバイ-ヒュッケル(Debye-Hückel) | 44 | ——電気泳動 | 110 |
| 大気汚染データ | 235 | 電位 | 67 | 等濃度溶出法(isocratic elution) | 105 |
| 対極 | 84 | 電解定量分析 | 87 | 特性X線 | 192, 199 |
| ダイナミックレンジ | 129 | 電荷移動過程 | 92 | 特性吸収帯 | 128 |
| 対物絞り | 193 | 電荷移動律速 | 92 | 凸レンズ | 189 |
| 対物レンズ | 189 | 電気陰性度 | 3 | ドデシル硫酸ナトリウム | 111 |
| 多価イオンピーク | 177 | 電気泳動 | 90 | トンネル電流 | 196 |
| 多官能性の酸塩基 | 13 | 電気化学検出器(electrochemical detector) | 104 | | |
| タグタンパク質 | 214 | 電気化学センサー | 75 | な | |
| ——の標識 | 210 | 電気化学窓 | 89 | 内標準法 | 102 |
| 多光子過程 | 120 | 電気化学的に可逆 | 94 | ナノ粒子 | 218 |
| 多座配位子(multidentate ligand) | 32 | 電気化学プローブ顕微鏡 | 95 | 鉛(II)塩化物錯イオン | 33 |
| 多段抽出操作 | 60 | 電気化学ポテンシャル | 69, 87 | 軟X線 | 198 |
| 多変量解析 | 238 | 電気透析 | 51 | 二項展開 | 61 |
| ターミナルデオキシヌクレオチジルトランスフェラーゼ | 216 | | | | |

| | | | | | |
|---|---|---|---|---|---|
| 二座配位子 (bidentate ligand) | 31 | 非接触法 | 197 | 分子吸収 | 135 |
| 二次イオン化 | 174 | 非電解質の脱塩 | 52 | 分子ふるい効果 | 111 |
| 二次関数 | 239 | 標準酸化還元エネルギー | 78 | 分子量 | 112 |
| 二次元 NMR (2D NMR) | 167 | 標準酸化還元電位 | 80 | 分配クロマトグラフィー | |
| 二次元電気泳動 | 114 | ——データ | 247 | (partition chromatography) | 104 |
| 二次電子 | 192, 194 | 標準水素電極 | 68, 80 | 分配係数 (distribution coefficient または partition coefficient) | 53, 100 |
| ——増倍管 | 171 | 標準電位 | 69 | | |
| 二重収束質量分析計 | 170 | 標準添加法 | 102 | 分配定数 (partition constant) | 100 |
| 二重性 | 116 | 標準偏差 $\sigma$ | 228, 230 | 分配の法則 | 232 |
| 二重層充電電流 | 93 | 表面多孔性型充塡剤 | 103 | 分配比 ($D$, distribution ratio または partition ratio) | 50, 54, 99 |
| 二乗の総和 | 241 | 比例計数管 | 144 | | |
| ニックトランスレーション法 | 218 | ファヤンス (Fajans) 法 | 46, 47 | 分配平衡 | 53 |
| 日本工業規格 | 225 | ファラデー定数 | 80 | 粉末 X 線回折 | 147 |
| 二量化定数 | 55 | フィールドイオン化 | 173 | 分離係数 | 100 |
| 熱重量分析法 | 201 | フィールドデソープション | 173 | 分率 | 19 |
| 熱伝導度検出器 (thermal conductivity detector ; TCD) | 107 | 封入式管球 | 142 | 分離度 | 100 |
| | | フェルミ準位 | 78 | 平均値 $\bar{x}$ | 228 |
| ネルンスト (Nernst) 式 | 68, 80 | フォトダイオード | 121 | 平衡定数 | 6, 71 |
| 濃度 | 5 | フォルハルト (Volhard) 法 | 46, 47 | 平面クロマトグラフィー | 98 |
| | | 副反応係数 (side reaction coefficient) | 35, 44 | ペーパークロマトグラフィー | 98 |
| **は** | | | | ペルオキシダーゼ | 212 |
| | | 不対電子 | 160 | 偏光顕微鏡 | 190 |
| 配位結合 (coordination bond) | 29 | 物質移動律速 | 92 | 偏光ニコル | 191 |
| 配位子 (ligand) | 29 | 物質収支式 | 21 | 変動係数 | 229 |
| 配位数 | 30 | 物理干渉 | 134 | 放射光 | 143 |
| 配位説 (coordination theory) | 29 | 不飽和溶液 | 41 | 飽和溶液 | 41 |
| バイオセンサー | 207 | フラウンホーファー線 | 130 | 保持時間 (retention time) | 99 |
| 薄層クロマトグラフィー | 98 | フラグメンテーション | 178 | 補正保持時間 (adjusted retention time, $t'_R$) | 100 |
| 波長分散型 | 199 | フラグメントイオンピーク | 177 | | |
| 波長分散方式 | 150 | ブラッグ (Bragg) の式 | 147 | ポテンシオスタット | 86 |
| バックグラウンド吸収の補正 | 135 | プランク定数 | 117 | ポーラログラフィー | 91 |
| 発光ダイオード | 120 | フルオレセイン (In$^-$) | 47 | ポリアクリルアミドゲル | 111 |
| 発色反応 | 125 | ——誘導体 | 216 | ポリメラーゼ連鎖反応 | 220 |
| 波動性 | 116 | プルダウンアッセイ | 216 | ボルタモグラム | 93 |
| バトラー・ボルマーの式 | 92 | フレーム法 | 133 | ボルタンメトリー | 93 |
| パルス FT 法 | 164 | フレームレス法 | 133 | | |
| 反射電子 | 192 | ブレンステッド | 9 | **ま** | |
| 反射率 | 190 | プロトン | 161 | | |
| 半抽出 pH (half extraction pH) | 58 | プローブ | 188, 216 | マイクロ波 | 158 |
| 半電池 | 70 | ——分子 | 160 | マスクロマトグラフィー | 181 |
| 半導体ガスセンサー | 206 | 分解能 | 186 | マスクロマトグラム | 182 |
| 半導体検出器 (SSD) | 145 | 分極 | 1, 3 | マススペクトルの解析 | 176 |
| 反応の進み方の電子論的な表現 | 17 | 分光干渉 | 135, 139 | マスフラグメントグラフィー | 181 |
| 半反応 | 70 | 分光結晶 | 150 | マスフラグメントグラム | 181 |
| 非干渉性散乱 | 142 | 分光顕微鏡 | 205 | 末端標識 | 216 |
| 飛行時間型質量分析計 | 170 | 分光電気化学 | 95 | マッピング | 199 |
| 非晶質 | 149 | 分子イオン | 139 | マトリックス効果 | 152 |
| 微生物 | 189 | ——ピーク | 176 | マトリックス支援レーザー脱離イオン化 | 175 |
| ——センサー | 207 | 分子軌道 | 119 | | |

| | | | | | |
|---|---|---|---|---|---|
| マルチチャンネル波高分析器 | 151 | 溶液 | 1 | 粒子性 | 116 |
| マルチチャンネル分光器 | 121 | 溶解 | 1 | 量子ドット | 220 |
| ミクロトーム装置 | 189 | 溶解度 | 41, 42 | 緑色蛍光タンパク質 | 213 |
| 水のイオン解離 | 6 | 溶解度積(solubility product) | 40, 41 | 理論段数(number of theoretical plate, $N$) | 101 |
| 水の構造 | 2 | 溶質 | 1 | | |
| 密度勾配電気泳動 | 110 | 溶出法(溶離法) | 105 | 理論段相当高さ(height equivalent to a theoretical plate; HETP)$H$ | 101 |
| ミラー指数 | 146 | 溶存化学種 | 33 | | |
| 無機イオン交換体 | 49 | 溶媒 | 1 | リンク走査質量分析 | 180 |
| 無放射緩和 | 120 | ──抽出(solvent extraction) | 53 | ルイス | 9 |
| 無名数 | 230 | ──和 | 1 | ──塩基 | 29 |
| メスシリンダーの使用 | 227 | | | ──酸 | 29 |
| メタステーブルイオンピーク | 177 | ら | | ルミノール | 213 |
| モル吸光係数 | 123 | | | 励起状態 | 130, 131 |
| モール(Mohr)法 | 46 | ラジカル分子 | 160 | 励起スペクトル | 125 |
| | | ラマン分光法 | 126, 128 | レーザー | 121 |
| や | | ランダムプライマー伸長法 | 218 | ──光 | 197 |
| | | ランバート−ベール(Lambert-Beer)の法則 | 123, 132 | ──ダイオード | 121 |
| 有機系イオン交換樹脂 | 48 | | | 連続X線 | 143 |
| 有効数字 | 226 | リアルタイムPCR | 221 | 連続時間時系列 | 237 |
| 誘電損失 | 159 | 離散時間時系列 | 237 | レントゲン写真 | 156 |
| 誘導電流 | 164 | 理想非分極電極 | 95 | ろ紙電気泳動 | 110 |
| 輸率 | 82 | 理想分極電極 | 95 | ローリー | 9 |
| 陽イオン交換樹脂 | 48 | リートベルト(Rietvelt)法 | 148 | | |

**編著者略歴**

高木　誠（たかぎ　まこと）

1939年　福岡市に生まれる
1967年　九州大学大学院工学研究科博士課程修了
2011年　逝去
　　　　元九州大学名誉教授，元福岡女子大学学長
　　　　日本分析化学会2001年度会長
専　門　分析化学
工学博士

---

# ベーシック分析化学

| | |
|---|---|
| 2006年10月15日　第1版第1刷　発行 | 編著者　高木　誠 |
| 2023年2月10日　　第16刷　発行 | 発行者　曽根良介 |
| 検印廃止 | 発行所　（株）化学同人 |

〒600-8074　京都市下京区仏光寺通柳馬場西入ル
編集部　TEL 075-352-3711　FAX 075-352-0371
営業部　TEL 075-352-3373　FAX 075-351-8301
振替　01010-7-5702
e-mail　webmaster@kagakudojin.co.jp
URL　https://www.kagakudojin.co.jp
印刷／製本　創栄図書印刷（株）

**JCOPY**　〈出版者著作権管理機構委託出版物〉
本書の無断複写は著作権法上での例外を除き禁じられています．複写される場合は，そのつど事前に，出版者著作権管理機構（電話 03-5244-5088, FAX 03-5244-5089, e-mail: info@jcopy.or.jp）の許諾を得てください．

本書のコピー，スキャン，デジタル化などの無断複製は著作権法上での例外を除き禁じられています．本書を代行業者などの第三者に依頼してスキャンやデジタル化することは，たとえ個人や家庭内の利用でも著作権法違反です．

乱丁・落丁本は送料小社負担にてお取りかえいたします．

Printed in Japan © M. Takagi *et al.* 2006　無断転載・複製を禁ず　　　ISBN 978-4-7598-1066-0